KB111378

슬픔아 !
슬퍼도 너무 슬퍼하지 마라

정 상 익

도서출판 **오 래**

머 리 말

사람이 아프지 않을 수 있을까?
이 글은 그것이 가능하다고 생각하면서 쓴 글이다.
사람이 슬프지 않을 수 있을까?
이 글은 슬픔을 줄일 수 있다고 생각하면서 쓴 글이다.

"슬픔아! 내 앞에서 물러나라."

사람의 몸은 신비함 그 자체이다.
사람의 마음이 몸의 신비함을 알 때 사람은 아프지 않을 수 있다.
우리가 몸과 마음을 잘 다스릴 수 있다면 건강하게 오래 살 수 있을 것이다. 이 세상에 태어나 건강하게 오래 살 수 있다면 그것이 바로 인생의 참된 행복이다. 부모님과 내 가족이 건강하게 오래 살 수 있다면 그것 또한 인생의 참된 행복이다.

참된 행복은 멀리 있는 것이 아니다. 우리의 몸과 마음이 참된 행복의 열쇠를 가지고 있다. 사람의 몸은 자그마한 공간이다. 이 공간을 호기심을 가지고 들여다 볼 때 우리가 몸을 잘 다스릴 수 있다.

이 글은 이 공간을 여는 열쇠를 독자들에게 제공하기 위하여 쓰여진 글이다.

사람의 마음 또한 점이 아니라 공간이다. 이 진실을 알 때 우리의 마음은 편안해질 수 있다. 우리에게 슬픔이 다가올 때 다른 것들을 잊고 그 슬픔만을 마음의 공간에 있는 자리에 앉혀서는 안 된다. 그러면 우리의 마음은 하나의 점이 되어 슬픔은 더욱 커지게 된다. 우리에게 슬픔이 다가올 때 슬퍼도 너무 슬퍼하지 마라.

유별나게 정이 많은 우리들! 가족의 질병과 죽음을 이제 더 이상 앉아서 눈물을 흘리며 보고만 있을 수는 없다.

이 글은 질병을 몰아내고 슬픔을 이겨내는 데 필요한 지혜에 관한 것이다. 사람의 마음과 몸을 다루다 보니 그리고 슬픔과 자살을 다루다 보니 무거운 마음으로 이 글을 시작하였다. 하지만 건강과 생명에 관한 지혜를 얻고 나니 가벼운 마음으로 이 글을 마감할 수 있었다.

독자 여러분들은 처음부터 가벼운 마음으로 이 글을 읽을 수 있을 것이다. 이 글의 중간중간에 들어가 있는 즐거운 내용들은 필자의 마음이 가볍게 된 후에야 비로소 이 글 속에 들어갈 수 있었다. 사람의 일은 마음 먹기에 달려 있다. 질병과 슬픔을 어렵게만 생각해서는 안 된다. 우리가 조금만 노력하면 심청이가 죽지 않고도 아버지의 눈을 뜨게 할 수도 있을 것이다.

이 글은 필자가 학교에 있기 때문에 가능한 것이었다. 필자가 학교에 처음 왔을 때 학생들을 이해할 수 없었다. 그 와중에 필자는 학점폭탄을 학생들에게 선물 아닌 선물로 주었다. 강의실은 파리가 날리고 있었다. 필자는 학교의 공부만이 공부라고 생각하고 있었던 것이다. 이제 오랜 기간이 지났다. 필자는 학교의 공부만이 공부가 아니라는 것을 알게 되었다. 삶을 살아가는 것은 그 자체가 공부였던 것이다. 필자는 이제 학생들 옆에 있다. 강의실에 더 이상 파리가 날아다니지 않는다.

그리고 필자는 알게 되었다. 공부 중에 가장 중요한 공부는 건강과 생명에 관한 공부라는 것을 말이다. 또한 직장에서의 일만이 일이 아니라는 것을 알게 되었다. 산책도 일이고 청소도 일이며 봉사활동도 일이다. 내가 살아서 숨을 쉬고 있는 것도 일이다.

필자는 학교에서 시험볼 때 학생들에게 답안지에 쓰고 싶은 것이 있으면 내용에 구애받지 않고 쓰라고 한다. 단 본론이 아니라 서론이나 결론에 쓰라고 한다. 이 공간에 학생들은 쓰고 싶은 것을 마음껏 쓴다. 공부의 노하우와 시험공부한 과정을 쓰는 학생들도 있다. 노래를 쓰는 학생들도 있다. 필자도 이 글에 노래를 싣고 있다. 필자는 학생들이 쓴 답안지를 하나도 버리지 않고 지금도 모두 가지고 있다. 이 답안지들은 필자의 소중한 재산이다. 이 글을 쓰면서 그 답안지를 여러 번 보았다. 이 글은 필자가 건강과 생명에 관하여 공부하면서 쓰고 싶은 것을 쓴 것이다. 독자들은 마음껏 읽으면 된다.

초창기에 한 학생이 내 모습을 그림으로 그려줄테니 시간 좀 내 달라고 한 일이 있다. 그림은 무슨! 그런데 이제 이 글에는 그림 이야기가 나온다. 필자는 학생들에게 배우고 있었던 것이다. 학생들이 바로 선생님이다. 이제 또 다시 내 모습을 그림으로 그려준다는 학생이 있다면 얼른 시간을 낼 것이다. 이 글은 건강과 생명에 관한 지혜를 쉽게 이해할 수 있도록 쓰여진 글이다. 이것이 이 글을 쓰는 데 있어서 가장 어려운 일이었다.

이 글이 나오기까지 고생한 사람들이 많이 있다. 교정을 보신 분은 특히 고생이 많았다.

"우리의 삶은 쉬운 것이 가장 어려운 일이다."

2014. 6. 5
정 상 익

차   례

제8장

갱년기부터: 우울과 인생의 황금기   279

제9장

평균수명과 사망의 원인   305

제10장

암검진과 암 판정기준   349

제11장

근로에 대한 보상심리와 건강   367

생명이란 무엇인가?

생명은 무엇일까?
생명을 결정하는 것은 무엇일까?

온도와 압력과 같은 것들은 자연의 중요한 조건들이다. 사람에게 있어서는 더 중요한 조건들이다.

사람의 체온과 혈압이 적절하지 않으면 생명이 유지될 수 없다. 그래서 이러한 것들을 생명의 지표라고 한다.
사람이 건강하게 오래 살려면 생명의 지표에 관하여 많은 관심을 가져야 한다.
사람은 자신의 건강과 생명에 관하여 "설마 나에게 무슨 일이 있겠어?"라는 생각을 가질 수도 있다. 하지만 건강과 생명에는 설마라는 것이 없다.

생명의 지표들은 자신들의 원리에 따라 작동한다. 그래서 사람의 희망과는 달리 설마 했던 일이 현실화되어 나타난다.

사람의 건강과 생명은 시간이라는 요소에 의존하고 있다.
건강과 생명은 때를 놓치면 그만이다. 생명의 지표들을 모두 모으면 생명의 기록부가 된다.
생명의 지표들을 모두 모았더니 하나의 책이 되었다.
이제 사람의 건강과 생명은 생명의 기록부 안에 있다.

필자는 생명의 지표들을 한 곳에 모으겠다는 생각을 오래 전에 했었다. 그런데 바쁘게 살다보니까, 아니 더 정확하게는 바쁘게 산다고 생각하다 보니까 이제야 한 곳에 모으게 되었다.

이 과정에서 후회와 반성을 많이 했다. 이미 부모님들은 모두 원래의 곳으로 돌아가시고 지금은 안 계신다. 생명의 지표들에 관하여 아무런 지식도 없고 준비도 없는 상태에서 막연히 오래 사실 것이라고 생각한 것이 실수였다. 이제 겨우 생명의 지표들을 모았건만 늦은 때를 되돌릴 수는 없다.

이 책의 목표는 단 한 가지이다.
이 책의 목표는 건강하게 오래 사는 것이다.
이 책은 독자들의 평균수명을 3년 더 길게 하는 것을 목표로 하고 있다. 수명 이전에 건강을 잃고 고통을 받고 있는 사람들과 앞으로 그런 위험에 빠질지도 모르는 사람들에게는 3년, 5년…, 아니 그 이상의 효과가 있을지도 모른다.

건강과 생명의 기록부를 만들면서 물질과 영양분의 기록부도 만들었다. 이 책에 나오는 물질과 영양분에 관한 내용은 물질과 영양분의 기록부의 일부 내용이다.

이 책의 들어가는 말을 '생명이란 무엇인가'로 하였다.
생명이란 무엇인가를 통하여 생명에 관한 관심을 새롭게 가지기를 희망하면서 정한 말이다.

제1장

염색체 수로 보는 생명과 진화

염색체 수가 진화와 관련이 있을까? 사람이 진화되어 왔다면 염색체 수도 같이 변화되어 왔어야 한다. 염색체 수가 같은 경우에도 진화는 있을 수 있다. 하지만 이러한 경우 진화의 폭이 크지 않을 것이다. 왜냐하면 염색체 수가 같은 경우에는 설사 진화되었다고 하더라도 염색체 수의 동일성에 의하여 진화의 두 대상 사이의 형질이 기본적으로 같기 때문이다. 진화이론에서 말하는 진화의 폭은 상당히 크다. 분류상 상당히 거리가 떨어진 종들 사이에도 진화이론을 적용하고 있기 때문이다. 이것이 의미하는 것은 사람의 염색체 수는 진화과정에서 상당히 변화되어 왔다는 것을 의미한다.

다운증후군(Down's syndrome, 증후군을 징후군이라고도 한다)은 21번째 염색체의 수가 1개 더 증가한 경우이다. 확률은 신생아 700-1000명당 1명이다. 다운증후군의 경우 운동발달의 지체가 발생하고 지능이 저하된다. 그리고 여러 신체적인 증상을 가지고 있다. 다운증후군은 트리소미 21(trisomy 21)로 알려져 있다. 트리소미 21은 3염색체성 21이라는 의미이다. 3염색체성 21은 21번 염색체가 3개라는 의미이다. 이 염색체는 체세포의 염색체이다. 트리(tri-)는 3이라는 의미이다. 소미(somy)는 염색체, 즉 크로모솜의 솜(som)에다가 y를 붙인 것이다. 다운증후군의 증상은 1838년에도 설명되고 있다.

1866년 영국의 의사인 존 랭던 다운(John Langdon Down)도 이 병을 설명하였다. 다운증후군이라는 이름은 존 랭던 다운의 이름을 본뜬 것이다. 다운증후군의 경우 선천성 심장병의 빈도가 높다. 염색체의 이상 또는 염색체 수의 차이는 질병을 의미하기도 한다. 사람의 염색체 수가 진화과정에서 변화되어 왔다면 이때의 염색체 수는 사람의 몸과 지능을 발전시키는 변화이었을 것이다. 진화는 발전의 방향성을 가지기 때문이다. 이것이 가능할까? 정말로 진화에 의하여 염색체 수가 변화되어 왔을까? 쌀은 12쌍의 염색체를 가진다. 집고양이는 염색체가 38개이다. 고릴라는 48개이다. 침팬지도 48개이다. 말은 64개이다. 개는 78개이다. 동물들과 사람의 염색체 수를 비교하면 사람의 염색체 수가 그리 많은 것은 아니다. 그리고 염색체 수가 많다고 하여 고등생물인 것도 아니고 지능이 좋은 것도 아니다.

그러면 사람의 염색체 수가 진화과정에서 어떻게 변화되어 왔을까? 염색체 수가 증가한 것일까, 아니면 감소한 것일까? 또는 증가하다가 감소하고 감소하다가 증가하기도 한 것일까? 다음은 생물들의 염색체 수이다.

<생물들의 염색체 수>

구 분	염색체 수
초파리	8개
보리	14개
완두	14개
쌀	24개
차	30개
히드라	32개
집고양이	38개
대두	40개
생쥐	40개
밀	42개

돌고래	44개
사람	46개
고릴라	48개
침팬지	48개
오랑우탕	48개
담배	48개
소	60개
말	64개
닭	♂ 78개, ♀ 77개
개	78개
잉어	♂ 104개
미국가재	♂ 200개
애더즈 텅 (Adders-tongue, 고사리의 일종)	1260개

　이미 위에서 3염색체를 보았는데 2염색체(disomy, 다이소미, 다이: di 는 2라는 의미이다)는 염색체가 2개인 경우이고 단일염색체(monosomy, 모노소미, 모노: mono는 1이라는 의미이다)는 염색체가 1개인 경우이다. 염색체 2개를 기준으로 했을 때 3염색체는 염색체가 1개 많은 것이고 단일염색체는 염색체가 1개 적은 것이다. 염색체 수의 이상은 세포분열의 이상 때문이다. 세포분열시 염색체가 딸염색체로 분리하여 세포의 양극으로 이행할 때 분리되지 않으면 이수성 세포가 생긴다. 이수성은 수에 이상이 있는 것을 말한다. 염색체 수의 이상은 동일한 종 내에서의 현상이다.

　만약 사람이 침팬지로부터 진화했다면 염색체 수가 48개에서 46개로 줄어든 것이다. 물론 진화 당시에 침팬지와 사람의 염색체 수가 지금과 같지 않을 수도 있다. 문제는 염색체 수가 일관되게 증가하거나 감소하는 것이 아니라 증가하였다가 감소하기도 하고 감소하였다가 다시 증가하기도 할 수 있는지 여부이다. 만약 이것이 불가능하다면 진화의 경로는 협소해질 것이다. 다시 말하면 진화는 염색체 수에 의하여 제한을 받게 된다. 돌연변이의 특성을 감안하면 염색체 수가 증가하였다가 감소하기도 하고 감소하였다가 다시 증가하기도 할 것이다.

그런데 여기서 또 다른 문제가 발생한다. 만약 염색체 수가 증가하였다가 감소하기도 하고 감소하였다가 다시 증가하기도 한다면 염색체수에 관한 한 진화에 규칙성이 없다는 말이 된다. 과연 이러한 진화가가능할까? 심지어 진화가 아니라 퇴보가 될 수도 있다. 거꾸로 갈 수도있다는 의미이다.

염색체 수의 변화가 몸의 외모와 기능을 바꿀 수 있다는 것은 염색체 이상 질병을 보면 알 수 있다. 질병이라는 것은 결국 몸의 외모와 기능을 바꾸는 것이다. 이것은 종 내에서의 문제이다. 그러면 과연 염색체수의 변화가 종의 변화를 발생시킬 수 있을까? 그리고 어느 정도의 염색체 수의 변화가 있어야 종의 변화가 발생할까? 만약 침팬지에서 사람이진화한 것이라면(고릴라이든지 오랑우탕이든지 마찬가지이다) 염색체 수의 변화는 2개이다. 이 2개의 변화가 침팬지와 사람의 외모와 기능을 바꾸어놓았다는 말이 된다. 염색체 수가 감소한 것은 복수의 염색체가 합쳐서1개의 염색체를 형성하였기 때문이다. 이것을 염색체융합이라고 한다. 염색체융합은 염색체 수가 감소하는 경우에 관한 설명이론이다.

염색체융합이론을 적용하는 대표적인 예가 바로 침팬지와 사람의염색체 수의 차이이다. 하지만 염색체융합이론이 다른 경우들에 어떻게적용되는지에 관하여는 자세한 언급이 별로 없다. 침팬지는 어디서 진화한 것일까? 침팬지는 몇 개의 염색체를 가진 생물로부터 진화하였을까? 진화의 경로가 뚜렷하게 밝혀진 것은 없다.

화석인류는 화석의 발견을 통하여 그 존재가 밝혀진 과거의 인류이다. 지금은 소멸하고 없다. 오스트랄로피테쿠스는 대표적인 화석인류이다. 호모 하빌리스, 호모 에렉투스 등도 화석인류이다. 그러면 이들의 염색체 수는 몇 개일까? 네안데르탈인은 호모(Homo), 즉 사람 속에 소속되어 있다. 네안데르탈인은 32,000년 전까지도 살아 있었다. 네안데르탈인의 DNA의 구조에 관한 연구가 많이 진행되고 있다. 그런데 네안데르탈인의 염색체의 수에 관하여 알려진 것은 없다. 다른 화석인류들도 마찬가지이다. 네안데르탈인에 관한 글들을 보면 외모가 어떻고 신체의 각 부분들의 크기와 특성은 어떠한지에 관하여 자세히 언급되어 있지만 정작 염색체 수에 관하여는 언급이 없다. 일부에서는 사람처럼 46개일 것이라는 의견을 제시한다. 다른 사람들은 침팬지처럼 48개일 것이라는 의견을 제시한다. 양자의 의견이 서로 팽팽하다. 이것에 관한 결론은 염색체에 관한 뚜렷한 증거를 가진 화석이 발견되지 않는 한 내려질 수 없을 것이다.

진화와 관련하여 염색체의 수는 매우 중요한 의미를 가진다. 하지만 화석인류들의 경우에서 보는 것처럼 심지어 염색체 수조차도 명확하게 알려진 것은 없다. 진화이론을 전개하는 데 있어서 염색체 수의 차이가 유리한 증거가 되는지 아니면 오히려 불리한 증거가 되는지도 명확하지 않다. 만약 염색체 수의 차이가 진화이론에 방해가 된다면 유전학과 진화이론은 반대의 길을 가는 것이다. 만약 염색체 수의 차이가 진화이론에 도움을 준다면 유전학과 진화이론은 같은 방향의 길을 가는 것이다. 결론에 관계없이 염색체 수는 진화이론과 관련하여 매우 중요한 의미를 가지고 있다.

제2장

생각하는 바나나와 콩 심는 사람

호모 사피엔스(Homo sapiens)는 생각하는 사람이라는 의미이다. 호모(Homo)는 사람이라는 의미이다. 호모 사피엔스 이외에 인간의 특성을 반영하는 많은 말들이 있다. 호모 에렉투스(Homo erectus)는 사람 속에 포함되지만 멸종되었다. 에렉투스는 라틴어로서 '똑바로 선, 일어선'을 의미한다. 호모 에렉투스는 '똑바로 선 사람'이라는 의미이다. '똑바로 선'을 한자어로 말하면 '直立'(직립)이니까 똑바로 선 채로 걸으면 직립보행이 된다. 생물의 분류상의 명칭인 호모 에렉투스는 멸종되었지만 호모 사피엔스 사피엔스 또한 직립보행을 한다는 의미에서는 호모 에렉투스이다.

라틴어 사피엔툼(sapientum)은 현명한 사람, 즉 현인이라는 의미이다. 무사 사피엔툼(Musa sapientum)은 글자 그대로 해석하면 현인 무사가 된다. 무사 사피엔툼은 그렇게 현명한 사람일까? 무사 사피엔툼은 생물의 체계적 분류에서 바나나에 대하여 예전에 사용되었던 이름이다. '현명한'이라는 말이 사람을 의미하는 호모 사피엔스뿐만 아니라 바나나인 무사 사피엔툼에게도 붙여졌다는 것이 흥미롭다. 지금은 무사 사피엔툼이라는 명칭을 사용하지 않는다. 무사 사피엔툼이라는 이름은 칼 폰 린네가 지은 것이다. 무사 사피엔툼이라는 이름은 로마황제인 아우구스투스의 의사였던 안토니우스 무사(Antonius Musa)로부터 유래한 것이라는 이야기도 있다. 다른 하나는 바나나를 의미하는 아랍어에서 왔다는 이야기도 있다.

현명한 바나나? 그래서 그런지 바나나라는 말은 사람을 비유할 때 자주 쓰인다. 다만 현명한 사람이라는 의미로 쓰이지는 않는다. 탑 바나나(top banana)는 우두머리를 의미한다. 탑 바나나는 리더이자 보스를 의미한다. 탑 바나나는 제1인자로서 가장 중요한 사람이다. 탑 바나나에 대비되는 것은 세컨드 바나나(second banana)이다. 세컨드 바나나는 2차적인 역할을 담당하는 사람을 말한다. 세컨드 바나나는 탑 바나나 다음가는 지위로서 조직의 제2인자를 의미한다. 세컨드 바나나는 탑 바나나의 통제 아래에 놓여 있다. 세컨드 바나나는 탑 바나나에 종속되어 있기도 하고, 좀더 느슨한 상태에 있을 수도 있다. 탑 바나나라는 용어는 원래 쇼 비즈니스에서 등장한 용어이다. 바나나를 가지고 하는 연기가 계기가 되어 탑 바나나라는 용어가 사용되기 시작한다. 그 후 세컨드 바나나라는 용어까지 생겨났다.

바나나는 원래 남부아시아 또는 남동아시아의 열대에서 자랐었다. 지금은 여러 지역으로 전파되었다. 바나나라는 이름은 아프리카에서 쓰는 말인 바나나(banaana)에서 왔다. 바나나에도 여러 종류가 있다. 캐번디시 바나나(Cavendish banana), 그로 미셸 바나나(Gros Michel banana), 플랜테인(plantain)이 있다. 이 중에서 캐번디시 바나나의 캐번디시는 사람 이름이다. 캐번디시는 영국의 귀족가문이다. 캐번디시 바나나는 데번셔의 제6대 공작 윌리엄 캐번디시를 본뜬 것이다. 윌리엄 캐번디시는 견본을 얻어 상업적인 이용을 위하여 품종을 개발한 사람이다. 윌리엄 캐번디시는 시종들의 우두머리인 시종장(Lord Chamberlain, 로드 체임벌린)을 한 사람이다. 캐번디시 가문은 유명한 사람들이 많아서 몇 대인지를 밝혀 주어야 할 정도이다.

플랜테인은 채소처럼 요리해서 먹는다. 1960년대 이후로 그로 미셸 바나나는 캐번디시 바나나로 대체되었다. 그로 미셸 바나나는 파나마병에 의하여 멸종위기에 처하게 되었다. 우리가 흔히 먹는 것은 캐번디시 바나나이다. 바나나헤드(bananahead)라는 말이 있다. 이것은 멍텅구리를 의미한다. 이것을 무사 사피엔툼과 비교해 보라. 완전히 반대의 의미이다.

Renoir, *Girls in Black*, 1880-1882

피에르 오귀스트 르누아르(Pierre Auguste Renoir)는 "바나나나무 밭"이라는 그림을 그리기도 하였다. 이 작품의 배경은 알제리에 있는 식물원이다. 이 작품은 자연이 제공해 주는 풍경을 그리고 있다. 바나나나무들 너머로 하늘과 만이 보인다. 바나나나무들의 잎사귀는 서로 뒤엉켜 있다. 우뚝 솟은 나무도 한 그루 보인다. 우리나라에서도 바나나나무를 소재로 한 그림들이 있다. 르누아르는 프랑스의 화가이다. 르누아르를 르(re)와 누아르(noir)로 나눌 수 있다. 프랑스어 르(re)는 '다시'라는 의미이다. 누아르(noir)는 '검은 색', '검은'이라는 의미이다. 르누아르는 '다시 검은 색'이라는 의미이다. 르누아르는 인상파를 시작한 사람 중의 한 명이다. 후기 작품들에서는 많은 누드 연구를 통하여 인상파를 이탈하고 있다. 이것들은 더 형태적인 구성을 특징으로 한다. 르누아르의 아들은 영화감독이자 작가인 장 르누아르이다.

르누아르 자신도 "검은 옷을 입은 두 소녀"라는 그림을 그렸다. 르누아르가 그린 그림을 보면 두 소녀 모두 검은 옷을 입고 있는데, 한 소녀는 입에 손가락을 댄 채로 정면을 바라보고 있고, 다른 소녀는 그 소녀의 얼굴을 바라보고 있다. 한 소녀의 얼굴을 바라보고 있는 다른 소녀의 얼굴은 장난기가 있는 것도 같고, 아닌 것도 같다. "하얀 옷을 입은 사람"을 그린 화가도 있다.

생물의 분류상의 명칭은 아니지만 호모와 결합된 많은 말들이 있는

데, 이것들은 인간의 특성을 표시한다. 호모 로쿠엔스(Homo loquens)는 '언어를 사용하는 사람'이라는 의미이다. 로쿠엔스는 '말하는 사람'이라는 의미이다. 호모 루덴스(Homo ludens)는 '노는 사람'이라는 의미이다. 루덴스는 라틴어로서 '노는, 놀고 있는'을 의미한다. 이때 '논다'는 의미는 매우 광범위한 것이다. 호모 파베르(Homo faber)는 라틴어로서 '사람, 창조자'라는 의미이다. 이에 대하여 데우스 파베르(Deus faber)는 '신, 창조자'라는 의미이다.

호모 파베르는 여러가지 의미로 사용된다. 도구를 통하여 환경을 통제하는 사람을 언급할 때 사용하기도 한다. 자신을 둘러싼 운명을 통제하는 인간의 능력을 언급할 때 사용되기도 한다. 호모 파베르는 '일하는, 근로하는 사람'을 의미하기도 한다. 이러한 의미로 사용될 때는 호모 파베르는 호모 루덴스와 충돌된다. 노는 것과 일하는 것은 반대일 수도 있기 때문이다.

창조자, 도구를 통하여 환경을 통제하는 사람, 자신을 둘러싼 운명을 통제하는 사람은 의미가 서로 완전히 일치하지 않는다. 창조자는 새로이 무엇을 만드는 자이다. 일하는, 근로하는 사람은 또 다른 의미이다. 도구를 통하여 환경을 통제한다는 것과 일하는 것은 의미가 조금 통하기도 한다. 일할 때 도구를 사용할 수도 있으니까 말이다. 그런데 일할 때 도구를 사용하지 않을 수도 있다. 맨손으로 일할 수도 있다. 원래 사람은 맨손으로 일하였고 도구가 발명되자 일할 때 도구를 사용하였다. '호모 파베르'라는 용어를 사용할 때 사용하는 사람에 따라 다른 의미로 사용함을 확인할 수 있다.

일하는 것이 창조를 위한 것이라면 창조자와 일하는 사람은 의미가 통한다. 근로의 의미가 이렇게 복잡하다. 근로와 노는 것도 완전히 구별할 수 있는 것이 아니다. 경제학에서는 노는 것을 여가라는 용어로 대체하여 사용한다. 경제학에서는 근로와 여가의 상호관계를 선택, 즉 의사

결정의 문제로 파악한다. 단순화한 모델인 것이다. 경제학자 중에는 근로와 빈곤을 연결하여 사용하기도 한다. 근로하지 않기 때문에 빈곤하다는 것이다. 이러한 빈곤관은 빈곤을 근로하지 않는 것, 나태, 게으름에서 찾는 빈곤관이다. 이러한 빈곤관은 서양에서 뿌리깊은 빈곤관이다. 빈곤관에는 다른 빈곤관들도 많이 있다. 빈곤관이 가난한 사람들에 대한 최저생계비 보장, 즉 사회복지의 문제로까지 깊숙이 침투한다. 소유권도 근로와 관련되어 있다. 소유권의 근거를 노동에서 찾는 것은 서양의 뿌리 깊은 흐름이다. 소유권의 근거에 관하여도 다른 많은 의견들이 있다.

　호모 파베르의 의미가 일하는, 근로하는 사람이라는 것을 사람의 이름이 뒷받침하기도 한다. 이것이 오히려 설득력이 더 있다. 파버(Faber)라는 사람의 이름이 있다. 파버는 페이비언(Fabian)의 변형체이다. 변형체는 여러가지 형태로 변형되어 쓰이는 것을 말한다. 페이비언은 라틴어 파비우스(Fabius)에서 왔다. 파비우스는 사람의 이름이다. 여러 명의 로마황제들과 16명의 성인들이 파비우스라는 이름을 가지고 있다. 또한 파비우스는 '콩을 재배하는 사람'이라는 의미이다. 페이비언의 프랑스어 형태는 파비엥(Fabien)이다. 페이비언의 이탈리아어 형태는 파비아노(Fabiano)이다. 콩을 재배하는 사람, 이것이 바로 일하는, 근로하는 사람과 통한다.

　파버, 페이비언, 파비우스, 파비엥, 파비아노라는 이름은 모두 일을 열심히 하는 사람들의 이름들인 셈이다. 그러면 논다는 의미의 루덴스라는 이름은 있을까? 앞으로 이런 이름이 많이 나올지도 모른다. 그리고 이런 이름이 반드시 나쁜 것은 아니다. 일하면서 논다면 말이다. 서양 사람의 성 중에는 잡스(Jobs)라는 성이 있다. 잡(job)은 '일'이라는 의미이다. 잡스는 일의 복수형이다. '일'이라는 성을 가진 사람으로 스티브 잡스(Steve Jobs)가 있다. 스티브 잡스는 애플이라는 기업을 세계적인 기업으로 만든 사람이다. 사물을 지칭하는 말이 사람의 성으로 사용되다 보니까 잡스라는 이름은 일상생활에서 자주 언급된다.

　잡(Job)은 성서에 등장하는 인물이기도 하다. 우리말로는 욥이다. 욥에 관한 책이 "욥기"이다. 욥은 히브리의 족장이다. 욥은 어려움을 참는 인고의 인물이다. 욥은 편안하고 번영된 삶을 살았다. 그런데 참혹한 재앙을 만나 가족, 건강, 재산을 빼앗긴다. 욥은 자신이 처한 상황을 이해하려고 노력하였고 어려운 상황을 극복하기 시작한다. 마침내 어려움을 극복한다. 여기에 신의 도움이 있었다. 욥은 이슬람의 코란에서 예언자로 등장한다. 욥의 이슬람식 발음은 아유브(Ayyūb)이다. 아유브라는 이름은 역사 속에서 많이 등장한다.

호모 사피엔스, 호모 에렉투스, 호모 루덴스, 호모 파베르는 인간이 혼자서도 할 수 있는 특성을 나타낸다. 반면에 호모 로쿠엔스는 인간이 혼자서 할 수는 있으나 혼자서 하는 것은 부질없는 것이며, 상대방을 필요로 하는 특성을 나타낸다. 호모 로쿠엔스는 의사소통과 관련된다. 호모 로쿠엔스로서의 인간은 입, 입술, 입 안의 혀, 성대를 사용하여 의미가 담겨져 있는 소리를 만들어 낸다. 이렇게 만들어진 소리는 공기를 통하여 자기 자신의 귀와 상대방의 귀로 전달된다.

자기가 한 말이 자기 자신의 귀로 들어 왔을 때에는 의미의 해석, 재생이라는 것이 특별히 없다. 왜냐하면 내가 소리를 만들 당시에 나는 뇌에서 소리에 담겨질 그 의미를 이미 파악하고 있기 때문이다. 그것도 아주 정확히 파악하고 있다. 그런데 소리가 상대방의 귀로 전달되었을 경우에는 상대방이 그 소리에 담겨진 의미를 해석, 재생하여야 한다. 소리에 담겨진 의미를 해석, 재생하지 않고서는 소리 자체만을 듣는 것과 차이가 없다. 상대방이 전달된 소리에 담겨진 의미를 해석, 재생하는 과정에서 오류가 발생할 수 있다. 그 오류는 내가 처음에 발신한 소리와 상대방이 수신한 소리는 물리적으로 동일하지만 상대방이 그 소리에 담겨진 의미를 나의 것과 다르게 해석, 재생하는 것이다.

이러한 오류는 상대방이 소리를 듣는 과정에서 정신을 집중하지 않았거나 소리에 담겨진 의미가 명확하지 않기 때문에 발생한다. 상대방은 또한 소리에 담겨진 의미를 정확히 해석, 재생하였을 경우라도 그 의미를 부정할 수 있다. 이때 상대방은 소리의 의미를 정확히 해석, 재생하였음에도 어떤 이유 때문에 그 의미를 부정하고 있는 것이다. 인간이 말을 하고 듣는다는 것은 고도의 정신적 작용이다. 말을 하고 듣는다는 것은 사피엔스 사피엔스의 하나의 기능이다. 따라서 상대방이 말을 할 때 정신을 집중하지 않으면 말의 의미를 정확하게 해석, 재생할 수 없다.

프랑스의 철학자·수학자인 파스칼은 인간의 생각하는 기능을 매우 중시하였다. 파스칼은 인간의 신체를 나약하게 보았다. 그래서 파스칼은 인간을 갈대로 보았다. 인간은 자연 가운데 가장 나약한 갈대라는 것이다. 하지만 인간은 생각하는 능력을 가진, 생각하는 갈대라는 것이다. 로댕의 조각품 "생각하는 사람"이 유명해진 이유는 무엇일까? 그것은 그 작품이 인간이 생각하는 존재라는 것을 가장 잘 나타내 주기 때문일 것이다. 만약에 그 작품의 제목을 '시인'이라고 계속하여 불렀다면 지금과 같이 유명해졌을까?

또는 그 작품이 괴로워하는 인간을 묘사하였고, 따라서 작품의 제목을 '괴로워하는 인간'이라고 했다면 어떠했을까? 또는 그 작품이 슬퍼하는 인간을 묘사하였고, 따라서 작품의 제목을 '슬퍼하는 인간'이라고 했다면 어떠했을까? 인간이 생각하는 존재라는 것은 위대한 것이다. 그런데 그 생각이 다른 생각을 만났을 때 그 위대함이 때로는 빛을 발하지 못할 수도 있다.

로댕의 이름은 길기도 하다. 프랑수아 오귀스트 르네 로댕(François Auguste René Rodin, 1840-1917)이 완전한 이름이다. 생각하는 사람은 프랑스어로 르 팡쇠르(Le Penseur)이다. 팡쇠르는 '사상가, 사색가, 생각하는 사람'이라는 의미이다. 그 중에서 우리는 생각하는 사람이라고 번역하여 쓰고 있는 것이다. 생각은 프랑스어로 팡세(pensée)이다. 블레즈 파스칼(Blaise Pascal, 1623-1662)의 작품 중에 "팡세(Pensées)"라는 작품이 있다. 원래의 제목은 종교와 약간의 다른 주제들에 관한 파스칼의 생각

Rodin, *The Thinker*, 1879-1889

인데, 줄여서 팡세라고 부르고 있다. 로댕의 조각품 "생각하는 사람"은 원래의 제목이 '시인'이었다.

블레즈 파스칼은 39년이라는 짧은 삶을 살았다. 그는 인간의 몸은 갈대처럼 약한 존재라고 하였는데 자신은 결국 몸의 한계를 극복하지 못하고 짧은 삶을 마감하고 만다. 로댕의 "생각하는 사람"은 제목에서 아예 몸의 한계를 지워버리고 생각하는 점만을 부각시키고 있다. 그 결과 로댕은 77년을 살게 된다. 로댕의 "생각하는 사람"은 많은 사연을 가지고 있다.

"생각하는 사람"은 누드로 되어 있다. 받침대 위에 앉아서 두 발을 약간 벌리고, 등을 약간 구부리며, 시선은 아래로 향하고 있다. 오른쪽 팔을 왼쪽 다리의 허벅지에 대고, 오른쪽 팔목을 꺾어 손등을 얼굴 아래쪽에 붙이고, 왼쪽팔은 손바닥을 편 채 아래로 향하면서 왼쪽 무릎을 감싸고 있다. 받침대에 앉아 있는 엉덩이가 편안해 보이지는 않고, 받침대에 붙이고 있는 발바닥이 미끄러지지 않게 하기 위하여 약간 힘을 주고 있다. 로댕의 조각품을 보고 있으면 마치 조각품이 살아 있는 사람처럼 깊은 생각에 빠져 있음을 알 수 있다. 깊은 생각의 내용이 어떠한 것인지 정확하게 알 수 없지만 그 생각은 고민일 수도 있고 아니면 어떤 묘안을 찾고 있는지도 모른다.

로댕은 1883년에 만 18세의 카미유 클로델(Camille Claudel)을 만났다. 클로델은 1864년에 태어나서 1943년에 죽었다. 사진을 보면 로댕은 안경을 쓰기도 하고, 안경을 쓰지 않기도 한다. 로댕은 많은 콧수염과 턱수염을 기르고 있다. 귀 밑에도 수염이 길게 있다. 수염이 하도 길어 거의 양복의 칼라 끝까지 내려 온다. 클로델의 사진을 본 적이 있는가? 클로델의 사진은 흔히 클로델이 만 19세인 1884년에 찍은 것이 알려져 있다. 머리털이 귀의 반 가량까지 내려와 있다. 클로델은 사진을 찍을 때

입을 다물고, 누군가를 강하게 주시하고 있다.

클로델에게는 4살 적은 남동생이 있다. 그가 폴 클로델이다. 폴 클로델은 시인이자 극작가이자 외교관이었다. 로댕은 "생각하는 사람"을 1879년에서 1889년 사이에 만들었다. 클로델은 로댕에게 영감을 주기도 하고, 모델이 되기도 하였으며, 연인이기도 하였다. 1892년 클로델은 로댕과의 관계를 끊었지만 1898년까지 그를 만나기는 하였다. 1905년 이후에 카미유 클로델은 정신분열증을 앓게 된다.

문화와 예술은 근로와 아주 밀접하게 관련되어 있다. 이들 분야의 근로는 인간의 정신적 작용과 결합되어 이루어진다. 문화와 예술은 인간의 정신과 감정이 보다 많이 필요한 영역이다. 근로가 아닌 문화와 예술이 존재하기 때문에 문화와 예술이 항상 근로가 되는 것은 아니다. 문화와 예술을 하는 동기는 다양하다. 문화와 예술을 하는 사람들은 자신의 활동이 근로의 하나의 유형이라고 불리기를 좋아할까, 아니면 자신의 활동이 문화와 예술일 뿐 근로는 아니라고 불리기를 좋아할까?

산책을 하는 것은 근로일까? 산책은 심장이 뛰는 것 또는 감각기능과 성격을 달리한다. 공원이나 강, 산을 산책하는 것은 인간의 신체 내부에 머무르지 않는다. 산책은 인간의 신체가 외부와 관련을 맺게 해준다. 사람은 몸을 움직임으로써 장소와 관련을 맺는다. 사람이 몸을 움직이지 않는다면 장소라는 공간의 의미는 확 줄 것이다. 산책은 신체의 이동을 필요로 한다. 산책은 대표적인 신체의 움직임이다. 산책은 심장, 뇌, 허파, 위, 간 등과 같은 인간의 기관에 좋다. 산책은 심장, 뇌, 허파, 위, 간이 기능을 잘 수행하도록 도와준다. 한 마디로 산책은 몸에 서비스, 즉 근로를 제공한다. 지금 몸이 아픈 사람에게는 이보다 더 큰 서비스를 제공하는 것이 없다. 그래서 산책은 근로에 해당한다.

"당신은 일은 안 하고 산책만 다니나요?" "왜 산만 다니나요?" 이러한 말을 주변에서 흔히 듣는다. 이러한 사고는 기존의 근로관에 익숙한 사고이다. 경제학이나 노동법에서는 근로를 말할 때 임금을 전제로 한다. 경제학이나 경영학에서는 개인사업을 말할 때 자기근로가 소득을 창출하는 것을 전제로 한다. 경제학이나 노동법 그리고 경영학은 산책이 수행하는 어마어마한 기능을 전혀 전제로 하고 있지 않다.

"당신은 일은 안 하고 산책만 다니나요?" "왜 산만 다니나요?" 이러한 말을 하는 사람은 이미 경제학이나 노동법 그리고 경영학의 사고에 익숙해져 있는 것이다. 몸과 정신에 근로가 기여하는 서비스는 생각도 하지 않고 말이다. 원래 근로와 임금 또는 소득창출은 항상 동반하는 것이 아니다. 임금 또는 소득창출이 없어도 근로에 해당하는 것들은 많다. 이전에 선비들이 밥상 위에 책을 올려놓고 책을 읽는 것도 근로에 해당한다. 물론 보는 사람의 입장에서는 답답할 수도 있다. 돈을 벌지 않으니까 말이다.

"당신은 일은 안 하고 산책만 다니나요?" "왜 산만 다니나요?" 이러한 질문들은 말하는 사람과 듣는 사람의 생각의 차이에서 나오는 질문이다. 말하는 사람은 이러한 질문을 할 때 경제학이나 노동법 그리고 경영학의 사고에서 말한다. 듣는 사람은 경제학이나 노동법 그리고 경영학의 사고에 익숙하지 않다. 뿐만 아니라 자신이 이전에 가졌던 경제학이나 노동법 그리고 경영학의 사고를 갈아치운 상태이다. 그래서 산책을 근로로 생각하고 있다. 당신은 일은 안 하고 산책만 다니나요? 왜 산만 다니나요? 지금 산책을 가려고 하는 사람에게 이러한 말을 하면 그 사람은 이 말을 이해하지 못할 뿐만 아니라 이러한 말을 하는 사람과 자신을 다른 차원의 사람으로 이해하게 된다.

학교공부를 하지 않고 다른 공부에 몰두하는 학생이 있다. 부모님들이 공부를 하라고 하는 이유는 사람마다 다를 수 있다. 학교공부를 하지 않기 때문에 부모님들은 걱정이 된다. "○○야, 너는 공부는 하지 않고 쓸데 없는 것만 하고 있어?" 이 말을 들은 학생은 부모님의 사고에 익숙하지 않다. 뿐만 아니라 이 학생은 자신이 이전에 가졌던 학교공부를 열심히 해야 한다는 사고를 갈아치운 상태이다. 그래서 자신이 몰두하는 일이 공부라고 생각하고 있다. "○○야, 너는 공부는 하지 않고 쓸데 없는 것만 하고 있어?" 지금 자신이 몰두하는 공부를 하려고 하는 학생에게 이러한 말을 하면 이 학생은 이 말을 이해하지 못할 뿐만 아니라 이러한 말을 하는 부모님과 자신을 다른 차원의 사람으로 이해하게 된다.

차원이 다르다고 생각하는데 학교공부 하라고 하면 그 말을 들을 까닭이 없다. 지금 산책을 가려고 하는 사람과 지금 자신이 몰두하는 공부를 하려고 하는 학생에게 필요한 것은 그러한 말들이 아니다 "당신은 산책일 말고 다른 일 좀 하시죠?" 지금 산책을 가려고 하는 사람에게 필요한 말은 바로 이것이다. 그러면 응답이 온다. "어떤 일?" "○○야, 너는 지금 하는 공부뿐만 아니라 학교공부도 해야 해." 지금 자신이 몰두하는 공부를 하려고 하는 학생에게 필요한 말은 바로 이것이다. 그러면 응답이 온다. "이 공부 끝나고 조금 있다가 학교공부 할거야!"

응답이 오는 이유는 질문을 하는 사람이나 대답을 하는 사람이 같은 차원이기 때문이다. 다시 말하면 동일한 생각을 하고 있기 때문이다. 양쪽 모두 산책이 일이라는 점에 관하여 동의하고 있다. 양쪽 모두 지금 학생이 몰두하는 것이 공부라는 점에 관하여 동의하고 있다. 실제로 지금 학생이 몰두하는 것은 공부이다. 다만 그 공부가 학교에서 배우는 공부가 아닐 뿐이다. 학생에게 학교에서 배우는 공부는 매우 중요하다. 학생이 성장하여 학교를 졸업하면 뒤늦게 그 사실을 알게 된다. 다만 학생은 지금 학교를 졸업한 것이 아니라 학교를 다니는 중에 있기 때문에 그 사실을 잠시 소홀히 하고 있는 것이다.

산책을 함으로써 인간은 건강을 누릴 수 있다. 산책은 인간에게 맑은 공기를 공급함으로써 인간을 건강하게 해 준다. 인간은 산책을 하면서 움직임으로써 신체의 신진대사를 활성화시킨다. 인간은 산책을 통하여 마음의 여유를 가질 수 있고, 정신적 건강을 유지할 수 있다. 뿐만 아니라 인간은 산책을 통하여 산과 강이라는 자연을 접촉하게 되고, 산과 강에 있는 많은 동물, 식물 그리고 물질을 접촉하게 된다. 인간은 자연,

동물, 식물, 물질을 접촉함으로써 이들을 재발견하게 된다. 인간은 이들에 대한 재발견을 통하여 자연과학을 발전시켜 왔고, 문화와 예술을 발전시켜 왔다. 물리학, 생물학, 화학, 지구과학 등의 자연과학의 발전이 오로지 실험실 안에서의 실험을 통해서만 이룩된 것이 아니다. 문화와 예술도 자연에 대한 재발견이 없었다면 그 풍요로움을 자랑할 수 없었다.

청소하는 것도 근로이다. 사무실을 청소하는 것이 근로라는 것을 의심할 사람은 없다. 사무실뿐만 아니라 집안 청소를 하는 것도 근로이다. 근로에 관하여 청소는 생각보다 더 심오한 의미를 가진다. 청소는 사람에게 있어서 근로의 시작인지도 모른다. 어린이들이 가장 일찍 접하는 근로가 바로 청소이다. 어린이들에게 요리와 빨래를 기대할 수는 없다. 하지만 청소는 다르다. 아주 어린 나이에도 불구하고 어린이들은 청소를 할 수 있고, 또 실제로 청소를 한다. "○○야, 방 청소해." "알았어요."
청소는 나이와 큰 관련이 없다. 근로감당능력만 있으면 된다. 뿐만 아니라 청소는 나이가 많은 분들도 할 수 있다. 나이가 많은 분들에게 요리와 빨래를 기대할 수는 없다. 청소는 사람에게 있어서 근로의 끝인지도 모른다. 산책을 빼면 말이다. 산책은 청소보다 더 많은 에너지가 필요하다. 걷는 데 많은 에너지가 필요하기 때문이다. 산책에 비하여 청소가 더 간단하다. 나이가 많은 분들에게는 그렇다. 지금 부모님이 산책을 다니신다면 자식들은 안심해도 된다. 부모님이 건강하신 것이다.
청소를 늘 해 오던 부모님이 갑자기 청소하지 않는다면 자식들은 걱정해야 한다. 자식들은 부모님을 잘 살펴보아야 한다. 이것이 부모님의 기력이 쇠해졌다는 것을 말해 주기 때문이다. 이것은 일종의 의학적 징후이다. 부모님이 이제 근로를 감당하지 못하는 것이다. 사람과 근로와의 관계는 매우 밀접하다. 처음 태어날 때에는 근로를 감당하지 못한다. 성장하면서 근로를 감당하기 시작한다. 어린이들이 청소하는 것이 그 예이다. 나이가 들어 기력이 쇠해지면 또 다시 근로를 감당하지 못하신다.

근로감당능력이 사람의 건강상태를 말해 준다.

　　청소는 어린이들에게 근로에 관한 의식을 일깨워 준다. 이것은 무의식적으로 이루어진다. 청소를 열심히 하면 부지런하다는 말을 듣는다. 부지런하다는 것은 근로에 대한 적극성을 나타내 주는 말이다. 또한 부지런하다는 것은 신체의 움직임에 대한 적극성을 나타내 주는 말이다. 신체의 움직임에 대하여 소극적인 태도를 가지고 있는 사람은 신체를 잘 움직이려고 하지 않는다. 이 사람들은 신체를 전혀 움직이지 않는 것은 아니지만 반드시 움직일 필요가 있을 때에만 신체를 움직인다.

　　근로에는 신체의 움직임이 필요하다. 청소는 신체의 움직임에 대한 소극적인 태도를 극복하는 데 많은 도움을 준다. 청소를 하지 않는다고 해서 신체의 움직임에 대하여 소극적인 태도를 가진다는 말이 아니다. 어린이들이 청소를 하면 신체의 움직임에 대한 경험을 축적하기 때문에 그 경험을 바탕으로 하여 다른 일도 적극적으로 할 수 있게 된다는 의미이다. 청소는 어린이들에게 근로를 통한 성취감을 증가시킨다. 자신의 근로로 방이 깨끗하게 된 것을 본 어린이는 성취감을 느낀다. 이러한 경험 또한 축적되기 때문에 그 경험을 바탕으로 하여 다른 일도 적극적으로 할 수 있다.

　　어른들이 청소를 통하여 성취감을 느끼지 못하는 것은 방이 깨끗하게 된 것을 큰 성취로 보지 않기 때문이다. 만약 어른이라고 할지라도 방이 깨끗하게 된 것을 하나의 성취로 생각한다면 방청소를 한 후 성취감을 느낄 것이다. 어린이들에게 방이 깨끗하게 된 것은 하나의 큰 성취이다. 그것도 자신의 근로로 말이다. 아주 어린 아이가 청소할 수 있게 되었다는 것은 그 아이에게 근로감당능력이 생겼다는 것을 의미한다. 이 아이는 자신의 근로감당능력을 보고 자신이 크게 성장했다는 것을 확인한다. 그러면서 자신의 성장에 맞추어 자신의 생각과 행동을 조절한다. 어린이들의 발달은 자신이 이룬 성취에 의하여 촉진된다.

　　어린이들은 청소하면서 깨끗함, 청결에 관한 의식을 키워나간다. 이것은 사람의 건강에 좋은 것이다. 깨끗함, 청결이 바로 위생적인 것이다. 비위생적인 것은 깨끗함, 청결이 없는 것이다. 위생이 바로 건강이다. 깨끗함, 청결에 관한 의식은 그 어린이의 성격에 많은 영향을 준다. 방 안에 있던 휴지나 쓰레기를 치우고, 구석에 있는 먼지를 털어내고 때를 지우면서 깔끔함과 꼼꼼함을 배우게 된다. 어린이들이 깔끔함과 꼼꼼함을 배울 수 있는 기회는 의외로 많지 않다. 청소는 어린이들에게 선생님인 것이다. 아주 훌륭한 선생님.

꼼꼼함은 상관 없지만 지나치게 깔끔한 것은 나중에 문제를 발생시킬 수도 있다. 지나치게 깔끔한 것은 음식에 비유하면 편식과 같은 것이다. 어린이들이 청소할 때 깔끔함을 너무 강조하면 안 된다. 청소하면 청소하기 이전보다 깨끗해지는 것은 분명하다. 그것으로 만족해야 한다. 청소한다는 자체가 중요한 것이지 어린이에게 청소를 통한 완전한 깨끗함, 청결을 기대해서는 안 된다. 완전한 깨끗함, 청결이 반드시 필요하다면 부모님 본인이 해야 한다. 예를 들어 손님이 오거나 할 때 말이다. 설사 손님이 온다고 해도 완전한 깨끗함, 청결은 필요하지 않다.

사냥은 대표적인 근로이다. 원시시대에는 사냥의 성과가 삶과 사를 결정하였다. 사냥은 나이와 관계가 있다. 어린이에게 사냥을 시킬 수는 없다. 어린이들은 사냥을 감당할 능력이 없다. 사냥을 하려면 일정한 나이가 되어야 한다. 그것이 사냥할 나이이다. 이에 비하여 청소할 나이는 매우 어리다. 청소를 통한 근로의식과 신체의 움직임에 대한 적응능력을 심어주지 않고 사냥해 오라고 하면 어린이가 사냥에 성공할 까닭이 없다. 근로의식과 신체의 움직임에 대한 적응능력은 어릴 때 심어주어야 한다. 그렇다고 아주 어린 아이에게 사냥을 가르칠 수는 없다. 이것은 어린이가 요리와 빨래를 할 수 없는 것과 같다.

시간이 흘러 사냥터는 직장이라는 이름으로 바뀌었다. 이름은 바뀌었어도 근로의 속성은 여전하다. 오히려 근로의 속성이 더 강해졌다. 사용자가 생겼기 때문이다. 사냥할 때에는 아버지를 따라가서 아버지가 가르쳐 주는 대로 하면 되었다. 아버지는 아이가 다칠까봐 무리한 것을 시키지 않는다. 사냥이 끝나면 집으로 와서 푸짐하게 먹는다. 직장이라는 곳은 자애로운 아버지를 닮은 사람이 아니다. 오히려 사냥감처럼 거칠은 맹수들만 득실거린다. 직장에서 상대하여야 하는 고객들은 요구만 할 뿐이지 친절하게 가르쳐 주지 않는다. 이러한 대상들을 상대하기 위하여 필요한 것이 어릴 때 배운 근로의식과 신체의 움직임에 대한 적응능력이다. 청소를 통하여 배운 그것 말이다. 이것을 이제는 직업수행능력 또는 근무태도 그리고 직업윤리라고 한다.

내 딸이 청소를 하였다. 그 덕분에 집 안이 무척 깨끗해졌다. 딸을 칭찬하고 머리를 쓰다듬어 주었다. 그리고 딸에게 가지고 싶은 것이 무엇이냐고 물었다. 딸에게 그것을 사 줄 생각이었다. 그랬더니 딸은 자기는 가지고 싶은 것이 없다고 했다. 그리고 하는 말이 자기는 어떤 보상을 바라고 청소를 한 것이 아니라고 하면서 아버지의 칭찬이면 충분하다고 하였다. 딸의 말을 듣고 기분이 좋았다. 사실 칭찬도 일종의 보상이다. 자식에게 청소하게 하는 것은 칭찬으로 족하다.

그런데 자식들이 성장하면서 점점 칭찬만으로 청소하게 하는 것이 어려워진다. 그렇다고 다 큰 자식들이 바라는 것을 들어줄 형편도 안 된다. 자식들이 바라는 것이 점점 커지기 때문이다. 이제는 자식들 스스로 청소하는 것을 기대할 수밖에 없다. 자식들에게 청소가 제공하는 좋은 점들을 배우게 하려면 자식들이 바라는 것이 커지기 전에 하여야 한다. 그러지 않으면 청소가 제공하는 좋은 점들을 배울 기회가 영영 오지 않는다. 아이들은 금방금방 성장한다. 기회를 놓치지 않으려면 아이들의 성장과정을 유심히 살펴보아야 한다. 지금이 청소할 나이라면 주저하지 말고 청소를 가르쳐 주어야 한다. 그러면 앞으로 사냥하는 데 어려움이 없을 것이다.

"나는 일을 너무 많이 해서 지금 쉬어야 한다." 또는 "나는 일하기 싫어요. 놀고 싶어요." 이 말들이 맞는 말일까, 아니면 틀린 말일까? "나는 일을 너무 많이 해서 지금 쉬어야 한다"라는 말을 들으면 "저 사람이 그 동안 과로를 해서 쉬어야 하는구나"라고 생각한다. 여기서 더 나아가면 "저 사람 왜 저러지? 일을 별로 안 했잖아"라고 생각할 수도 있다. "나는 일하기 싫어요. 놀고 싶어요"라는 말을 들으면 "저 사람이 일이 힘드니까 또는 재미가 없으니까 놀고 싶어 하는구나"라고 생각한다. 여기서 더 나아가면 "저 사람 왜 저러지? 일이 원래 힘들고, 재미없는 것이지, 누구는 일이 좋아서 하나?"라고 생각할 수도 있다.

그런가 하면 한 번 얼굴이 보고 싶어 만나자고 하면 별 것도 아닌 일을 가지고 일이 있다고 하면서 만나 주지를 않는다. 섭섭하게도. 이러한 표현들을 보면 사람들이 일이란 무엇인가 우리가 해야 할 것을 하는 것으로 생각하거나 별 생각없이 그냥 일이라고 말하고 있다는 것을 알 수 있다. 실제로 어떠한 것이 일이고, 어떠한 것은 일이 아닌지 정확히 구별하기가 쉽지 않다. 때때로 누가 나에게 "너, 왜 일 안 하고 있어?"라고 하면 오해가 생긴다. 서로 무엇이 일인가 생각하는 것이 다르기 때문이다.

봉사활동은 대표적인 근로이다. 봉사활동을 하면서 제공하는 근로는 자신을 위한 것이 아니라 다른 사람을 위한 것이다. 봉사활동은 근로와 임금 또는 소득창출이 결합되지 않은 대표적인 경우이다. 봉사활동은 산책이나 운동과도 성격이 다르다. 그리고 공부와도 성격이 다르다. 공부는 자신을 위한 것이기도 하지만 앞으로 공부한 것이 사회를 위하여 활용될 수도 있다. 이러한 점들 때문에 봉사활동은 근로임과 동시에 매우 가치 있는 것이다.

봉사활동에 관한 인식은 사람에 따라 매우 다양하다. 사람의 신체의 움직임과 정신작용은 한 번 활용하였다고 하여 소멸하는 것이 아니다. 사람의 신체의 움직임과 정신작용이 동시에 여러 일을 할 수는 없다. 그래서 시간을 내서 봉사활동을 하게 된다. 사람의 신체의 움직임과 정신작용은 활용한다고 해서 없어지는 것도 아니고 활용하지 않는다고 해서 축적, 저장되는 것도 아니다. 봉사활동을 한다고 해서 사람의 신체의 움직임과 정신작용이 없어지는 것이 아니기 때문에 손해는 없다. 봉사활동을 하지 않는다고 해서 사람의 신체의 움직임과 정신작용이 축적, 저장되는 것은 아니기 때문에 이익 볼 것도 없다. 이것이 사람의 신체의 움직임과 정신작용의 특성이다.

봉사활동을 할 것인지 말 것인지는 봉사활동에 관한 인식에 달려 있다. 봉사활동에 관한 인식은 다른 사람에 관한 인식을 어떻게 형성하는가 하는 것에 달려 있다. 그래서 봉사활동에 관한 인식이 좋은 방향으로 형성되려면 다른 사람에 관한 인식의 뒷받침을 받아야 한다. 헬퍼(helper)는 다른 사람의 일을 도와주는 사람을 말한다. 헬퍼와 관련된 용어들이 여러가지 있다. 헬퍼즈 하이(Helper's High)는 다른 사람들을 돕는 과정에서 생기는 활력과 증가된 에너지의 느낌을 말한다. '둥지의 보조자'(helpers at the nest, 헬퍼즈 앳 더 네스트)라는 용어가 있다. 네스트(nest)는 둥지라는 의미이다. 둥지의 보조자는 번식보조자라고도 한다. 둥지의 보조자는 새들에게서 자주 발견되는데, 다른 동물들에서도 발견된다. 새끼의 양육을 부모만이 담당하는 것이 아니다. 둥지의 보조자는 새끼의 양육을 돕는 부모 외의 개체를 말한다. 둥지의 보조자는 자신의 양친이나 형제 등의 새끼를 돕는다. 둥지의 보조자는 협동적인 번식의 하나이다.

제3장

벼락치기와 외국어 공부하기

뇌, 시간과 벼락치기

모든 것에는 시간이 필요하다. 시간 앞에 장사가 없다는 것은 맞는 말이다. 다만 그 사실을 알기까지 시간이 걸린다. 사람의 뇌는 무언가 하기 위해 시간을 필요로 할 때가 많다. 학교에서 시험을 볼 때 벼락치기를 했다고 하자. 벼락치기가 아주 나쁜 것은 아니다. 벼락치기마저 안 하는 것보다는 좋은 것이다. 평소에 정말로 공부할 시간이 없었거나 일이 계속해서 생겨서 공부하지 못했다면 그때는 벼락치기를 해야 한다. 일이 생긴 것을 어찌하겠는가? 이때는 벼락치기를 해야지 벼락치기를 포기해서는 안 된다.

하지만 이런 상황에서는 대부분 벼락치기마저 포기한다. 이런 상황에서 벼락치기를 하겠다고 마음먹는 것도 하나의 용기이다. 그런데 벼락치기를 해 보면 다 그런 것은 아니지만 이상한 현상이 발생한다. 어제 또는 이틀 전에 벼락치기를 한다고 해서 했더니 정작 교실에서 시험이 시작되어 시험을 볼 때에는 그렇게 공부한 것은 생각나지 않고 아주 오래 전에 공부한 것만 생각난다. 그래서 결국 답안지에는 아주 오래 전에 공부한 것 중에서 시험문제와 관련된 것만 쓰고 나온다. 이것은 사람의 뇌는 무언가를 하기 위해서는 시간을 필요로 한다는 대표적인 예이다.

벼락치기를 해서 답안지를 잘 쓰는 학생들도 상당히 많다. 이 학생들은 시간이 부족한 것에 대하여 잘 적응하는 학생들이다. 필요한 시간이 아직 지나지 않았어도 노력을 하면 시간이 지난 것과 비슷한 효과를 가져올 수 있다. 필요한 시간이 지나지 않으면 뇌는 아직 적응을 못한다. 어떤 사람이 기억을 잃었다. 몸이 약한 상태에서 수술하면서 수술의 충격을 이겨내지 못하거나 마취의 충격을 이겨내지 못해서 기억을 잃을 수도 있다. 그러다가 시간이 지나면 조금씩 기억이 되살아나는데, 어떤 기억부터 되살아날까? 아주 어린시절의 기억부터 되살아난다. 가장 늦게 기억이 살아나는 것은 가장 최근의 일이다. 최근의 일을 기억하려면 시간이 좀 걸린다.

시험공부하기와 시험답안지 작성

시험에 관한 얘기를 좀더 해 보자. 시험에 임박해서 시험공부하는 경우도 있고, 넉넉하게 공부하는 경우도 있을 것이다. 아직 시간적인 여유가 있을 때에는 공부하는 방식도 달라진다. 다음의 얘기는 언제부터 언제까지 중간고사와 기말고사가 실시된다는 사실이 공고된 후의 얘기이다. 위에서 간단히 언급한 것의 핵심은 시험공부는 동일한 내용을 반복해서 해야 한다는 것이다.

"반복하자!"(Please Repeat!)

이 표어가 학생들의 입장과 종종 충돌을 일으킨다. 사람이 동일한 것을 계속해서 하려면 일단 지루하고, 짜증이 난다. 더군다나 동일한 내용을 반복해서 하는 이유가 머리 속에 기억하기 위한 것인데, 무엇을 기억한다는 것은 매우 힘든 일이다. 내가 만난 누구의 이름을 기억하는 일은 쉬운 일일지 모르지만 시험답안지에 써야 할 내용은 일단 분량이 매우 많기 때문에 그것들을 기억한다는 것은 한 마디로 고통이다. 다만 머리에서 통증이 느껴지지 않을 뿐이다.

그런데 의외로 기억하는 것을 좋아하는 사람들도 있다. 이 사실을 알고 놀라기까지 한 적이 많다. 이 학생들이 하는 말의 핵심은 자신은 기억하기 위하여 반복하는 것이 체질에 맞고, 어렵지 않다는 것이다. 오히려 선호한다는 것이다. 더 나아가 철저하게 그런 방식으로 시험보자고 하기까지 한다. 왜냐하면 그런 방식으로 시험보면 자신의 성과가 아주 좋다는 것이다. 타고난 학생들이다. 대부분의 학생들은 많은 분량을 기억해야 한다는 것을 부담스럽게 생각한다. 그래도 시험보고 난 후 채점해 보면 기억들을 상당히 잘 한다.

그러면 시험공부할 때 어떠한 내용들을 공부해야 하고, 어떠한 방식으로 공부해야 할까? 이것이 결과를 좌우하는 핵심적인 사항이다. 이것은 시험범위와 관련되어 있고, 공부할 때 보아야 할 자료와 관련되어 있다. 시험범위와 공부할 때 보아야 할 자료를 결정하는 것은 강의를 하고 있는 교수이다. 이러한 결정을 하기 위하여 학생들의 의견을 미리 묻기도 한다. 경우에 따라 시험범위가 배운 데에서부터 배운 데까지로 결정되기도 한다. 이러한 경우 시험범위는 대단히 많아진다. 이때가 기억의 고통을 가장 크게 느끼게 되는 경우이다. 한숨이 절로 나온다.

예전에는 이러한 방식이 매우 많았다. 지금은 시험범위를 조정하는 경우도 많다. 학생들은 동일한 시기 또는 하루, 이틀 간격으로 여러 과목을 시험보기 때문에 기억해야 하는 분량이 많을수록 결국 한두 과목에서 성과를 내지 못하는 경우도 많다. 그래서 시험범위를 조정하는 경우가 생긴다. 시험공부할 때 공부해야 하는 내용들은 시험범위 내의 것들이다. 이것은 누구나 아는 사실이다. 시험범위에서 중요한 것은 그것이 넓은 범위로 결정되는지 아니면 좁은 범위로 결정되는지의 여부이다.

학생들에게 중요한 또 한 가지는 시험공부할 때 어떠한 방식으로 공부해야 하는지의 여부이다. 어떠한 방식으로 공부해야 하는지의 문제 속에는 공부할 때 보아야 할 자료의 문제가 포함되어 있다. 이것은 모두 채점의 기준과 관련되어 있다. 채점자는 채점의 기준을 구체적으로 구상하고 있다. 그리고 그 기준을 학생들에게 미리 알려 준다. 채점의 기준에 따라 시험공부할 때 어떠한 방식으로 공부해야 하는지가 결정된다. 또한 채점의 기준에 따라 공부할 때 어떠한 자료를 보아야 하는지도 결정된다. 이것은 당연한 말이지만 그 중요성이 종종 간과된다. 특히 아직 저학년의 경우 그 중요성이 무시되기도 한다. 왜냐하면 저학년의 경우 아직 대학생활과 대학의 시험에 적응되지 않은 상태이기 때문이다.

채점의 기준에 맞게 공부해야 하는 이유는 교수는 중간고사와 기말고사가 끝난 후 답안지를 채점할 때 자신이 제시한 그 기준을 지키려고 하기 때문이다. 학생들에게 미리 알려준 그 기준에 따라 학생들은 시험공부를 하고 답안지를 작성한다. 미리 알려준 그 기준이 학생들에게는 어둠에 쌓인 바다의 등대인 것이다. 그런데 채점할 때 그 기준을 지키지 않으면 그 기준에 따라 공부한 학생들은 심각하게 타격받는다. 설사 채점의 기준에 따르지 않았지만 아주 좋은 내용을 답안지에 쓴 경우가 있다고 해도 채점자는 그 답안지에 높은 점수를 주는 것을 꺼려한다.

왜냐하면 다른 학생들이 그와 같은 내용을 몰라서 답안지에 쓰지 않은 것이 아니라 미리 알려준 기준에 따르면 그것을 답안지에 쓰는 것이 필요하지 않다고 생각하여 답안지에 쓰지 않았을 뿐이기 때문이다. 더군다나 시험보는 시간은 엄격하게 제한되어 있기 때문에 학생들은 당연히 그러한 내용을 쓰지 않았던 것이다. 그래서 채점의 기준을 벗어나는 내용에 대하여 그것이 잘 된 것이라고 할지라도 그것에 높은 점수를 주는 것을 꺼려하게 된다. 미리 알려준 채점의 기준이야말로 채점자에게도 바다의 등대인 것이다.

이러한 문제는 바로 형평성의 문제이다. 채점의 기준을 일단 알려주면 그 후에는 채점의 기준을 만든 사람조차도 그 기준을 바꿀 수 없다.

형평성이 붕괴되면 학생들은 분노할 것이다. 채점에서 가장 중요한 것은 형평성이다. 시험이 공고되기 전이야 학생들이 이런 책도 보고, 저런 책도 보면서 많은 것을 알려고 하고 또 그래야 하지만 시험이 공고되면 그때부터는 학생들이 시험에 매진해야 하고 그때 미리 알려준 채점의 기준에 맞추어 공부하기 때문에 채점자는 채점의 기준을 지켜야 한다.

이러한 사실은 시험공부할 때 보아야 할 자료의 문제와 직결되어 있다. 수업의 자료로 사용되는 것들에는 교과서, 논문, 일반단행본, 수업시간에 사용한 각종의 자료, 강의한 내용을 학생들이 필기한 노트, 그리고 강의안이 포함된다. 시험공부할 때 이러한 자료들을 다 보아야 하는 것은 아니다. 시간상으로 다 볼 수도 없다. 그러한 자료들은 시험이 임박하지 않았을 때인 평소에 공부하면서 보는 것들이다. 시험공부할 때 보아야 하는 자료는 미리 알려준 채점의 기준에 의하여 결정된다.

채점의 기준에 따라 교과서가 될 수도 있고, 논문이 될 수도 있으며, 수업시간에 사용한 각종의 자료가 될 수도 있고, 강의한 내용을 학생들이 필기한 노트가 될 수도 있으며 그리고 강의안이 될 수도 있다. 때에 따라서는 이것들 중 2~3가지가 될 수도 있다. 채점의 기준이 교과서의 내용인 경우 교과서를 중점적으로 파고 들어야 한다. 그런데 채점의 기준이 수업시간에 사용한 각종의 자료, 강의한 내용, 강의안인 경우에는 교과서보다 이것들을 중점적으로 파고 들어야 한다. 왜냐하면 그것들이 채점의 기준이니까.

시험공부할 때 보아야 할 자료에 관하여 학생들이 자주 혼동한다. 이러한 혼동을 방지하기 위하여 학생들은 미리 알려준 채점의 기준을 명확하게 알고 있어야 한다. 교과서의 내용과 강의한 내용은 다를 수 있다. 교과서에 없는 내용이 강의할 때 추가되기도 하고, 교과서에 있는 내용이 강의할 때 생략되기도 한다. 교수는 수업하기 위하여 이러한 것들에 관하여 구상한다. 어떤 과목은 국내에 교과서가 없는 것도 있다. 채점의 기준을 명확하게 파악한 후에는 그 기준에 맞추어 교과서를 공부하기도 하고, 강의한 내용을 학생들이 필기한 노트를 공부하기도 하며, 수업시간에 사용한 각종의 자료 그리고 강의안을 공부하기도 해야 한다.

그리고 나서 시험볼 때 그 공부한 내용을 답안지에 쓰면 된다. 역시 채점의 기준에 맞추어 쓰면 된다. 학생들은 답안지를 쓸 때 무엇을 써야 할지에 관하여 시험보면서 많은 고민을 한다. 특히 저학년의 학생들이 그렇다. 고등학교와 대학은 많은 차이가 있다. 대학에 입학하면 누구나 그런 상황에 처한다. 자신만이 그러한 상황에 처하는 것이 아니다. 저학년의 학생들에게 가장 필요한 것은 고등학교와 대학의 차이를 빨리 이해하는 일이다. 어쩌면 이것이 대학생활 전체를 좌우할지도 모른다. 대학에 입학하기 전에는 그러한 차이를 알 방법이 없다. 그러다 보니까 입학 후에 많은 방황을 하기도 한다.

답안지를 쓸 때 그렇게 고민할 필요가 없다. 자신이 공부한 것을 채점의 기준에 따라 쓰면 된다. 그리고 답안지를 쓸 때 시간배당을 잘 해야 한다. 채점할 때 내용의 각 항목별로 점수가 할당되어 있다. 그래서 특정한 항목을 아무리 잘 쓴다고 하더라도 그 항목에 할당된 점수 이상을 부여하지는 않는다. 시간이 부족할 때 특정한 항목만에 집착하는 것은 좋은 방법이 아니다. 점수가 할당되어 있는 항목이 답안지에 기재되어 있지 않으면 그 항목에 할당된 점수는 부여되지 않는다. 결국 그 부분 점수를 모두 잃게 된다. 아무리 많은 시험공부를 했어도 그것이 답안지에 쓰여지지 않으면 큰 일이다. 시험시간은 제한되어 있으므로 그 제한된 시간 내에 답안지의 작성을 마쳐야 한다. 그런데 의외로 제한된 시간 내에 공부한 것을 제대로 쓰지 못하는 경우가 많다. 얼마나 아쉬운 일인가.

학생들은 답안지를 작성할 때 자신의 글씨 때문에 고민하는 경우가 대단히 많다. 글씨가 악필이어서 불리한 것은 아닌지 말이다. 채점자가 읽지 못하는 것은 아닐까? 혹시 감점은 당하지 않을까 고민들이 많다. 그리고 시험종료 시간이 다가올수록 글씨는 점점 읽기 어렵게 변한다.

채점하는 사람이야 읽기 편한 글씨가 좋은 글씨이다. 그런데 지금까지 악필인 글씨를 지금 와서 어쩌겠는가? 채점자는 그 글씨를 마저 읽는다. 그리고 감점하지 않는다. 채점자가 채점할 때 보는 것은 내용이지 글씨가 아니다. 글씨란 것이 쉽게 고쳐지지 않는다는 사실도 너무 잘 안다. 그런 걱정은 하지 않아도 된다. 글씨에 관하여 고민이 많은 학생들은 다음의 사항을 생각해 보기 바란다. 글씨란 것도 시간을 들여 시도하면 모양이 살아난다.

대학에 입학할 때 보는 논술시험은 미리 채점의 기준을 알 수 있을까? 이때 보는 시험의 채점의 기준은 논술시험을 볼 때 배부받는 문제지에 윤곽이 나와 있다. 그 문제지에는 여러 안내문과 함께 답안지를 어떻게 작성해야 한다는 지시도 들어 있다. 그리고 문제 자체가 요구하는 내용이 들어 있다. 그러한 안내문, 지시, 내용을 잘 보아야 한다. 이것이 다소 어려운 일이기는 하지만 그러한 것들을 이해하기 위하여 노력해야 한다. 그리고 그것들의 정확한 의미를 파악한 후 답안지를 작성해야 한다. 다시 말하면 문제의 핵심을 파악하고 그것을 문제지에 나와 있는 안내와 지시에 따라 답안지에 써야 한다. 실제 답안지를 채점하다 보면 이것이 간단한 일이 아님을 확인하게 된다. 너무 먼 곳에서 답을 찾지 말고 가까운 곳에서 답을 찾아야 한다.

외국어 공부하기

외국어를 접할 때의 어려움은 외국어가 모국어가 아니라는 점 때문에 생긴다. 외국어하면 우선 영어가 떠오른다. 영어는 국제어이다. 국제어는 국제적으로 널리 쓰이는 언어이다. 국제어와 비슷한 말로 세계어라는 용어가 있다. 세계어라는 용어는 국제어라는 용어와 다른 독자적인 의미로 쓰이기도 한다. 독자적인 의미로 쓰일 때의 세계어는 여러 나라에서 공통으로 사용하기 위하여 인공적으로 만든 언어를 말한다.

보통 외국어 하면 중국어, 프랑스어, 독일어, 일본어, 러시아어, 아랍어, 스페인어, 이탈리아어, 인도어, 아시아의 많은 언어들, 아프리카의 많은 언어들이 생각난다. 희브리어는 이스라엘 사람들이 사용하는 언어이다. 외국어를 모르는 사람에게는 외국어가 모르는 기호일 수밖에 없다. 글자와 말도 사실은 하나의 기호이지만 그 이름과 발음을 안다면 큰 문제는 없다. 모국어가 이에 해당한다. 이에 비해 외국어, 고대 그리스어는 일일이 그 이름과 발음을 알 수 없다. 언어에는 일정한 의미가 담겨져 있다. 외국어로 말하거나 읽으려면 발음과 의미를 모두 알고 있어야 한다. 외국어를 배울 필요는 곳곳에서 발견된다.

외국어를 어느 정도로 배워야 하는지의 문제는 외국어를 듣거나 읽을 때 사람의 생각이 기능하는 과정과 관련되어 있다. 외국어를 듣거나 읽을 때 사람의 두뇌는 외국어 단어들의 의미를 일단 모국어로 바꾼다. 그리고 나서 외국어 문장 전체의 의미를 이해한다. 이러한 과정이 일부 생략되는 일이 있기는 하지만 말이다. 외국어를 듣거나 읽는다는 것은 외국어를 일단 모국어로 바꿀 수 있다는 것을 의미한다. 외국어를 듣거나 읽을 때 모국어로 바꾸는 것이 바로 번역이다. 외국어를 듣거나 읽으려면 머리 속에서 번역이 이루어져야 한다. 외국어를 번역하여 종이 또는 컴퓨터에 옮기는 것은 머리 속에서 이루어진 번역의 결과를 종이 또는 컴퓨터에 옮기는 것일 뿐이다. 외국어를 읽고 그 결과를 종이 또는 컴퓨터에 쓰기 전에 이미 번역은 머리 속에서 완성되어 있는 셈이다. 외국어를 번역한다는 일이 쉬운 일이 아니다.

외국어를 듣거나 읽을 때 사람의 두뇌가 외국어 단어들의 의미를 일단 모국어로 바꾼다는 것은 결국 사람의 두뇌는 모국어로 생각한다는 것을 의미한다. 모국어는 말을 하거나 듣고 글을 쓰거나 읽고 이해하도록 해 준다. 외국어가 이러한 기능을 수행할 수 있을까? 이것이 바로 외국어로 생각하는 것이다. 이것이 불가능한 것은 아니다. 하지만 대개의 경우 외국어로 말을 하거나 듣고 글을 쓰거나 읽고 있지만 두뇌의 생각을 가능하게 해주는 것은 모국어이다. 외국어를 배우는 방법은 다양하다. 학교에서 외국어의 문법을 공부하기도 하고, 회화를 배우기도 하며, 토익공부를 하기도 한다. 이러한 과정을 통하여 외국어를 알게 된다.

외국어로 된 원서를 읽어야 할까? 이 질문은 어려운 질문이다. 이 문제는 외국어를 어느 정도까지 배워야 하는지의 문제와 직접 관련되어 있다. 문제의 범위를 좁혀 책을 읽을 때 외국어로 된 원서로 읽어야 하는지의 문제에 국한하여 살펴보자. 원서를 읽고 설명하는 것을 원서강독(textual exposition, 텍스추얼 엑스포지션)이라고 한다. 텍스추얼은 '원문의', '본문의'라는 의미이다. 엑스포지션은 '설명', '해설'이라는 의미이다. 원서강독은 비단 외국어로 된 원서에 국한되는 것은 아니지만 주로 외국어로 된 원서를 읽고 설명하는 것을 원서강독이라고 한다. 학교에서 실시하는 영어강의는 영어로 강의하는 것을 말한다. 원서강독과 영어강의는 차이가 있다. 영어회화는 일상적인 회화를 영어로 하는 것을 말한다.

그런데 외국어로 된 원서를 1권이라도 읽으려면 많은 시간과 노력이 필요하다. 모르는 단어들도 많고, 문장을 해석하는 것도 어렵다. 그래도 읽고 나면 얻는 것이 분명히 있다. 외국어로 된 원서를 읽을 때 얻을 수 있는 것은 무엇일까? 우선 책의 내용을 알게 된다는 것을 들 수 있다. 그리고 원서에 나오는 단어들을 새로이 알게 될 것이고, 외국어문장을 해석하는 방법을 알게 될 것이다. 원서를 읽는다고 하여 외국어로 생각하는 것이 가능해지는 것은 아니다.

외국어로 된 원서를 읽다 보면 모르는 단어들이 수도 없이 등장한다. 처음에는 그 단어들을 일일이 찾아본다. 그러면서 단어들도 배우고, 내용도 배우고 하는 것이 좋다는 생각을 하기도 한다. 원서를 1권 읽고 다른 원서를 볼 때 동일한 현상이 반복된다. 원서의 저자들은 때로는 잘 사용하지 않는 단어들도 책에서 사용한다. 원서의 저자들은 자신들의 풍부한 어휘력에 많은 자부심을 느끼기도 한다. 책을 쓸 때 어휘력에 신경을 많이 쓴다. 그러다 보니까 원서를 읽는 사람들은 항상 모르는 단어들을 접하게 된다.

외국어로 된 원서에 나오는 단어를 모조리 찾아보다간 책 1권 또는 2권도 읽기 힘들다. 방학 내내 또는 휴가 내내 원서 1권 또는 2권 읽기 힘들다. 그래서 원서를 읽는 다른 전략을 모색해야 한다. 모르는 단어가 나오더라도 해석에 크게 지장을 주지 않는다면 굳이 사전까지 찾아볼 필요는 없을 것이다. 아주 중요한 단어, 원서에서 자주 등장하는 단어, 문장 전체의 의미를 해석하기 위하여 필요한 단어, 꼭 알아야만 한다고 생각하는 단어 중심으로 사전을 찾아보는 것이 새로운 전략일 수 있다. 사실 우리말을 배울 때 모르는 사이에 취하게 되는 전략이 바로 이 전략이다. 처음 우리말을 배울 때 사전을 열심히 찾아보는 것은 중요하지만 나도 모르는 사이에 위와 같은 전략을 취하게 된다. 이 전략이 언어를 배우는 자연스런 과정이다.

그런데 유독 외국어를 접하면 이러한 자연스런 전략대로 책을 읽어야 한다는 생각이 잘 떠오르지 않는다. 그래서 많은 사람들이 나오는 단어를 모조리 찾아보는 힘든 작업을 지금도 하고 있다. 그렇게 힘들게 찾은 단어들도 시간이 지나면 기억에서 사라짐에도 불구하고 말이다. 외국어를 완벽하게 배우겠다는 의지가 여기에 가세한다. 우리말을 완벽하게 배우겠다는 의지에 불타는 사람을 발견하기는 힘들어도 외국어를 완벽하게 배우겠다는 의지에 불타는 사람들은 도처에서 발견된다. 심지어 사전을 처음부터 끝까지 외우려고 하는 사람들도 있다.

외국어에 그렇게 집착할 필요가 없다. 이런 집착이 조기유학 바람을 불러일으키기도 한다. 외국어도 하나의 언어일 뿐이다. 사전을 처음부터 끝까지 외웠다고 해도 외국어로 된 원서를 읽는 데 별로 도움이 안 된다. 언어라는 것은 사용할 때 그 표현을 무한히 변형할 수 있기 때문에 영어사전에 나오는 문장들도 사실은 엄청난 분량의 일부일 뿐이다. 영어 사전도 원서 책 1권일 뿐이다. 비교적 정리가 잘 된 원서 말이다. 사전이 출현하는 과정도 흥미로운 점이 많다.

　　외국어에 그렇게 집착할 필요가 없다는 것은 거꾸로 외국인이 우리 말을 배울 때를 보면 답이 나온다. 어느 외국인이 우리 국어사전을 처음부터 끝까지 외우려고 할까? 그렇게 해도 우리말을 배우는 데 별로 도움이 되지 않는다. 우리가 외국어를 배울 때에도 동일하다. 서양 사람들은 외국어를 배울 때 매우 느긋한 마음을 가진다. 모국어를 배울 때처럼 자연스런 과정을 거치면서 외국어를 배운다. 서양 사람들이 이렇게 할 수 있는 이유는 주변에 많은 외국어들이 즐비한 것을 일찍부터 경험할 수 있었기 때문이다.

　　외국어를 배울 때 중요한 것은 자연스런 과정을 거치는 것이다. 그래서 외국어로 된 원서를 읽을 때에도 그것을 통하여 외국어를 배우겠다고 생각하지 말고 그 책에 쓰여진 내용을 이해하는 것에 중점을 두어야 한다. 원서를 읽는 것을 통하여 외국어를 배우겠다는 생각을 가지고 있는 한 엄청난 시간이 투입되어야 한다. 그리고 결과적으로 자신이 바라는 목적도 달성할 수 없다. 외국어를 배울 때 중요한 것을 더 말해 보면 이왕 외국어를 배울 생각이 있으면 다양한 외국어를 접해 보는 것도 필요하다. 고대 그리스어와 라틴어도 포함해서 말이다.

　　중국어도 지금 배울 가치가 있다. 중국어를 배울 때 좋은 점은 그것을 통하여 한자로 된 우리나라의 옛 책들도 읽을 수 있다는 점이다. 일거양득이다. 손자병법은 분량이 많지 않은 책이다. 서양인들이 인용하는 사람 중에서 가장 많이 인용되는 사람이 아마 손자일 것이다. 서양인들의 책을 보면 공자 자체는 거론하지만 공자가 한 말을 인용하는 경우는 별로 없다. 손자와 비교해서 말이다. 손자가 한 말은 단골메뉴이다. 중국어를 배우면 손자병법도 번역서 없이 읽을 수 있다.

　외국어로 된 원서를 읽을 때 자연스런 과정은 아주 중요한 단어, 원서에서 자주 등장하는 단어, 문장 전체의 의미를 해석하기 위하여 필요한 단어, 내가 정말 꼭 알아야만 한다고 생각하는 단어 중심으로 사전을 찾아 보는 것이다. 우리말로 된 책을 읽을 때 우리말 단어를 배우겠다는 생각으로 책을 읽는 사람은 많지 않다. 여러 책들을 꾸준히 읽다 보면 우리말 단어도 자연히 알게 되는 것이다. 외국어로 된 원서도 마찬가지이다. 그러면서 서서히 아는 단어를 넓히는 것이다.

　사람이 외국어로 생각하기 위하여 외국어를 배우는 것은 아니다. 외국어로 생각한다고 해서 특별히 얻을 것도 없다. 어떠한 생각을 할 때 모국어로 생각할 수 있으면 그것으로 충분하다. 모국어는 태어나면서부터 경험하는 언어이다. 모국어가 제공하는 것 이상을 어떠한 외국어도 제공해 줄 수 없다. 아무리 어린시절부터 외국어를 배운다고 하여도 그 외국어가 모국어를 대신할 수 있는 것은 아니다. 사람이 태어나면서부터 외국어를 경험한다면 그 외국어가 오히려 모국어가 될지도 모른다. 그러면 우리말은 더 이상 모국어가 아니다. 이러한 상황에서는 거꾸로 우리말이 제공해 줄 수 있는 것이 없게 된다. 외국어로 생각할 수 있지만 우리말로 생각할 수 없다면 좋은 일이 아니다. 우리나라에서 살아가는 한 우리말로 생각하는 것이 행복한 일이다.

　사람이 태어나서 언제부터 외국어를 배워야 하는지에 관하여 유명한 언어학자들과 교육학자들 사이에서 끊임없는 논쟁이 있어 왔다. 주변에서 듣는 여러 말들은 사실은 이러한 사람들의 책이나 논문에 나오는 말들이다. 그런데 뚜렷한 결론이 없다. 누구는 아주 어릴 때부터라고 주장하고, 다른 누구는 좀더 성장한 후에 외국어를 배워야 한다고 주장하고, 또 다른 누구는 그런 것이 별로 중요하지 않다고 주장한다. 그런 것이 별로 중요하지 않다고 주장하는 사람들 사이에서도 나이에 관계없이 모국어 사용능력에 해로운 영향을 주지 않고 외국어를 배울 수 있다고 주장하는 사람들이 있는가 하면 다른 사람들은 외국어가 별로 중요하지 않기 때문이라고 주장하기도 한다.

외국어를 배우는 적절한 시점은 외국어를 배우는 것이 모국어를 배우는 것에 해로운 영향을 주지 않을 때이다. 그리고 외국어를 배우는 시간이 모국어를 배우는 시간을 빼앗아 가지 않을 때이다. 그러면 그것이 과연 언제일까? 학자들의 결론이 서로 다르다. 그러니 우리들 스스로 판단할 수밖에. 그런데 우리들 스스로 판단한다고 해서 그것이 정답도 아니다.

외국어로 된 원서를 읽을 때 많은 시간이 걸린다면 또 다른 방법은 없을까? 외국어로 된 단행본을 우리말로 번역해 놓은 번역서를 읽는 방법이 있다. 외국어로 된 단행본을 읽을 시간이 많지 않다면 번역서를 읽으면 된다. 번역서를 읽으면 시간상의 문제도 발생하지 않고, 읽을 수 있는 책의 분량상의 문제도 발생하지 않으며, 외국어 때문에 주눅이 들 필요도 없다. 이 방법 또한 자신의 흥미와 관심을 개발하고 발전시킬 수 있는 좋은 방법이다. 다만 번역서를 읽을 때 중요한 용어와 개념은 외국어로 알아두는 것이 필요하다. 그 수는 많지 않다.

흥미와 관심을 가지고 있는 분야에서 중요한 역할을 담당하고 있는 용어들과 개념들 정도이다. 흥미와 관심을 가지고 있는 분야는 그러한 용어들과 개념들을 중심으로 내용이 전개된다. 따라서 어떠한 분야에 관하여 흥미와 관심을 가지고 있다면 번역서와 국내서를 읽을 때 그러한 용어들과 개념들의 외국어 표현에 신경써야 한다. 용어들과 개념들의 외국어 표현이 내 머리 속에 맴돌고 있으면 된다. 책들을 읽다 보면 자연히 그러한 용어들과 개념들의 외국어 표현을 알게 될 것이다.

제4장

아동의 성장과 발달

임　신

　　만으로 하는 나이와 일반적으로 해를 기준으로 하는 나이는 1살의 차이가 있다. 이 1살의 차이는 임신중의 기간을 더하면 메꾸어진다. 임신중의 기간을 대개 10개월이라고 한다. 이것은 숨겨진 의미가 들어가 있는 수치이다. 이 숨겨진 의미를 찾기 위하여 임신 전반을 살펴볼 것이다. 이 과정에서 자연스럽게 임신이란 도대체 어떠한 것인가를 알게 될 것이다. 수정 후 2주부터 8주까지를 배아(embryo, 엠브리오)라고 하고 그 이후부터 출생 전까지를 태아(fetus, 피터스)라고 한다. 배아와 태아의 구별은 생물학적인 개념이다. 우리는 흔히 수정 후 출생 전까지를 태아라고 하기도 한다. 정확한 용어의 사용은 아니지만 일상생활의 사용이라면 크게 무리는 없다. 배아와 태아에 관하여는 잠시 뒤에 상세하게 다룬다.

　　태반(placenta, 플라센타)은 대부분의 포유류에 있는 기관이다. 태반은 태아에게 영양분을 공급하고 노폐물을 제거하는 기능을 수행한다. 이러한 기능을 하려면 태아와 모체의 자궁이 연결되어 있어야 한다. 태반은 태아를 둘러싸고 있는 막과 자궁의 점막을 결합하여 자궁에 선을 댐으로써 형성된다. 태반은 탯줄에 의하여 태아와 연결되어 있다. 이들의 연결 관계는 다음과 같다.

모체의 자궁→태반→탯줄→태아
(영양분이 공급되는 경로는 이 순서이고 노폐물이 제거되는 경로는 반
대이다. 태아→탯줄→태반→모체의 자궁)

사람의 몸은 생명을 유지하기 위하여 외부의 환경과 사이에 물질교환을 하여야 한다. 물질교환이 이루어지는 장소는 허파('폐'라고도 한다. 허파에서는 산소와 이산화탄소의 교환이 이루어진다)와 입과 소화기관들이다. 재미 있는 것은 경제학에서도 물건의 교환을 다룬다. 물건의 교환이 이루어지는 곳은 시장이다. 그런데 물건의 교환과 물질교환을 곰곰이 생각해 보면 물건의 교환은 물질교환을 위한 것이다. 먹고 살기 위하여 시장에서 상품을 사기 때문이다. 양자 중에서 어느 것이 더 근원적인 것일까? 당연히 물건의 교환이 아니라 물질교환이다. 물건의 교환은 본래적인 것이 아니라 외부적인 것이다. 근원적·본래적·내부적인 것은 물질교환이다. 물질교환은 물건의 교환과 달리 화폐, 즉 돈이 필요 없다. 돈은 사람의 몸 밖에 있는 외부적인 것이다. 다시 말하면 돈은 사람의 내부적 특성이 아니다. 이것이 영국의 철학자인 존 로크(John Locke, 1632-1704)의 시각이다.

여자의 경우 임신하면 물질교환이 2중으로 이루어진다. 하나는 본인 자신을 위한 것이고 다른 하나는 바로 태아를 위한 것이다. 태아를 위하여 자신이 가지고 있는 영양분을 태반을 통하여 태아에게 공급하고 태아가 가지고 있는 노폐물을 대신 넘겨받는다. 태반은 그러한 기능이 수행되는 장소이다. 그러면 태반도 시장? 플라센타는 라틴어 플라켄타(placenta)에서 왔다. 플라켄타는 평평한 케이크라는 의미이다. 우리가 음식으로 먹는 그 케이크 말이다. 이 케이크 또한 평평하다. 그 후 플라켄타는 평평한 형태를 가진 어떤 것이라는 의미를 가지게 된다. 태반은 자궁의 케이크라는 의미이다. 태반(胎盤)의 '반'이라는 글자는 '쟁반 반' 자이다. 쟁반 또한 평평하다. 플라켄타는 그리스어 플라코엔타(plakóenta)에서 왔다. 플라코엔타는 평평한 케이크라는 의미이다. 태반을 평평한 케이크라고 부른 사람은 16세기의 해부학자인 레알도 콜롬보(Realdo Colombo)이다. 의학용어들은 누군가가 만든 말들이 매우 많다. 이 사람들이 서양 사람들이지만 말이다.

태반의 위치가 자궁 입구를 막는 것을 전치태반(placenta previa, 플라센타 프레비아)이라고 한다. 전치는 앞에 있다는 의미이다. 골반을 기준으로 할 때 자궁 쪽이 앞이다. 태반뿐만 아니라 태아의 위치도 문제가 된다. 골반위(骨盤位) 같은 것이 바로 그것이다. 이것은 잠시 뒤에 다룬다. 태반도 성장을 한다. 태반은 빠른 속도로 성장해 임신 17주에는 태아의 몸무게와 비슷하다. 임신 마지막에는 태아의 몸무게의 6분의 1 정도이다. 따라서 태반과 태아의 크기의 비율은 임신의 단계를 파악하는 데 도움을 준다. 태반의 길이는 18.5cm 정도이고 무게는 508g 정도이다. 이러한 수치는 개인에 따라 차이가 있다. 508g×6=3,048g이다. 이것이 태아의 몸무게와 비슷하다.

난자와 정자가 수정하기 전에는 여성의 난자가 자궁으로 배출되어야 한다. 난자는 난소로부터 배출된다. 태어날 때 여성의 난소에는 성숙한 난자가 되기 이전의 세포가 약 100만 개 정도 들어 있다. 사람의 세포의 수는 60조~100조 개다. 물론 세포는 소멸되고 다시 생긴다. 사람의 대뇌피질에는 150억~330억 개의 신경세포가 포함되어 있다. 이들 수치들을 비교해 보면 사람의 몸의 구성요소들에 관한 감을 잡을 수 있다. 뇌세포는 손상되면 재생이 되지 않는다. 어떤 동물들은 태어날 때부터 이미 임신능력을 가진다. 사람은 사춘기까지 기다려야 한다. 성숙한 난자가 되기 이전의 세포가 바로 그런 의미이다. 사춘기는 사람의 몸에 중대한 변화가 발생하는 시기이다. 만약 독자 자신이 사춘기에 있다면 사춘기를 잘 조절하여야 하고 자녀가 사춘기에 있다면 자녀의 몸의 이러한 변화를 잘 관리하여야 한다. 사춘기는 몸에서 발생하는 자연적 현상의 하나이다.

성숙한 난자가 되기 이전의 세포는 여포(follicle, 팔리클)라고 하는 조직에 싸여 있다. 여포는 일반적인 개념으로 난소에 있는 것만을 지칭하는 것이 아니다. 난소에 있는 여포를 난포라고도 한다. 난소에 있는 여포를 단지 여포라고 하기도 하고 난포라고 하기도 한다. 성숙한 난자가 되기 이전의 세포는 사춘기 이전까지는 미성숙한 상태이다. 이들 세포는 사춘기가 되면 1개씩 차례로 성숙하게 된다. 여포 또는 난포는 호르몬과 관련하여서도 중요한 의미를 가지고 있다. 여포가 중요한 이유는 난자, 즉 생식과 관련되어 있기 때문이다.

호르몬은 단백질 또는 지질로 되어 있는 물질이다. 호르몬은 내분비선에서 분비한다. 선은 샘이라고도 한다. 그래서 내분비선은 내분비샘이라고도 한다. 일반적으로 샘은 물 또는 액체가 나오는 곳이다. 땅에다가 샘을 파는 목적은 물을 얻기 위한 것이다. 사막의 오아시스에는 샘이 있고 샘에서 솟아나는 물을 먹고 풀과 나무가 자란다. 내분비선이 바로 이러한 곳이다. 호르몬이 적절하지 않다면 몸은 병들게 된다. 호르몬이 적절해야 한다는 것은 호르몬이 너무 많거나 적거나 없어서는 안 된다는 것을 말한다. 물질도 마찬가지이다. 호르몬이 바로 물질이다. 약물도 바로 물질이다. 음식도 물질이다. 그러면 우리의 정신도 적절한 것을 좋아할까?

"몸은 항상 적절한 것을 좋아한다."

여포호르몬은 척추동물의 난소 안에 있는 여포(여포를 난포라고 하면 여포호르몬은 난포호르몬이 된다)에서 분비되는 호르몬이다. 동물의 경우 발정호르몬이라고도 한다. 사람의 경우 이 용어는 적절하지 않다. 하지만 사람을 생물학적 시각에서 보아 발정호르몬이라는 용어를 사용하기도 한다. 의학은 생물학적 시각에 인간적 시각이 합쳐진 것이다. 요즘은 동물을 다루는 수의학에도 생물학적 시각에 인간적 시각이 더해지고 있다. 그러면 식물의 경우는 어떠할까? 여포호르몬은 생식기를 발달시키고 성징을 발달시킨다. 여포호르몬에는 에스트론, 에스트라디올, 사람의 에스트리올 등이 있다. 이들은 스테로이드계이다. 스테로이드는 지질에 해당한다. 여러 호르몬들, 콜레스테롤, 담즙산이 스테로이드에 포함된다. 여포호르몬은 자궁발달, 젖샘발달, 규칙적 월경, 성징 등을 촉진한다. 여포호르몬은 뇌의 뇌하수체 전엽에서 분비되는 여포자극호르몬의 지배를 받는다. 여포호르몬은 간에서 파괴된다. 일부는 호르몬 그대로, 나머지는 오줌으로 배출된다.

성징(sex character, 섹스 캐릭터. 캐릭터는 성격, 특성이라는 의미이다. 성징은 성적 특성을 의미한다)은 하나의 성과 강하게 관련되어 있는 특성을 말한다. 이러한 특성은 생식선, 성별에 따라 차이가 있다. 성징은 제1차 성징과 제2차 성징으로 나눈다. 제1차 성징은 생식선 자체의 특성을 의미하고 제2차 성징은 성별을 나타내는 그 외의 특성을 의미한다. 제2차 성징으로는 몸의 형태, 음성, 색깔, 냄새 등이 있다. 사춘기와 성징은 밀접한 관련이 있다.

배란은 성숙한 난자가 난소 표면에 붙어 있다가 터져서 나오는 것을 말한다. 여성은 사춘기부터 시작하여 사람에 따라 차이가 있지만 30~40년 동안 성숙한 난자를 한 개씩 배란한다. 배란의 주기는 약 28일이다. 배란되는 난자의 수는 30년을 기준으로 하면 30년×365일÷28일(하나의 주기에 소요되는 날의 수이다)=391.07개이다. 40년을 기준으로 하면 40년×365일÷28일=521.42개이다.

주기는 동일한 현상이 계속하여 반복되는 것을 말한다. 배란이 되면 난자를 싸고 있던 여포는 노란색을 띠는 황체(corpus luteum, 코르푸스 루테움)가 되었다가 퇴화된다. 코르푸스는 몸, 몸체라는 의미이다. 루테움은 '노란'이라는 의미이다. 루테움의 복수형은 루테아(lutea)이다. 황체는 노란 몸체를 줄인 말이다. 황반(macula lutea, 마쿨라 루테아. 마쿨라는 장소라는 의미이다)은 노란 장소라는 의미이다. 황반은 눈의 망막의 중심부 근처에 있는 타원형의 색소가 있는 노란 장소이다. 황체는 노란 색의 샘적인 조직 덩어리이다. 황체는 임신을 유지하는 데 필요한 호르몬인 프로게스테론을 분비한다. 그래서 샘적인 조직이라고 한 것이다. 황체는 성숙한 난자를 배출(이것이 바로 배란이다)한 후에 여포로부터 형성된다.

배란 후에 여포상피세포가 황체형성호르몬의 작용으로 황체세포로 변한다. 황체는 임신이 되지 않으면 다음 배란 전에 퇴화한다. 황체는 임신이 되지 않으면 10일~14일 후에 비활성화되고 월경이 발생한다. 황체는 임신이 되면 발달하여 임신 초기 몇 개월 동안 유지된다. 황체형성호르몬은 남자에게도 있다. 황체형성호르몬은 당단백질로 만들어져 있는 단백질 호르몬이다. 호르몬을 구별할 때 단백질로 구성되어 있는 것과 지질로 구성되어 있는 것을 기준으로 삼는다. 여자의 뇌하수체는 에스트로겐의 자극을 받아 황체형성호르몬을 분비한다. 황체가 형성되면 황체형성호르몬은 황체를 자극해서 에스트로겐과 프로게스테론을 분비하도록 한다. 황체형성호르몬은 에스트로겐과 프로게스테론을 조절하는 중요한 기능을 수행한다. 뇌하수체에 이상이 생기면 황체형성호르몬이 부족해진다. 황체형성호르몬이 적으면 호르몬을 사용하여 황체형성호르몬의 양을 증가시킨다.

난자는 주기마다 좌우 난소에서 1개씩 번갈아 배출된다. 배란된 난자는 난소 표면 가까이에 있는 나팔관을 통해 수란관으로 들어간다. 수란관에는 특수한 털 모양의 조직이 있어 난자가 이동하는 방향이 자궁 쪽으로만 향하도록 한다. 배란된 난자는 약 24시간 동안 살아 있다. 이

기간 동안 정자를 만나면 수정이 된다. 이 기간 동안 정자와 수정되지 않으면 난자는 죽는다. 자궁내막은 배란이 일어나기 전후에는 호르몬의 영향을 받아 두꺼워진다. 수정되지 않으면 두꺼워졌던 자궁내막이 떨어져 나간다. 이것이 바로 월경이다.

난자가 수정되기 이전의 기간인 28일도 일정한 의미를 가지는 기간이다. 수정되고 8주 이후에는 사람의 모습이 뚜렷해진다. 이때에 태아는 약 4cm 정도로 커진다. 임신 36주가 되면(임신이라는 용어는 수정이 되기 전 2주를 더한 것이다. 난자가 수정되기 이전의 기간인 28일은 4주이다. 이 4주의 반이 2주이다) 몸무게는 약 3,200g이다. 임신 40주가 되면 몸무게는 약 3,400g이다. 3,400g이면 3.4킬로그램이다. 임신 40주는 280일이다. 신생아의 뇌무게는 400g 정도이다. 뇌와 머리를 구별하여야 한다. 뇌는 머리 안에 있는 머리의 구성부분이다. 사람은 20살 정도에 이르러 뇌의 발달이 완성된다. 성인의 경우 뇌는 남자가 1,400g, 여자는 1,250g 정도이다.

뇌의 무게와 키는 어느 정도 비례한다. 뇌의 무게와 지능은 관련이 없다. 만약 관련이 있다면 뇌가 큰 사람이 지능이 높다는 말이 된다. 이것은 키가 큰 사람이 지능이 높다는 말이기도 하다. 하지만 이러한 말들은 성립하지 않는다. 뇌에는 많은 혈액이 흐르고 있다. 뇌에 흐르는 혈액량은 전체 혈액의 15% 정도이다. 그리고 뇌는 많은 활동을 하기 때문에 많은 열량을 필요로 한다. 이를 위하여 뇌는 산소를 많이 필요로 한다. 뇌는 포도당을 사용하여 필요한 열량을 조달한다. 뇌의 신경세포도 단백질이나 지질을 필요로 한다. 이러한 것들은 신경세포 스스로 필요한 양을 포도당으로부터 합성한다. 그 결과 외부에서 단백질이나 지질을 투입하여도 뇌의 기능이 향상되지 않는다. 뇌의 기능을 좋게 하는 물질이나 약은 없는 것이다. 뇌는 산소 전체의 20~25% 정도를 사용한다. 뇌로 가는 혈액이 차단되어 산소 공급이 15초 정도만 되지 않아도 뇌는 벌써 이상을 느낀다. 4분 이상이면 뇌세포는 크게 손상된다. 이러한 상황이 심장마비가 발생했을 때 생길 수 있다. 그래서 응급처치를 통해 뇌에 산소를 공급해 주어야 한다.

280일을 한 달에 해당하는 30일로 나누면 280일÷30일=9.33달이다. 수정이 되기 전 4주를 수정 후의 기간에 모두 더하면 42주가 된다. 42주는 294일이다. 294일을 한 달에 해당하는 30일로 나누면 294일÷30일=9.8달이다. 9.8달은 10개월에 해당하는 수치이다. 294일에서 수정되기 전의 기간인 28일을 빼면 266일이다. 266일을 한 달에 해당하는 30일로 나누면 266일÷30일=8.86달이다. 임신 40주라는 것은 수정 후 8.86달이 지난 것을 의미한다. 임신 37주는 수정 후 245일이다. 245일을 한 달에 해당하는 30일로 나누면 245일÷30일=8.16달이다. 임신 38주는 수정 후 252일이다. 252일을 한 달에 해당하는 30일로 나누면 252일÷30일=8.4달이다. 임신 42주는 수정 후 280일이다. 280일을 한 달에 해당하는 30일로 나누면 280일÷30일=9.33달이다.

만삭분만은 보통 임신 37주 이후 분만하는 것이다. 분만은 레이버(labor)라고도 한다. 레이버는 노동, 수고, 애씀이라는 의미이다. 조기분만 또는 조산은 임신 37주 이전에 분만하는 것이다. 과숙분만은 임신 42주 이후에 분만하는 것이다. 자연분만 중에서 정상 자연분만은 임신 37~42주 사이에 정상적으로 분만하는 것이다. 조기분만도 자연분만에 해당하는 경우가 있다. 미숙아 자연분만은 임신 24~36주 사이에 정상적으로 분만하는 것이다. 자연분만에 대비되는 것은 인공분만이다. 인공분만 중 흡입분만은 태아의 머리 부분을 음압장치로 흡입하여 견인하고 분만하는 것이다. 인공분만 중 제왕절개분만은 임신부의 복부와 자궁을 절개하여 분만하는 것이다.

임신에서부터 약 40주 정도의 시간이 지나면 자궁 근육이 규칙적으로 수축을 반복한다. 분만시에는 황체호르몬의 효과가 감소되어 자궁 수축이 일어나는 조건이 형성된다. 자궁이 수축되면 태아의 머리가 자궁 입구로 눌리게 되며 결국 태아를 둘러싸고 있는 난막이 터져서 양수가 나온다. 이후 자궁이 열리고 넓어진 산도를 통해서 태아가 나온다.

임신이라는 용어는 여러가지 의미로 사용되고 있어 혼란이 발생한다. 수정란은 수란관을 따라 자궁으로 이동하면서 세포분열을 하며, 수정 후 7~8일이 되면 자궁 내벽에 착상한다. 자궁에 착상한 수정란은 자궁 내벽으로부터 영양을 공급받는다. 수정란이 착상된 이후를 임신이라고 한다. 그런데 임신기간을 말할 때에는 수정란이 착상된 이후를 말하는 것이 아니다. 착상 이전뿐만 아니라 수정 이전까지의 기간도 포함하여 임신기간이라고 하기도 한다. 그래서 임신기간이라고 하면 그 의미가 명확하지 않다. 오히려 임신기간이라고 하면 수정 이전까지의 기간도 포함하는 경우가 더 많다. 임신기간의 정확성을 기하려면 수정 후 임신기간인지 수정되기 전의 기간을 포함한 임신기간인지를 확인하여야 한다.

사람의 경우 임신기간은 수정된 날로부터 266일 동안이라고 하는 것은 임신 40주를 기준으로 한 것이다. 그런데 이 임신 40주에는 수정되기 전 2주가 포함되어 있다. 임신 40주는 280일이다. 14일의 차이는 수정되기 전 2주 때문이다. 정확성으로 따지면 임신 40주보다는 수정된 날로부터 266일이 정확한 것이다. 하지만 수정되기 전 2주의 기간도 중요한 의미를 가지고 있다. 그래서 임신 40주라고 하고 있다. 수정된 날로부터 266일은 마지막 월경 시작일로부터 280일과 같은 것이다. 수정되는 것은 마지막 월경시작일로부터 14일이 되었을 때이다. 마지막 월경 시작일로부터 14일이 되면 새로운 난자가 수란관으로 배출된다. 이때 정자를 만나면 수정된다.

수정은 이때 되지만 정자가 수란관에서 혼자서 살아 있는 기간이 있다. 이 기간 동안 정자가 난자를 만나기만 하면 수정이 이루어진다. 정자는 자궁 내에서 2~3일 동안 살아서 수정할 수 있는 능력을 가진다. 심지어 정자는 1주일까지 살아 있기도 한다. 정자는 2~3시간이면 수란관을 따라 난소 가까이까지 이른다. 정자가 먼저 수란관 상부에 도달해 있다가 난소에서 배란된 난자가 이곳에 이르면 여러 정자 중 하나만이 난자와 결합하여 수정란을 형성한다. 정자가 수란관에서 혼자서 살아 있는 기간을 3일이라고 하면 마지막 월경 시작일에서 시작하여 11일째에 정자가 수란관에 들어가면 그로부터 3일째, 즉 마지막 월경 시작일에서 14일째에 수정된다.

정자가 수란관에서 혼자서 살아 있는 기간을 7일이라고 하면 마지막 월경 시작일에서 시작하여 7일째에 정자가 수란관에 들어가면 그로부터 7일째, 즉 마지막 월경 시작일에서 14일째에 수정된다. 정자의 생존기간에 따라 마지막 월경 시작일에서 7일째부터 14일째까지 정자가 수란관에 들어가 있으면 임신이 된다. 이것은 마지막 월경 시작일에서 1주째부터 2주째 사이이다. 임신기간은 코끼리는 20여 개월, 기린은 14개월, 말은 11-12개월, 소는 9개월, 개와 고양이는 약 2개월, 쥐는 약 3주이다.

임신키트는 임신의 확인에 사용되는 도구이다. 키트(kit)는 도구, 장비라는 의미이다. 임신키트는 사람의 소변 중의 인간 융모성 성선자극호르몬(human chorionic gonadotropin, HCG, 휴먼 코리오닉 고나도트로핀, 인간 융모성 고나도트로핀이라고도 한다)이 일정 농도 이상이면 양성으로 나온다. 수정란이 자궁에 착상하면 혈중에 인간 융모성 성선자극호르몬 농도가 상승한다. 인간 융모성 성선자극호르몬은 융모막의 작은 세포로부터 분비되는 호르몬이다. 인간 융모성 성선자극호르몬은 황체의 퇴화를 막아 황체에서 계속적으로 성호르몬을 생산하도록 하여 임신이 지속될 수 있도록 한다. 인간 융모성 성선자극호르몬은 프로게스테론의 분비를 자극하여 지속적으로 두터운 자궁벽을 유지할 수 있게 한다. 인간 융모성 성선자극호르몬은 황체형성호르몬과 기능이 거의 같다. 차이가 있다면 인간 융모성 성선자극호르몬은 융모막에서 만든다는 것이다.

　혈중 또는 소변을 이용하여 인간 융모성 성선자극호르몬의 검출 여부에 의하여 임신 여부를 확인할 수 있다. 인간 융모성 성선자극호르몬이 검출되었다고 하여 반드시 임신인 것은 아니다. 다른 원인에 의하여 인간 융모성 성선자극호르몬이 검출될 수도 있기 때문이다. 융모막(chorion, 코리온)은 배아 바깥의 막 중에서 가장 외부에 있는 막이다. 융모막은 태반의 형성에 기여한다. 융모는 융모막에서 나온 많은 돌기이다. 융모는 표면이 영양막으로 뒤덮여 있다. 영양분과 산소는 영양막을 거쳐 태아의 혈관에 흘러 들어간다. 융모는 다른 곳에도 있다. 소장점막에 있는 돌기도 융모라고 한다. 코리온은 그리스어 코리온(chórion)에서 왔다. 이것은 태아를 감싸고 있는 막이라는 의미이다. 융모막은 배아 주위에 있는 주머니를 형성하는 2개의 막 중에 외부의 것이다. 나머지 하나는 양막(amnion, 앰니온)이다. 양막은 안쪽에 있는 막이다. 양막 속에 배아가 달려 있다.

　월경의 주기는 성숙한 여성의 경우 28~30일이다. 26~32일을 보이기도 한다. 폐경은 월경이 폐지되는 것을 말한다. 폐경은 40~45세 정도에서 시작한다. 이 시기에 이르면 내분비기능과 난소기능에 변화가 발생한다. 월경주기가 불규칙하게 되고 이어서 월경폐지가 발생한다. 여성이 나이가 들면서 난소가 노화되어 기능이 떨어지면 배란 및 여성호르몬의 생산이 더 이상 이루어지지 않는다. 그러다가 폐경에 이른다. 폐경의 시기는 상당히 유동적이다. 사람에 따라 편차도 있다.

　정관불임수술은 정관을 절제 또는 결찰하여 영구적으로 생식할 수 없도록 하는 시술을 말한다. 난관불임수술은 난관을 결찰하여 영구적으로 생식할 수 없도록 하는 시술을 말한다. 난관은 난자를 난소에서 자궁으로 운반하는 관이다. 길이는 약 10cm 정도이다. 난자는 난관근층의 율동적인 수축에 의해서 자궁으로 가게 된다. 난관임신은 수정란이 난관점막에 착상하는 것이다. 난관임신은 자궁외 임신의 하나이다. 결찰은 묶는 것을 말한다. 자궁내피임장치시술은 자궁 내에 피임기구를 삽입하여 생식을 일시 중단시키는 시술을 말한다. 피임시술은 불임시술과 인체 안에 피임약제 또는 피임기구를 넣어 일정기간 이상 피임하도록 하는 시술행위를 말한다.

사후관리는 정부지원에 의하여 시술을 받은 자에 대하여 부작용이 발생하지 아니하도록 관찰 또는 검진을 실시하거나 발생한 부작용 또는 합병증을 진료하는 것을 말한다. 복원수술은 불임시술을 받은 자의 생식기능을 재생시키는 시술을 말한다. 국가와 지방자치단체는 난임 등 생식 건강 문제를 극복하기 위한 지원을 할 수 있다. 국가와 지방자치단체는 여성의 건강보호 및 생명존중 분위기를 조성하기 위하여 인공임신중절의 예방 등 필요한 사업을 실시할 수 있다. 보건복지부장관, 특별자치도지사 또는 시장·군수·구청장은 원하는 사람에게 피임약제나 피임용구를 무료 또는 실비로 보급할 수 있다.

임신중(0세)

의료인은 태아 성감별을 목적으로 임부를 진찰하거나 검사하여서는 아니 되며, 같은 목적을 위한 다른 사람의 행위를 도와서도 아니 된다. 의료인은 임신 32주 이전에 태아나 임부를 진찰하거나 검사하면서 알게 된 태아의 성을 임부, 임부의 가족, 그 밖의 다른 사람이 알게 하여서는 아니 된다. 태아는 손해배상의 청구권에 관하여는 이미 출생한 것으로 본다. 태아는 상속순위에 관하여는 이미 출생한 것으로 본다.

배아, 즉 엠브리오는 중세의 라틴어 엠브리오(embryo)에서 왔다. 이 것은 그리스어 엠브리온(embryon)에서 왔다. 엠브리온은 어린 동물이라 는 의미이다. 그 후에는 자궁의 과일이라는 의미가 되었다. 엠브리온은 글자 그대로 해석하면 자라는 것이라는 의미이다. 그리스어 브리에인 (bryein)은 '부풀어 오르다'라는 의미이다. 배아는 생명체가 현저하게 구 별될 수 있는 형태를 갖추기 전의 상태 또는 지위로서 발달단계의 초기 에 있는 생명체이다. 여기서 생명체라는 말을 사용하고 있는 것에 관심 을 가져야 한다.

그런데 난자와 정자가 수정한 후 2주까지는 어떻게 되는 것일까? 이 13일 동안의 생명체는 지위가 어떠한 것일까? 13일과 14일은 하루 차이이다. 이 13일 동안의 기간이 논쟁에 휩싸여 있다. 한쪽은 이 기간 동안은 생명체가 아니라고 한다. 다른 한쪽은 이 기간 동안도 생명체라 고 한다. 도대체 생명체의 정의가 어떻게 되어 있을까? 더 나아가 정자 와 난자는 생명체일까? 아니면 세포에 불과한 것일까? 정자와 난자는 수 정 이전 단계이기 때문에 그 수가 매우 많다. 정자는 머리 부분이 납작 하다. 정자는 주로 세포의 핵이다. 정자는 염색체로 구성되어 있다. 염색 체는 유전물질이다. 사람의 염색체 수는 46개이지만 정자는 23개의 염 색체를 가진다. 정자는 체세포(somatic cell, 소마틱 셀)보다 염색체 수가 적다. 정자는 한 번에 약 3~4억개가 배출된다.

체세포는 몸세포라는 의미이다. 소마(soma)는 생명체의 몸이라는 의 미이다. 소마는 그리스어 소마(sôma)에서 왔다. 소마는 몸이라는 의미이 다. 소마는 생식세포를 제외한 생명체의 모든 것을 말한다. 여기에도 생 명체라는 용어가 나온다. 난자와 정자는 생식세포이다. 소마는 난자와 정자를 제외한 것이다. 체세포에 대비되는 것은 생식세포이다. 난자 또 한 23개의 염색체를 가진다. 난자와 정자의 염색체 수를 합하면 다시 46개가 된다. 난자는 구형 또는 타원체이다. 식물은 꽃의 암술 속에 난자가 존재한다.

　체세포복제는 정자와 난자의 수정이 없이 정자가 아니라 몸에서 떼어 낸 세포(이것이 체세포이다)를 핵을 제거한 난자(이것은 생식세포이다)에 집어 넣어 복제하는 것이다. 난자의 핵을 제거한 뒤 그 대신 체세포의 핵을 투입하는 것이다. 이 핵에는 유전물질인 DNA가 들어 있다. 이것도 일종의 수정란이라고 하면 이것은 복제수정란이 된다. 엄밀하게 말하면 체세포복제라기보다는 체세포와 생식세포를 이용한 복제이다. 복제에서는 난자가 필요하다. 난자를 고정된 것으로 생각하면 정자가 아니라 몸에서 떼어 낸 세포를 이용하는 것은 체세포복제가 된다. 복제에 필요한 난자를 제공하는 사람을 난자제공자라고 한다. 난자가 있다면 몸의 여러 부위에서 세포를 분리하여 유전형질이 똑같은 복제를 할 수 있다.

　1972년 복제한 양 돌리는 체세포복제에 의한 것이다. 그 후 여러 동물들을 체세포복제에 의하여 복제하고 있다. 1999년 우리나라에서 젖소 영롱이와 한우 진이가 복제되었다. 2005년 개 스너피가 복제되었다. 배아복제는 체세포를 이용해 배아를 복제하는 것이다. 결국 체세포복제와 배아복제는 같은 의미이다. 체세포복제를 통한 복제수정란은 초기에 내부 세포덩어리를 떼어내 배아줄기세포를 확립할 수 있다. 이것은 치료용 복제이다. 이것을 여자의 자궁에 이식하면 개체가 복제된다. 이것은 개체복제용이다. 치료용 복제와 개체복제 모두 허용 여부를 두고 논쟁에 휩싸여 있다. 동물의 난자와 사람의 체세포를 이용해 배아를 만들기도 하고 시험관 시술 후에 남은 사람의 수정란을 이용해 배아를 만들기도 한다.

　줄기세포(stem cell, 스템 셀)는 몸의 여러 조직으로 분화할 수 있는 능력을 가진 세포이다. 줄기세포의 줄기라는 명칭은 줄기에서 여러가지가 나오는 것을 의미한다. 줄기세포가 조직으로 분화하면 이것을 어떤 사람의 손상된 조직을 재생하는 데 이용할 수 있게 된다. 뼈가 필요하면 뼈로 분화시키고 장기가 필요하면 장기로 분화시킨다. 배아줄기세포는 배아의 줄기세포를 말한다. 배아줄기세포를 이용하여 뇌질환, 당뇨병, 심장병 등 많은 질병을 치료할 수 있다는 기대가 형성되고 있다. 당뇨병 치료의 경우 배아줄기세포를 이용하여 인슐린을 생산하는 세포를 만들 수 있다는 것이다. 척추부상으로 마비된 환자의 경우 기능회복을 위하여 신경세포를 만들 수 있다는 것이다.

　체세포에 대비되는 것이 생식세포이므로 체세포복제에 대비되는 것은 생식세포복제이다. 생식세포복제는 일란성 쌍둥이를 인공적으로 만드는 데에도 이용한다. 생식세포복제에도 종류가 있다. 하나는 정자와 난자가 수정한 후(이것이 체세포복제와 차이점이다) 수정란(이것이 결국 배아이다)을 나누어 그 조각을 어미에 이식하는 것이다. 수정란은 난자와 정자를 체외수정시킨다. 다른 하나는 수정란에서 빼낸 조각을 핵을 제거한 난자에 융합시켜 다수의 복제를 만드는 것이다. 핵을 제거한 난자에 융합시킨다는 점에서 조각을 어미에 이식하는 것과 차이가 있다.

　성체줄기세포(adult stem cell, 어덜트 스템 셀, 어덜트는 성인이라는 의미인데 성체로 번역하고 있다)는 조직이나 기관에 있는 분화된 세포 사이에서 발견되는 비분화된 세포를 말한다. 비분화된 세포이기 때문에 전문화된 조직이나 기관의 세포를 생산하기 위하여 분화될 수 있다. 성체줄기세포의 주요한 기능은 조직을 유지시키고 보수하는 것이다. 성체줄기세포는 몸체줄기세포(somatic stem cell, 소마틱 스템 셀)라고도 한다. 성체라는 번역어는 성인과 몸체를 합한 것으로 보인다. 성체줄기세포는 비록 비분화된 것이기는 하지만 생식세포가 아니라 체세포, 즉 몸의 세포이기 때문이다. 성체줄기세포는 모든 조직으로 분화될 수 없고 전문화된 조직이나 기관의 세포로 분화될 수 있다. 성체줄기세포 또한 손상된 조직을 재생하기 위하여 이용된다.

　성체줄기세포에는 제대혈(탯줄혈액), 골수, 혈액 등에서 추출한다. 성체줄기세포에는 혈액 및 임파구를 생산할 수 있는 조혈모세포, 중간엽줄기세포, 신경줄기세포 등이 있다. 제대혈은 조혈모세포를 함유하고 있다. 골수세포는 조혈모세포, 중간엽 줄기세포를 가지고 있다. 간, 표피, 췌장에도 줄기세포가 있다. 성체줄기세포는 체세포라는 점에서 생식세포와 구별되고 배아가 아니라는 점에서 배아줄기세포와 구별된다. 체세포복제, 배아복제, 배아줄기세포, 성체줄기세포는 구별하기가 쉽지 않다. 그 이유는 이것들이 일정 부분 겹치기 때문이다. 복제에는 여러가지가 있다. 위에서 본 것들도 복제의 종류이다. 개체복제는 유전적으로 동일한 다른 개체를 만드는 것이다. 개체복제는 송두리째 개체를 복제한다.

난자와 정자가 수정한 후 13일 동안 기간의 문제는 복제를 통한 배아의 경우에도 제기된다. 비록 난자와 정자가 수정한 것은 아니지만 말이다. 이것이 배아줄기세포를 두고 벌이는 논쟁이다. 배아줄기세포를 확립하기 위하여 체세포복제를 통한 복제수정란으로부터 초기에 내부 세포덩어리를 떼어내야 하기 때문이다. 이 초기라는 기간이 바로 13일 동안 기간의 범위 내에 있다. 체세포복제 과정을 거친 복제수정란은 배반포기 단계까지 배양하는데 배반포기 단계는 약 4~5일 정도이다.

단성생식행위는 인간의 난자가 수정 과정 없이 세포분열하여 발생하도록 하는 것을 말한다. 단성생식배아는 단성생식행위에 의하여 생성된 세포군을 말한다. 체세포핵이식행위는 핵이 제거된 인간의 난자에 인간의 체세포 핵을 이식하는 것을 말한다. 체세포복제배아는 체세포핵이식행위에 의하여 생성된 세포군을 말한다. 배아는 인간의 수정란 및 수정된 때부터 발생학적으로 모든 기관이 형성되기 전까지의 분열된 세포군을 말한다. 잔여배아는 체외수정으로 생성된 배아 중 임신의 목적으로 이용하고 남은 배아를 말한다. 잔여난자는 체외수정에 이용하고 남은 인간의 난자를 말한다.

배아줄기세포주(embryonic stem cell lines)는 배아, 체세포복제배아, 단성생식배아 등으로부터 유래한 것으로서, 배양 가능한 조건에서 지속적으로 증식할 수 있고 다양한 세포로 분화할 수 있는 세포주(細胞株)를 말한다. 줄기세포주는 인체를 구성하고 있는 모든 종류의 세포로 분화할 수 있는 능력을 가지고 있는 세포를 말하며 배아줄기세포주와 역분화줄기세포주(induced pluripotent stem cells, iPS cell) 등을 포함한다. 인간대상연구는 사람을 대상으로 물리적으로 개입하거나 의사소통, 대인 접촉 등의 상호작용을 통하여 수행하는 연구 또는 개인을 식별할 수 있는 정보를 이용하는 연구로서 보건복지부령으로 정하는 연구를 말한다.

사람을 대상으로 물리적으로 개입하는 연구는 연구대상자를 직접 조작하거나 연구대상자의 환경을 조작하여 자료를 얻는 연구이다. 의사소통, 대인 접촉 등의 상호작용을 통하여 수행하는 연구는 연구대상자의 행동관찰, 대면 설문조사 등으로 자료를 얻는 연구이다. 개인을 식별할 수 있는 정보를 이용하는 연구는 연구대상자를 직접·간접적으로 식별할 수 있는 정보를 이용하는 연구이다.

인체유래물은 인체로부터 수집하거나 채취한 조직·세포·혈액·체액 등 인체 구성물 또는 이들로부터 분리된 혈청, 혈장, 염색체, DNA, RNA, 단백질 등을 말한다. 인체유래물연구는 인체유래물을 직접 조사·분석하는 연구를 말한다. 인체유래물은행은 인체유래물 또는 유전정보와 그에 관련된 역학정보, 임상정보 등을 수집·보존하여 이를 직접 이용하거나 타인에게 제공하는 기관을 말한다. 유전정보는 인체유래물을 분석하여 얻은 개인의 유전적 특징에 관한 정보를 말한다. 유전자검사는 인체유래물로부터 유전정보를 얻는 행위로서 개인의 식별 또는 질병의 예방·진단·치료 등을 위하여 하는 검사를 말한다. 유전자치료는 질병의 예방 또는 치료를 목적으로 유전적 변이를 일으키는 일련의 행위를 말한다.

인간대상연구의 행위는 인간의 존엄과 가치를 침해하는 방식으로 하여서는 아니 되며, 연구대상자등의 인권과 복지는 우선적으로 고려되어야 한다. 연구대상자등의 자율성은 존중되어야 하며, 연구대상자 등의 자발적인 동의는 충분한 정보에 근거하여야 한다. 연구대상자 등의 사생활은 보호되어야 하며, 사생활을 침해할 수 있는 개인정보는 당사자가 동의하거나 특별한 규정이 있는 경우를 제외하고는 비밀로서 보호되어야 한다. 연구대상자 등의 안전은 충분히 고려되어야 하며, 위험은 최소화되어야 한다. 취약한 환경에 있는 개인이나 집단은 특별히 보호되어야 한다. 생명윤리와 안전을 확보하기 위하여 필요한 국제협력을 모색하여야 하고, 보편적인 국제기준을 수용하기 위하여 노력하여야 한다.

유전자치료에 관한 연구는 유전질환, 암, 후천성면역결핍증, 그 밖에 생명을 위협하거나 심각한 장애를 불러일으키는 질병의 치료를 위한 연구, 현재 이용 가능한 치료법이 없거나 유전자치료의 효과가 다른 치료법과 비교하여 현저히 우수할 것으로 예측되는 치료를 위한 연구의 모두에 해당하는 경우에만 할 수 있다. 다만, 보건복지부장관이 정하는 질병의 예방이나 치료를 위하여 필요하다고 인정하는 경우에는 그러하지 아니하다. 유전자치료는 배아, 난자, 정자 및 태아에 대하여 시행하여서는 아니 된다.

유전자치료를 하고자 하는 의료기관은 보건복지부장관에게 신고하여야 한다. 중요한 사항을 변경하는 경우에도 또한 같다. 보건복지부장관에게 신고한 의료기관은 유전자치료를 하고자 하는 환자에 대하여 치료의 목적, 예측되는 치료 결과 및 그 부작용, 그 밖에 환자의 안전을 확보하기 위하여 조치하는 사항, 환자의 개인정보 보호를 위하여 조치하는 사항에 관하여 미리 설명한 후 서면동의를 받아야 한다.

유전자검사를 하려는 자는 유전자검사항목에 따라 시설 및 인력 등을 갖추고 보건복지부장관에게 신고하여야 한다. 다만, 국가기관이 유전자검사를 하는 경우에는 그러하지 아니하다. 신고한 사항 중 중요한 사항을 변경하는 경우에도 신고하여야 한다. 보건복지부장관은 신고한 유전자검사기관으로 하여금 유전자검사의 정확도 평가를 받게 할 수 있고,

그 결과를 공개할 수 있다. 유전자검사기관은 유전자검사의 업무를 휴업하거나 폐업하려는 경우에는 보건복지부장관에게 신고하여야 한다.

유전자검사기관은 과학적 증명이 불확실하여 검사대상자를 오도할 우려가 있는 신체 외관이나 성격에 관한 유전자검사 또는 그 밖에 국가위원회의 심의를 거쳐 정하는 유전자검사를 하여서는 아니 된다. 유전자검사기관은 근이영양증이나 그 밖에 일정한 유전질환을 진단하기 위한 목적으로만 배아 또는 태아를 대상으로 유전자검사를 할 수 있다. 의료기관이 아닌 유전자검사기관에서는 질병의 예방, 진단 및 치료와 관련한 유전자검사를 할 수 없다. 다만, 의료기관의 의뢰를 받아 유전자검사를 하는 경우에는 그러하지 아니하다.

유전자검사기관이 유전자검사에 쓰일 검사대상물을 직접 채취하거나 채취를 의뢰할 때에는 검사대상물을 채취하기 전에 검사대상자로부터 서면동의를 받아야 한다. 다만 장애인의 경우는 그 특성에 맞게 동의를 구하여야 한다. 유전자검사기관이 검사대상물을 인체유래물연구자나 인체유래물은행에 제공하기 위하여는 검사대상자로부터 서면동의를 별도로 받아야 한다. 유전자검사기관은 검사대상자로부터 검사대상물의 제공에 대한 서면동의를 받은 경우에는 인체유래물연구자나 인체유래물은행에 검사대상물을 제공할 수 있다.

금지되는 유전자검사의 대상 유전자로는 다음과 같은 것들이 있다. 금지되는 유전자검사의 목록을 보면 이들 유전자의 기능이 나와 있다.

<금지되는 유전자검사>

유 전 자	관련질병 및 기능
LPL 유전자	고지질혈증(고지혈증)
앤지오텐시노겐 (Angiotensinogen)	고혈압
VDR 또는 ER 유전자	골다공증
IRS-2 또는 Mt16189	당뇨병

UCP-1 · Leptin · PPAR-gamma · ADRB3(B3AR) 유전자	비만
ALDH2 유전자	알코올 분해
5-HTT 유전자	우울증
Mt5178A 유전자	장수
IGF2R 또는 CALL 유전자	지능
IL-4 또는 beta2-AR 유전자	천식
ACE 유전자	체력
CYP1A1 유전자	폐암
SLC6A4 유전자	폭력성
DRD2 또는 DRD4 유전자	호기심
HLA-B27 유전자	강직성척추염 관련 유전자검사는 금지된다. 다만, 진료를 담당하는 의사가 강직성척추염이 의심된다고 판단하는 경우는 제외한다.
BCR/ABL 유전자	백혈병 관련 유전자검사는 금지된다. 다만, 진료를 담당하는 의사가 백혈병이 의심된다고 판단하거나 치료 후 추적 관찰이 필요하다고 판단하는 경우는 제외한다.
PHOG/SHOX 유전자	신장 관련 유전자검사는 금지된다. 다만, 진료를 담당하는 의사가 래리-웨일 연골뼈형성이상증(Leri-Weill dyschondrosteosis)이 의심된다고 판단하거나 그 질환의 고위험군에 속한다고 판단하는 경우는 제외한다.
p53 유전자, BRCA1 또는 BRCA2 유전자	p53 유전자에 의한 암 관련 유전자검사 및 BRCA1 또는 BRCA2 유전자에 의한 유방암 관련 유전자검사는 금지된다. 다만, 진료를 담당하는 의사가 해당 질환의 고위험군에 속한다고 판단하거나 해당 질환에 걸린 것으로 확실하게 진단된 사람을 대상으로 진료를 하는 과정에서 필요하다고 판단하는 경우는 제외한다.
Apolipoprotein E 유전자	치매 관련 유전자검사는 금지된다. 다만, 성인의 경우 진료를 담당하는 의사가 질환이 의심된다고 판단하거나 그 질환의 고위험군에 속한다고 판단하는 경우는 제외한다.
	연구를 목적으로 하는 검사로서 기관위원회

	에서 필요하다고 판단한 경우에는 유전자검사를 실시할 수 있다.

<연령대별 분만여성 현황>

구 분	2008년	2009년	2010년	2011년
계	415,890명	396,800	423,429	421,199
30세 미만	158,843	142,125	136,069	126,690
30대	249,644	246,499	277,555	283,460
40대	7,403	8,176	9,805	11,049

<임신시 선천기형의 진단 및 검사법>

구 분	검사시기	검사법
태아 목덜미 투명대 두께	10-14주	태아 목 투명대를 측정하여 이 두께가 3mm 이상이 될 경우 염색체 이상 여부를 조기에 예측하는 검사
쿼드 검사 (Quad test)	15-20주	모체로부터 태아 단백, 성선자극호르몬, 비포합형에스트라디올, 인히빈 등을 검사하는 것으로 태아의 기형 여부 확인
양수 검사	15-20주	태아 출생시 산모의 나이가 35세 이상이거나 다른 유전질환의 위험이 있거나 쿼드 검사 및 초음파 소견이 정상이 아닌 경우 염색체 이상 등을 확인하기 위한 검사
정밀 초음파	20-24주	태아의 뇌, 얼굴, 심장, 위 신장, 간, 방광, 골격 그리고 척추 등의 이상 유무를 확인
초음파	임신기간	태아의 이상이나 크기 기타 양수량 체크

쿼드 검사의 쿼드(Quad)에 별다른 의미가 있는 것은 아니다. 쿼드는 '4가지의'라는 의미이다. 쿼드 검사는 4가지 검사라는 의미이다. 3가지 검사를 트리플 검사(triple test, 트리플 테스트. 트리플은 '3가지의'라는 의미이다)라고 한다. 태아 단백, 성선자극호르몬, 비포합형에스트라디올을 검사하면 3가지 검사이다. 여기에 인히빈 검사를 추가하면 4가지 검사가 된

다. 쿼드검사=트리플검사+인히빈검사. 4가지 검사를 '4가지 표지자검사', 3가지 검사를 '3가지 표지자검사'라고도 한다.

양수는 양막 안에 차 있는 액체를 말한다. 태아는 양막으로 둘러싸여 있다. 태아는 양수 속에 떠서 자라게 된다. 양수는 외부의 충격으로부터 태아를 보호하고, 세균 감염을 막으며, 태아의 체온 조절을 보조한다. 양수의 양은 임신의 시기에 따라 다르다. 양수량은 시간이 흐르면서 약 600~1,000mL 정도가 된다. 양수량은 임신경과와 함께 증가하는데 7~8개월이 최고이고 예정일이 가까워지면 감소하는 경향이 있다.

양수를 통하여 태아의 건강에 관한 여러가지 정보를 얻을 수 있다. 복벽을 통하여 주사바늘을 천자하여 양수를 채취하는 방법을 양수천자라고 한다. 천자(puncture, 펑크처)는 뾰족한 것으로 뚫은 구멍을 말한다. '천공'(穿孔)의 그 '穿'(천)이다. 펑크처를 줄여서 펑크라고 한다. 타이어에 난 펑크가 바로 펑크처를 줄인 말이다. 천자 중에는 요추천자라는 것도 있다. 요추천자의 원리도 같은 것이다.

양수량이 800mL를 초과하면 양수과다라고 한다. 양수과다는 무언가 이상이 있어 양수가 과다하게 된 것을 의미한다. 양수과다의 원인으로 태아기형, 쌍태, 태반 및 탯줄의 이상, 모체의 임신중독증 등이 거론된다. 양막(羊膜, amnion, 앰니온)은 배막 중 가장 안쪽에 있고 배를 직접 덮는 막이다. 이 막안의 공간을 양막강이라고 한다. 양막강에 양수가 채워져 있다. 양막은 일종의 주머니이다. 앰니온이라는 말은 그리스어 암노스(amnós)에서 왔다. 암노스는 어린 새끼양이라는 의미이다. 이것이 양막이라는 이름의 유래이다.

<선천기형과 회귀난치성질환>

구 분	이 름
신경계통의 선천기형	댄디-워커 증후군 무뇌회증 분열뇌증 이분척추 척수이개증 아놀드-키아리증후군
순환기계통의 선천기형	심방실 및 연결의 선천 기형 단일심실 아이젠멘거 복합·증후군, 아이젠멘거결손 폐동맥판 폐쇄 형성저하성 우심 증후군 대동맥판 및 승모판의 선천 기형 관상 혈관의 기형 폐동맥의 폐쇄 대정맥의 선천기형
근육골격계통의 선천기형 및 변형	두개안면골형성 이상(크루종병) 하악안면골형성 이상 관상골 및 척추의 성장 결손을 동반한 골 연골형성 이상 불완전 골형성증 다골성 섬유성 형성 이상 골화석증 내연골종증 필레증후군 다발선천외골증 달리 분류되지 않은 근육골격계통의 선천기형
염색체이상	다운증후군 에드워즈증후군 및 파타우증후군 5번 염색체 단완의 결손 캐취22증후군, 엔젤만 증후군 터너증후군 클라인펠터증후군 여린X증후군
선천기형	신경섬유종증(비악성: 폰 렉클링하우젠병) 결절성 경화증(부르느뷰 병 등) 포이츠-제거스 증후군, 스터지-베버(-디미트리) 증후군,

63

폰 히펠-린다우 증후군
(이상형태증성)태아알코올증후군
주로 얼굴형태에 영향을 주는 선천기형증후군(Apert, 골
덴하증후군 등)
주로 단신과 관련된 선천기형 증후군
(프라더-윌리증후군 등)
루빈스타인-테이비 증후군
소토스증후군
마르팡증후군

<0세 선천기형 세부상병별 진료환자 수>

구 분	2008년	2009년	2010년	2011년
합계	23,478	25,082	30,446	36,069
신경계통의 선천기형	597	582	734	851
눈, 귀, 얼굴 및 목의 선천기형	2,910	2,811	3,333	3,502
순환계통의 선천기형	6,889	7,060	7,813	8,476
호흡계통의 선천기형	778	634	745	784
입술갈림증 및 입천장 갈림증	478	507	685	753
소화계통의 기타 선천기형	4,864	5,957	8,341	11,114
생식기관의 선천기형	858	1,021	1,258	1,395
비뇨계통의 선천기형	1,303	1,405	1,809	1,804
근골격계통의 선천기형 및 변형	3,959	4,163	4,641	5,992
기타 선천기형	585	689	848	1,107
달리 분류되지 않은 염색체 이상	257	253	239	291

<0세 선천기형 세부상병별 주요질환>

구 분	주요질환
신경계통의 선천기형	무뇌증 및 유사기형, 소두증, 뇌의 기타 선천기형, 이분척추, 척수의 기타 선천기형 등
눈, 귀, 얼굴 및 목의 선천기형	눈꺼풀 눈물기관 및 안와의 선천기형, 귀의 기타 선천기형, 얼굴 및 목의 기타 선천기형 등
순환계통의 선천기형	심장중격의 선천기형, 폐동맥판 및 삼첨판의 선천기형, 심장의 기타 선천기형, 대동맥의 선천기형, 말초혈관계통의 기타 선천기형 등
호흡계통의 선천기형	코의 선천기형, 후두의 선천기형, 기관 및 기관지의 선천기형, 폐의 선천기형, 호흡계통의 기타 선천기형
입술갈림증 및 입천장 갈림증	구개열, 구순열, 구순열을 동반한 구개열
소화계통의 기타 선천기형	혀, 입 및 인두의 기타 선천기형, 식도의 선천기형, 상부소화관의 기타 선천기형, 소장의 선천성 결여, 대장의 선천 결여 등
생식기관의 선천기형	자궁 및 자궁경부의 선천기형, 여성생식기의 기타 선천기형, 미하강고환, 요도하열 등
비뇨계통의 선천기형	신장무발생증 및 기타 감소결손, 낭성 신장질환, 신우의 선천성 폐색성 결손 및 요관의 선천기형, 신장의 기타 선천기형 등
근골격계통의 선천기형 및 변형	고관절의 선천변형, 발의 선천변형, 머리·얼굴·척추 및 흉부의 선천성 근골격변형, 기타 선천성 근골격변형, 다지증, 합지증, 두개골 및 안면골의 기타 선천기형 등
기타 선천기형	피부의 기타 선천기형, 유방의 선천기형, 달리 분류되지 않은 모반증, 다발 계통에 영향을 주는 기타 명시된 선천기형증후군 등
달리 분류되지 않은 염색체 이상	다운증후군, 에드워즈증후군 및 파타우증후군, 달리 분류되지 않은 보통염색체의 단일염색체증 및 결손, 터너증후군 등

인간제대혈은 산모가 신생아를 분만할 때 분리된 탯줄 및 태반에 존재하는 혈액을 말한다. 제대혈(umbilical cord blood, 엄빌리클 코드 블러드)은 탯줄의 피 또는 탯줄의 혈액이다. 엄빌리클은 '배꼽의'라는 의미이다. 코드는 끈, 줄이라는 의미이다. 블러드는 피, 혈액이라는 의미이다. 엄빌리클 코드는 탯줄이라는 의미이다. 제대(臍帶)는 탯줄을 말한다. 제대의 臍(제)는 '배꼽 제'이다. 帶(대)는 '띠 대'이다. 제대혈제제는 이식 등에 사용하기 위하여 채취한 제대혈에서 유효성분을 분리하여 제조한 조혈모세포와 그 밖에 인간제대혈 성분의 분리·세척·냉동·해동 등 최소한의 조작을 통해 추출한 유핵세포 및 혈장을 말한다. 제대혈이식은 치료 등의 목적으로 제대혈제제를 환자에게 이식하는 것을 말한다. 제대혈관리업무는 제대혈의 기증·위탁을 받고 채취·검사 및 등록 등을 하거나 제대혈제제를 제조·보관·품질관리 및 공급하는 업무를 말한다.

조혈은 피를 만드는 것을 말한다. 모세포(stem cell)는 줄기세포를 말한다. 줄기세포를 간세포라고도 한다. 간(幹)은 '줄기 간'이다. 모세포, 줄기세포, 간세포는 같은 말이다. 그래서 조혈모세포를 조혈줄기세포라고도 한다. 용어가 혼란스럽다. 모세포는 어디서 온 말일까? 모세포는 줄기세포를 의역한 것이다. 조혈모세포는 주로 골수에 존재하면서 백혈구, 적혈구 및 혈소판 등 혈액세포를 만드는 세포를 말한다. 그래서 모세포라는 명칭을 붙인 것이다. 골수는 피를 만드는 곳이다. 물론 피가 골수에서만 만들어지는 것은 아니다. 조혈모세포는 바로 이 골수에 존재한다. 골수는 뼈에 있다. 골수는 뼈보다는 촘촘하지 않은 일종의 조직이다. 이것이 뼈, 골수, 피의 관계이다. 조혈모세포는 성인의 경우 골수에 약 1% 정도 존재한다.

조혈모세포수가 부족하면 빈혈이 생긴다. 이에 대한 치료로 조혈모세포를 이식받는 방법도 있다. 항암제를 지나치게 투여하면 조혈모세포가 손상을 입어서 골수기능이 떨어진다. 이에 대한 방지책으로 조혈모세포가 손상을 입기 전에 자신의 조혈모세포를 냉동 저장하였다가 고용량의 항암요법을 실시한 뒤 다시 투여하는 방법이 있다. 백혈병은 백혈구에 발생한 암이다. 그래서 비정상적인 백혈구가 과도하게 증식하여 정상적인 백혈구와 적혈구, 혈소판의 생성을 억제한다. 그 결과 정상적인 백혈구 수가 감소하면 면역저하를 발생시킨다. 이것은 세균감염시 패혈증으로 이어진다. 과다 증식된 비정상적인 백혈구는 여러가지 나쁜 증상을 일으킨다. 고열, 피로감, 뼈의 통증, 설사, 의식저하, 호흡곤란, 출혈이 생길 수도 있다.

백혈병은 악화 속도에 따라 급성과 만성으로 나눈다. 백혈병은 세포의 기원에 따라 골수성 백혈병과 림프구성 백혈병으로 나눈다. 급성 골수성 백혈병은 골수성 백혈구의 분화 초기 단계에 있는 전구세포 또는 줄기세포에 암적인 변이가 발생하여 과도한 분열이 일어나고 이것이 골수 내에 축적되는 것을 말한다. 급성 골수성 백혈병의 원인은 유전성 요인, 방사선에의 노출, 화학물질에의 노출, 항암제 등 치료약이다. 이것들은 암유전자 또는 인접 부위의 유전자에 변화를 발생시키고 암유전자를 활성화시킴으로써 백혈병을 일으킨다.

만성 골수성 백혈병은 필라델피아 염색체를 지닌 조혈모세포의 복제가 비정상적으로 확장되면서 골수 내에 비정상적인 세포가 과도하게 증식하는 것을 말한다. 만성 골수성 백혈병은 9번 염색체와 22번 염색체의 일정 부분이 절단된 후 두 조각이 서로 위치를 바꾸어 이동하면서 생긴 염색체(이것을 필라델피아 염색체라고 한다)에 의해서 발생한다. 염색체의 위치가 바뀌면 9번 염색체의 ABL 유전자와 22번 염색체의 BCR 유전자 사이에 융합이 일어나게 되고, 융합 유전자로 인해 발암 단백질이 합성되며, 이 단백질은 전구세포들의 사멸을 억제하여 비정상적인 증식을 초래한다. 백혈구의 수는 엄청나게 증가한다.

제대혈기증은 산모가 비혈연간 질병치료 또는 의학적 연구 등을 위하여 분만 과정에서 발생한 제대혈을 대가 없이 제대혈은행에 제공하는 것을 말한다. 제대혈위탁은 산모가 신생아 또는 혈연간의 질병치료를 위하여 분만과정에서 발생한 제대혈을 제대혈은행에 일정 기간 보관하도록 위탁하는 것을 말한다. 제대혈은행은 제대혈기증으로 기증된 제대혈(이것을 기증제대혈이라 한다)의 제대혈관리업무를 하는 제대혈은행(이것을 기증제대혈은행이라 한다) 또는 제대혈위탁으로 위탁된 제대혈(이것을 가족제대혈이라 한다)의 제대혈관리업무를 하는 제대혈은행(이것을 가족제대혈은행이라 한다)으로서 허가받은 기관을 말한다.

제대혈을 기증한 자의 이웃에 대한 사랑과 희생정신은 존중되어야 한다. 제대혈은행은 제대혈기증의 뜻을 기리기 위하여 제대혈기증자에게 명예제대혈기증서를 발행할 수 있다. 이 경우 명예제대혈기증서는 대가를 목적으로 제공되어서는 아니 된다. 누구든지 금전 또는 재산상의 이익, 그 밖의 반대급부를 주고받거나 주고받을 것을 약속하고 타인의 제대혈, 제대혈제제 및 그 밖의 부산물을 제3자에게 주거나 제3자에게 주기 위하여 받는 행위 또는 이를 약속하는 행위, 자신의 제대혈 등을 타인에게 주거나 타인의 제대혈 등을 자신에게 이식하기 위하여 받는 행위 또는 이를 약속하는 행위, 위의 행위를 교사·알선·방조하는 행위를 하여서는 아니 된다. 누구든지 위반한 행위가 있음을 알았을 때에는 그 행위와 관련되는 제대혈 등을 관리하거나 이식하여서는 아니 된다.

국가 및 지방자치단체는 건전한 제대혈 기증 및 이식 문화의 정착을 위하여 노력하여야 한다. 국가 및 지방자치단체는 제대혈의 기증 및 이식을 활성화하기 위하여 관련 연구 및 홍보 등에 관한 지원시책을 마련하여야 한다. 보건복지부에 제대혈위원회를 둔다. 제대혈은행의 장은 기증제대혈 및 가족제대혈의 관리를 위하여 산모에게 쉽게 알 수 있도록 설명하고, 이에 동의하는 산모로부터 기증동의서 또는 위탁동의서에 서명을 받아야 한다. 제대혈기증 및 제대혈위탁에 동의한 산모는 제대혈의 안전성을 확인하는 데 필요한 신상 및 병력에 관한 정보를 사실대로 성실하게 제공하여야 한다. 산모는 제대혈을 채취하기 전까지 언제든지 동의를 철회할 수 있다.

제대혈은 산모가 동의한 경우에 한하여 채취하여야 한다. 제대혈은 의료기관에서 의료인이 의사의 감독하에 채취하거나 의사가 직접 채취하여야 한다. 제대혈을 채취하는 의료인은 산모로부터 설명을 듣고 동의한 사실을 확인한 후 채취방법과 유의사항 등에 관하여 설명하고 제대혈 채취에 관한 동의를 서명받아야 한다. 의료인은 산모 및 신생아의 건강에 지장을 주지 아니하는 방법으로 제대혈을 채취하여야 한다. 제대혈을 채취하거나 채취하는 것을 감독한 의사는 제대혈 채취 이후에 산모 또는 신생아에게 기형, 감염 또는 유전성질환 등 건강상 이상이 있음을 확인하는 경우 그 사실을 제대혈은행에 통보하여야 한다.

이식에 적합하지 아니한 감염성 질환에 감염된 산모, 양수검사에서 염색체 이상이 확인되었거나 유산 또는 사산한 산모, 악성종양 등 제대혈이식대상자의 생명·신체에 위해를 가할 우려가 있는 질환을 가진 산모, 제대혈이식 등을 통한 전파의 가능성이 있는 유전성 질환의 병력이 확인된 산모, 그 밖에 분만을 담당하는 의사가 제대혈을 채취하기에 적합하지 아니하다고 판정한 산모의 어느 하나에 해당하는 산모로부터 제대혈을 채취하거나 채취한 제대혈을 공급·이식하여서는 아니 된다. 전염성 질환 등의 종류는 B형간염, C형간염, 후천성면역결핍증, 매독이다.

모자보건상의 임산부 연령(임신중이거나 분만 후 6개월 미만)

모자보건상의 임산부는 임신중이거나 분만 후 6개월 미만인 여성을 말한다. 모성은 임산부와 가임기 여성을 말한다. 신생아는 출생 후 28일 이내의 영유아를 말한다. 모자보건사업은 모성과 영유아에게 전문적인 보건의료서비스 및 그와 관련된 정보를 제공하고, 모성의 생식건강 관리와 임신·출산·양육 지원을 통하여 이들이 신체적·정신적·사회적으로 건강을 유지하게 하는 사업을 말한다. 모자보건요원은 의사·조산사·간호사의 면허를 받은 사람 또는 간호조무사의 자격을 인정받은 사람으로서 모자보건사업 및 가족계획사업에 종사하는 사람을 말한다.

산전관리는 수태시부터 분만이 시작되기 전까지 임부의 건강을 관리함을 말한다. 분만개조는 태아와 태아의 부속물이 모체로부터 외부로 배출되는 과정을 도와주는 행위를 말한다. 산후관리는 분만 후 6월 미만의 산모에 대하여 건강을 회복할 수 있도록 지도하는 행위를 말한다.

산후조리업은 산후조리 및 요양 등에 필요한 인력과 시설을 갖춘 곳(이것을 산후조리원이라 한다)에서 분만 직후의 임산부나 출생 직후의 영유아에게 급식, 요양과 그 밖에 일상생활에 필요한 편의를 제공하는 업을 말한다. 가족계획사업은 가족의 건강과 가정복지의 증진을 위하여 수태조절에 관한 전문적인 의료봉사·계몽 또는 교육을 하는 사업을 말한다.

골반(pelvis, 펠비스)에는 여러 기관들이 존재한다. 골반에는 내장과 방광이 있고 여자의 경우에는 자궁과 난소 등이 있다. 골반은 이들에게 공간을 제공하고 보호하며 외부로부터 이들을 방어하는 기능을 수행한다. 골반에도 여러 질병이 발생한다. 관절염, 골반골절, 골종양 등이 발생한다. 펠비스에는 2가지 의미가 들어 있다. 하나는 골반이라는 의미이고 다른 하나는 신우(腎盂, pelvis 또는 renal pelvis, 리늘 펠비스)이다. 신우는 콩팥깔때기라고도 한다. 신우의 盂(우)는 사발, 밥그릇이라는 의미이다. 신우는 신장의 가장 안쪽 부분으로서 소변이 일시적으로 모이는 곳이다.

신장에는 세뇨관들이 많이 있는데 세뇨관들이 신우로 이어진다. 소변은 신우에서 방광으로 가고 양이 차면 요도를 통해 밖으로 배출된다. 혈액은 사구체로 들어가 여과되고 세뇨관을 거치면서 재흡수와 분비과정을 거친다. 이때 소변이 만들어진다. 펠비스는 라틴어에서 왔다. 펠비스는 원래 그릇, 분지라는 의미이다. 신우의 우가 사발, 밥그릇이라는 의미를 가지는 이유가 바로 여기에 있다.

골반에는 4개의 뼈가 있다. 골반에 있는
뼈를 골반뼈라고 한다. 골반뼈는 명칭에 있어
서 상당히 주의하여야 한다. 우리나라뿐만 아
니라 외국의 경우에도 혼란이 있다. 골반에
있는 뼈는 3가지로 구분할 수 있다. 하나는
볼기뼈(pelvic bone, 펠빅 본)이다. 다른 하나는
엉치뼈이다. 또 다른 하나는 미저뼈이다. 엉
치뼈와 미저뼈는 척추에 있는 뼈이다. 볼기뼈
는 볼기를 때리다라고 할 때의 그 볼기이다.
이 볼기가 골반과 관련되어 있다.

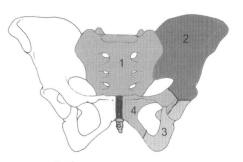

골반
1. 엉치뼈 (천골·Sacrum)
2. 엉덩뼈 (장골·Ilium)
3. 궁둥뼈 (좌골·Ischium)
4. 두덩뼈 (치골·Pubis)

　펠빅 본을 번역하면 '골반의 뼈'가 된다. 골반의 뼈라고 하면 골반에
있는 뼈 모두를 의미하는 것으로 보이는데 실제는 그렇지 않다. 펠빅 본
은 엉치뼈와 미저뼈를 제외하고 볼기뼈만을 의미한다. 그래서 골반뼈라
고 할 때 주의를 요한다. 펠빅 본을 힙본(hipbone)이라고도 한다. 힙본을
번역하면 엉덩이뼈이다. 그런데 힙본을 엉덩이뼈로 번역하지 않는다. 볼
기뼈 자체도 3개의 부분으로 나누어져 있다. 이 3개의 부분 중에서 하나
를 엉덩이뼈 또는 엉덩뼈로 번역하고 있다. 나머지 2개는 궁둥뼈와 두덩
뼈이다. 엉덩이와 궁둥이를 다르게 본 용어들이다.

　펠빅 본을 이노미너트 본(innominate bone)이라고도 한다. 이노미너
트는 '무명의, 익명의'라는 의미이다. 이것을 번역하여 볼기뼈를 무명골
이라고도 한다. 볼기뼈 자체는 3개의 부분으로 나누어져 있지만 개수는
2개이다. 볼기뼈를 2개로 계산하여 골반에는 4개의 뼈가 있다고 한 것
이다. 볼기뼈는 골반의 측면을 만드는 확 치솟은 뼈이다. 성인의 경우 볼
기뼈를 구성하는 3개의 부분은 하나로 통합되어 있다.

　볼기뼈는 가운데는 수축되어 있고 위와 아래로 팽창되어 있다. 2개

의 볼기뼈는 연결되어 있다. 볼기뼈는 엉치뼈와 미저뼈와 함께 골반, 골반대라는 골격의 구성 성분을 이루고 있다. 골반, 골반대는 골반의 공간을 둘러싸고 있다. 볼기뼈는 낮은 쪽 다리와 축골격 사이에서 주요한 연결을 형성한다. 볼기뼈는 축골격의 일부인 엉치뼈와 연결되어 있다. 각각의 볼기뼈는 상응하는 대퇴골과 연결되어 있다. 엉치뼈는 척추와 골반을 연결하는 기능을 수행한다. 엉치에 있는 5개의 뼈가 합쳐진다. 그래서 엉치의 뼈를 1개로 계산하게 된다. 미저뼈는 3개에서 5개가 있는데 이것도 1개로 계산하게 된다. 골반에는 볼기뼈 2개, 엉치뼈 1개, 미저뼈 1개 합하여 4개가 있게 된다.

골반은 많은 척추동물의 골격에 있어서 분지 모양의 구조이다. 골반은 엉치뼈와 다양한 꼬리뼈와 함께 골반대에 의하여 형성된다. 사람의 경우 골반은 각각의 옆과 앞에서 골반을 결합하고 있는 2개의 볼기뼈와 뒤에서 골반을 완성하고 있는 엉치뼈와 미저뼈로 구성되어 있다. 골반은 반달형 모양이기도 하다. 골반은 몸통을 다리에 연결하고 척추를 지원하는 기능을 한다. 골반은 상부몸의 무게를 받아 이것을 지탱하고 분배한다. 골반에는 여러 근육들이 부착되어 있다. 여자의 골반은 남자의 골반보다 넓다. 이것은 임신기능을 반영하는 것이다.

임신했을 경우 임신의 뒤의 단계에서 태아의 머리는 골반 안에서 조정된다. 또한 뼈의 관절들도 임신호르몬에 의하여 부드러워진다. 이러한 요인들은 골반의 관절의 통증을 야기한다. 이것을 두덩뼈결합기능장애라고 한다. 두덩뼈는 치골이라고도 한다. 두덩뼈결합기능장애는 치골결합기능장애라고도 한다. 임신의 마지막에는 천장관절의 인대가 느슨해진다. 이것은 골반배출수단을 넓혀준다. 출생 동안에 태아는 엄마의 골반입구를 통과하게 된다.

임산부가 모자보건에 따른 보호를 받으려면 본인이나 그 보호자가 의료기관 또는 보건소에 임신 또는 분만 사실을 신고하여야 한다. 의료기관의 장 또는 보건소장은 신고를 받으면 이를 종합하여 특별자치도지사 또는 시장·군수·구청장(자치구의 구청장을 말한다)에게 보고하여야 한다. 의료기관의 장 또는 보건소장은 해당 의료기관이나 보건소에서 임산부가 사망하거나 사산하였을 때 또는 신생아가 사망하였을 때에는 특별자치도지사 또는 시장·군수·구청장에게 보고하여야 한다.

의사는 본인이나 배우자가 우생학적 또는 유전학적 정신장애나 신체질환이 있는 경우(연골무형성증, 낭성섬유증 및 그 밖의 유전성 질환으로서 그 질환이 태아에 미치는 위험성이 높은 질환으로 한다), 본인이나 배우자가 전염성 질환(풍진, 톡소플라즈마증 및 그 밖에 의학적으로 태아에 미치는 위험성이 높은 전염성 질환으로 한다)이 있는 경우, 강간 또는 준강간에 의하여 임신된 경우, 법률상 혼인할 수 없는 혈족 또는 인척간에 임신된 경우, 임신의 지속이 보건의학적 이유로 모체의 건강을 심각하게 해치고 있거나 해칠 우려가 있는 경우의 어느 하나에 해당되는 경우에만 본인과 배우자(사실상의 혼인관계에 있는 사람을 포함한다)의 동의를 받아 인공임신중절수술을 할 수 있다.

인공임신중절수술은 임신 24주일 이내인 사람만 할 수 있다. 배우자의 사망·실종·행방불명, 그 밖에 부득이한 사유로 동의를 받을 수 없으면 본인의 동의만으로 그 수술을 할 수 있다. 본인이나 배우자가 심신장애로 의사표시를 할 수 없을 때에는 그 친권자나 후견인의 동의로, 친권자나 후견인이 없을 때에는 부양의무자의 동의로 각각 그 동의를 갈음할 수 있다. 인공임신중절수술은 태아가 모체 밖에서는 생명을 유지할 수 없는 시기에 태아와 그 부속물을 인공적으로 모체 밖으로 배출시키는 수술을 말한다.

제왕절개(cesarean section, 시제리언 섹션, 섹션은 절개라는 의미이다)는 태아를 배출, 인도하기 위하여 배의 벽과 자궁을 수술로 절개하는 것을 말한다. 시제리언이라는 명칭은 로마의 줄리우스 시저(Julius Caesar) 또는 그와 같은 이름의 조상이 절개에 의하여 태어났다는 전통적인 믿음으로부터 유래한 것이다. 그래서 시저절개라고 번역하여야 한다. 그런데 라틴어 카이사르(caesar)에는 황제, 제왕이라는 의미도 들어 있다. 카이사르가 보통명사로 사용된 것이다. 번역할 때 시저라고 하지 않고 제왕이라고 한 것은 카이사르를 보통명사로 보고 번역한 것이다.

19세기 말까지는 수술을 하면 엄마는 일반적으로 죽었다. 근대적인 제왕절개는 1881년 독일의 부인과 의사인 페르디난트 아돌프 케러(Ferdinand Adolf Kehrer)에 의하여 실시되었다. 현재 제왕절개는 주로 긴급한 상황에서 수행된다. 긴급한 상황 중의 하나는 분만진행의 실패이다. 분만진행의 실패의 주요한 원인은 자궁의 수축이 제대로 이루어지지 않는 것이다. 또는 아기가 너무 커서 엄마의 골반이 이를 따라가지 못하는 것이다. 아기의 머리가 엄마의 척추로부터 벗어나는 것도 긴급한 상황 중의 하나이다.

<신의료기술의 안전성·유효성 평가 결과>

구 분	내 용
자궁 내 풍선카테터 압박지혈술 Intrauterine Balloon Tamponade 탐폰(tampon)은 지혈이나 분비물을 흡수시키기 위하여 만든 원통형 덩어리를 말한다.	1. 사용목적 산후출혈의 지혈 또는 감소 2. 사용대상 산후출혈 환자 3. 시술방법 초음파 검사를 통해 자궁의 용적을 확인 후 자궁 지혈용 풍선카테터를 삽입하고, 멸균수를 이용하여 풍선카테터를 원하는 크기만큼 팽창시켜 지혈함. 최대 사용시간은 24시간 이내로 하여 풍선카테터를 제거 4. 안전성·유효성 평가결과 자궁 내 풍선카테터 압박지혈술의 안전성은 시술과 관련된 직접적인 합병증을 보고되지 않았으며 식도 압박지혈튜브삽입술과 유사한 안전성을 가진다. 자궁 내 풍선카테터 압박지혈술 후 산후출혈의 지혈 성공률은 64.7-84.0%로 기존기술과 유사하였다. 따라서 자궁 내 풍선카테터 압박지혈술은 기존의

	B-Lynch의 자궁압박 봉합술, 하복부동맥 결찰술, 경피적 혈관색전술 등에 비해 산후출혈에 대한 초기 적용이 용이하며 산후출혈의 지혈 및 2차적 처치의 결정을 위한 처치로서 안전하고 유효성에 근거가 있다. 5. 참고사항 자궁 내 풍선카테터 압박지혈술은 총4편(체계적 문헌고찰 1편, 증례연구 3편)의 문헌적 근거에 의해 평가된다.
태아 피브로넥틴 정성검사 Fetal Fibronectin Qualitative Test 피브로넥틴은 동물 세포 표면에 있는 단백질이다. 피브로넥틴은 간에서 합성하여 혈액에 분비하는 것과 섬유아세포에서 합성, 분비하는 것으로 나눈다.	1. 사용목적 조산의 위험이 있는 임신부를 선별 2. 사용대상 조산의 위험인자가 있거나 조산증상이 있는 임신부 3. 검사방법 자궁질 분비물 검체를 이용하여 면역크로마토그래피법인 태아 피브로넥틴 정성검사(TLI IQ system 이용)로 태아 피브로넥틴의 특이적 단클론항체를 정성적으로 검출 4. 안전성·유효성 평가결과 태아 파이브로넥틴 정성검사는 대상자의 자궁질 분비물을 채취하여 체외에서 이루어지기 때문에 대상자에게 직접적인 위해를 가하지 않는 안전한 검사이다. 태아 파이브로넥틴 정성검사의 진단정확성은 기존 태아 피브로넥틴 정량검사와 비교시 대등하였고, 자궁경부 길이 측정과 비교시 유사하거나 더 높은 경향이 있었다. 또한 Bishop 점수와 비교시 우수하였으며, 대부분의 연구에서 음성예측도가 0.90 이상으로 높았다. 태아 피브로넥틴 정성검사를 받은 군은 받지 않은 군에 비해 투약율, 입원율과 재원기간, 치료비용 등이 유의하게 낮았다. 따라서 태아 피브로넥틴 정성검사는 조산의 위험이 있는 임신부를 선별하기 위해 사용할 수 있는 안전하고 유효한 검사이다. 5. 참고사항 태아 피브로넥틴 정성검사(TLI IQ system)는 총 15편(진단법 평가연구 13편, 비교연구 2편)의 문헌적 근거에 의해 평가된다.

출　생(1세)

　　아기의 머리가 골반의 아래쪽에 있지 않으면 출생이 제대로 되지 않는다. 태아의 위치를 줄여서 태위라고 한다. 머리의 위치를 줄여서 두위라고 한다. 아기의 머리가 아래쪽에 있지 않으면 태위 또는 두위가 정상이 아닌 것이다. 정상적인 상태는 출생할 때 아기의 머리가 아래쪽에 있는 것이다. 양수가 많으면 태아의 움직임이 활발하고 양수가 적으면 태아의 움직임이 제한을 받는다. 임신 초기에는 양수가 많지만 임신 말기에는 양수가 적다. 그래서 아기의 머리가 아래쪽에 있는 현상이 발생한다.

　　아기의 골반이 아래쪽에 있는 현상을 골반위(骨盤位), 골반단위(骨盤端位)라고 한다. 골반위, 골반단위의 의미가 쉽게 다가오지 않는다. 태아의 위치를 프리젠테이션(presentation)이라고 한다. 프리젠테이션에는 제안하는 것이라는 의미도 들어 있다. 프리젠테이션은 자궁의 입구와 관련하여 출생시에 자궁에 있는 태아의 위치를 말한다. 프리젠테이션은 태아의 위치, 즉 태위이다. 그리고 프리젠테이션에서 중요한 것은 출생시에 자궁의 입구와 관련된 것이다. 다시 말하면 프리젠테이션에서 중요한 것은 출생시에 자궁의 입구에 태아의 신체의 부분 중에서 어떤 부분이 있는가 하는 것이다.

　　이것을 골반위에 적용하면 자궁의 입구에 골반이 위, 즉 위치하고 있다는 의미이다. 골반단위는 자궁의 입구에 골반의 끝이 위, 즉 위치하고 있다는 의미이다. 골반단위의 단(端)은 끝이라는 의미이다. 골반위 또는 골반단위는 브리치 프리젠테이션(breech presentation)이라고 한다. 브리치가 프리젠테이션을 수식하여 설명하고 있는 것이다. 브리치에는 '뒤'라는 의미가 들어가 있다. 사람, 즉 태아에게서 뒤는 엉덩이이다. 우리말에 '뒤를 보다'라는 것도 있다. 이것도 엉덩이에 관한 것이다. 브리치 프리젠테이션은 출생시에 자궁의 입구에 엉덩이가 있다는 것이다. 이 엉덩이를 골반으로 번역한 것이다. 그런데 골반은 펠비스이다. 골반위의 골반은 브리치를 번역한 것이 아니라 골반을 가져다 붙인 것이다. 프리젠테이션 앞에 말이다.

breech presentation

새끼 당나귀와 반추동물(되새김동물이라고도 한다)의 경우 출생시 정상적인 태아의 위치는 발굽이 처음으로 나오게 하기 위하여 앞다리가 앞으로 쭉 뻗는 것이다. 그 다음에 머리, 몸통, 배, 뒷다리 순이다. 이것을 앞의 프리젠테이션이라고 한다. 새끼 돼지의 경우 코가 처음에 나온다. 돼지는 코가 앞으로 나와 있다. 그 다음에 어깨와 앞다리가 나온다. 그 다음에 뒷다리가 나온다. 강아지와 고양이는 코와 앞발이 처음으로 나온다. 앞의 프리젠테이션(anterior presentation)은 앞발과 앞다리가 먼저 나오고 머리가 나오는 것이다. 브리치 프리젠테이션은 태아의 엉덩이와 꼬리가 먼저 나오는 것이다.

의료기관의 장은 해당 의료기관에서 미숙아나 선천성이상아가 출생하면 보건소장에게 보고하여야 한다. 보건소장은 미숙아등의 등록카드를 작성·관리하고, 매년 1월 31일까지 미숙아등의 전년도 출생사항을 관할 특별시장·광역시장·도지사·특별자치도지사를 거쳐 보건복지부장관에게 보고하여야 한다.

미숙아 또는 선천성이상아의 출생을 보고받은 보건소장은 그 보호자가 해당 관할 구역에 주소를 가지고 있지 아니하면 그 보호자의 주소지를 관할하는 보건소장에게 그 출생 보고를 이송하여야 한다. 특별자치도지사 또는 시장·군수·구청장은 신고된 임산부나 영유아에 대하여 모자보건수첩을 발급하여야 한다. 미숙아등의 출생 보고를 받은 보건소장은 미숙아등에 대하여 등록카드를 작성·관리하여야 한다.

미숙아는 신체의 발육이 미숙한 채로 출생한 영유아로서 임신 37주 미만의 출생아 또는 출생시 체중이 2천 500그램 미만인 영유아로서 보건소장 또는 의료기관의 장이 임신 37주 이상의 출생아 등과는 다른 특별한 의료적 관리와 보호가 필요하다고 인정하는 영유아이다.

선천성이상아는 선천성 기형 또는 변형이 있거나 염색체에 이상이 있는 영유아로서 보건복지부장관이 선천성이상의 정도, 발생빈도 또는 치료에 드는 비용을 고려하여 모자보건심의회의 심의를 거쳐 정하는 선천성이상에 관한 질환이 있는 영유아로서 선천성이상으로 사망할 우려가 있는 영유아, 선천성이상으로 기능적 장애가 현저한 영유아, 선천성이상으로 기능의 회복이 어려운 영유아의 어느 하나에 해당하는 영유아이다.

특별자치도지사 또는 시장·군수·구청장은 임산부·영유아·미숙아 등에 대하여 정기적으로 건강진단·예방접종을 실시하거나 모자보건요원에게 그 가정을 방문하여 보건진료를 하게 하는 등 보건관리에 필요한 조치를 하여야 한다. 특별자치도지사 또는 시장·군수·구청장(자치구의 구청장을 말한다)은 임산부·영유아 및 미숙아등에게 임산부의 진단과 종합검진 및 산전·분만·산후관리, 영유아 및 미숙아등에 대한 건강관리 및 건강진단, 임산부·영유아 및 미숙아 등의 건강상의 위해요인 발견, 감염병 및 그 밖에 보건복지부장관이 심의회의 심의를 거쳐 정하는 질병의 예방접종을 하여야 한다. 예방접종은 보건복지부장관이 예방접종 전문위원회의 심의를 거쳐 정하는 예방접종 기준에 따른다.

특별자치도지사 또는 시장, 군수, 구청장은 임산부, 영유아, 미숙아 중 입원진료가 필요한 사람에게 진찰, 약제나 치료재료의 지급, 처치, 수술, 그 밖의 치료, 의료시설에의 수용, 간호, 이송의 의료 지원을 할 수 있다. 국가와 지방자치단체는 미숙아등의 건강을 보호·증진하기 위하여 필요한 의료를 적절하게 제공할 수 있는 신생아 집중치료 시설 및 장비를 지원할 수 있다.

국가와 지방자치단체는 영유아의 건강을 유지·증진하기 위하여 필요한 모유수유시설의 설치를 지원할 수 있다. 국가와 지방자치단체는 모유수유를 권장하기 위하여 필요한 자료조사·홍보·교육 등을 적극 추진하여야 한다. 산후조리원, 의료기관 및 보건소는 모유수유에 관한 지식과 정보를 임산부에게 충분히 제공하는 등 모유수유를 적극적으로 권장하여야 하고, 임산부가 영유아에게 모유를 먹일 수 있도록 임산부와 영유아가 함께 있을 수 있는 시설을 설치하기 위하여 노력하여야 한다.

태아가 출생하면 1살이다. 이제 태아였던 나는 집을 옮겼다. 엄마의 몸 밖으로 말이다. 나는 보는 것에 익숙하지 않다. 다시 말하면 빛에 익숙하지 않다. 빛이 처음에는 너무 세다. 그리고 소리와 달리 모든 것이 처음보는 것들이다. 내가 태어나고 보니 내가 보는 사람의 크기가 서로 다르다. 작은 사람도 있다. 아마도 나의 형과 오빠 그리고 누나와 언니들인 것 같다. 그리고 크기는 같은데 모습이 서로 다른 사람들이 눈에 보인다. 엄마와 아빠 그리고 할아버지와 할머니 같다.

내가 태어나면 출생신고를 하여야 한다. 그러면서 나는 번호를 부여받는다. 그것이 바로 주민등록번호이다. 이것을 가지고 나를 식별할 모양이다. 감별도 구분하는 것이지만 식별은 참을 만하다. 나는 걷지 못한다. 내가 걸으려면 아직 시간이 필요하다. 나는 응아를 잘 가리지 못한다. 그래서 사람이 내 곁에 있어야 한다. 응아를 이상하게 생각할 필요가 없다. 나는 엄마의 몸 속에서도 응아를 했으니까 말이다.

나는 아직 몸이 약하다. 그래서 지금부터 예방접종을 받아야 한다. 내가 아플 때에는 바로바로 병원에 가야 한다. 그곳은 내가 태어난 곳이기도 하다. 내가 제일 싫어하는 병이 감기이다. 그리고 설사이다. 이것들에 걸리면 나는 정신이 없다. 나에게 감기는 모든 병의 시작이다. 설사를 하면 기운이 하나도 없다.

내가 태어난 날은 나의 생일이다. 재미 있는 것은 내 생일을 가지고 주민등록번호를 만든다. 생년월일. 뭐 다른 것은 없을까? 생년월일은 내가 태어난 해와 달과 날짜이다. 사람들은 나에게 이름을 지어 준다. 이름 짓는 것에 신경을 많이 쓴다. 이름이 두 가지로 되어 있다. 성과 다른 것 말이다. 재미 있는 것은 나와 가족들이 성은 같은데 다른 것은 다르다는 점이다. 이 다른 것을 단지 이름이라고도 한다. 그런데 우리 가족 중에 나와 이름이 다른 사람이 한 명 있다. 어떤 때에는 두 명이 있기도 하다. 세 명이 있기도 하다.

외국에서 태어난 태아도 그럴까? 이제 나는 이름으로 나를 부르면 응답해야 한다. 웃으면서 말이다. 그리고 내가 더 크면 "네"라고 대답해야 한다. 사람들은 나에게 선물을 준다. 장난감 말이다. 나는 장난감을 좋아한다. 장난감이 내 친구이다. 나에게 장난감을 줄 때 안전한 것을 주어야 한다. 나는 위험한 것을 피할 능력이 없다. 그래서 나에게 가장 중요한 것은 안전이다. 이건 장난감 만드는 사람들이 반드시 알아야 할 사항이다. 나는 장난감을 통하여 여러가지를 배우게 된다. 앞으로도 나는 여러 장난감을 선물받을 것이다. 나는 돈을 모른다. 나에게 돈을 주는 것은 사양한다.

나는 옆에서 사람들이 말하는 것이 좋다. 종알종알. 단 내가 잘 때에는 옆에서 말하지 않았으면 한다. 잠을 푹 잘 수 없다. 내가 깨어 있을 때에는 옆에서 말해도 상관 없다. 오히려 듣는 것을 통하여 배우는 것이 많다. 그리고 나는 누가 옆에서 책을 읽어 주는 것이 좋다. 왜냐하면 나는 소리를 배워야 하기 때문이다. 내가 책을 읽을 수는 없는 일이다. 좀 더 크면 나도 책을 읽게 될 것이니 그때까지라도 옆에서 책을 읽어 주어야 한다. 너무 무서운 책 말고. 나는 출생과 동시에 대한민국 국적을 취득하였다. 가만 있자, 빠뜨린 것이 없나? 내가 태어났더니 정부에서 부모님에게 출생수당을 준다. 출생한 것에 대한 일종의 보상이다. 집을 옮기고 났더니 새 집도 괜찮은데! 내가 자주 울더라도 이해해 주기를 바란다. 집이 싫어서 그런 것이 아니니까. 나에게 너무 많은 것을 기대하지 말기를. 특히 걷는 것 말이다.

출산수당은 출산 당시에 지급되는 수당이다. 출산수당은 출산시에 국가나 지방자치단체로부터 지급되는 수당을 말한다. 출산을 장려하고 촉진하기 위하여 지급된다. 1회적인 성격의 수당이다. 금액을 얼마로 결정할 것인가의 문제가 있다. 금액이 소액이라면 출산장려의 효과는 크지 않다.

우　유

우유와 치즈는 고기 대용품이라고 부른다. 그 이유는 영양분이 고기와 비슷하기 때문이다. 치즈는 우유를 발효하여 농축시킨 것이다. 치즈는 우유의 응고물이다. 치즈를 만드는 과정에서 단백질의 손실이 있기는 하지만 고단백질이다. 우유에는 카세인(casein)이라는 단백질이 들어 있다. 치즈를 만드는 과정에서 우유 속의 카세인이 세균이나 응고효소에 반응하여 응고할 때 커드(curd)라는 응고물이 형성된다. 커드가 형성되는 과정을 커들링(curdling)이라고 한다. 그리고 커드로부터 물을 제거하여 커드를 더 단단하게 하여야 한다. 커드 속에 남아 있는 물의 양이 치즈의 단단함과 질감을 결정한다.

숙성은 치즈 속에 포함된 세균군의 생화학적 작용을 통하여 치즈의 내부가 형성되는 것을 말한다. 숙성은 치즈의 유형에 따라 변하는 온도와 습도 조건 아래에서 발생한다. 숙성과정이 길면 길수록 치즈가 보유하는 수분은 감소한다. 그리고 더 단단하고 강한 맛이 난다. 치즈는 단단함에 따라 분류할 수 있다. 버터는 농축시킨 우유의 지방이다. 버터는 식사에서 지방과 비타민 A를 제공한다. 버터는 우유를 휘저어 지방, 물, 공기 등을 혼합시켜 부드러운 고체로서 분리한 우유의 지방이다.

요구르트는 저지방의 우유로 만든 발효한 우유이다. 요구르트는 우유가 가진 음식의 모든 가치를 제공한다. 발효한 크림은 요구르트와 비슷하지만 크림을 가지고 만든 것이며 그 결과 버터지방이 높다. 크림은 위에까지 올라오는 우유의 두꺼운 부분을 말한다. 크림은 지방을 포함하고 있다. 크림은 지방함량에 따라 등급화하고 있다. 크림에는 피부를 부드럽게 하기 위하여 피부에 문지르는 두꺼운 액체라는 의미도 들어 있다. 크림에는 피부용으로 사용하는 물질이라는 의미도 들어 있다.

마가린은 숙성된 탈지우유로 휘저어 식물성기름으로 만든 버터를 닮은 음식이다. 마가린은 기름에 우유를 섞어 만든 것이다. 마가린은 버터의 대용품으로 사용된다. 탈지우유는 우유에서 지방을 분리한 것을 말한다.

젖을 생산하는 동물 중에서 소, 양, 염소, 당나귀, 낙타, 버팔로의 젖은 사람들에게 사용되고 있다. 그 중에서 소의 젖은 가장 많이 사용되는 우유이다. 소의 젖을 우유(牛乳)라고 한다. 우유 속에는 여러 영양분들이 포함되어 있다. 우유에는 설탕이 포함되어 있다. 우유 속에 포함되어 있는 설탕을 젖당(유당이라고도 한다. lactose: 락토오스)이라고 한다. 젖당을 소화하지 못하는 것을 락토오스 불내증(젖당소화장애라고도 한다. '불내증'은 인내하지 못한다는 의미이다)이라고 한다. 이것은 젖당을 소화하는 효소인 락타아제(lactase)가 부족하기 때문이다. 젖당은 창자에서 흡수될 수 있도록 소화되어야 하는데 이것을 돕는 효소가 락타아제이다. 젖당소화장애가 있는 사람들은 배에서 통증(이것을 복통이라고 한다)을 느끼고, 설사, 가스, 부풀어 오름, 메스꺼움, 경련이 생긴다.

이러한 문제들은 우유를 먹었을 때 나타난다. 드물기는 하지만 요구르트, 숙성한 치즈를 먹었을 때에도 나타난다. 코티지치즈(cottage, 코티지는 작은 집. 오막살이 집이라는 의미이다. 코티지치즈는 치즈 속에 작은 알갱이들이 들어 있는 것이다), 크림치즈(우유의 크림으로 만든 치즈이다), 가공치즈에는 락토오스가 들어가 있다. 우유를 소화할 수 없는 사람들의 경우 젖당이 50% 감소된 우유를 먹으면 위의 증상들이 나타나지 않는다.

Louis Pasteur 1822-1895

살균우유(pasteurized milk, 파스퇴라이즈드 밀크)는 질병을 일으키는 세균을 파괴하기 위하여 끓는점 아래로 열을 가한 것이다. 파스퇴르화는 세균을 없애는 것을 말한다. 파스퇴르화는 세균을 없애기 위하여 열을 가하다가 다시 냉각하는 방법이다. 파스퇴르화라는 용어는 미생물학자 루이 파스퇴르(Louis Pasteur)의 이름을 본뜬 것이다. 파스퇴르는 파스퇴르화 과정에 관한 연구를 하였다.

파스퇴르화는 음식에서 병원체의 수를 줄이는 것이다. 음식을 살균 처리하는 과정에서 음식의 맛과 질이 떨어질 수도 있다. 우유제품과 같은 특정의 음식들은 병원체를 파괴하는 것을 확실히 하기 위하여 높은 열을 가한다. 우유는 병원체들이 자랄 수 있는 훌륭한 곳이다. 우유를 그대로 두면 병원체들이 곧 확산되기 시작한다. 살균처리할 때에는 음식의 맛과 질이 떨어지지 않도록 하는 것이 중요하다. 파스퇴르화는 아주 높은 온도까지 열을 가하지 않는다.

루이 파스퇴르는 원래 포도주를 가지고 실험하였다. 파스퇴르는 덜 숙성된 포도주를 단지 50~60°C 정도로만 가열하여도 미생물들을 죽일 수 있다는 것을 발견하였다. 미생물들이 열에 약하기 때문이다. 이것을 통하여 품질을 희생하지 않고도 적절하게 숙성할 수 있다는 것을 확인하였다. 파스퇴르화는 포도주가 신맛이 나는 것을 방지하기 위하여 사용된 것이다. 포도주가 신맛이 난다는 것은 포도주가 산성화된다는 것을 의미한다. 산은 신맛이 나는 것을 특징으로 한다.

우유에는 많은 세균이 있다. 우유를 소비하면서 걸리는 질병 중에는 결핵도 포함된다. 결핵은 결핵균에 감염되어 발생한다. 1912년부터 1937년 사이에 영국에서 우유로 인하여 결핵에 감염되어 많은 사람들이 죽었다. 음식의 파스퇴르화는 음식의 미생물에 의하여 야기되는 음식의 부패를 늦추어 준다. 생우유는 처리되지 않은 우유이다. 생우유는 일부 국가에서 판매가 금지되어 있다. 생우유는 결핵과 살모넬라균으로 인한 식중독으로 이어질 수 있다.

전유(全乳, whole milk)는 지방을 빼지 아니한 우유이다. 전유에는 3.25%의 우유지방과 8.25%의 우유고형분(유고형분이라고도 한다)이 들어 있다. 전유의 열량의 약 50%는 지방이다. 낮은 지방의 우유(저지방우유라고도 한다)는 1% 또는 2%의 지방을 함유하고 있다. 이것은 열량을 감소시킨다. 하지만 지방이 적게 들어 있기 때문에 지방을 걱정하는 사람들에게는 바람직한 것이다. 탈지우유는 최대 0.3%의 우유지방을 포함하고 있다. 그래서 열량은 낮다.

증발우유(evaporated milk, 이배퍼레이티드는 '증발된'이라는 의미이다. 증발우유는 연유(煉乳)라고도 한다. 연유의 연은 '달굴 연'이다)는 물의 60%를 진공상태에서 우유로부터 증발시킨 것이다. 이것은 7.5%의 지방과 25.5%의 우유고형분을 포함한다. 연유는 많은 물을 제거하여 만든다. 연유를 설탕을 첨가한 것인지 여부에 따라 가당연유와 무당연유로 나눈다. 가당연유는 설탕을 첨가한 연유를 말한다. 무당연유는 설탕을 첨가하지 않은 연유를 말한다.

농축우유(condensed milk, 콘덴스트는 밀집된이라는 의미이다)는 물의 60%를 제거하고 설탕을 첨가한 것을 말한다. 농축우유는 40~45%의 설탕과 8%의 지방 그리고 28%의 우유고형분을 포함한다. 농축우유에서는 철과 비타민 C가 거의 사라진다. 농축우유는 열량이 높고 지방이 풍부하다. 농축우유는 디저트를 만드는 데 사용된다.

맛이 나는 우유는 맛을 나게 하기 위하여 초콜렛 같은 구성성분을 첨가한 우유이다. 여기에 과일 맛을 넣을 수도 있다. 우유드링크에는 과일즙이 포함된다.

분유는 물을 뺀 우유이다. 분유는 전유의 경우 최대 2.5%의 습기를 가진다. 분유는 탈지우유의 경우 최대 4%의 습기를 가진다. 분유는 전유의 경우 최소 26%의 지방을 포함한다. 지방을 줄이면 9.5%이다. 분유는 탈지우유의 경우 0.8%의 지방을 포함한다. 우유에 있는 지방은 62% 포화지방산, 29% 단불포화지방산, 3.7% 고도 불포화지방산으로 구성되어 있다. 탈지우유의 경우 60% 포화지방산, 24% 단불포화지방산, 4% 고도 불포화지방산으로 구성되어 있다. 우유에는 필수지방산인 리놀레산이 포함되어 있다.

카세인은 우유의 인단백질이다. 카세인은 페인트와 접착제를 만드는 데 사용된다. 카세인은 우유가 응고될 때 만들어진다. 카세인은 모든 아미노산을 함유하고 있다. 카세인은 포유류의 우유에 들어 있다. 카세인은 치즈, 우유, 요구르트와 같은 우유제품에도 들어 있다. 카세인은 독립적으로 사용되기도 한다. 우유의 단백질은 우유에 있는 지방이 아닌 고형분의 38%를 대표한다. 우유의 단백질 중에서 82%가 카세인이다. 락토세룸(whey: 웨이라고도 한다. 웨이는 유장이라고도 한다. 웨이는 우유에서 카세인과 지방을 추출했을 때 남는 액체이다)이 18%이다. 우유에는 모든 필수 아미노산이 들어 있다. 그 중에서도 특히 리신이 높다. 리신은 시리얼, 곡물, 너트, 씨앗의 좋은 보완제이다.

젖당은 우유에 있는 탄수화물의 97%이다. 젖당은 열량의 30~56% 정도이다. 이것은 우유에 따라 다르다. 베타 카로틴은 카로틴의 일종이다. 베타 카로틴은 우유, 버터의 노란색을 내기 위하여 사용하는 색소이다.

건강보험의 가입과 피부양자연령(1세)

국내에 거주하는 국민은 건강보험의 가입자 또는 피부양자가 된다. 그래서 건강보험의 가입연령과 피부양자연령은 1살이다. 건강보험의 가입자 또는 피부양자가 되는 요건은 국민이어야 하고 국내에 거주하고 있어야 한다. 다만 의료급여를 받는 사람과 유공자 등 의료보호대상자는 제외한다. 가입자는 지역가입자와 직장가입자로 나뉜다. 모든 사업장의 근로자 및 사용자와 공무원 및 교직원은 직장가입자가 된다. 지역가입자는 직장가입자와 그 피부양자를 제외한 가입자를 말한다.

건강보험은 가입자 이외에 피부양자를 급여의 대상으로 하고 있다. 피부양자는 직장가입자의 배우자, 직장가입자의 직계존속(배우자의 직계존속을 포함한다), 직장가입자의 직계비속(배우자의 직계비속을 포함한다)과 그 배우자, 직장가입자의 형제·자매의 어느 하나에 해당하는 사람 중 직장가입자에게 주로 생계를 의존하는 사람으로서 보수나 소득이 없는 사람을 말한다. 피부양자가 아니면 가입자로 된다.

가입자는 국내에 거주하게 된 날에 직장가입자 또는 지역가입자의 자격을 얻는다. 이것을 자격취득의 시기라고 한다. 다만 의료급여를 받는 수급권자이었던 사람은 그 대상자에서 제외된 날, 직장가입자의 피부양자이었던 사람은 그 자격을 잃은 날, 유공자 등 의료보호대상자이었던 사람은 그 대상자에서 제외된 날, 보험자에게 건강보험의 적용을 신청한 유공자 등 의료보호대상자는 그 신청한 날에 각각 자격을 얻는다.

피부양자가 되는 것과 가입자가 되는 것의 차이는 직장가입자인 다른 사람에게 생계를 의존하는지의 여부이다. 직장가입자인 다른 사람에게 생계를 의존하고 보수나 소득이 없는 사람은 피부양자가 되고 그 이외의 경우는 건강보험의 가입자가 된다. 피부양자는 직장가입자를 전제로 하는 개념이다. 건강보험상의 피부양자는 상당히 독특한 개념이다.

어떤 사람이 다른 사람의 부양을 받는다고 하여 건강보험상의 피부양자가 되는 것이 아니다. 건강보험상의 피부양자가 되려면 어떤 사람이 직장가입자인 다른 사람의 부양을 받아야 한다. 건강보험에는 지역가입자의 세대주라는 개념이 있다. 세대주는 세대의 주가 되는 사람이다. 세대에 속에 있는 사람을 세대의 구성원이라고 한다.

어떤 사람이 가입자의 자격을 얻은 경우 그 직장가입자의 사용자 및 지역가입자의 세대주는 그 명세를 자격을 취득한 날부터 14일 이내에 보험자에게 신고하여야 한다. 지역가입자의 경우 가입자의 자격취득을 신고하는 사람은 지역가입자의 세대주이다. 세대주는 그 세대의 구성원이 지역가입자의 자격을 취득한 경우 또는 지역가입자로 자격이 변동된 경우에는 지역가입자 자격 취득·변동 신고서에 보험료 감면 증명자료를 첨부하여 공단에 제출하여야 한다. 지역가입자의 세대주는 본인 것뿐만 아니라 세대의 구성원에 관하여도 신고하여야 한다.

지역가입자의 보험료는 그 가입자가 속한 세대의 지역가입자 전원이 연대하여 납부한다. 다만, 소득이 있거나 재산을 소유한 미성년자, 미성년자로만 구성된 지역가입자 세대의 미성년자를 제외한 미성년자는 납부의무를 부담하지 아니한다. 건강보험의 보험료 납부의무는 상당히 독특하다. 건강보험에의 가입은 별도로 하지만 보험료 납부의무는 연대하도록 되어 있다. 구조가 상당히 어색하다. 그리고 제외사유에 해당하지 않는 한 미성년자는 납부의무를 부담하지 아니한다. 미성년자는 직장가입자의 피부양자가 되든지 아니면 지역가입자가 된다. 지역가입자가 되는 경우 보험료납부의무를 부담하지 않는다.

의료급여는 무상으로 실시하는 의료에 관한 급여를 말한다. 건강보험도 내용적으로는 의료급여이다. 하지만 건강보험은 보험료를 내기 때문에 유상이다. 의료급여라는 용어는 건강보험과 대비하기 위하여 법에서 인정하는 의미를 부여받은 용어가 되었다. 의료급여를 받을 수 있는 자격은 국민기초생활보장에 따른 수급자이다.

　　직장가입자의 월별 보험료액은 보수월액보험료와 소득월액보험료에 따라 산정한 금액으로 한다. 보수월액보험료는 보수월액에 보험료율을 곱하여 얻은 금액이다. 소득월액보험료는 소득월액에 보험료율의 100분의 50을 곱하여 얻은 금액이다. 직장가입자의 보수월액은 직장가입자가 지급받는 보수를 기준으로 하여 산정하되, 상한과 하한을 정할 수 있다. 보수월액이 28만원 미만인 경우에는 28만원으로 하고 보수월액이 7,810만원을 초과하는 경우에는 7,810만원으로 한다. 휴직이나 그 밖의 사유로 보수의 전부 또는 일부가 지급되지 아니하는 가입자의 보수월액보험료는 해당 사유가 생기기 전 달의 보수월액을 기준으로 산정한다.

　　보수는 근로자 등이 근로를 제공하고 사용자·국가 또는 지방자치단체로부터 지급받는 금품으로서 실비변상적인 성격을 갖는 금품은 제외한다. 보수는 근로의 대가로 받은 봉급, 급료, 보수, 세비, 임금, 상여, 수당, 그 밖에 이와 유사한 성질의 금품이다. 퇴직금, 현상금, 번역료 및 원고료, 비과세 근로소득(다만 직급보조비 또는 이와 유사한 성질의 금품은 제외한다)은 보수에서 제외한다. 소득월액은 보수월액의 산정에 포함된 보수를 제외한 직장가입자의 소득(이것을 보수외소득이라 한다)이 연간 7,200만원을 초과하는 경우 보수외소득을 기준으로 하여 산정하되, 상한을 정할 수 있다. 소득월액이 7,810만원을 넘는 경우에는 7,810만원을 소득월액으로 한다.

　　소득월액 산정에 포함되는 소득(비과세소득은 제외한다)은 이자소득, 배당소득, 사업소득, 근로소득(근로소득공제는 적용하지 아니한다), 연금소득, 기타소득이다. 소득월액은 위의 소득(보수월액의 산정에 포함된 보수는 제외한다)을 일정한 방법에 따라 평가하여 합산한 금액을 12로 나누어 산정한다.

    지역가입자의 월별 보험료액은 세대 단위로 산정하되, 지역가입자가 속한 세대의 월별 보험료액은 보험료부과점수에 보험료부과점수당 금액을 곱한 금액으로 한다. 보험료부과점수는 지역가입자의 소득·재산·생활수준·경제활동참가율 등을 고려하여 정하되, 상한과 하한을 정할 수 있다. 보험료부과점수가 20점 미만인 경우에는 20점으로 하고 보험료부과점수가 1만 2,680점을 초과하는 경우에는 1만 2,680점으로 한다.

    지역가입자의 보험료부과점수를 정할 때 고려하는 소득은 이자소득, 배당소득, 사업소득, 근로소득(근로소득공제는 적용하지 아니한다), 연금소득, 기타소득이다. 지역가입자의 보험료부과점수를 정할 때 고려하는 재산은 재산세의 과세대상이 되는 토지, 건축물, 주택, 선박 및 항공기(다만 종중재산, 마을 공동재산, 그 밖에 이에 준하는 공동의 목적으로 사용하는 건축물 및 토지는 제외한다), 주택을 소유하지 아니한 지역가입자의 경우에는 임차주택에 대한 보증금 및 월세금액, 자동차(다만, 국가유공자 등으로서 상이등급 판정을 받은 사람과 보훈보상대상자로서 상이등급 판정을 받은 사람이 소유한 자동차와 등록한 장애인이 소유한 자동차 그리고 과세하지 아니하는 자동차, 영업용 자동차는 제외한다)이다. 보험료부과점수의 산정방법과 산정기준을 정할 때 법령에 따라 재산권의 행사가 제한되는 재산에 대하여는 다른 재산과 달리 정할 수 있다.

    직장가입자의 보험료율은 1만분의 599로 한다. 5.99%이다. 국외에서 업무에 종사하고 있는 직장가입자에 대한 보험료율은 5.99%의 100분의 50으로 한다. 2.995%이다. 지역가입자의 보험료부과점수당 금액은 175원 60전으로 한다. 직장가입자의 보수월액보험료는 직장가입자가 보험료액의 100분의 50을 부담한다. 나머지 100분의 50은 직장가입자가 근로자인 경우에는 사업주, 직장가입자가 공무원인 경우에는 그 공무원이 소속되어 있는 국가 또는 지방자치단체, 직장가입자가 교직원(사립학교에 근무하는 교원은 제외한다)인 경우에는 사용자가 부담한다. 다만, 직장가입자가 교직원으로서 사립학교에 근무하는 교원이면 보험료액은 그 직장가입자가 100분의 50을, 사용자가 100분의 30을, 국가가 100분의 20을 각각 부담한다. 직장가입자가 교직원인 경우 사용자가 부담액 전부를 부담할 수 없으면 그 부족액을 학교에 속하는 회계에서 부담하게 할 수 있다.

직장가입자의 소득월액보험료는 직장가입자가 부담한다. 지역가입자의 보험료는 그 가입자가 속한 세대의 지역가입자 전원이 연대하여 부담한다. 직장가입자의 보험료는 보수월액보험료의 경우 사용자가 납부한다. 이 경우 사업장의 사용자가 2명 이상인 때에는 그 사업장의 사용자는 해당 직장가입자의 보험료를 연대하여 납부한다. 사용자는 보수월액보험료 중 직장가입자가 부담하여야 하는 그 달의 보험료액을 그 보수에서 공제하여 납부하여야 한다. 이 경우 직장가입자에게 공제액을 알려야 한다. 소득월액보험료의 경우 직장가입자가 납부한다. 지역가입자의 보험료는 그 가입자가 속한 세대의 지역가입자 전원이 연대하여 납부한다. 다만, 소득·생활수준·경제활동참가율 등을 고려하여 일정한 경우 미성년자는 납부의무를 부담하지 아니한다.

건강보험의 예산은 2013년 기준으로 다음과 같다(자료는 건강보험공단 자료이다). 수입 중에서 사업수입은 38조 9,931억원이다. 지역보험료 수입은 7조 4,308억원이다. 일반사업장 보험료 수입은 26조 6,849억원이다. 국민건강보험은 국민연금과 달리 자본축적이 되어 있지 않지만 1년 동안의 수입은 어마어마하다. 약 40조원이다. 보험료 수입은 일반사업장 보험료가 지역보험료보다 훨씬 크다. 사업수입과 별도로 정부지원금을 통한 수입이 있다. 정부지원금은 6조 391억원이다. 상당히 많은 정부지원금이 건강보험으로 들어가고 있다. 이 중에서 국고지원금은 5조 115억원이다. 1조 198억원은 담배부담금이다. 담배부담금은 담배판매에 따른 부담금이다. 담배부담금이 건강보험으로 들어가고 있다. 지출

중 보험급여비는 42조 7,230억원이다. 어마어마한 액수이다.

노인장기요양사업의 경우 장기요양보험료를 징수한다. 장기요양보험료는 건강보험의 보험료와 통합하여 징수한다. 이 경우 국민건강보험공단은 장기요양보험료와 건강보험료를 구분하여 고지하여야 한다. 공단은 통합 징수한 장기요양보험료와 건강보험료를 각각의 독립회계로 관리하여야 한다. 장기요양보험료는 건강보험의 보험료액에서 경감 또는 면제되는 비용을 공제한 금액에 장기요양보험료율을 곱하여 산정한 금액으로 한다. 장기요양보험료율은 1만분의 655로 한다. 6.55%이다.

직장가입자의 월별 보험료액 중 보수월액보험료는 '보수월액×보험료율'이다. 직장가입자의 월별 보험료액 중 보수월액보험료에 대한 장기요양보험료는 '보수월액×보험료율5.99%×6.55%'이다(건강보험의 보험료액에서 경감 또는 면제되는 비용을 공제하지 않았을 경우이다). 직장가입자의 월별 보험료액 중 소득월액보험료는 '소득월액×보험료율×0.5'이다. 직장가입자의 월별 보험료액 중 소득월액보험료에 대한 장기요양보험료는 '소득월액×2.995%×6.55%'이다. 5.99%×6.55%=0.392345%이다. 2.995%×6.55%=0.1961725%이다. 지역가입자의 월별 보험료액은 '보험료부과점수×보험료부과점수당 금액 175원 60전'이다. 지역가입자의 월별 보험료액에 대한 장기요양보험료는 '보험료부과점수×175원 60전×6.55%'이다. 175원 60전×6.55%=11원 50전이다. 보험료부과점수를 500점, 2,000점, 10,000점이라고 하자.

<보험료부과점수와 보험료액>

보험료부과점수	지역가입자의 월별 보험료액	지역가입자의 장기요양보험료
500점일 때	500점 × 175원 60전 = 87,800원	500점 × 11원 50전 = 5,750원
2,000점일 때	2,000점 × 175원 60전 = 351,200원	2,000점 × 11원 50전 = 23,000원

10,000점일 때	10,000점 × 175원 60전 = 1,756,000원	10,000점 × 11원 50전 = 1,150,000원

<소득등급별 점수>

등 급	소득금액(만원)	점 수
1	500 초과 - 600 이하	380
5	900 초과 - 1,000 이하	494
10	1,400 초과 - 1,500 이하	637
15	1,900 초과 - 2,020 이하	780
20	2,560 초과 - 2,710 이하	923
25	3,430 초과 - 3,640 이하	1,066
30	4,610 초과 - 4,890 이하	1,209
35	6,190 초과 - 6,560 이하	1,371
40	8,320 초과 - 8,820 이하	1,560
45	11,200 초과 - 11,900 이하	1,776
50	15,000 초과 - 15,800 이하	2,020
55	19,200 초과 - 20,100 이하	3,224
60	24,400 초과 - 25,600 이하	4,740
65	31,000 초과 - 32,500 이하	6,653
70	39,400 초과 - 41,300 이하	9,075

<재산등급별 점수>

등 급	재산금액(만원)	점 수
1	100 초과 - 450 이하	22
5	1,800 초과 - 2,250 이하	122
10	4,050 초과 - 4,500 이하	244

15	6,930 초과 - 7,710 이하	365
20	11,900 초과 - 13,300 이하	490
25	20,400 초과 - 22,700 이하	611
30	34,900 초과 - 38,800 이하	731
35	59,700 초과 - 66,500 이하	873
40	103,000 초과 - 114,000 이하	1,049
45	176,000 초과 - 196,000 이하	1,244
50	300,000 초과	1,475

환자나 환자의 보호자는 종합병원·병원·치과병원·한방병원 또는 요양병원의 특정한 의사·치과의사 또는 한의사를 선택하여 진료(이를 선택진료라 한다)를 요청할 수 있다. 이 경우 의료기관의 장은 특별한 사유가 없으면 환자나 환자의 보호자가 요청한 의사·치과의사 또는 한의사가 진료하도록 하여야 한다. 선택진료를 받는 환자나 환자의 보호자는 선택진료의 변경 또는 해지를 요청할 수 있다. 이 경우 의료기관의 장은 지체 없이 이에 응하여야 한다. 의료기관의 장은 환자 또는 환자의 보호자에게 선택진료의 내용·절차 및 방법 등에 관한 정보를 제공하여야 한다. 의료기관의 장은 선택진료를 하게 한 경우에도 환자나 환자의 보호자로부터 추가비용을 받을 수 없다.

그런데 의료기관의 장은 일정한 요건을 갖추고 선택진료를 하게 하는 경우에는 추가비용을 받을 수 있다. 추가비용을 징수하려는 선택진료 의료기관의 장은 면허취득 후 15년이 경과한 치과의사 및 한의사, 전문의 자격인정을 받은 후 10년이 경과한 의사, 전문의 자격 인정을 받은 후 5년이 경과하고 대학병원, 대학부속 치과병원 또는 대학부속 한방병원의 조교수 이상인 의사 등, 면허 취득 후 10년이 경과하고 대학병원 또는 대학부속 치과병원의 조교수 이상인 치과의사의 어느 하나에 해당하는 재직 의사 등 중 실제로 진료가 가능한 의사 등의 80%의 범위에서 추가비용을 징수할 수 있는 선택진료 담당 의사 등을 지정하여야 한다.

진료는 하지 아니하고 교육·연구에만 종사하는 자, 6개월 이상의 연수 또는 유학 등으로 부재중인 자는 실제로 진료가 가능한 의사 등에서 제외된다. 선택진료 의료기관의 장은 진료과목별로 1명 이상의 추가비용을 징수하지 아니하는 의사등을 두어야 한다. 이 경우 상급종합병원 또는 종합병원인 선택진료의료기관의 장은 필수진료과목에 대해서는 전 진료시간 동안 추가비용을 징수하지 아니하는 의사 등을 1명 이상 두어야 한다.

건강보험은 요양급여를 실시한다. 건강보험에서 사용하는 요양이라는 것은 요양원에서 요양하는 것을 의미하는 것이 아니다. 간단히 말하면 요양은 사람이 아파서 치료를 받는 것을 말한다. 급여는 주는 것을 말한다. 일반적으로 급여의 종류에는 현금으로 주는 현금급여와 현물로 주는 현물급여가 있다. 건강보험은 현물급여를 지급한다. 정확히 말하면 요양은 치료서비스이므로 건강보험은 치료서비스급여를 지급한다. 요양기관은 요양을 실시하고 건강보험의 대상이 되는 요양에 대하여 요양에 든 비용을 국민건강보험공단으로부터 지급받게 된다.

요양급여의 내용은 진찰·검사, 약제·치료재료의 지급, 처치·수술 및 그 밖의 치료, 예방·재활, 입원, 간호, 이송 등이다. 그런데 모든 요양이 건강보험의 대상은 아니다. 요양 중에는 건강보험의 대상이 되는 것도 있고, 건강보험의 대상이 되지 않는 것도 있다. 보건복지부장관은 요양급여의 기준을 정할 때 업무나 일상생활에 지장이 없는 질환, 그 밖에 일정한 사항은 요양급여의 대상에서 제외할 수 있다.

요양급여의 범위는 약제를 제외한 요양급여의 경우 비급여대상을 제외한 일체의 것이고, 약제에 관한 요양급여는 요양급여대상으로 결정 또는 조정되어 고시된 것이다. 보건복지부장관은 요양급여대상을 급여 목록표로 정하여 고시하되, 요양급여행위, 약제 및 치료재료로 구분하여 고시한다. 다만, 보건복지부장관이 정하여 고시하는 요양기관의 진료에 대하여는 행위·약제 및 치료재료를 묶어 1회 방문에 따른 행위로 정하여 고시할 수 있다.

건강보험의 대상이 되는 요양의 경우에도 요양비용을 전부 공단이 지급하는 것은 아니다. 본인도 요양비용의 일부를 부담하도록 되어 있다. 요양급여를 받는 자는 비용의 일부(이것을 본인일부부담금이라 한다)를 본인이 부담한다. 가입자나 피부양자는 본인일부부담금 외에 자신이 부담한 비용이 요양급여 대상에서 제외되는 비용인지의 여부에 대하여 건강보험심사평가원에 확인을 요청할 수 있다. 확인 요청을 받은 심사평가원은 그 결과를 요청한 사람에게 알려야 한다. 이 경우 확인을 요청한 비용이 요양급여 대상에 해당되는 비용으로 확인되면 그 내용을 공단 및 관련 요양기관에 알려야 한다.

통보받은 요양기관은 받아야 할 금액보다 더 많이 징수한 금액(이것을 과다본인부담금이라 한다)을 지체없이 확인을 요청한 사람에게 지급하여야 한다. 다만, 공단은 해당 요양기관이 과다본인부담금을 지급하지 아니하면 해당 요양기관에 지급할 요양급여비용에서 과다본인부담금을 공제하여 확인을 요청한 사람에게 지급할 수 있다.

공단은 가입자나 피부양자가 긴급하거나 그 밖의 부득이한 사유로 요양기관과 비슷한 기능을 하는 기관으로서 일정한 기관(업무정지기간중인 요양기관을 포함한다)에서 질병·부상·출산 등에 대하여 요양을 받거나 요양기관이 아닌 장소에서 출산한 경우에는 그 요양급여에 상당하는 금액을 가입자나 피부양자에게 요양비로 지급한다. 이러한 요양을 실시한 기관은 보건복지부장관이 정하는 요양비 명세서나 요양 명세를 적은 영수증을 요양을 받은 사람에게 내주어야 하며, 요양을 받은 사람은 그 명세서나 영수증을 공단에 제출하여야 한다.

공단은 요양급여 외에 임신·출산 진료비, 장제비, 상병수당, 그 밖의 급여를 실시할 수 있다. 이것을 부가급여라고 한다. 공단은 등록한 장애인인 가입자 및 피부양자에게는 보장구에 대하여 보험급여를 할 수 있다. 공단은 가입자와 피부양자에 대하여 질병의 조기 발견과 그에 따른 요양급여를 하기 위하여 건강검진을 실시한다.

<건강보험의 본인부담액>

구 분	금 액
요양급여비용 중 본인이 부담할 부담액은 다음과 같이 정해진다. 입원진료 및 보건복지부장관이 정하는 요양급여를 받은 경우(약국 또는 한국희귀의약품센터인 요양기관에서 처방전에 따라 의약품을 조제받는 경우를 포함한다)	요양급여비용 총액 × 0.2 + 입원기간 중 식대 × 0.5
입원진료 및 보건복지부장관이 정하는 요양급여를 받은 경우 요양병원에서 입원진료를 받는 사람 중 입원치료보다는 요양시설이나 외래진료를 받는 것이 적합한 환자로서 보건복지부장관이 정하여 고시하는 환자군에 해당하는 경우	요양급여비용 총액 × 0.4 + 입원기간 중 식대 × 0.5
약국 또는 한국희귀의약품센터의 경우 진료를 담당한 의사 또는 치과의사가 발행한 처방전에 따라 의약품을 조제받은 때 다만, 보건복지부장관이 정하는 요양급여를 받은 경우(약국 또는 한국희귀의약품센터인 요양기관에서 처방전에 따라 의약품을 조제받는 경우를 포함한다)는 제외한다.	요양급여비용 총액 × 0.3
약국 또는 한국희귀의약품센터의 경우 의료기관이 없는 지역에서 조제하는 때에 진료를 담당한 의사 또는 치과의사가 발행한 처방전에 따르지 않고 의약품을 조제받으면 요양급여비용 총액이 보건복지부령으로 정하는 금액을 넘는 경우	요양급여비용 총액 × 0.4
약국 또는 한국희귀의약품센터의 경우 의료기관이 없는 지역에서 조제하는 때에 진료를 담당한 의사 또는 치과의사가 발행한 처방전에 따르지 않고 의약품을 조제받으면 요양급여비용 총액이 보건복지부령으로 정하는 금액을 넘지 않는 경우	보건복지부령으로 정하는 금액

자연분만에 대한 요양급여, 모자보건에 따른 신생아 및 보건복지부장관이 정하는 기준에 해당하는 영유아에 대한 입원진료로서 보건복지부장관이 정하는 요양급여의 경우	입원기간 중 식대 × 0.5
6세 미만의 사람(신생아 및 영유아는 제외한다)에 대한 입원진료로서 보건복지부장관이 정하는 요양급여, 보건복지부장관이 정하여 고시하는 희귀난치성 질환을 가진 사람에 대하여 보건복지부장관이 정하는 요양급여의 경우	요양급여비용 총액 × 0.1 + 입원기간 중 식대 × 0.5
6세 미만인 사람이 외래진료를 받거나 약국 또는 한국희귀의약품센터에서 처방전에 따라 의약품을 조제받는 경우	본인이 부담할 비용의 부담률 × 0.7

외래진료의 경우 및 보건복지부장관이 정하는 의료장비·치료재료를 이용한 진료의 경우는 다음과 같다. 이 경우 위에서 본 0.2나 0.4가 아니라 내용에 따라 0.3에서 0.6을 곱한다.

<건강보험의 본인부담액>

외래진료의 경우 및 보건복지부장관이 정하는 의료장비 · 치료재료를 이용한 진료의 경우			
기관 종류	소재지	환자 구분	본인부담액
상급종합병원	모든 지역	일반환자	진찰료 총액 + (요양급여비용 총액 - 진찰료총액) × 0.6
		의약분업 예외환자	진찰료 총액 + (요양급여비용 총액 - 약값 총액 - 진찰료 총액) × 0.6 + 약값 총액×0.3
종합병원	동 지역	일반환자	요양급여비용 총액 × 0.5
		의약분업 예외환자	(요양급여비용 총액 - 약값 총액) × 0.5 + 약값 총액 × 0.3
	읍 · 면 지역	일반환자	요양급여비용 총액 × 0.45
		의약분업 예외환자	(요양급여비용 총액 - 약값 총액) × 0.45 + 약값 총액 × 0.3
병원, 치과병원, 한방병원,	동 지역	일반환자	요양급여비용 총액 × 0.4
		의약분업 예외환자	(요양급여비용 총액 - 약값 총액) × 0.4 + 약값 총액 × 0.3

요양병원	읍·면 지역	일반환자	요양급여비용 총액 × 0.35
		의약분업 예외환자	(요양급여비용 총액 − 약값 총액) × 35/100 + 약값 총액 × 0.3
의원, 치과의원, 한의원, 보건의료원	모든 지역		요양급여비용 총액 × 0.3(요양급여를 받는 사람이 65세 이상이면서 해당 요양급여비용 총액이 보건복지부령으로 정하는 금액을 넘지 않으면 보건복지부령으로 정하는 금액)
보건소, 보건지소, 보건진료소	모든 지역		요양급여비용 총액 × 0.3(요양급여비용 총액이 보건복지부령으로 정하는 금액을 넘지 않으면 보건복지부령으로 정하는 금액)

<요양급여비용 중 본인이 부담하는 상한액>

지역가입자 또는 피부양자	본인부담상한액
상한액기준보험료가 전체 지역가입자의 하위 100분의 50에 상당하는 금액으로서 보건복지부장관이 정하여 고시하는 금액을 넘지 않는 경우	200만원
상한액기준보험료가 전체 지역가입자의 하위 100분의 50에 상당하는 금액으로서 보건복지부장관이 정하여 고시하는 금액을 넘고 하위 100분의 80에 상당하는 금액으로서 보건복지부장관이 정하여 고시하는 금액을 넘지 않는 경우	300만원
상한액기준보험료가 전체 지역가입자의 하위 100분의 80에 상당하는 금액으로서 보건복지부장관이 정하여 고시하는 금액을 넘는 경우	400만원
직장가입자 또는 피부양자	본인부담상한액
상한액기준보험료가 전체 직장가입자의 하위 100분의 50에 상당하는 금액으로서 보건복지부장관이 정하여 고시하는 금액을 넘지 않는 경우	200만원
상한액기준보험료가 전체 직장가입자의 하위 100분의 50에 상당하는 금액으로서 보건복지부장관이 정하여 고시하는 금액을 넘고 하위 100분의 80에 상당하는 금액으로서 보건복지부장관이 정하여 고시하는 금액을	300만원

넘지 않는 경우	
상한액기준보험료가 전체 직장가입자의 하위 100분의 80에 상당하는 금액으로서 보건복지부장관이 정하여 고시하는 금액을 넘는 경우	400만원

상호작용 연령(1세)

사람의 언어발달은 상당히 복잡한 과정을 거치게 된다. 언어의 사용은 사람의 중요한 특성이다. 사람의 언어사용은 듣는 것과 말하는 것에서부터 시작하여 읽고 쓰는 것으로 확대된다. 사람의 언어발달은 삶의 이른 시기에 시작한다. 태아의 듣는 기능도 무시할 수 없다. 태아는 소리와 엄마의 목소리의 양상을 인식하기 시작한다. 일단 아기가 태어나면 언어 없이 시작한다. 아기는 태어난 후부터 1년 사이에 말소리를 만들기 시작한다. 4개월째가 되면 아기들은 언어의 소리를 구별할 수 있다. 그리고 옹알이에 참여하기 시작한다. 이 옹알이는 말의 자음과 모음의 반복적인 조합으로 이루어진다. 아기들은 자신들이 말할 수 있는 것보다 더 많은 것을 이해한다.

아기는 태어난 후부터 8개월 사이에 소리를 내면서 놀기도 하고 웃기도 하고 좋아하기도 한다. 아기가 소리내며 좋아하는 것을 쿠잉(cooing)이라고 한다. 쿠잉에는 비둘기가 구구하며 우는 것이라는 의미도 들어 있다. 8개월부터 12개월이 되면 옹알이의 수준이 높아진다. 이때에 아기는 다양한 종류의 옹알이를 하게 된다. 이것을 통하여 언어가 배워지는 것이다. 12개월에서 24개월 사이에 아기는 친밀한 단어들의 올바른 발음을 인식하게 된다. 아기는 단어의 발음을 단순화하는 작업을 수행한다. 아기는 이러한 작업을 수행하기 위하여 나름대로의 전략을 사용한다. 이러한 전략 중에는 여러 음절(가, 나, 다 같은 것이 음절이다) 중에서 첫 번째 것을 반복하는 것이 포함된다. '마마' 같은 말이 그러한 예이다. '마마'는 '마'가 반복되어 만들어진다.

24개월이 지나면 발음, 음성에 관한 인식들이 계속하여 향상한다. 여자아기가 16개월에서 22개월이 되면(2년이 되기 전이다) 엄마와의 상호 작용이 현저하다. 이것은 남자아기보다 앞선 것이다. 다시 말하면 여자 아기가 남자아기보다 먼저 언어능력을 발달시킨다. 언어발달에 있어서 여자아기는 남자아기보다 이점을 가지고 있다.

걷는 연령(1년 6개월)

아기가 걷기 시작하는 연령은 아기에 따라서 차이가 있다. 아기가 걸을 수 있도록 발달하는 것을 운동발달이라고 한다. 운동발달은 전체로 서 하나의 과정을 형성한다. 운동발달은 비단 걷는 것에만 국한되는 것 이 아니다. 아기가 서는 것도 운동발달의 하나의 과정이다. 운동발달 과 정에 있어서 걷는 것보다는 일어서는 것이 먼저 발생한다. 아기는 일어 설 때 우선 다른 것을 붙잡고 일어선다. 그런 다음 독립적으로 혼자서 일어선다. 아기는 생후 6개월에서 8개월 사이에 기어다닌다. 기어다니는 것은 손과 발을 모두 사용하는 것이다. 그런 다음 다른 것을 붙잡고 일 어서기 시작한다. 그리고 다른 사람의 손을 잡고 걷기 시작한다. 시간이 흐르면 독립적으로 걷기 시작한다.

운동발달이 더 진행되면 옆으로도 걷고 뒤로도 걸을 수 있다. 아기 가 걷는 것에는 뇌, 근육, 뼈 등이 관련되어 있다. 생후 1년이 되면 다른 것을 붙잡고 일어선다. 다른 것을 붙잡을 수 있는 것은 손의 기능이 그 전에 발달하여 있기 때문에 가능한 것이다. 다른 것을 붙잡고 일어설 때 짧은 시간 동안, 즉 몇 초 정도 잠시 혼자서 서기도 한다. 생후 18개월이 되면 혼자서 걸을 수 있게 된다. 그런데 생후 12개월 정도에 걷는 경우가 있기는 하다. 반대로 더 늦게 걷는 경우도 있다. 생후 18개월이 되면 장난감을 떨어뜨리지 않고 잡을 수도 있다. 생후 2년이 되면 달릴 수도 있다. 우리는 새를 보면 새가 앉아 있다고 한다. 정말 새가 앉아 있는 것일까? 서 있는 것은 아닐까?

젖니의 출현(생후 6개월)

젖니는 영구적 치아가 나오기 전에 나오는 치아를 말한다. 젖니의 젖은 우유를 말한다. 그래서 젖니를 우유치아라고도 한다. 또한 아기치아라고도 한다. 젖니는 영구적 치아가 나오기 시작하면 없어지기 시작하기 때문에 임시적 치아라고도 한다. 태어난 아기에게서 젖니가 나오기 시작하면 그 아기가 생후 6개월이 되었다는 것을 의미한다. 왜냐하면 젖니는 생후 6개월부터 나오기 시작하기 때문이다. 그런데 젖니가 형성되기 시작하는 것은 출생하기 전이다. 젖니는 아기가 엄마의 몸 안에 있을 때인 배아단계에서 형성되기 시작한다.

배아가 8주(약 2개월이다)가 되면 앞으로 입이 될 부분의 위와 아래에 10개의 눈이 생긴다. 눈은 싹이라고도 한다. 치아의 싹인 것이다. 싹을 버드(bud)라고 한다. 이 싹들이 생후 6개월부터 나오기 시작하는 젖니가 될 것이다. 이 싹들은 20개의 젖니를 만든다. 영구적 치아는 32개이기 때문에 젖니가 영구적 치아보다 12개가 적다. 영구적 치아는 6살부터 나온다. 빠르면 5살에도 나온다. 젖니 20개는 위와 아래에 각각 10개씩이다. 그리고 위와 아래는 각각 오른쪽과 왼쪽에 5개씩으로 구성되어 있다. 2×5+2×5=20. 여기서 5를 4분면이라고 한다. 4분면은 치아의 위치를 표시하는 단위이다.

입 안은 치아가 위와 아래 그리고 오른쪽과 왼쪽에 자리잡을 수 있도록 4개의 4분면으로 나누어져 있다. 위와 아래를 각각 아치(arch)라고 한다. 입 안에는 치아가 자리잡는 2개의 아치와 4개의 4분면이 있다. 젖니는 25개월(약 2년이다)에서 33개월(3년이 채 안 된다)이 될 때까지 나온다. 영구적 치아가 나오기 시작하면 젖니를 대체하기 시작한다. 젖니는 가운데 앞니(중절치라고도 한다. 가운데이니까 중이다)부터 나오기 시작한다. 치아에는 앞니, 측면의 이(측절치, 측니라고도 한다. 측면이니까 측이다), 송곳니(견치(犬齒)라고도 한다. 그런데 견은 개 견이다), 어금니(구치라고도 한다)가 있다. 젖니가 나오는 순서는 가운데 앞니 → 측면의 이 → 첫 번째 어금니 → 송곳니 → 두 번째 어금니이다. 어금니가 2개이다.

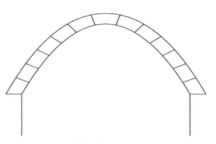

포물선 형태의 아치

젖니는 이 순서에 따라 생후 6개월부터 33개월까지 나오게 된다. 아기가 젖니를 모두 가지고 있다면 아기는 얼마 후에 4살이 되는 것이다. 아기가 크는 것은 금방이다. 1개의 4분면에 있는 젖니는 가운데 앞니 1개, 측면의 이 1개, 송곳니 1개, 어금니 2개 합이 5개이다. 4분면이 4개이므로 모두 합하면 20개이다.

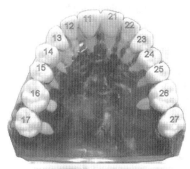

이빨의 배열

영구적 치아의 출현연령(6세)

첫 번째 영구적 치아는 대개 6살에 나온다. 또는 5살에서 7살 사이에 나온다. 영구적 치아가 나오기 시작하면 1차적 치아(젖니이다)와 영구적 치아가 같이 있게 된다. 이렇게 같이 있는 것은 마지막 1차적 치아가 빠질 때까지이다.

첫 번째 나오는 영구적 치아는 영구적 치아의 올바른 발달을 위하여 중요하다. 13살이 될 때까지 32개의 영구적 치아 중에서 28개가 나온다. 마지막 4개의 영구적 치아는 대개 17살에서 25살 사이에 나온다. 마지막 4개의 영구적 치아를 지혜의 치아라고 한다. 마지막에 나오는 것이 지혜로운 것이다. 치아에 관한 한 그렇다. 그래야 치아가 더 오래갈 수 있으리라.

영아와 유아(3세 미만, 6세 미만)

영아는 3세 미만이다. 유아는 만 3세부터 초등학교 취학 전까지의 어린이를 말한다. 영아와 유아를 합쳐서 '영유아'라고 한다. 영유아는 6세 미만의 취학 전 아동을 말한다. 유치원은 유아의 교육을 위하여 설립·운영되는 학교를 말한다. 유치원은 유아를 대상으로 한다. 이와 달리 보육은 유아뿐만 아니라 영아도 대상으로 한다. 보육은 영유아를 건강하고 안전하게 보호·양육하고 영유아의 발달 특성에 맞는 교육을 제공하는 어린이집 및 가정양육 지원에 관한 사회복지서비스를 말한다. 어린이집은 보호자의 위탁을 받아 영유아를 보육하는 기관을 말한다. 유치원과 어린이집은 다른 것이다. 좀 복잡하게 되어 있다.

영아와 유아의 경우 보육의 문제가 있다. 보육의 의미를 정하는 것이 쉬운 일이 아니다. 보육은 보호하고 교육한다는 의미인데 양육과 차이가 없다. 영유아에 대한 보육은 보육시설에서 영유아를 건강하고 안전하게 보호·양육하고 영유아의 발달특성에 맞는 교육을 제공하는 것을 말한다. 이러한 의미의 보육은 양육과 차이가 있기도 하다. 보육시설을 전제로 하고 있기 때문이다. 양육은 그러한 전제를 하지 않는다. 그래서 집에서 영유아를 돌보면 양육이 된다. 원래 보육과 양육의 의미에 어떠한 차이가 있는 것은 아니다. 다만 보육이라는 용어의 의미를 보육시설을 전제로 하여 사용하고 있기도 하다.

무상보육은 보육을 비용을 받지 않고 무상으로 제공하는 것을 말한다. 결국 무상보육이라 함은 보육시설을 무상으로 이용하는 것을 말한다. 아동수당은 금전적인 형태의 수당을 아동이 있는 부모에게 지급하는 것이고, 무상보육은 금전적인 형태의 수당을 지급하는 것이 아니라 보육시설을 이용할 경우에 있어서 무상으로 이용하는 것에 그치는 것이다. 보육시설을 이용할 것인지 아니면 이용하지 않을 것인지 여부의 결정은 아동의 부모가 하게 된다.

국가나 지방자치단체는 국민기초생활수급자와 일정소득 이하 가구의 자녀 등의 보육에 필요한 비용의 전부 또는 일부를 부담하여야 한다. 일정소득의 기준을 높이면 소득이 많은 사람들의 경우에도 보육비용을 지원받게 된다. 초등학교 취학 직전 1년의 유아와 장애아에 대한 보육은 무상으로 하되, 순차적으로 실시한다. 초등학교 취학 직전 1년의 유아에 대한 무상보육은 매년 1월 1일 현재 만 5세에 도달한 유아를 대상으로 하여 실시하되, 국민기초생활수급자인 유아, 도서·벽지에 거주하는 유아, 행정구역상 읍·면 지역에 거주하는 유아의 어느 하나에 해당하는 유아에 대하여 우선적으로 실시한다.

국가와 지방자치단체는 보육시설이나 유치원을 이용하지 아니하는 영유아에 대하여 영유아의 연령과 보호자의 경제적 수준을 고려하여 양육에 필요한 비용을 지원할 수 있다. 이것을 양육수당이라고 한다. 양육에 필요한 비용을 지원하는 대상자는 해당 가구의 소득액이 일정금액 이하인 가구의 36개월 미만의 영유아로 한다. 가족수당, 아동수당, 무상보육, 양육수당이라는 용어들은 구별하기가 쉽지 않다. 양육수당을 아동수당이라고 해서 문제될 것은 없다. 이들 용어들은 변별력이 거의 없다. 무상보육은 무상으로 실시하기 때문에 수당의 형태를 취하지 않는다. 무상이면 그것을 이용하면 된다.

보육서비스 이용권 또는 보육서비스 이용권증서라는 것이 있다. 보육서비스 이용권증서는 보육서비스를 무상으로 이용할 수 있는 증서이다. 증서는 증명하는 서류, 종이, 표지라는 의미이다. 이러한 증서를 바우처(voucher)라고 한다. 보육서비스에 있어서 바우처는 보육서비스 이용권을 나타내는 증서이다. 국가와 지방자치단체는 비용 지원을 위하여 보육서비스 이용권을 지급할 수 있다.

아동수당(children's allowance)은 국가나 지방자치단체가 자녀가 있는 부모에게 지급하는 수당을 말한다. 아동의 양육에 따르는 부담을 완화시키기 위하여 지급하는 사회복지 차원의 수당이다. 아동수당의 지급은 양육에 따르는 부담을 완화시킴으로써 출산을 장려하는 기능도 수행한다. 아동수당은 1회적인 성격의 수당이 아니라 계속적인 성격의 수당이다. 이것이 출산수당(maternity benefit, 출산장려금이라고도 한다)과의 차이이다.

아동수당의 경우 몇 명의 자녀의 수를 기준으로 하여 아동수당을 지급할 것인가의 문제가 있다. 아동수당제도를 철저히 시행한다면 1명의 자녀가 있어도 아동수당의 지급이 가능하다. 아동수당에는 아동의 나이를 기준으로 언제부터 언제까지 아동수당을 지급하여야 하는가 하는 지급기간을 정하는 문제가 있다. 아동수당제도를 철저히 시행한다면 출생과 동시에 아동수당을 지급하고 가급적 늦은 나이까지 아동수당을 지급하는 것도 가능하다.

아동수당을 지급할 때 평등의 원칙에 의한 방식에 의할 것인가 아니면 차별에 의한 방식에 의할 것인가를 결정하는 문제가 있다. 평등의 원칙에 의한 방식에 의하면 아동이 있다는 사실만을 기준으로 하여 아동이 있는 부모라면 누구든지 아동수당을 지급받을 수 있다. 차별에 의한 방식에 의하면 아동이 있는 부모의 재산과 소득을 기준으로 하여 아동수당을 지급받을 수도 있고 지급받지 않을 수도 있으며, 아동수당의 금액에 차이가 날 수도 있다. 평등의 원칙에 의한 방식에 의하면 보편적 지급이 되고, 차별에 의한 방식에 의하면 선별적 지급이 된다.

아동에 해당하는 인구가 많기 때문에 많은 재원이 필요하다. 재원문제가 아동수당을 도입하는 데 있어서 최대의 장애가 된다.

<임산부 · 영유아 및 미숙아등의 정기 건강진단 실시기준>

구 분	실시기준
임산부	가. 임신 7개월까지: 2개월마다 1회 나. 임신 8개월에서 9개월까지: 1개월마다 1회 다. 임신 10개월 이후: 2주마다 1회
신생아	수시
영유아	가. 출생 후 1년 이내: 1개월마다 1회 나. 출생 후 1년 초과 5년 이내: 6개월마다 1회
미숙아 등	가. 분만의료기관 퇴원 후 7일 이내에 1회 나. 1차 건강진단시 건강문제가 있는 경우에는 최소 1주에 2회 다. 발견된 건강문제가 없는 경우에는 영유아 기준에 따라 건강진단을 실시한다.

어린이와 눈물

유아나 어린이들의 경우 다른 사람에게 보이기 위하여 일부러 눈물을 흘리는 경우가 있다. 유아나 어린이들의 눈물이 모두 이런 것은 아니지만 많은 부분이 일부러 흘리는 눈물이다. 이때 유아나 어린이들은 상대방에게 눈물을 보임으로써 자신의 상태나 감정을 알리려고 한다. 눈물을 통하여 의사소통을 강하게 하고 있는 것이다. 때로는 의사소통을 넘어서서 자신의 생각을 관철하기 위하여 눈물을 흘리기도 한다. 이것은 유아나 어린이들이 눈물을 상대방과의 협상수단으로 사용하는 것이다. 이러한 경우 유아나 어린이들은 눈물의 양을 조정하기도 한다. 이 정도 눈물이면 되겠지 또는 이 정도 눈물로는 안 되지라고 말이다.

과거에 눈물을 협상수단으로 사용하였고 그것이 성공하였다면 유아나 어린이들은 눈물을 자주 사용할 것이다. 유아나 어린이들은 눈물의 양을 조정할 뿐만 아니라 눈물을 흘려야 할지의 여부 자체를 결정하기도 하는 것이다. 눈물은 자연적인 것도 있지만 이처럼 만들어진 눈물도 있다. 만들어진 눈물 때문에 의사소통의 오류가 생긴다. 만들어진 눈물을 본 상대방은 눈물의 의미를 잘못 파악하게 된다. 유아나 어린이들이 만드는 눈물은 그 요구사항이 비교적 명확하다. 따라서 의사소통의 오류가 발생하지 않을 수도 있다. 만드는 눈물의 요구사항이 명확하지 않다면 만들어진 눈물을 본 상대방은 요구사항을 파악하기 위하여 머리를 써야 한다.

유아나 어린이들이 무엇을 요구하기 위하여 눈물을 흘릴 때 부모가 어떻게 행동하여야 하는가에 관하여 명확한 답은 없다. 실제로 이에 관한 부모들의 의견과 대응은 매우 다양하다. 유아나 어린이들의 요구를 들어주기도 하고 이번에는 들어주되 다음 번에는 들어주지 않을 것이라는 경고와 함께 요구를 들어주기도 하고 아예 처음부터 요구를 들어주지 않기도 하고 오히려 혼내 주기도 한다. 또는 유아나 어린이들의 눈물에 관심이 없다는 태도를 보이기도 하면서 방치하기도 한다. 이러한 경우 부모의 심리는 '저 애, 또 그러는구나' 하는 정도일 것이다.

유아나 어린이들이 무엇을 요구하기 위하여 눈물을 흘릴 때 이것의 성공 여부는 부모의 태도와 반응에 달려 있다. 유아나 어린이들은 일단 눈물을 흘려본 후 부모의 태도와 반응을 관찰하면서 지켜본다. 이러한 관찰결과는 지금 계속하여 눈물을 흘릴 것인지를 결정하는 데 활용된다. 또한 이러한 관찰결과는 앞으로 무엇을 요구하기 위하여 눈물을 흘릴 것인지의 여부를 결정하는 데에도 활용된다. 유아나 어린이들이 무엇을 요구하기 위하여 눈물을 흘릴 때 부모가 그것을 들어주지 않아도 유아나 어린이들이 바로 그러한 행동을 중단하는 것은 아니다. 다음 번에도 동일한 행동을 할 수 있다. 그러다가 없어질 것이다. 눈물은 쓸모 없는 협상수단이라는 것을 알게 되는 순간 말이다.

유아나 어린이들이 무엇을 요구하기 위하여 눈물을 흘렸음에도 부모가 요구를 들어주지 않을 때 유아나 어린이들이 시도하는 협상은 실패한다. 이러한 실패를 통하여 교훈을 얻는 경우도 있고, 그러지 못한 경우도 있다. 이것은 성인이 실패를 경험하였을 때와 마찬가지이다. 이 점에서 유아나 어린이들과 성인은 차이가 없다. 오히려 성인이 유아나 어린이들보다 교훈을 얻지 못하는 경우가 더 많을 수도 있다.

사춘기(12세, 14세)

사춘기(puberty)는 여러 의미를 가지고 있다. 사춘기에는 교육적, 문화적 의미도 들어가 있다. 사춘기는 기본적으로 생리학적인 개념이다. 사춘기는 사람이 성적으로 재생산할 수 있는 최초의 시기 또는 단계를 말한다. 퓨버티는 라틴어 푸베르타스(pūbertās)에서 왔다. 푸베르타스는 성인, 성숙의 나이라는 의미이다. 라틴어 푸베르(pūber)는 라틴어 푸베스(pūbēs)에서 왔다. 푸베스는 성인, 성장이라는 의미이다. 사춘기는 여자의 경우 약 12살에서 발생하고 남자의 경우 14살에서 발생한다. 사춘기는 여자의 경우 11살에서 14살 사이에 분포하기도 한다. 남자의 경우 13살에서 16살까지 분포하기도 한다.

사춘기는 여자의 경우 초등학교 후반부에서 중학교까지 분포한다. 남자의 경우 초등학교 후반부에서 중학교 내내 분포한다. 사춘기는 몸의 생식기관의 성숙, 2차적 성적 특성에 의하여 특징지어진다. 여자의 경우 월경이 시작한다. 사춘기에는 남자와 여자 모두 몸의 크기가 빠르게 성장하고 몸의 형태와 구성이 변화한다. 사춘기는 청소년기의 시작에 해당한다.

여자의 경우 때때로 8살 정도에서도 사춘기가 나타나기도 한다. 사춘기는 뇌하수체와 관련되어 있다. 뇌하수체는 척추동물에서 볼 수 있는 타원형의 내분비기관이다. 뇌하수체는 호르몬의 분비와 조절의 기능을 수행한다. 뇌하수체는 전엽, 중엽, 후엽으로 나눈다. 전엽은 회적색을 띠고 후엽보다 크며, 후엽은 회백색을 띠며 뇌하수체 전체의 4분의 1 정도의 부피이다. 중엽은 전엽과 후엽 사이에 있는 작고 좁은 부분이다. 사춘기에 뇌하수체는 생식기관의 확대와 발달을 자극하는 호르몬을 분비한다. 그리하여 재생산이 가능해진다. 여자의 경우 가슴이 발달한다. 남자의 경우 얼굴과 몸에 털이 나고 목소리가 변한다. 양자 모두 여드름이 생긴다.

사춘기는 생리적 조정뿐만 아니라 심리적 조정과 관련되어 있다. 사춘기는 청소년기와 동시에 발생한다. 사춘기는 종종 감정적 긴장에 의하여 특징지어진다. 이것은 청소년기가 어린시절의 양식을 버리고 어른의 양식을 채택하려고 하기 때문에 발생한다. 사춘기와 청소년기는 동일한 개념이 아니다. 하지만 청소년기 동안에 사춘기가 발생한다. 청소년기는 생물학적인 색채가 완화되어 있는 개념이다. 이에 비하여 사춘기는 생물학적인 색채가 매우 짙게 깔려 있는 개념이다.

청소년기의 많은 부분이 사춘기와 겹쳐 있다. 청소년기의 전반부는 사춘기에 의하여 특징지어진다. 청소년은 사춘기가 끝나면 사춘기 때 나타난 여러가지 변화를 바탕으로 하여 한 걸음 더 어른에게로 다가선다. 청소년기 때에는 개념적인 힘, 독립성, 자신들의 정체성, 도덕적 결정의 방식 등을 발전시켜야 한다. 청소년이 사춘기를 통과하는 경로는 문화적 기준, 사회경제적 계층, 성 역할, 가족구조에 따라 다양하다. 사춘기는 어른의 시기와 직접 연결되어 있는 것은 아니다. 청소년기는 어린 시기와 어른의 시기 사이의 간격을 차지한다.

뼈질량이 최고조되는 시기(20대 초반 또는 중반)

뼈의 질량은 20대 중반에 최고조에 달한다. 그 시점을 지나면 뼈의 질량은 점진적으로 감소한다. 이것은 뼈가 빨리 보충되지 않기 때문이다. 흡연과 과도한 음주는 뼈의 질량의 상실위험을 증가시킨다. 단백질이 높은 식사와 나트륨이 높은 식사 또한 칼슘의 상실을 가속화시킨다. 골다공증은 유전적인 요소도 가지고 있다. 칼슘의 흡수와 뼈의 밀도에 영향을 주는 비타민 D 수용기 유전자가 확인되었다. 이러한 유전자의 다른 형태는 뼈의 밀도의 수준에 있어서의 차이와 관련되어 있는 것으로 보인다.

뼈는 살아 있는 물질이다. 뼈는 파골세포(뼈를 파괴하는 세포라는 의미이다. 용골세포라고도 한다. 용골세포는 뼈를 녹이는 세포라는 의미이다)에 의하여 파괴되고 골아세포에 의하여 다시 형성된다. 이러한 과정을 뼈의 리모델링이라고 한다. 뼈의 리모델링은 일생을 통하여 계속된다. 정상적인 경우 출생부터 청소년기 때에는 형성되는 뼈가 파괴되는 뼈보다 더 많다. 10대 후반기, 20대 초반 또는 20대 중반에 뼈의 질량이 최고조에 달한다. 이것은 뼈를 가장 많이 가지고 있다는 것을 의미한다. 20대에는 좋은 영양을 공급받는 건강한 사람들에 있어서 뼈의 취득과 상실은 균형을 이룬다.

뼈의 리모델링은 뼈가 주로 칼슘과 인함유물로 구성되어 있기 때문에 발생한다. 칼슘은 근육의 수축, 신경자극 전달, 세포 내의 많은 물질 대사 활동과 관련되어 있다. 건강을 유지하기 위하여 몸은 아주 좁은 농도범위 내에서 칼슘이온 수준을 유지하여야 한다. 좁은 농도범위 내라는 것은 큰 폭의 변화를 허용하지 않는다는 의미이다. 뼈는 몸의 구조를 제공할 뿐만 아니라 칼슘의 저장소, 즉 은행이다.

몸에 칼슘이 과다하면 골아세포는 칼슘을 뼈에 저장한다. 몸에 칼슘이 너무 적으면 골아세포는 뼈로부터 칼슘을 녹인다. 그리고 칼슘을 피로 가져간다. 이러한 과정은 주로 부갑상선 호르몬(parathyroid hormone, PTH)에 의하여 통제된다. 부갑상선 호르몬은 목에 있는 부갑상선에 의하여 분비된다. 나이가 들면서 다양한 조건들이 부갑상선 호르몬으로 하여금 저장되어 있는 것보다 더 많은 칼슘을 뼈라는 은행으로부터 가져오도록 만든다. 그러면 골다공증이 생긴다. 골다공증의 구멍이 칼슘이 빠져나간 그 구멍이다. 몸의 모든 뼈들은 골다공증의 영향을 받는다. 그 중에서도 척추, 힙, 손목, 팔뚝이 가장 부러지기 쉬운 뼈들이다.

뼈는 세포분열에 의하여 성장하는 것이 아니다. 대신에 서로 다른 뼈세포들이 뼈 매트릭스를 만들기도 하고 파괴하기도 하며 유지하기도 한다. 이것이 바로 뼈의 리모델링이다. 뼈의 리모델링이 이루어지는 과정을 뼈의 리모델링 과정이라고 한다. 뼈의 리모델링 과정은 뼈의 골절을 치료도 하고 몸의 액체(이것을 체액이라고 한다)에 있는 칼슘의 수준을 조절하기도 한다. 뼈의 리모델링 과정은 움직이지 않는 팔다리처럼 활용이 적은 뼈를 아트로피(atrophy, 위축이라는 의미이다)로 만들기도 한다. 뼈의 질병에는 류마티스성 관절염, 뼈관절염(골관절염이라고도 한다), 구루병(rickets), 골다공증, 종양 등이 있다. 긴장(이것을 스트레스라고도 한다)을 받는 뼈는 쉽게 골절된다.

선호하는 결혼연령(31세, 28세 또는 29세)

결혼은 언제 하는 것이 좋을까? 사람에 따라 다르다. 그리고 성별에 따라 다르다. 통계청 자료는 이상적 남성 결혼연령과 이상적 여성 결혼연령을 조사한 결과를 보여 주고 있다. 20~44세의 미혼남성에 대하여 조사한 결과 이상적 남성 결혼연령은 31.50세이다. 20~44세의 미혼여성에 대하여 조사한 결과 이상적 남성 결혼연령은 31.94세이다. 조사인원은 미혼남성이 1,846명이고 미혼여성이 1,582명이다. 31.50세와 31.94세는 평균한 값이다. 양쪽 모두 비슷한 연령을 보여 주고 있다. 흥미로운 것은 결혼은 둘이 하는 것이기 때문에 이상적 남성 결혼연령에 대하여 남성뿐만 아니라 여성의 의견도 구하고 있다는 것이다. 이것이 의미하는 것은 본인이 아무리 이상적인 연령이라고 생각해도 결혼상대방이 이를 받아들이지 않을 수도 있다는 것이다. 이것은 남성이나 여성이나 모두 마찬가지이다.

이상적 결혼연령은 본인이 생각하는 이상적 결혼연령이 있고 상대방이 생각하는 이상적 결혼연령이 있다. 양자의 차이가 크다면 의견과 감정상의 불일치 또는 충돌이 생길 수 있다. 그런데 이런 걱정을 크게 하지 않아도 된다. 위의 수치에서 알 수 있듯이 이상적 남성 결혼연령은 서로 비슷하다. 31세이다. 이것은 2012년의 수치이다. 20~44세의 미혼남성에 대하여 조사한 결과 이상적 여성 결혼연령은 28.76세이다. 20~44세의 미혼여성에 대하여 조사한 결과 이상적 여성 결혼연령은 29.60세이다. 이상적 여성 결혼연령은 28세와 29세인 것이다. 조사인원은 미혼남성이 1,839명이고 미혼여성이 1,584명이다. 위의 조사인원과 약간의 차이가 있다.

이상적 여성 결혼연령은 이상적 남성 결혼연령보다 조금 더 차이가 있다. 하지만 이상적 여성 결혼연령의 차이도 채 1년이 되지 않는다. 이상적 남성 결혼연령과 이상적 여성 결혼연령 모두 미혼여성에 대하여 조사한 결과가 미혼남성에 대하여 조사한 결과보다 조금 더 높다. 이것이 의미하는 것은 여성이 결혼연령에 관하여 조금 더 관대하다는 것이다. 상대방에 대하여서뿐만 아니라 본인에 대하여도 마찬가지이다. 또한 이것이 의미하는 것은 본인과 상대방의 이상적 결혼연령에 관하여 일관성을 보이고 있다는 것이다. 다시 말하면 본인과 상대방 모두에 대하여 이상적 결혼연령을 조금 더 뒤로 잡고 있다.

　이상의 사실에서 알 수 있는 것을 정리하면 다음과 같다. 하나는 이상적 결혼연령은 남성보다 여성이 더 적다. 이상적 여성 결혼연령을 28세라고 하면 이상적 남성 결혼연령 31세보다 3살이 적다. 이상적 여성 결혼연령을 29세라고 하면 이상적 남성 결혼연령보다 2살이 적다. 다른 하나는 여성이 결혼연령에 관하여 조금 더 관대하다. 또 다른 하나는 이상적 여성 결혼연령과 이상적 남성 결혼연령 모두 30세 주위에 있다. 마지막으로 이상적 결혼연령에 관하여 혼자서 생각하거나 상대방과 대화할 때 그리고 실제로 결혼하려고 할 때 본인의 생각과 상대방의 생각에 차이가 있다는 것을 염두에 두어야 한다. 결혼생활은 처음부터 이러한 차이를 가지고 시작하는 것이다.

제5장

아, 리드미아!

리듬과 맥박

리듬은 박자, 악센트, 빠르기를 모두 포함하여 앞으로의 이동과 관련된 소리의 흐름의 규칙적인 반복에 의하여 특징지어지는 변화를 말한다. 박자도 리듬에 따라야 하고 멜로디도 리듬에 따라야 한다. 소리의 파동, 즉 음파는 주기를 형성한다. 파동은 생겼다가 사라지기 때문에 주기를 이룬다. 파도가 파동의 대표적인 예이다. 파동의 주기에 소리를 계속하여 실어 보내는 것이 바로 음악이고 사람의 목소리이다. 파동의 하나의 주기 속에는 여러 내용들이 포함되어 있다. 높이와 진동수가 대표적인 예이다. 주기 속의 높이는 높을 수도 있고 낮을 수도 있다. 진동수는 많을 수도 있고 적을 수도 있다. 음파의 주기 속의 높이는 주기 속에서의 높이일 뿐 소리의 높낮이를 의미하는 것이 아니다. 소리의 높낮이를 나타내는 것은 주기 속에서의 높이가 아니라 주기 속의 진동수이다. 진동수가 많으면 높은 음이 된다.

음악이 동원하는 수단에는 소리의 길이, 소리의 높이, 박자가 기본적으로 포함된다. 소리의 길이는 소리의 장단이다. 사분음표(♩), 팔분음표(♪)가 이에 해당한다. 소리의 높이는 소리의 높낮이이다. 음정이라고도 한다. 음정은 글자 그대로 해석하면 음의 정도라는 의미인데 좀더 구체적으로 음의 높이의 정도라는 의미이다. 음의 높이의 정도를 음의 간격이라고 한다. 도, 레, 미, 파, 솔, 라, 시, 도 8개를 1 옥타브(octave)라고 한다. 옥토(octo-)는 8이라는 의미이다. 소리는 음파에 의하여 전달되기 때문에 음의 높이는 파동에서의 진동수와 관련이 있다. 음의 높이는 진동수에 따라 결정되는데, 진동수가 많은 소리는 높은 음으로 들린다. 파동에서의 진동수와 앞에서 본 주기 속의 진동수는 같은 말이다. 전파의 경우 주파수라고 한다. 이들 모두 정확한 명칭은 빈도수이다. 빈도수는 반복하여 나타나는 개수를 말한다.

박자는 운문에서 온 것이다. 소리를 하나 울리는 것을 비트(beat)라고 한다. 비트는 '울리다, 때리다'라는 의미이다. 심장이 한 번 울리는 것도 비트이다. '박자'(拍子)의 '拍'(박)은 '칠 박'이다. 박자는 박자표에 의하여 표시되는 규칙적으로 반복되는 비트들이 배치되어 만든 양상이다. 박자표는 어떠한 음표로 비트를 구성하고 얼마나 많은 비트를 배치하여 하나의 양상을 만들 것인지를 표시한 표이다. ㅇ처럼 한 번 울린 것은 비트이고, ㅇㅇ, ㅇㅇㅇ처럼 두 번, 세 번 울린 것은 비트들의 모음, 즉 박자이다.

4분의 2박자는 4분음표를 기준으로 4분음표를 2개 배치하는 만큼의 시간적 길이를 말한다. 8분의 4박자는 8분음표를 기준으로 8분음표를 4개 배치하는 만큼의 시간적 길이를 말한다. 음정과 박자가 맞지 않는다는 것은 위에서 본 바와 같은 의미의 음정과 박자가 맞지 않는다는 것을 의미한다. 음악이 동원하는 수단에는 화음도 있다. 화음은 비트들을 동시에 여러 개 울리는 것을 말한다. 여러 개의 비트들이 동시에 울리면서 각각의 비트가 만들어내는 소리는 전체적으로 모이게 된다. 그러면서 각각의 소리가 만들어내는 소리와 다른 소리가 귀에 들리게 된다. 화음은 코드라고도 한다. 코드를 잡는다는 것은 이러한 의미를 가진다. 멜로디는 단일한 소리가 시간적으로 연속하여 이어짐으로써 이루어지는 단일한 소리들의 연속체이다. 멜로디는 화음과 대조를 이룬다. 화음은 동시에 나는 소리들의 모음이고 멜로디는 이어지는 소리들의 모음이다.

심장의 박동(비트)이 규칙적인 반복을 계속하는 것도 리듬이라고 한다. 심장의 박동은 심장의 근육의 수축에 의하여 발생하는 것인데 한 번의 박동이 생겼다가 사라지면 다시 새로운 박동이 생겼다가 사라지기 때문에 주기를 형성한다. 심장의 박동이 형성하는 주기를 심장주기라고 한다. 주기는 일정한 현상들이 동일한 규칙을 가지고 반복할 때 반복하는 현상들의 모음 또는 현상들이 반복하기까지의 시간적 간격을 말한다.

심장의 경우 1분에 박동이 60회를 울렸다면 주기는 1초이다. 1초 간격으로 박동이 계속하여 규칙적으로 울리고 있는 것이다. 성인의 경우 심장의 박동의 수는 60회에서 80회이다. 부정맥은 심장의 박동에 문제가 발생한 것이다. 부정맥은 심장의 전기 자극이 잘 만들어지지 않거나 자극의 전달이 잘 이루어지지 않아 규칙적인 수축이 계속되지 않고 심장 박동이 비정상적으로 빨라지거나 늦어지거나 불규칙하게 되는 것이다.

아, 리드미아! 우리 한 번 리듬(rhythm)에 맞추어 노래를 불러 보자. 그리고 춤도 추어 보자.

♪ ♪♩ ♪ ♪♩♫ ♫ ♬ ♬

아리드미아(arrhythmia)는 부정맥을 말한다. 부정맥은 심장의 박동 (맥박이라고도 한다. beat 또는 heartbeat: 하트 비트, 음악의 박자가 바로 비트: beat들의 모음이다)에 리듬이 없거나 불규칙하거나 약한 것을 말한다. 심장을 가장 빠르게 이해하는 방법은 심장을 음악처럼 이해하는 것이다. 실제로 심장은 음악의 원리를 따르고 있다. 귀의 고막도 음악의 원리를 따르고 있다. 고막은 당연하다. 고막의 기능이 소리와 음악을 듣는 것이니까. 만약 음악을 가장 빠르게 이해하고 싶다면 심장을 이해하면 된다. 그리고 고막(eardrum: 이어드럼, tympanum: 팀파눔)을 이해하면 된다.

여기 주기를 그림으로 그려 보았다. 이 그림은 파도에서부터 음파, 심장의 주기, 전자기파의 주기를 설명해 준다. 모양이 다른 것으로 보아

2개의 그림은 서로 비교된다.

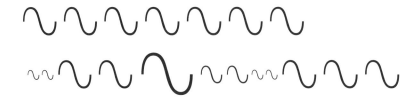

2개의 그림 중에서 위의 그림은 동일한 것이 7번 반복되었다. 올라갔다 내려갔다가 7번이니까 주기가 7번이다. 비가 올 것 같은 날에 바닷가에 가보면 여지 없이 파도가 몰려 온다. 파도는 몰려 왔다가 사라진다. 그리곤 또 다시 파도가 몰려 온다. 파도에 떠 있는 물건들은 파도를 타고 둥실둥실 떠다닌다. 이 물건이 음파의 소리에 해당한다. 또한 심장에서 내보내는 혈액에 해당한다. 파도에 물건들이 떠다니는 것처럼 소리와 혈액은 파동의 힘으로 이동하게 된다. 날씨가 좋아져서 파도가 멈추면 물건은 더 이상 이동하지 않는다. 이동해도 조금만 움직일 뿐이다.

심장에 이상이 생기면 심장박동이 예전과 같지 않다. 이로 인하여 혈액순환이 고장나게 된다. 혈압에 문제가 있으면 혈액순환이 정상적으로 되지 않는다. 혈관에 무엇인가가 달라붙어 있으면 혈관이 좁아진다. 혈관은 혈액의 이동통로이기 때문에 혈관이 좁아지면 혈액순환이 잘 되지 않는다. 혈액순환에 이상이 생기면 산소와 영양분이 몸의 부위들에 전달되지 않는다. 그러면 몸의 부위들이 제대로 기능하지 못한다. 뇌도 마찬가지이다. 심장에 이상이 있어 뇌에 혈액이 공급되지 않으면 뇌는 손상된다. 이것이 심근경색과 뇌손상의 관계이다. 이때 뇌가 심하게 손상되면 뇌사에 빠질 수도 있다.

심장박동의 주기는 어떻게 생길까? 심근은 심장의 근육이다. 심근은 심장의 뿌리라는 의미가 아니다. 장난삼아 주변 사람들에게 퀴즈를 냈더니 심장의 뿌리라는 대답도 나왔다. 이것은 이해될 만한 대답이다. 왜냐하면 신경근은 신경의 근육이 아니라 신경의 뿌리를 의미하기도 한다. 그러면 어느 것은 근육이고 어느 것은 뿌리일까? 치근은 치아의 뿌리이다. 신경의 근육도 때로는 줄여서 신경근이라고 하기도 한다. 이러한 경우 한자가 다르다. 심장박동의 주기는 심장의 근육의 수축과 확장(이완이라고도 한다)에 의하여 발생한다. 심근이 수축할 때에는 혈압이 올라간다. 이 압력으로 심장은 몸의 조직과 기관에 피를 공급한다. 피는 혈액과 같은 말이다. 다만 혈류는 피의 흐름을 말한다. 피가 혈관 밖으로 나오는 것을 출혈이라고 한다. 피가 굳는 것을 응혈이라고 한다. 피를 멈추게 하는 것을 지혈이라고 한다.

심장에서 나가는 혈액 속에는 허파에서 들어온 산소가 포함되어 있다. 이것이 심장과 허파가 가까이 있으면서 연결되어 있는 이유이다. 심장과 허파는 이웃 사촌이다. 이 둘이 협력하지 않으면 몸에 일이 생긴다. 허파는 양쪽에 다 있다. 양쪽의 허파에서 각각 2개의 폐정맥, 합하여 4개의 폐정맥이 심장의 좌심방으로 들어온다. 좌심방은 심장의 왼쪽에 있는 방이다. 몸은 하나의 공간이기 때문에 방이라는 명칭이 몸의 곳곳에 붙어 있다. 뇌에는 뇌실이라는 것이 있다. 구강의 강도 공간이라는 의미이다.

사람의 몸은 하나의 공간이다. 이 자그마한 공간을 사람은 최대한으로 활용하고 있는 것이다. 공간이 너무 비좁지는 않을까? 이 공간을 차지하려고 세균과 바이러스까지 가세한다. 암은 세균이나 바이러스가 공간 싸움에서 승리한 것 이외의 다른 것이 아니다. 이들이 승리하면 몸의 부위들은 거처를 잃게 된다.

"발은 따스하게, 머리는 시원하게"

"Keep your feet warm and head cool."

이 말은 사람이 건강하려면 발은 따스하게 하고, 머리는 시원하게 하여야 한다는 의미이다. 이 말은 건강과 발이 밀접하게 관련되어 있음을 나타내 준다. 발이라는 용어는 중요한 것을 지칭할 때 사용하기도 한다. 3개의 발을 트라이파드(tripod)라고 한다. 그래서 삼각대, 삼발이를 트라이파드라고 한다. 그런데 사람의 건강과 생명에 관하여도 트라이파드, 즉 3개의 발이라는 말을 사용한다. 생명체의 트라이파드는 뇌, 심장, 허파이다. 이것을 '트라이파드 어브 라이프'(tripod of life)라고 한다. 뇌, 심장, 허파는 사람의 건강과 생명을 유지하고 보호하는 데 있어서 중요한 역할을 수행한다. 물론 사람의 몸에 있어서 중요하지 않은 것은 없다. 사람의 몸의 각각의 부분들은 자신들이 하여야 할 일들이 있다. 그래서 어느 한 부분이라도 기능하지 않으면 사람은 병들게 된다.

파드(pod)는 '발'이라는 의미이다. 파드는 '발'이라는 의미 이외에 여러가지 의미를 가지고 있다. 알맹이 콩이 들어 있는 깍지, 꼬투리, 비행기 동체 밑에 무엇인가를 싣는 공간, 우주선 본체로부터 분리될 수 있는 부분, 물개, 고래 등의 작은 무리 등이 그러한 예들이다. 알맹이 콩이 들어 있는 깍지를 꼬투리라고 한다. 파드가 알맹이 콩이 들어 있는 깍지라는 의미로 사용될 때에는 씨앗이 들어 있는 용기라는 의미이다. 씨앗이 들어가기 위하여는 공간이 필요하다. 비인 파드(bean pod, 비인은 일반적인 콩을 말한다)는 콩깍지이다. 피이 파드(pea pod, 피이는 완두콩이다)는 완두콩깍지이다.

콩과 꼬투리를 이용한 표현들이 다채롭다. 영어에서는 돈 한 푼 없는 것을 콩 하나 없다고 한다. "not have a bean." 우리말 "꼬투리를 잡다"는 무언가 알맹이가 있을 것처럼 생각하여 겉껍데기인 꼬투리를 잡는 것을 의미한다. 어떤 알맹이도 없으면 그것으로 그쳐야 하는데 그러지 않고 주변의 것을 잡고서 문제삼는 것을 꼬투리를 잡는다고 한다. 어떤 알맹이도 없으면 꼬투리를 잡지 말아야 한다. 꼬투리를 잡는 것 때문에 일이 진행이 되지 않고 더 나아가 일이 망가지기도 한다.

아이팟(iPod)에는 어떠한 의미가 들어가 있을까? 파드는 직원이 제안한 이름인데, 그 직원은 우주선이 나오는 영화의 장면을 보고 이름을 제안했다는 것이다. 그 중에서도 에바 파드(EVA Pod)라는 기구가 영향을 주었다고 한다. 여기서 실마리를 찾을 수 있다. 파드가 알맹이 콩이 들어 있는 깍지라는 의미로 사용될 때에는 씨앗이 들어 있는 용기라는 의미인데, 이것은 무엇인가를 모아 담을 수 있는 공간이라는 점에서 비행기 동체 밑에 무엇인가를 싣는 공간이라는 의미와 통한다. 그리고 알맹이 콩이 들어 있는 깍지의 크기, 우주선의 크기와 EVA Pod의 크기의 대조, 컴퓨터의 크기와 음악플레이어의 크기의 대조가 뚜렷하다. 이런 점에서 파드라는 용어가 선택된 것이다.

피의 공급에 있어서 혈압이 중요한 기능을 한다. 그렇다고 혈압이 정상수준을 벗어나면 안 된다. 그러면 고혈압이 된다. 사람의 몸은 항상 적절해야 한다. 이것을 어기면 바로 병이 생긴다. 허파가 하는 기능은 입과 코를 통하여 들어온 산소를 전달하는 것이다. 그리고 허파는 자신에게 전달되어 온 이산화탄소를 입 쪽으로 내보낸다.

심장의 맥박이 만들어내는 주기는 규칙적이고 리듬이 있어야 한다. 그런데 이미 본 2개의 파동 그림 중에서 아래의 그림을 보면 각각의 주기가 일정하지 않다. 그래서 전체적인 파동의 모습이 규칙도 없고 리듬도 없다. 이것이 바로 부정맥이다. 부정맥의 정맥은 동맥과 대비되는 정맥을 의미하는 것이 아니다. 한자가 다르다. 부정맥은 가지런하지 않은, 정돈되지 않은 맥박이라는 의미이다. 아리드미아의 '아'(-a)는 '없는, 반대의'라는 의미이다. 아리드미아를 글자 그대로 해석하면 '리듬이 없는 것'이라는 의미이다.

아토피(atopy)라는 말도 '아'(-a)가 사용된 말 중의 하나이다. 아토피라는 말은 1923년 그리스에 관한 연구자인 에드워드 페리(Edward D. Perry)가 의료인의 부탁을 받고 그리스어 아토피아(atopia)로부터 만든 말이다. 아토피아는 '적절하지 않음, 부적절, 장소가 없음'이라는 의미이다. 아토피아는 아(-a)와 토포스(topos)가 결합한 말이다. 그리스어 토포스는 장소라는 의미이다. '이상적인 곳, 상태'를 의미하는 유토피아(utopia)에도 토피아(topia)가 들어가 있다. 유(u-)가 단어의 앞에 붙으면 '아니다'라는 의미이다. 유토피아 또한 장소가 아닌 곳이라는 의미이다. 글자 그대로 해석하면 아토피와 유토피아는 같은 의미이다.

아토피는 유전받은 IgE 유형(IgE type)의 면역글로불린과 관련되어 있는 알러지(알레르기라고도 한다) 또는 알러지적 과민반응을 말한다. 아토피는 기관지 천식, 알레르기성 비염, 아토피성 피부염 등의 증상을 나타낸다. 아토피성 피부염은 가려움이 매우 심한 습진이다.

음악에서 리듬이 없으면 노래를 부를 수도 없고 음악에 맞추어 춤을 출 수도 없다. 심장도 마찬가지이다. 사람들은 평소에 심장이 뛰는 것을 느끼지 못한다. 가만히 눈을 감고 심장이 뛰는 것을 한 번 느껴 보자. 심장에 이상이 없다면 심장이 뛰는 것을 느끼지 못한다. 리듬이 규칙적이기 때문이다. 가만히 눈을 감고 심장이 뛰는 것을 느끼려고 했을 때 느껴진다면 심장에 이상이 발생한 것이다. 심장에 이상이 생기면 심장의 박동을 느낄 수도 있다. 그리고 가슴이 두근거린다. 부정맥이 있으면 이러한 현상이 발생한다. 심장에 통증(pain)이 생길 수도 있다. 부정맥은 심장마비로 이어지고 돌연사를 발생시킬 수도 있다.

에쿠스는 '말'(馬)이라는 의미이다. 에쿠스는 자동차 브랜드의 이름이기도 하다. 말의 학명은 에쿠스 페루스(Equus ferus)이다. 에쿠스는 말의 속명이고 에쿠스 페루스는 말이라는 종을 의미한다. 자동차의 브랜드 이름 중에는 말과 관련된 것이 많다. 말은 달리는 속성이 있기 때문이다. 이것이 브랜드 이름을 만드는 원리이다. 갤로퍼(galloper)는 회전목마라는 의미이다. 갤로퍼에는 회전목마라는 의미 이외에 전속력으로 질주하는 말, 전속력으로 말을 몰아 질주하는 하는 사람이라는 의미도 들어 있다. 갤로프(gallop)는 말이 달릴 수 있는 가장 빠른 속도를 말한다. 갤로프에는 '전속력으로 질주하다'라는 의미도 들어 있다. 갤로프는 '갤럽'이라고 발음하기도 한다.

갤로프에서는 말의 네 다리가 동시에 땅에서 떨어진다. 말의 속도에서 갤로프 아래의 속력을 캔터(canter), 트로트(trot)라고 한다. 갤로퍼가 회전목마를 의미하게 된 것은 회전목마의 기어의 작동이 갤로프를 모방하기 때문이다. 다른 이유가 있는 것은 아니다. 트로트는 갤로프, 캔터보다 속력이 떨어진다. 트로트는 우리나라의 대중가요를 의미하기도 한다. 갤로프는 의학용어로도 사용된다. 갤로프는 심장의 불규칙한 리듬에 해당한다.

스릴(thrill)은 갑작스러운 감정 또는 흥분으로 야기된 진동, 떨림이라는 의미이다. 스릴은 병리학에서도 사용하는 용어이다. 병리학에서 말하는 스릴은 심장 또는 순환계통의 비정상성을 수반하는 감지할 수 있는 작은 진동 또는 떨림이라는 의미이다. 스릴의 핵심은 갑작스러운 감정 또는 몸의 떨림이 있어야 한다. 스릴러(thriller)는 이러한 스릴을 일으키는 책, 소설, 연극, 영화를 말한다. 스릴러는 서스펜스(suspense)를 요소로 한다. 서스펜스는 보류되어 있는 상태, 결정되지 않은 상태, 의심스러운 상태, 결과를 알 수 없는 상태에서 가지는 기대감 또는 흥분, 결과를 알 수 없는 상태에서 가지는 걱정이라는 의미이다.

영국에서는 미스터리를 스릴러라고도 한다. 미스터리를 스릴러라고 부르는 이유는 미스터리가 스릴러가 가지는 서스펜스적 요소를 다루고 있기 때문이다. 하지만 스릴러에는 서스펜스적 요소를 넘어서는 갑작스러운 감정 또는 흥분으로 야기된 진동, 떨림을 포함하고 있어야 한다. 이것이 미국적 개념으로서의 스릴러이다. 스릴은 중세의 영어 쓰릴런(thrillen)에서 왔다. 쓰릴런은 '뚫다, 찢다'라는 의미이다. 쓰릴런은 옛날의 영어 씰리언(thȳrlian)에서 왔다. 씰리언은 '구멍'이라는 의미이다.

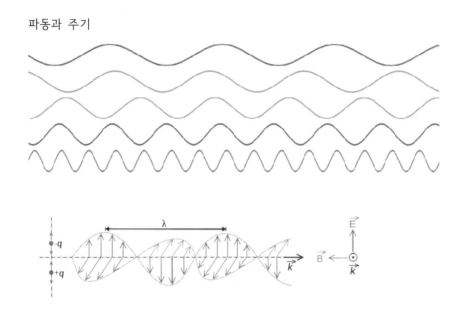

파동과 주기

심장의 근육(심근)과 심근경색

　심장에서 가장 중요한 것이 바로 심근이다. 우리는 학교에서 2심방과 2심실을 배웠다. 하지만 어찌된 영문인지 심근이 교육내용에서 빠져버렸다. 사람의 몸에는 근육이 3가지가 있다. 그 하나가 바로 심근이다. 심근은 심장에만 있는 근육임에도 불구하고 그 독특함과 기능의 중요성으로 인하여 근육의 왕이다. 다른 하나는 골격근이다. 골격근은 골격을 움직이는 근육이다. 또 다른 하나는 내장근이다. 내장근은 평활근이라고도 한다. 내장근은 내장에 있는 근육이다. 3가지 근육은 서로 특성이 다르다.

　심근이 근육의 왕인 이유는 심근경색을 보면 알 수 있다. 심근에 혈액이 제대로 공급되지 않으면 심근경색이 올 수 있다. 사람과 자동차가

도로를 통하여 이동하는 것과 같이 혈액은 혈관을 통하여 몸 속을 이동한다. 몸 속에는 비행기는 없고 배만 있다. 위에서 도로라고 표현했지만 혈관(blood vessel, 블러드 베슬)은 배이다. 베슬이 바다의 배, 선박이라는 의미이다. 베슬이 맞을지도 모른다. 몸 속은 온통 액체 세상이다. 혈관에 이상이 생기면 심근에 혈액이 제대로 공급되지 않는다. 그 결과 심근경색이 오게 된다.

혈관에 이상이 생기는 것은 혈관이 콜레스테롤 같은 것으로 좁아지거나 막히기 때문이다. 이것은 마치 도로가 혼잡하여 자동차가 이동하지 못하고 막히는 것과 같다. 바다는 너무 넓어 막히는 법이 없지만 혈관은 원래 좁기 때문에 잘 막힌다. 그래서 혈관이 막히지 않도록 잘 관리해야 한다. 혈관 중에서 대동맥의 지름은 2~3cm 정도이다. 대동맥은 그나마 큰 편이다. 동맥 중에서 작은 것은 지름이 밀리미터(mm) 단위이다. 몸에 있는 혈관을 펴서 직선으로 연결하면 그 길이는 약 10만km 정도이다. 심장의 좌심실에서 나온 혈관이 대동맥이다. 대동맥이 가지를 치면 세동맥이 되고 그 다음은 모세혈관, 세정맥, 정맥으로 이어진다. 정맥은 모여서 굵은 정맥이 되고 이것은 심장의 우심방으로 들어간다.

심장은 무엇으로 구성되어 있을까? 심장은 근육으로 이루어진 장기이다. 심장의 무게는 250~350g 정도이다. 성인의 경우 무게가 더 나갈 수 있다. 성인의 경우 600g까지 나갈 수 있다. 남자가 여자보다 조금 더 무겁다.

심장은 두 겹으로 이루어진 심낭막(몸에서 낭이라고 하는 것은 주머니라는 의미이다. 주머니 속에 무엇인가가 들어가 있다. 캥거루는 몸 외부에도 주머니가 있다. 캥거루의 암컷들은 앞주머니를 가지고 있는데, 앞주머니 안에는 4개의 유두가 있다. 이곳이 출생한 새끼들의 거주처이다)에 싸여 있고, 심장의 표면으로는 심장근육에 혈액을 순환시키는 심장혈관이 있다. 혈액은 심장의 수축과 이완을 통해 한 방향으로 순환하게 된다. 심장의 왼쪽 부분은 산소와 영양분을 실은 신선한 혈액을 뿜어내는 역할을 하고, 오른쪽 부분은 각 장기를 순환하여 심장으로 들어오는 노폐물과 이산화탄소를 실은 혈액을 폐로 순환시켜 다시 산소를 받아들이게 하는 역할을 한다.

1분에 60~80회를 기준으로 하여 하루 심장의 수축을 계산하면 60회일 때에는 1분 60회 × 1시간 60분 × 1일 24시간 = 86,400회이다. 80회일 때에는 1분 80회 × 1시간 60분 × 1일 24시간 = 122,880회이다. 그래서 하루 약 10만 번이라는 수치가 나온다. 심장이 한 번 수축할 때 대략 80mL(밀리리터) 정도의 혈액을 대동맥으로 내보낸다. 1분당 혈액량을 계산하면 60회일 때에는 1분 60회 × 80mL = 4,800mL(4.8리터이다)가 된다. 그리고 80회일 때에는 1분 80회 × 80mL = 6,400mL(6.4리터이다)가 된다. 1분당 혈액량을 계산하면 약 5~6L의 피가 심장을 거쳐 우리 몸을 돌고 40-50초 만에 다시 되돌아오게 된다.

심장박동은 호르몬의 조절을 받게 된다. 부신에서 분비되는 에피네프린은 교감신경처럼 심장박동을 증가시킨다. 이 외에도 심장 스스로 호르몬을 분비하여 혈압을 감지하고 조절한다. 심장은 신경이나 호르몬과 연결되지 않아도 스스로 박동을 계속한다. 우심방에 있는 동방결절이라는 근육에서 약 0.8초 간격으로 전기를 발생시키면 이러한 전류가 심방을 따라 방실결절에 전달되어 심방이 완전히 수축하고 그 다음 양쪽 두 개의 심실을 수축시켜 심장박동의 주기가 형성된다.

심장의 내부에 있는 심방은 체내를 순환하고 돌아온 혈액을 수용하여 심실로 보내는 부분이다. 심방이나 심실이나 모두 공간, 방을 의미한다. 다만 구분하기 위하여 하나는 심방이라고 하고 다른 하나는 심실이라고 하는 것이다. 심방(atrium, 아트리움)은 건물에서 사용하는 용어이기도 한다. 아트리움은 건물 중앙 높은 곳에 보통 유리로 지붕을 한 넓은 공간을 의미한다.

심장의 방을 왔다 갔다 하는 것이 바로 피이다. 피가 심방과 심실을 흘러가게 되어 있다. 양서류 이상의 고등척추동물에서 심방은 하나의 격벽에 의해 좌우 2부분으로 나누어지고, 우심방은 대정맥간에서 정맥혈

(정맥의 혈액이라는 의미이다)을 받고, 좌심방은 폐에서 동맥혈(동맥의 혈액이라는 의미이다)을 받는다. 발생하는 내압이 낮은 심방은 벽이 얇고, 내압이 높은 심실의 벽은 두꺼우며 우심실은 내압이 높은 좌심실보다도 벽이 얇다. 양서류와 같이 1심실만 있는 것도 대동맥의 관 내에 격벽이 있어 동맥혈과 정맥혈의 혼류가 어느 정도 막아진다.

심장의 구조

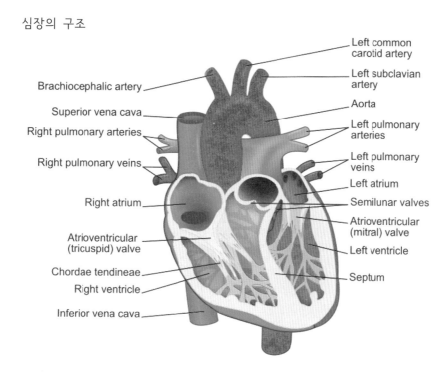

용어번역과 설명

* 브라키오세팔릭 아터리(brachiocephalic artery): 완두(腕頭) 동맥. 브라키오(brachio)는 팔이라는 의미이다. 세팔릭(cephalic)은 '머리의'라는 의미이다. 아터리(artery)는 동맥이라는 의미이다.
* 수피어리어 베나 카바(superior vena cava): 상대정맥. 수피어리어는 '위의, 상부의'라는 의미이다. 베나(vena)는 정맥이라는 의미이다. 베나 카바는 라틴어 베나 카바(vēna cava)에서 왔다. 베나 카바는 쑥 들어간 정맥, 속

이 빈 정맥이라는 의미이다. 베나 카바는 큰 정맥이기 때문에 대정맥이라고도 한다. 피를 심장의 오른쪽 방(이것을 우심방이라고 한다)으로 흐르게 하는 대정맥은 2개가 있다. 하나는 상대정맥이다. 상대정맥은 머리, 가슴 등과 같이 위에 있는 부위로부터 피를 이동시킨다. 그래서 상대정맥이라고 한다. 다른 하나는 하대정맥이다. 하대정맥은 횡격막 아래에 있는 몸의 부위로부터 피를 이동시킨다.

* 라이트 풀모네리 아터리(right pulmonary artery): 오른쪽 폐동맥. 풀모네리는 '폐의'라는 의미이다.
* 라이트 풀모네리 베인(vein): 오른쪽 폐정맥, 베인은 정맥이라는 의미이다. 베인은 라틴어 베나에서 온 말이다.
* 라이트 아트리움(right atrium): 오른쪽 심방. 심장의 방을 아트리움(atrium)이라고 한다. 아트리움은 고대 로마의 저택에서 안마당을 의미하기도 한다. 그림을 보면 오른쪽 심방이 그림의 왼쪽에 있다. 그림의 오른쪽과 왼쪽은 실제와 반대이다. 거울 속에 비친 모습은 실제와 같은 방향일까, 아니면 실제와 다른 방향일까? 거울을 한 번 보면 거울 속에 비친 모습은 실제와 같은 방향이다. 오른쪽 손을 귀에 대고 거울을 보면 거울의 오른쪽에 손이 보인다. 그러면 사진은? 그리고 X-레이는? 이것이 X-레이를 보는 방법이다.
* 라이트 아트리오벤트리큘러 밸브(right atrioventricular valve): 오른쪽 심방심실 밸브. 이것을 줄여서 우방실판이라고도 한다. 벤트리클(ventricle)은 심실이라는 의미이다. 벤트리클은 뇌에 있는 뇌실을 부르는 명칭이기도 하다. 심실과 뇌실 모두 벤트리클이라고 한다. 심방은 아트리움이고 심실은 벤트리클이다.
* 코르다이 텐디니에(chordae tendineae): 건삭. 코르다(chorda)는 줄, 로프라는 의미이다. 코르다이 텐디니에는 힘줄의 하나이다. 텐디니에는 '힘줄의'라는 의미이다. 건삭(腱索)은 '힘줄의 로프, 힘줄의 줄'이라는 의미이다. 건은 '힘줄 건'이다. 삭은 '줄 삭'이다. 코르다이 텐디니에를 뒤에서부터 번역한 것이 건삭이다.
* 라이트 벤트리클(right ventricle): 우심실.
* 인피어리어 베나 카바(inferior vena cava): 하대정맥. 인피어리어는 '아래의, 하부의'라는 의미이다.
* 레프트 카먼 카로티드 아터리(left common carotid artery): 왼쪽 총경동맥. 카먼은 '일반의, 전체의, 총'이라는 의미이다. 그래서 왼쪽 총경동맥을 좌온경동맥이라고도 한다. 경동맥은 목동맥을 말한다. 카로티드는 목이라

는 의미이다

* 레프트 서브클라비안 아터리(left subclavian artery): 왼쪽 쇄골하 동맥. 서브(sub)는 아래라는 의미이다. 쇄골은 빗장뼈를 말한다. 쇄골은 가슴 위쪽 좌우에 있는 한 쌍의 뼈이다. 갈비뼈는 가슴을 구성하는 뼈이다. 갈비뼈는 12쌍, 좌우에 모두 24개가 있다.
* 아오르타(aorta): 대동맥. 아오르타는 용어 자체가 대동맥이다. 그래서 다른 대동맥과 구별된다. 아오르타는 심장의 왼심실에서 시작하여 하복부에서 갈라져 온몸으로 가는 혈액을 공급하는 가장 큰 동맥이다.
* 레프트 풀모네리 아터리(left pulmonary artery): 왼쪽 폐동맥.
* 레프트 풀모네리 베인(left pulmonary vein): 왼쪽 폐정맥.
* 레프트 아트리움(left atrium): 왼쪽 심방.
* 세미루나 밸브(semilunar valve): 반월판. 세미루나는 '반달 모양의'라는 의미이다. 반월판은 반달 모양의 밸브라는 의미이다.
* 레프트 벤트리클(left ventricle): 좌심실.
* 셉툼(septum): 중격, 격막이라는 의미이다. 중격이 결손되어 있는 것을 중격결손이라고 한다. 중격은 심장에만 쓰이는 용어가 아니다. 중격은 코에도 쓰인다. 코의 중격을 비중격(nasal septum, 네이즐 셉툼)이라고 한다. 네이즐은 '코의'라는 의미이다. 콧날(콧등이라고도 한다)은 네이즐 브리지(nasal bridge)라고 한다. 브리지는 다리, 가교라는 의미이다. 독자들은 콧날을 다리라고 하는 것에 대하여 어떻게 생각할까?

관상동맥(coronary artery, 코로너리 아터리)은 왕관 모양의 동맥이라는 의미이다. 코로너리(coronary)는 형용사이다. 코로너리는 라틴어 코로나리우스(corōnārius)에서 왔다. 코로나리우스는 그리스어 코로나(corōna)에서 왔다. 코로나는 왕관이라는 의미이다. 관상동맥뿐만 아니라 관상정맥도 있다. 관상동맥은 동맥 중에서 가장 중요한 동맥이다. 관상동맥은 심장조직에 피를 공급하는 동맥이다. 관상동맥은 대동맥의 뿌리에서 기원한다. 관상동맥에 혈전이 생기면 심근경색이 발생한다. 관상동맥에 생기는 혈전을 관상동맥혈전이라고 한다. 관상동맥은 왕관 모양으로 감싸고 있다. 그림을 보면 관상동맥은 왕관처럼 위에서 감싸고 있다.

관상동맥

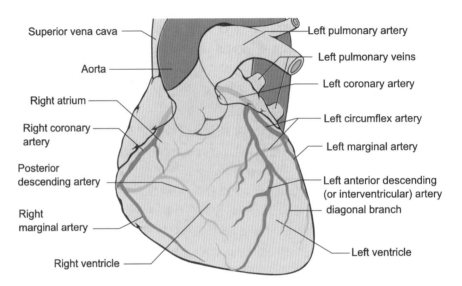

Superior vena cava

Aorta

Right atrium

Right coronary artery

Posterior descending artery

Right marginal artery

Right ventricle

Left pulmonary artery

Left pulmonary veins

Left coronary artery

Left circumflex artery

Left marginal artery

Left anterior descending (or interventricular) artery

diagonal branch

Left ventricle

용어번역

이 그림에 나오는 용어들은 위에서 설명한 것을 참조하면 된다. 관상동맥은 왼쪽과 오른쪽에 있다. 서쿰플렉스 아터리(circumflex artery)는 회선동맥이라고 한다. 서쿰플렉스는 '굽은'이라는 의미이다. 마지널 아터리(marginal artery)는 모서리동맥 또는 연동맥이라고 한다. 마지널은 '한계의'라는 의미이다.

지금까지 사람의 몸에서 가장 중요한 심장에 관하여 살펴보았다. 용어들은 일정한 규칙에 의하여 서로 밀접하게 관련되어 있다. 실제 심장은 이들 부위들의 상호작용에 의하여 작동하도록 되어 있다.

X-레이를 보면 왼쪽 폐(left lung, 레프트 렁)가 사진의 오른쪽에 위치하고 있다. X-레이 사진에는 갈비뼈(rib, 립. 늑골이라고도 한다)들이 하얗게 보인다. 사진에 나오는 숫자는 갈비뼈의 번호들이다. X-레이 사진에서 검고 흰 부분이 나타나는 이유는 X-레이를 검사를 받는 사람에게 쏘였을 때 X-레이가 사람의 몸의 각 부위와 공간을 통과하는 정도에 차이

가 있기 때문이다. 몸의 각 부위와 공간을 통과한 X-레이만이 검사를 받는 사람 뒤에 있는 판에 도달하게 된다. 어떤 것은 X-레이 통과를 방해한다. 뒤에 있는 판에 도달한 X-레이의 차이는 사진에서 검고 흰 부분을 만든다.

X-레이의 판독

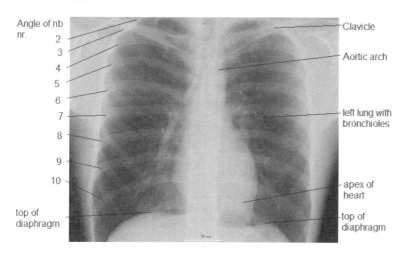

용어번역

횡격막(diaphragm, 다이어프램). 횡격막은 아래 부분에 있다. 쇄골(clavicle, 클라비클). 대동맥궁(aortic arch, 애오틱 아치). 아치는 화살을 쏘는 활 모양이라는 의미이다. 궁은 활 궁 자이다. 아치는 활처럼 굽은 모양을 말한다. 사람의 몸에는 많은 아치들이 있다. 아치들이 모인 것을 아케이드라고 한다. 아치와 아케이드는 건물의 모양을 나타내기도 한다. 사람의 이빨은 하얀 아치이다. 입을 벌리고 거울을 보면 입안이 하얀 아치로 되어 있다. 이 아치는 윤곽이 너무나 뚜렷하다. 세기관지(bronchiole, 브랑키올). 심장의 끝(apex of the heart, 아펙스 어브 더 하트). 심장의 끝은 심장의 가장 낮은 겉 부분을 말한다. 심장의 끝은 왼쪽 폐와 흉막으로 싸여 있다.

심장의 세부구조

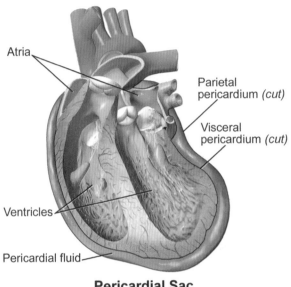

Atria

Parietal
pericardium *(cut)*

Visceral
pericardium *(cut)*

Ventricles

Pericardial fluid

Pericardial Sac

용어번역

아트리아(atria)는 아트리움의 복수형이다. 퍼라이어틀 페리카디움(parietal pericardium)은 벽의 심막이라는 의미이다. 퍼라이어틀은 벽의라는 의미이다. 페리카디얼 플루이드(pericardial fluid)는 심막의 액체라는 의미이다. 줄여서 심막액이라고 한다. 비서럴 페리카디움(visceral pericardium)은 내장의 심막이라는 의미이다. 비서럴은 내장의라는 의미이다. 비세라(viscera)는 몸의 공간에 있는 기관이라는 의미이다. 비세라는 라틴어에서 왔다. 라틴어 비세라는 내부의 기관들이라는 의미이다. 비세라는 비스쿠스(viscus)의 복수형이다. 비스쿠스는 '살, 고기'라는 의미이다. 비세라는 복부의 공간에 있는 기관들을 의미하기도 한다. 복부의 공간을 복강이라고 한다. 페리카디얼 색(pericardial sac)은 심막의 주머니라는 의미이다. 색은 주머니라는 의미이다. 색의 철자가 사람들이 들고 다니는 색(sack)과 차이가 있다. 색 또한 자루라는 의미이다.

심근의 세부구조

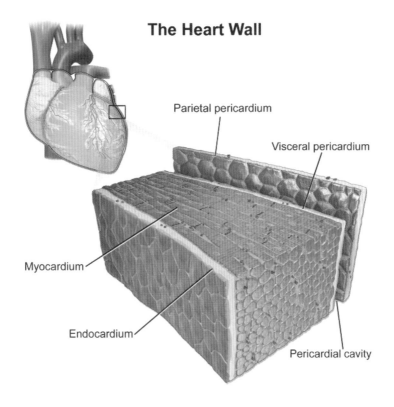

The Heart Wall

Parietal pericardium

Visceral pericardium

Myocardium

Endocardium

Pericardial cavity

용어번역

미오카디움(myocardium)이 바로 심장의 근육, 즉 심근이다. 미오카디움에
는 페리(peri-)라는 말 대신에 미오(myo-)라는 말이 사용되었다. 미오는 근
육이라는 의미이다. 엔도카디움(endocardium)은 내부의 심장이라는 의미이
다. 엔도(endo-)는 내부의라는 의미이다. 카디움은 심장이라는 의미이다. 페
리카디얼 캐버티(pericardial cavity)는 심막의 공간이라는 의미이다. 캐버
티는 무엇이 자리를 잡는 공간 또는 빈 공간이라는 의미이다. 하트 월(heart
wall)은 심장의 벽이라는 의미이다. 이상 본 것들을 바깥에서부터 배치하면
다음과 같다.

퍼라이어틀 페리카디움 → 페리카디얼 캐버티 → 비서럴 페리카디움 →
미오카디움 → 엔도카디움

<심장의 벽의 구조>

바깥부터 안쪽으로 순위	이 름	특성(-카디움)
1	퍼라이어틀 페리카디움	페리(peri-)
2	페리카디얼 캐버티	페리(peri-)
3	비서럴 페리카디움	비서럴 페리(peri-)
4(심근)	미오카디움	미오(myo-)
5	엔도카디움	엔도(endo-)

<폐와 심장의 기능과 질병>

폐	심 장
호흡	혈액공급
산소(O_2)	혈액에는 산소와 영양분이 들어 있음.
입과 코를 통하여 산소를 들이 마심. 기도와 기관지를 통하여 산소를 폐에 공급함.	혈관을 통하여 혈액을 몸 전체에 수송함. 뇌는 혈액을 공급받지 못하면 뇌사함. 혈액의 적혈구는 산소와 결합하여 산소를 수송함.
입과 코를 통하여 이산화탄소(CO_2)를 몸 밖으로 배출함.	정맥을 통하여 혈액이 다시 심장으로 돌아옴.
호흡운동을 통하여 폐를 부풀게 하거나 수축시켜 공기를 교환한다.	심장은 심근의 수축과 혈압을 통하여 혈액을 혈관으로 이동시킴.
기도질환	심근이 수축하지 않으면 심근경색
기도폐색	심장질환
기관지질환	혈관에 문제가 있으면 혈관질환(심장혈관질환과 뇌혈관질환). 뇌혈관에 이상이 있으면 뇌혈관파열
폐질환	고혈압이면 뇌혈관파열 뇌혈관파열은 뇌출혈을 발생시키고 뇌출혈시 뇌졸중을 발생시킴.
폐결핵	저혈압은 혈액의 공급기능에 이상을

	발생시킴.
폐렴	혈액이 세균에 감염되면 패혈증
폐암(암 중에서 사망원인 1위)	백혈병은 백혈구에 발생한 암이기 때문에 비정상적인 백혈구가 과도하게 증식하여 정상적인 백혈구, 적혈구, 혈소판의 생성을 방해한다. 이때 정상적인 백혈구의 수가 감소하면 면역기능이 저하되어 세균감염에 의한 패혈증을 발생시킨다. 혈소판의 수가 감소하면 출혈을 일으킨다.

심장은 2개의 벽을 가진 주머니로 둘러싸여 있다. 이것을 심막이라고 한다. 표면의 것은 벽측심막(벽쪽심장막이라고도 한다)이라고 하고 내부의 것은 내장측심막(이것을 장측판이라고도 한다)이라고 한다. 이 둘 사이에는 약간의 심막액이 있다. 벽측심막 외부에는 섬유성 심막이라고 하는 층이 있다. 심막은 심장을 보호하는 기능을 한다. 그리고 주변의 구조에 고정시키는 기능을 한다. 여기서 정리하면 섬유성 심막이 가장 바깥에 있고 그 다음으로 벽측심막이 있으며 내장측심막이 있다. 여기서 일단 지금까지의 층과 관련된 논리를 중지하고 다시 새롭게 층과 관련된 논리를 전개해 보자. 이제 층이 다시 등장한다.

심장(앞에서 본 섬유성 심막과 벽측심막은 제외된다)의 외부의 층은 심외막(심장외막이라고도 한다. 외심막이라고도 한다)이라고 한다. 심외막은 내장측심막이라고도 한다. 왜냐하면 심외막이 바로 내장측심막이기 때문이다. 그리고 심외막 안쪽에는 중간의 층이 있다. 이 중간의 층을 바로 심근(심근층이라고도 한다)이라고 한다. 이 심근은 수축하는 심장의 근육으로 구성되어 있다. 심근 안쪽에는 내부의 층이 있다. 이 내부의 층은 심내막(심장내막이라고도 한다. 내심막이라고도 한다)이라고 한다. 심내막은 심장이 펌프질하는 혈액과 접촉하고 있다. 지금까지의 내용을 정리하면 다음과 같다.

이해를 위하여 용어분석을 하기로 하자. 심막 중에서 심장 주변에 있는 것을 페리카디움(pericardium)이라고 한다. 페리카디움이 2개의 벽을 가진 주머니이다. 페리카디움 중에서 표면의 것이 벽측심막이고 내부의 것은 내장측심막이다. 페리(peri-)는 주변이라는 의미이다. 그런데 카디움(cardium)은 심막이라는 의미가 아니라 심장이라는 의미이다. 페리카디움은 심장의 주변에 있다는 의미이다. 섬유성 심막(fibrous pericardium)은 섬유성의 페리카디움이다.

카디움을 중심으로 계속하여 논리를 전개해 보자. 심외막은 에피카디움(epicardium)이다. 에피(epi-)는 외부라는 의미이다. 그래서 심외막이 된다. 심외막 안쪽에 있는 중간의 층인 심근은 미오카디움(myocardium)이다. 미오(myo-)는 근육이라는 의미이다. 심근 안쪽에 있는 내부의 층인 심내막은 용어에서도 알 수 있듯이 엔도카디움(endocardium)이다. 엔도(endo-)는 내부라는 의미이다.

카디움, 즉 심장을 중심으로 주변부터 내부까지 배치한 것이 위에서 본 것들이다. 주변을 외부와 다르게 취급하고 있다. 주변은 외부보다 더 멀리 있는 것이다. 에피카디움부터 심장의 바깥이라고 표현한다. 에피가 바로 그러한 의미이다. 카디움을 심막이라고 번역하다 보니까 심막의 체계가 혼란스럽게 된 것이다. 심장에는 2개의 벽을 가진 주머니 1개와 3개의 층이 있는 것이다. 그 다음에는 심장의 내부이다. 2개의 벽을 가진 주머니 1개와 3개의 층은 심외막, 즉 에피카디움에서 겹친다.

심막은 주머니형태이다. 이것을 색(sac)이라고 한다. 색은 동식물 체내에 있는 주머니이다. 심장도 이 색의 형태를 취한다. 심장은 주머니 형태라고 하는 것도 색을 두고 하는 말이다. 이름도 주머니이고 실제의 형태도 주머니이다. 주머니는 낭이라고 하므로 이 색은 심낭이라고 한다. 우리가 들고 다니는 색(sack)도 발음이 같다. 다만 철자 k가 추가되어 있다. 색(sack)은 물건을 담아 다니는 자루, 부대라는 의미이다. 이 자루는 색(sac)보다 더 크다. 색 다음에 이어지는 심근은 우리의 삶을 위하여 매우 중요하다. 세포도 막이 있지만 심장은 기관이므로 심막은 크기가 더 크다. 심막 안에 심장의 내부가 있게 된다.

3개의 층 중에서 심외막은 심장의 외표면을 둘러싸는 중배엽성의 층이다. 심근층이 중간에 있다. 심외막의 가장 큰 구성성분은 결합조직이다. 심외막은 보호하는 층으로 기능한다. 심내막은 심장의 내피 세포 층과 그것에 접하는 결합조직층을 합한 것이다. 심내막은 심장의 방들과 선을 대고 있는 가장 안쪽에 있는 층이다. 심내막의 세포들은 생물학적으로 혈관에 선을 대고 있는 내피세포들과 비슷하다. 심내막은 많은 양의 심근의 기초를 이룬다. 심내막은 주로 내피세포들로 구성되어 있다. 심내막은 심근의 기능을 통제한다.

심장은 흉곽 속에 보호되어 좌우의 폐 사이, 횡격막 위에 위치하고 있다. 심장의 내부는 심실중격, 좌방 심실판에 의하여 우심방, 우심실, 좌심방, 좌심실로 나뉘어 있다. 심장의 벽을 3개 층으로 이해하기도 한다. 섬유성 심막, 벽측심막 그리고 3개로 이루어지는 층들인 심외막, 심근, 심내막(이것을 하나의 층으로 이해하는 것이다. 그러면 3개의 층이 된다)이 그것이다. 이것들을 모두 합하면 5개이다.

심막은 섬유성 심장막과 장액성 심장막으로 나눈다. 장액성 심장막이 바로 페리카디움이다. 장액성 심장막은 벽측심막(이것을 벽측판이라고도 한다. 심막 대신에 판이라는 용어를 사용한 것이다)과 내장측심막(이것을 내장측판이라고도 한다)을 합한 것이다. 내장측심막은 심장을 직접 싸고 있는 심장의 바깥에 있는 층으로 심장에 붙어 있다. 벽측심막과 내장측심막 사이에서 나오는 심막액은 약 15㎖ 정도이다. 심막액은 심장수축과 이완에 따른 주위조직과의 마찰을 방지한다.

심근경색은 관상동맥으로부터의 혈류가 공급되지 않아 산소공급이 일정 시간 중단된 결과 심근의 일부에 산소결핍이 발생하고 이로 인하여 심근세포가 불가역적인 괴사에 빠진 상태이다. 관상동맥의 죽상경화에 따른 폐색이 주요 병인이다. 증상은 지속적이고 심한 협심증과 같은 통증발작을 나타내고 혈압이 하강하며, 때로는 쇼크상태가 되는 수도 있다. 거의 증상이 없이 경과하는 수도 있다.

심근경색은 또한 심장의 좌심실의 벽에 있는 관상동맥의 이상으로 혈관 내에 혈전이 생기고 순환장애가 발생한 것이다. 심근경색은 매우 사망률이 높은 병이다. 심근경색은 심전도에 의해 진단할 수 있다. 심근경색이 급격히 발생한 것을 급성 심근경색이라고 하고 발생 후 수 주일 이상 경과하여 심근괴사부분이 섬유화되어 안정된 상태가 된 것을 진구성 심근경색이라고 한다. 진구성 심근경색의 경우 선유조직이 완성되고 반흔화하는 약 6주간 이후를 진구성이라고 부르고 있다. 절박심근경색은 급성심근경색이 일어날 것 같은 상태를 의미한다.

심근경색은 대개 관상동맥이 막혀서 발생한다. 관상동맥이 막히는 것은 전형적으로 혈전, 즉 피의 덩어리가 동맥경화증에 의하여 이미 좁아진 부분에 들어설 때 발생한다. 동맥경화증은 혈관을 좁혀 놓는다. 좁아진 혈관에 혈전이 또 자리를 차지하게 되면 혈액이 그곳을 통과할 수 없다. 이것이 심장근육을 죽인다. 또한 동맥의 벽의 경련도 심근경색을 일으킨다. 심장의 바이러스감염도 심근경색을 일으킨다. 심근경색의 징후는 팔, 턱, 목까지 이어지는 가슴의 통증이다. 통증이 다른 부분으로 방출된다는 점이 특징이다. 심각한 병들 중에는 이런 특징의 통증을 발생시키는 경우가 있다. 가슴의 통증 대신에 어깨와 위에서 통증처럼 경험할 수도 있다. 몇몇 경우에는 징후가 없을 수도 있다.

경색된 것의 심각성은 영향받은 심장근육의 양, 혈액이 공급되지 않은 시간의 길이, 심장의 자연적 페이스메이커에 대하여 영향을 주었는지 여부, 심실세동(부정맥의 일종이다. 세동은 세세한 움직임이라는 의미이다. 세동은 근육섬유가 빠르고 불규칙하게 수축하는 것을 말한다. 심장에서 이 세동이 발생한다)과 같은 부정맥의 발생에 의존한다. 이러한 요소들 중 일부는 뇌경색에도 적용된다. 심근경색 후에 심장근육조직의 괴사와 심부전 또는 심장마비가 뒤따를 수도 있다.

뿐만 아니라 심근경색은 뇌를 포함하여 다른 중요한 기관들을 손상시킬 수도 있다. 그 이유는 심장이 다른 기관들에게 필요한 산소와 혈액을 공급할 수 없었기 때문이다. 뇌사는 뇌가 기능을 하지 않는 것이다. 심근경색으로 인하여 뇌의 기능이 완전히 손상되었다면 뇌사가 발생할 수도 있다. 심근경색의 확인은 심전도기록, 백혈구세포의 증가측정, 특정효소의 증가측정에 의하여 실시된다. 급성심근경색의 처리로 활용되는 것은 심폐기능소생술(cardiopulmonary resuscitation, CPR) 형태의 최초의 도움, 응급 기구 혈관형성, 베타 차단제(협심증, 고혈압 등의 치료제이다), 조직 플라스미노겐 활성화 인자와 같은 혈전용해제 등이다. 심근경색에서 치료되는 것은 반흔조직에 의하여 괴사된 조직을 대체하는 것을 통하여 이루어진다.

심전도와 심리도

심장의 전기자극을 외부에서 볼 수 없을까? 심장의 전기자극을 그림으로 구체화시킨 것이 바로 심전도(心電圖)이다. 심장의 전기자극을 그림으로 알고자 하면 심전도검사를 하면 된다. 심전도의 전(電)은 '전기 전'이고, 도(圖)는 '그림 도'이다. 심전도의 심(心)은 '마음 심'이다. 그러면 심전도는 마음을 그린 것인가? 일반적으로 심장은 마음으로 표현해 왔다. 그리고 사람의 감정을 관장하는 것은 심장이라고 표현해 왔다. 그래서 심장이라는 용어도 생긴 것이고 심전도라는 용어도 생긴 것이다. 사람의 마음을 그린 것은 심리도라고 할 수 있다. 심전도로는 사람의 마음을 알 수 없다.

심전도(electrocardiogram, ECG, 일렉트로카디오그램)는 심장의 전기자극의 시간별 변화 또는 상태를 그림으로 표현하고 있다. 그러면 심리도가 사람의 마음의 시간별 변화 또는 상태를 그림으로 표현할 수 있을까?

사람의 마음의 시간별, 날짜별 변화 또는 상태를 그림으로 표현한 것이 바로 일기이다. 일기는 심리도의 하나인 것이다. 사람의 마음이 심장보다 더 어려운 모양이다. 아직 그럴싸한 심리도가 개발되지 않은 것을 보면 말이다.

심전도를 보면 심장의 현황 및 상태, 즉 심장의 이상유무를 알 수 있다. 그램(-gram)은 글자, 그림이라는 의미이다. 일렉트로(electro-)는 '전기의'라는 의미이다. 카디오(cardio-)는 '심장의'라는 의미이다. 심장마비(cardiac arrest, 카디악 어레스트, 어레스트는 '체포, 붙잡다'라는 의미이다)는 심근경색, 심장파열 등을 포함하는 개념이다. 심전도 이외에 뇌전도(腦電圖)라는 것도 있다. 뇌전도는 뇌의 신경세포의 전기적 활동과 상태를 그림으로 표현한 것이다. 뇌전도는 뇌파도라고도 한다. 몸에 웬 전기가 이렇게 많을까? 몸이라는 것이 원래 그렇다.

심장이 아니라 뇌가 오히려 사람의 마음을 간직하고 있지 않을까? 그런데 뇌전도(electroencephalogram, EEG, 일렉트로엔세팔로그램) 또한 사람의 마음을 그리지는 못한다. 심전도나 뇌전도 모두 사람의 마음과는 무관하다. 세팔로(cephalo-)는 '머리'라는 의미이다. 뇌 엑스레이촬영은 엔세팔로그래피(encephalography)이다.

심장 컴퓨터 단층촬영(cardiac computed tomography, cardiac CT)

심장 컴퓨터 단층촬영은 컴퓨터 단층촬영을 이용해 심전도 동기화를 통한 심장의 일정 주기에 영상을 얻어 움직이는 심장 및 관상동맥을 영상화하는 기구를 말한다. 이중선원 컴퓨터 단층촬영(dual source CT)은 엑스선 튜브가 두 개가 있어 영상 획득 시간을 두 배로 빨라지게 하였다.

심장 컴퓨터 단층촬영(cardiac CT)은 관상동맥 협착 평가, 관상동맥 우회로 수술 후 이식혈관 평가 및 관상동맥스텐트 시술 후의 재협착 평가에 널리 사용되고 있으며, 그 외에도 관상동맥의 정상 변이 및 선천성

기형, 심근 수축능 평가, 대동맥 판막의 수술 전 평가, 대동맥 확장증과 박리 등을 포함한 대동맥 질환의 검사와 수술 후 평가에 사용되고 있다. 또한 응급실에서 급성 흉통의 감별에 유용하게 사용되고 있으며, 최근에는 관상동맥 고위험군 환자에서 관상동맥 협착증의 선별검사로도 사용되고 있다.

나이트로글리세린

$C_3H_5N_3O_9$

나이트로글리세린(nitroglycerine, NG)은 글리세린의 질산에스터이며 움직임에 민감하고 강력한 폭발력이 있어 화약으로 사용된다. 나이트로글리세린은 구성원소의 개수가 4개나 된다. ○○○○로서 사람의 이름으로 따지면 이름이 4자이다. 약간의 충격에 의해서도 폭발하므로 액체 상태로 운반하는 것은 금지되어 있다.

나이트로글리세린은 1847년 이탈리아의 아스카니오 소브레로(Ascanio Sobrero)에 의해서 처음으로 합성되었고, 그 후 스웨덴의 알프레드 베른하르트 노벨(Alfred Bernhard Nobel)에 의해 연구·개발되었다. 1866년 노벨은 나이트로글리세린을 규조토에 흡수시키면 충격에 대하여 비교적 안전하면서도 폭발력은 그대로 유지된다는 사실을 발견했다. 이것이 바로 다이너마이트의 발명이다. 나이트로글리세린은 증기를 흡입하면 혈관이 확장되는 작용을 이용하여 혈관확장제, 협심증의 치료 등 의료용으로도 쓰인다.

나이트로글리세린의 구조

아스피린

아스피린(aspirin)은 원래 상표의 이름이다. 아스피린은 하얀 결정체(crystal, 크리스탈)의 화합물이다. 크리스탈에는 여러 의미가 들어 있다. 크리스탈이라는 용어는 중세의 영어 크리스탈(cristal)에서 왔고, 이것은 옛 프랑스어에서 왔으며, 이것은 라틴어 크리스탈룸(crystallum)에서 왔다. 이것은 그리스어 크루스탈로스(krustallos)에서 왔다. 크루스탈로스는 얼음, 결정체라는 의미이다. 얼음이 결정체의 대표적인 예이다.

결정체는 원자, 이온 또는 분자의 반복적인 3차원의 패턴에 의하여 형성된 동질적인 고체를 말한다. 크리스탈에는 그러한 패턴을 가진 단위 세포라는 의미도 들어 있다. 이것이 눈으로서의 수정체이다. 크리스탈에는 투명한 형태를 가진 광물질이라는 의미도 들어 있다. 이것이 광물질로서의 수정이다. 크리스탈에는 깨끗하고 무색의 안경이라는 의미도 들어 있다. 이것이 안경으로서의 렌즈이다.

크리스탈을 수정이라고 번역하면 안 된다. 광물질로서의 수정을 의미할 때에만 수정이라고 번역하여야 한다. 눈에 있는 수정체도 적절한 번역이 아니다. 눈의 수정체의 성분과 광물질로서의 수정의 성분은 다르다. 다만 구조가 비슷할 뿐이다. 크리스탈의 올바른 번역은 결정 또는 결정체이다. 눈의 수정체는 결정체적 구조를 가진다. 그래서 크리스탈이라는 용어를 사용하는 것이다. 눈의 수정체는 결정체적 구조를 가진 렌즈이다. 눈의 렌즈는 수정과는 관련이 없다. 어린시절 눈에 수정체가 있다는 사실을 알고 놀란 적이 있다. 그리고 눈의 수정체와 광물질로서의 수정이 어떠한 관계에 있는지 궁금해한 적이 있었다. 이 의문은 오랜 시간 동안 해결되지 않았다. 사실 아무런 관계도 없는 것이다. 용어가 그렇게 만들었을 뿐이다.

아스피린은 분자식이 $CH_3COOC_6H_4COOH$이다. 분자식에 나와 있는 원소들과 그 개수 그리고 이들 원소들의 결합관계가 물질의 특성을 결정한다. 아스피린의 분자식에는 카복시기(카복실기라고도 한다. - COOH)가 포함되어 있다. 알코올의 분자식에는 수산기(-OH)가 포함되어 있다. 알코올의 특징은 수산기를 포함하고 있다는 것이다. 아스피린은 살리실산으로부터 추출한다. 아스피린은 아세틸살리실산(acetylsalicylic acid, ASA)이라고도 부른다. 살리실산은 방향족 옥시카복실산의 하나이다. 카복실산은 카복시기를 가진 산이다. 아스피린은 사람에게 매우 중요한 물질이다.

살리실산은 일부 식물에서도 발견되는 신맛이 나는 물질이다. 살리실산이 아스피린의 재료이다. 신맛이 나는 물질을 산이라고 한다. 인슐린은 동물에서 얻는다. 아스피린은 식물에서 얻는다. 페니실린은 곰팡이에서 얻는다. 사람에게 필요한 물질을 얻기 위하여 사람은 동물, 식물, 곰팡이 등을 활용한다. 동물, 식물, 곰팡이들은 물질을 만든다. 포도당, 탄수화물, 단백질, 지질, 비타민, 무기질도 동물과 식물에서 얻는다. 이것이 음식이다. 산소는 공기 중에서 얻는다. 사람의 몸도 물질을 만든다.

아스피린은 통증을 없애고, 열과 염증을 줄인다. 아스피린은 항혈소판제로 사용된다. 항혈소판제는 혈소판에 대항하는 물질을 말한다. 혈소판은 혈액을 응고시키는 기능을 한다. 항혈소판제로서의 아스피린은 혈액의 응고를 방지하는 기능을 한다. 혈소판과 아스피린은 반대의 기능을 하는 것이다. 혈액이 응고되지 않으면 출혈이 있게 된다. 출혈은 피가 몸밖으로 나올 수도 있고, 몸 내부에서 발생할 수도 있다. 혈소판이 부족하여 피가 응고되지 않으면 혈소판을 투여하여야 한다.

피 덩어리를 혈전이라고 한다. 혈전은 피가 응고된 것이다. 혈전의 형성에 작용하는 것이 혈액 속에 있는 혈소판이다. 병원에 가면 혈소판에 관한 말을 많이 한다. 혈소판의 수치를 검사하기도 한다. 어떤 때에는 혈소판이 적어 문제가 되고 다른 때에는 혈소판이 많아 문제가 된다. 피가 응고되는 것을 막으려면 아스피린을 투여하여야 한다. 동맥경화증이 있으면 아스피린의 투여가 필요하다. 이렇게 해서 동맥경화증과 아스피린이 연결된다.

아스피린이 항혈소판제로서 작용하는 것은 트롬복산의 생산을 억제하기 때문이다. 트롬복산(thromboxane, 발음은 쓰람복산 또는 트롬복산이다. 발음에 산이 들어간 것이지 산이라는 의미가 아니다)은 혈소판에 함유되어 있는 혈액 응고에 관계되는 물질이다. 쓰람버(thrombo)가 바로 덩어리라는 의미이다. 혈전의 그 덩어리 말이다. 혈전은 사람의 건강과 생명을 위험에 빠뜨린다.

트롬복산은 정상적인 환경 아래에서는 손상된 혈관의 벽 위에 패치(patch, 때우는 조각)를 만들기 위하여 혈소판 분자들을 서로 결합시킨다. 혈소판 조각은 너무 커지면 부분적으로 피의 흐름을 막을 수 있기 때문에 심근경색, 심장마비, 혈전(blood clot)의 형성을 막기 위하여 아스피린이 작은 분량으로 장기적으로 사용된다. 클라트(clot)는 혈액이나 크림이 엉기어 응고된 것을 말한다. 혈전은 뇌에서도 생긴다. 뇌에서 생긴 혈전을 뇌혈전이라고 한다.

심근경색이 있은 후에 또 다른 심근경색의 위험을 줄이기 위하여 또는 심장조직이 죽는 것을 막기 위하여 즉시 작은 양의 아스피린이 투여된다. 아스피린은 또한 직장암과 같은 특정의 암을 방지하는 데 효과적이다. 입으로 아스피린을 먹었을 때(입으로 먹는 것을 경구용이라고 한다. 이것은 주사에 대비되는 것이다) 나타나는 부작용은 위궤양, 위장출혈, 귀울림(귀울림을 이명이라고도 한다) 등이다. 특히 많은 양을 먹으면 그렇다. 어린이들과 청소년의 경우 라이 증후군(Reye's syndrome, 라이 신드롬, 신드롬은 증후군이라고 번역하기도 하고 증상이라고 번역하기도 한다)의 위험 때문에 플루(flu, 인플루엔자를 줄인 말이다. 독감이라고 번역한다)와 같은 증상, 수두 또는 다른 바이러스성 질병을 통제하기 위하여 아스피린이 더 이상 처방되지 않는다.

라이 증후군은 소아에게 있는 뇌 등의 장애를 말한다. 바이러스성 질병을 치료하기 위하여 먹은 아스피린과 라이 증후군의 진행 사이에 관련성이 있다고 주장된다. 라이 증후군은 호주의 병리학자인 랄프 더글라스 케네쓰 라이(Ralph Douglas Kenneth Reye)의 이름을 본뜬 것이다. 그는 1963년 이 증후군에 관한 최초의 연구를 공표하였다. 이 증후군이 처음으로 보고된 것은 1929년이었다. 1964년에 조지 존슨(George Johnson)은 인플루엔자 B(이것은 인플루엔자의 하나의 유형이다)의 발생에 관한 조사를 공표하였다. 이 조사는 신경적인 문제를 가진 16명의 어린이들에 관하여 설명하고 있다. 이 중에서 4명이 라이 증후군과 비슷하였다.

통증을 없애는 것을 진통제라고 한다. 아스피린은 진통제의 기능을 한다. 열을 줄이는 것을 해열제라고 한다. 아스피린은 해열제의 기능도 한다. 염증을 없애는 것을 소염제 또는 항염증제라고 한다. 아스피린은 소염제 또는 항염증제의 기능을 한다. 아스피린이 수행하는 기능이 매우 다양하다. 그래서 아스피린이 광범위하게 사용되어 왔던 것이다.

아스피린은 스테로이드계가 아니다. 아스피린은 비스테로이드성 항염증제(nonsteroidal anti-inflammatory drugs, NSAIDs)라고 불리는 치료제 그룹의 하나이다. 하지만 아스피린은 작용기제에 있어서 다른 비스테로이드성 항염증제와 다르다.

1763년 영국의 에드워드 스톤(Edward Stone)에 의하여 버드나무 껍질로부터 아스피린의 활성성분이 처음으로 발견되었다. 에드워드 스톤은 아스피린의 활성성분인 살리산을 발견하였다. 1897년 독일의 회사인 바에엘(Bayer)사의 화학자이었던 펠릭스 호프만(Felix Hoffmann)은 최초로 아스피린을 분리하였다. 사람은 아스피린을 음식을 통하여 얻기도 하지만 내부적으로 합성하기도 한다.

이제 대한민국약전을 통하여 아스피린의 구조를 알아 보자. 아스피린을 함유한 아스피린 정(aspirin tablets, 태블릿은 정제 또는 명판이라는 의미이다)은 여러가지가 있다. 아세틸살리실산 정도

아스피린알루미늄(aspirin aluminium)

있고 아스피린알루미늄, 아세틸살리실산알루미늄도 있다. 여기서 Al은 알루미늄을 의미한다.

<심폐소생술의 방법>

	자료: 교통사고조사규칙
의식확인	성인: 양쪽 어깨를 가볍게 두드리며 "괜찮으세요?"라고 말한 후 반응 확인 영아: 한쪽 발바닥을 가볍게 두드리며 반응 확인
기도열기 및 호흡확인	머리 젖히고 턱 들어올리기, 5-10초 동안 보고-듣고-느낌
인공호흡	가슴이 충분히 올라올 정도로 2회(1회당 1초간) 실시
가슴압박 및 인공호흡 반복	30회 가슴압박과 2회 인공호흡 반복(30:2) **인공호흡방법** 1. 기도열기를 한 상태에서 이마에 얹은 손의 엄지와 검지로 코를 막는다. 2. 환자의 입을 완전히 덮은 다음 1초 동안 가슴이 충분히 올라올 정도로 불어 넣는다. 3. 코를 막았던 손과 입을 떼었다가 다시 불어 넣는다. 4. 영아: 기도열기를 한 상태에서 입과 코를 한꺼번에 덮은 다음 1초 동안 가슴이 충분히 올라올 정도로 불어 넣는다.

	가슴압박 방법
	1. 가슴중앙(양쪽 젖꼭지 사이)에 두 손을 올려놓는다.
	2. 영아: 가슴중앙(양쪽 젖꼭지 사이)의 직하부에 두 손가락으로 실시한다.
	3. 팔을 곧게 펴서 바닥과 수직이 되도록 한다.
	4. 4-5cm 깊이로 체중을 이용하여 압박과 이완을 반복한다.
	5. 영아: 가슴두께의 1/3-1/2 깊이로 압박과 이완을 반복한다.
	6. 분당 100회 속도로 강하고 빠르게 압박한다.

<구급 장비기준>

응급처치 목적	장 비 명	기본사양
기도확보	기도유지장비	세트로 구성되고 휴대가능한 것이어야 한다. 구인두기도기 비인두기도기 후두마스크(1급용, 2급용 구분) 후두마스크는 후두경을 사용하지 않고 비침습적으로 환자의 기도를 확보 유지할 수 있어야 한다.
기도확보 및 호흡유지	백밸브마스크	영아용·소아용 및 성인용을 1세트로 한다. pop-off밸브가 있는 것으로 on-off가 가능한 것이어야 한다. 산소저장백이 부착되어 탈착이 용이해야 한다.
	포켓마스크	휴대가 간편하고 산소라인을 연결할 수 있는 것이어야 한다. 후천성면역결핍증·간염 및 기타 감염의 위험으로부터 처치자를 보호할 수 있는 것이어야 한다.
	자동식 산소소생기	압축산소를 동력원으로 하며, 환자의 흡입노력 또는 응급요원의 반복적 활

		동과 관계없이 폐 팽창의 주기적 흐름이 이루어지는 것이어야 한다. 압력주기(pressure-cycled)방식이 아니어야 한다. 1회 환기량, 분당 호흡횟수, 흡배기 비율은 KSP ISO 8382 및 미국심장학회(AHA)의 최신기준을 충족하여야 한다 (공인기관의 시험검사 성적서 제출). 유량조절이 가능한 흡입기능이 있어야 하며 자동 또는 수동으로 작동되는 흡인기를 포함하여야 한다. 예비용 산소용기를 두어야 한다.
	충전식 흡인기	충전식 밧데리를 이용하고 휴대가 간편하여야 한다.
심장박동 회복	자동제세동기	심정지 리듬을 자동으로 판독하고 분석버튼과 쇽버튼은 수동으로 누르는 것이어야 한다. 심장리듬을 확인할 수 있는 모니터가 있어야 한다. 프린터가 내장되어 있어야 한다. 혈중산소포화도·혈압·맥박, 12리드 EKG를 추가사항으로 선택할 수 있어야 한다.
정상혈압 및 맥박유지	지혈대 산소포화도 측정기	소아용·성인용 및 대퇴용(大腿用)을 1세트로 한다. 맥박, 산소포화도 모니터 및 경보기능이 있어야 하며, 충전지는 내장형이어야 한다. 센서는 소아형, 성인형을 동시에 구비하여야 한다.
중추신경계 보호	경추보호대	유아·소아·성인용(또는 혼합형)을 1세트로 한다.
	머리고정대	X선 투시가 가능한 재질이어야 한다. 소아·성인용을 1세트로 한다.
	긴 척추고정판	X선 투시가 가능한 재질이어야 한다. 소아용 및 성인용을 1세트로 한다.
	구출고정장치	나무 또는 플라스틱 재질이어야 한다. 본체·머리띠·허리띠 및 패드를 1세트로 한다.

		패드부목 적당한 연성(軟性)과 경성(硬性)이 있어야 한다. 철사 또는 알루미늄 부목 쉽게 부식되지 않는 재질이어야 한다. 대·중·소를 1세트로 한다.
	부목	
의약품	니트로글리세린 (경구용)	설하투여용으로 플라스틱 용기에 보관하여야 한다. 1병에는 50알을 보관한다.
	흡입용 기관지 확장제	분무식 또는 흡입식이어야 한다.
	포도당(수액공급용)	주사약은 5%DW(500cc, 1000cc), 50%DW(100cc)로 하여야 한다.
	생리식염수 (수액공급용)	500cc, 1000cc로 한다. 반드시 비닐팩 포장을 하여야 한다.
	리도카인 (부정맥치료제)	성인기준 2회사용 가능한 약제와 3mL 주사기를 별도 포함한다.
	아트로핀 (부교감신경차단용)	성인기준 2회사용 가능한 약제와 3mL 주사기를 별도 포함한다.
1급응급 구조사만 사용가능	비마약성진통제 (진통용)	성인기준 2회사용 가능한 약제와 3mL 주사기를 별도 포함한다.
	항히스타민제 (항알러지용)	성인기준 2회사용 가능한 약제와 3mL 주사기를 별도 포함한다.
	정맥주사세트	정맥주사용 일회용 장비로써 수액세트, 토니켓(고무밴드), 반창고, 정맥주사용 특수바늘, 소독용 알콜솜, 부직형 반창고를 포함하여야 한다. 모든 의약품은 유효기간을 준수하여야 한다.

음악의 빠르기와 심장

음악과 심장은 계속하여 관련을 맺는다. 그러면 음악가는 심장의 전문가일까? 명칭과 그 의미에 관한 한 그렇다. 음악에서 빠르기를 템포라고 한다. 음악작품은 빠른 곡일 수도 있고 그렇지 않은 곡일 수도 있다. 템포를 표시하는 말 중에 안단테가 있다. 안단테는 소나타나 교향곡의 느린 악장을 의미하기도 한다. 그런데 심장의 박동, 즉 맥박 또한 빠르기를 가진다. 맥박의 빠르기는 사람에게 매우 중요한 건강사항이다. 심장의 맥박이 1분에 60회 뛰는 것과 1분에 100회 뛰는 것은 빠르기에 있어서 차이가 있다. 1분에 100회 뛰는 것이 1분에 60회 뛰는 것보다 맥박이 더 빠르게 뛰는 것이다. 사람이 운동을 하면 맥박이 빨라진다.

음악의 템포를 나타내는 안단테는 걷는 페이스로라는 의미이다. 안단테는 사람이 걷는 속도에서의 심장박동의 수를 의미한다. 걷는 속도에서의 심장의 박동은 84~90회이다. 안단테는 이탈리아어 안단테(andante)에서 왔다. 안단테는 '걷는 것'이라는 의미이다. 이탈리아어 안다레(andare)는 '걷다'라는 의미이다. 음악의 템포를 심장박동의 빠르기와 관련시키고 있다. 음악에서는 걷는 속도를 빠르다고 보지 않는다. 걷는 속도는 아주 느린 것은 아니지만 모데라토, 즉 온건하게 가는 속도보다는 느린 것이다. 사람은 몸을 움직이지 않으면 속도가 없다. 사람은 많은 시간을 걷는 정도의 속도도 내지 않으면서 살아간다. 사람이 걷는다는 것은 몸의 속도로서는 속도가 빠른 것이다. 그런데 음악에서는 그렇게 이해하지 않는다. 이것이 의미하는 것은 음악의 템포는 사람의 심장의 빠르기보다 더 빠른 것을 보통의 속도로 생각한다는 것이다.

음악을 하는 사람들의 속도개념은 사람의 심장의 빠르기를 벗어나 있다. 음악을 하는 사람들은 이러한 속도에 익숙해 있다. 성격은 마음의 모습이다. 사람의 성격을 구분하는 기준 중에 성격의 속도가 있다. 성격의 속도를 기준으로 사람의 성격을 구분하면 느린 성격, 느긋한 성격과 급한 성격이 있게 된다. 성격은 자신이 익숙한 환경을 따라가는 경향이 있다. 이것이 성격과 환경과의 관계이다. 혹시 음악을 하는 사람들의 성격은 빠르지 않을까?

"Let's move."

평상시의 사람의 심장의 박동은 60~80회이다. 이것은 걷는 속도에서의 심장박동의 수보다 많게는 30회가 적은 것이다. 평상시의 심장박동의 수는 안단티노보다 조금 느리다. 안단티노는 안단테보다 조금 더 느리게 하라는 의미이다. 사람의 심장의 박동은 심근의 수축에 의하여 생긴다. 심근이 수축하지 않으면 박동이 멈춘다. 심근의 이완은 수축된 후의 정지기에 해당한다. 사람이 움직이고 운동해야 하는 이유는 이것을 통하여 심근이 왕성한 수축력을 훈련받을 수 있기 때문이다. 심근이 수축력을 훈련받지 못하면 심근의 기능, 즉 수축력, 적응력, 조절력이 떨어진다. 움직임이 적고 운동하지 않던 사람이 어느 날 갑자기 과격한 운동을 하면 심근이 그것을 감당할 수 없다.

사람의 심근은 때로는 움직임과 운동을 통하여 빠르게 해 주어야 한다. 노련한 경험을 가진 사람들이 '사람은 움직이지 않으면 죽는다'라고 말할 때 그 의미는 바로 이런 것이다. 사람의 몸 안에는 혈액을 포함하여 많은 액체가 들어 있다. 이 액체들은 몸이 흔들리지 않으면 고여 있게 된다. 병에 물이 들어 있을 때 병을 흔들어 주지 않으면 물이 정지된 상태로 있게 된다. 물이 정지되어 있으면 물은 부패하게 된다. 사람의 몸은 몸 안의 액체에게는 병과 같은 것이다. 몸을 움직이고 흔들어 줄 때 몸 안의 액체는 출렁이게 된다.

병에 콩이 들어 있을 때 병을 흔들어 주면 콩은 요란한 소리를 내면서 병의 위와 아래 그리고 오른쪽과 왼쪽으로 왕성하게 움직인다. 요란한 소리는 콩이 병의 벽에 부딪치는 소리이다. 이 소리는 사람에게는 생명의 소리이다. 병을 움직이고 흔들어 주지 않으면 안에 들어 있는 물과 콩은 정지된 상태로 있게 된다. 오랫동안 누워 있거나 장기간 입원하고 있는 환자들은 움직임과 운동이 부족하기 때문에 일이 생기게 된다. 사람의 몸을 다시 음악과 관련시키면 사람의 몸은 라르고, 아다지오와 비바체, 프레스토를 반복해야 한다.

메트로놈은 같은 간격의 시간을 알릴 수 있는 도구이다. 1분 동안 40~208개의 음을 낼 수 있다. 메트로놈에는 시간의 간격을 조절할 수 있는 눈금이 설치되어 있다. 메트로놈은 음악의 곡의 속도를 측정하고 조절하는 데 사용된다. 메트로놈은 속도조절이 필요한 다른 분야에서도 사용된다.

<음악의 빠르기(템포)>

템포 1분당 비트(Beats per Minute, BPM) 템포는 속도, 빠르기라는 의미	
그라베	Grave 느리고 엄숙한(20-40 BPM).
렌토	Lento 느리게(40-45 BPM).
라르고	Largo 브로들리(broadly)(45-50 BPM).
라르게토	Larghetto 더 브로들리 하게(50-55 BPM).
아다지오	Adagio 느리고 편하게(55-65 BPM). 사람의 심장의 박동(맥박이라고도 한다)은 60회-80회이다.
안단티노	Andantino 안단테보다 조금 더 느리게(78-83 BPM).
안단테	Andante 걷는 페이스로(84-90 BPM). 안단테는 걷는 속도에서의 심장의 박동이다. 걷는 속도에서의 심장의 박동은 84회-90회이다. 안단테는 이탈

	리아어 안단테(andante)에서 왔다. 안단테는 걷는 것이라는 의미이다. 이탈리아어 안다레(andare)는 걷다라는 의미이다.
안단테 모데라토	Andante moderato 온건하게(90-100 BPM). 안단테와 모데라토 사이.
모데라토	Moderato 온건하게(100-112 BPM).
알레그로	Allegro 빠르게(120-160 BPM).
비바체	Vivace 발랄하고 빠르게(132-140 BPM).
비바치시모	Vivacissimo 매우 빠르고 발랄하게(140-150 BPM).
알레그리시모 또는 알레그로 비바체	Allegrissimo Allegro Vivace 매우 빠르게(168-177 BPM)
프레스토	Presto 극단적으로 빠르게(180-200 BPM)
프레스티시모	Prestissimo 프레시토보더 더 빠르게(200 BPM and over)
템포의 변화	
리타르단도	Ritardando 점차적으로 느리게
악셀레란도	Accelerando 점차적으로 가속하여
아 템포	A tempo 시작부터 같은 속도로
템포 코모도	편안한 속도로

정 맥 류

정맥류(varicose vein, 배리코스 베인)가 뭘까? 베인(vein)은 정맥이라는 의미이다. 배리코스(varicose)는 비정상적으로 부풀어 오르거나 확장되어 있는이라는 의미이다. 정맥류는 정맥이 그렇게 되어 있는 것을 말한다. 정맥류(靜脈瘤)의 류(瘤, '혹 류'이다. 질병에 붙는 한자는 특이한 것들이 매우 많다)는 '혹'이라는 의미이다. 여러 번 사람들에게 물어 보았다. 정맥류가 무엇인지 말이다. 정맥류에 관하여 대답을 하는 사람은 거의 없었다. 정맥류라는 말을 듣고 마음 속에 떠오르는 의미가 없었던 것이다. '류'가 혹을 뜻한다는 것을 아는 사람도 거의 없었다. 정맥의 혹이라는 것도 정확한 표현이 아니다. 이러한 용어를 가지고 사람에게 가장 중요한 건강과 생명의 문제를 다루고 있는 것이다.

배리코스는 매우 광범위하게 사용되는 용어이다. 배리코스는 비단 정맥에만 사용되는 것이 아니다. 배리코스는 라틴어 바리코수스(varicōsus)에서 왔다. 바리코수스는 바릭스(varix)에서 왔다. 바릭스는 부풀어 오른 정맥이라는 의미이다. 바릭스는 지금 영어에서 그대로 사용하고 있다. 정맥류가 들어가는 병은 매우 많다. 위정맥류, 식도정맥류, 창자정맥류, 음낭정맥류, 골반정맥류, 방광정맥류, 직장정맥류 등등.

특정부위의 확장은 정맥에만 발생하는 것이 아니다. 동맥에도 발생한다. 원리는 같다. 정맥류로 인하여 출혈이 발생할 수도 있다. 정맥의 출혈도 위험한 것은 마찬가지이다. 정맥류도 신체 곳곳에서 발생한다. 하지정맥류, 항문에서는 생기는 치핵도 정맥류이다. 치핵은 대장 중 직장의 정맥이 늘어져서 항문 주위에 혹과 같이 된 것이다. 치핵의 정의가 정맥류의 정의와 완전히 같다. 늘어져서라는 것은 확장되었다는 것을 의미한다. 혹은 확장되어 부풀어 오른 것을 의미한다. 치핵은 치질의 하나이다. 치질은 항문 안팎에 생기는 외과적 질병을 말한다. 치질의 범위는 치핵보다 넓다. 항문 열창도 치질에 속한다. 동맥에도 류가 생긴다. 이것을 동맥류라고 한다. 동맥류는 동맥의 벽이 약화되거나 동맥 안쪽의 압력이 증가하여 동맥의 일부가 팽창하는 것을 말한다.

　원래 질병의 증상이 생기는 원인은 하나가 아니다. 하나의 질병의 원인은 서로 다른 성격의 원인들에 의하여 발생하기도 한다. 이들 여러 원인들이 복합적으로 작용하여 질병이 발생하기도 한다. 어느 날 머리가 매우 아팠다. 그 이유는 무엇일까? 머리를 아프게 만든 원인은 그야말로 매우 많다. 심지어 정신적인 원인으로 인하여 머리가 아프기도 한다. 그 원인들이 너무 많기 때문에 진단용기구 또는 진단용장치를 이용하여 검사를 해야 한다.

관상동맥경화증

　음식섭취와 일 그리고 운동이 몸 안의 물질의 수준을 조절하는 데 실패하면(이것이 바로 병이다) 약을 투여하게 된다. 세균이나 바이러스에 의한 병이 없어도 물질에 의하여 병이 생기기도 한다. 이때의 약은 세균이나 바이러스와 싸우는 약과는 차이가 있다. 물질의 수준을 조절하기 위하여 투여하는 약은 물질의 양 자체를 조절하기 위한 것이다. 관상동맥경화증(coronary sclerosis) 또한 물질이 과도할 때 생긴다. 스클레로시스(sclerosis)는 경화증이라는 의미이다. 스클레로(sclero-)는 '굳은, 딱딱한'이라는 의미이다. 경화증은 섬유성 결합 조직의 증식으로 인하여 몸의 조직이나 기관이 비정상적으로 단단하게 변화되는 것을 말한다.

　관상동맥경화증은 경화증 중의 하나이다. 관상동맥경화증은 관상동맥(冠狀動脈)에 나타난 경화증이다. 관상동맥은 심장에 혈액을 공급하는 혈관이다. 뇌동맥은 뇌에 있는 동맥이다. 관상동맥경화증은 심장의 관상동맥이 좁아지거나 막혀 생기는 심장질병이다.

관상동맥은 왕관 모양의 동맥이라는 의미이다. 관상동맥은 심방과 심실을 왕관 모양(이것을 관상으로 번역한 것이다)으로 둘러싸고 있다. 이것이 관상동맥이라는 이름을 붙이게 된 이유이다. 관상동맥을 흐르는 혈액량은 대동맥에서 내보내는 혈액의 약 5% 정도이다. 관상동맥에 의한 혈액공급(혈액 속에 산소가 들어 있다)과 심근산소수요(심근이 필요로 하는 산소의 양이다)의 불균형은 협심증을 발생시킬 수도 있다. 혈전에 의한 관상동맥 분포부위의 괴사는 심근경색으로 이어진다. 관상동맥의 이상은 부정맥으로 이어질 수도 있다.

이러한 것들은 관상동맥경화증이 생겨 심장에 산소와 영양소를 공급하기 어려워진 결과 발생한 대사의 이상을 반영한 것이다. 심부전(heart failure, 하트 페일리어)이 발생할 수도 있다. 심부전의 부전은 페일리어를 번역한 것이다. 다른 부위에 사용되는 부전이라는 용어도 페일리어를 번역한 것이다. 페일리어는 실패라는 의미이다. 심부전은 심장의 기능 저하로 신체에 혈액을 제대로 공급하지 못해서 생기는 질병을 말한다. 이러한 의미에 따르면 심부전의 포함범위가 넓어질 수도 있다.

죽상(粥狀) 동맥경화라는 것이 있다. 죽상 동맥경화는 동맥의 경화가 죽상이라는 것이다. 죽상괴사(粥狀壞死)도 있다. 죽상의 죽(粥)은 푹 끓여 체에 걸러 낸 음식인 죽 또는 허약하다라는 의미이다. 우리가 죽이라고 할 때 그것은 한자 죽(粥)을 말하는 것이다. 죽상(粥狀) 경화증(atherosclerosis, 아테로스클레로시스)의 아테로(athero)는 아테로마(atheroma, 아테롬이라고도 한다)를 의미한다. 아테로마를 죽종이라고도 한다. 아테로마는 작은 혹과 같은 것을 말한다. 죽상 동맥경화증은 동맥의 혈관의 안쪽에 세포의 증식이 일어나 혈관이 좁아지거나 막히게 되는 것을 말한다. 세포의 증식으로 생긴 혹 같은 것이 아테로마, 즉 죽종이다. 이 혹 같은 모양을 죽상이라고 한다. 죽상은 모양, 형태에 중점을 둔 용어이다. 죽상동맥은 관상동맥과 달리 동맥의 종류가 아니다.

동맥의 혈관의 안쪽에 세포의 증식이 일어나는 이유는 콜레스테롤 (cholesterol) 같은 것이 달라붙기 때문이다. 동맥이 좁아지거나 막히는 원인은 동맥, 즉 혈관(혈액이 아니다)에 물질이 적절한 수준을 넘어 존재하기 때문이다. 그 물질 중의 하나가 바로 콜레스테롤이다. 콜레스테롤은 스테로이드 화합물이다. 콜레스테롤의 스테롤(sterol)은 스테로이드계 알코올을 의미한다. 올(-ol)이 단어의 끝에 붙으면 알코올이라는 의미이다. 스테롤의 대표적인 것이 바로 콜레스테롤이다. 스테롤은 스테린이라고도 한다.

콜레스테롤은 동물에서만 볼 수 있고, 특히 뇌나 신경조직에 많이 들어 있다. 콜레스테롤에 관하여 자세한 내용은 알려져 있지 않다. 특히 작용기제에 관하여 그렇다. 관상동맥경화증은 관상동맥의 벽(혈관의 벽)에 콜레스테롤과 혈소판 등이 쌓여 관상동맥이 좁아지거나 막혀서 생긴다. 혈소판은 사람에게 서로 다른 기능을 수행한다. 출혈이 있을 때 혈액을 응고시키기도 하지만 양이 너무 많으면 혈관의 기능에 손상을 가하기도 한다.

당뇨병도 물질의 수준이 많아서 생긴다. 당뇨병은 혈관이 아니라 혈액에 포도당이 많아서 생긴다. 당뇨병과 동맥경화증은 내용은 다르지만 이치는 같다. 물질의 양이 많은 것이다. 혈관은 혈액이 흐르는 통로이다. 혈액은 여기저기 돌아다니지만(이것을 혈액순환이라고 한다) 혈관은 특정한 장소에 고정되어 있다. 그래서 혈관의 벽에 쌓인 콜레스테롤은 배출이 안 된다. 이제 동맥을 넓혀주는 수밖에 없다. 다시 말하면 혈액이 제대로 흐를 수 있게 혈액의 통로를 넓혀주는 것이다.

관상동맥에 이상이 있으면 심장에 혈액이 제대로 공급되지 않는다. 그러면 심장은 사람의 몸의 조직과 기관들에 혈액을 공급할 수 없다. 관상동맥의 이상은 심장의 혈액공급 기능에 결정적인 타격을 가한다. 심장의 혈액공급 기능에 타격을 가하는 원인들은 다양하다. 선천성 심장병은 태아가 태어나면서 가지고 있는 심장병이다. 선천성 심장병 중의 하나는 심장의 형태와 구조가 정상인과 다르게 되어 있는 경우이다. 이러한 경우 심장의 혈액공급 기능은 심각하게 손상된다.

심장은 혈압에 의하여 혈액을 공급한다. 혈압에 이상이 있으면 혈액 공급 기능은 심각하게 손상된다. 혈압이 낮을 때, 즉 저혈압은 사람의 몸의 조직과 기관들에 혈액을 공급할 수 없게 만든다. 왜냐하면 심장에서 펌프질하는 힘이 약하기 때문이다. 그러면 혈액을 공급받지 못한 몸의 조직과 기관들은 심하게 손상된다. 혈액공급이 제대로 되지 않으면 심지어 부패할 수도 있다. 이러한 현상은 심장에서 먼 곳부터, 즉 발 끝부터 나타나기도 한다.

카테터란 무엇인가

심장과 혈관에 대한 치료가 어떻게 이루어지는지에 관하여 한 번 알아 보자. 일단 용어들에 관하여 정리가 필요하다. 이들 용어들은 가족들이 아플 때 또는 주변에서 하는 말들을 통하여 들어본 것들이기도 하다. 경피는 '피부를 통하는'이라는 의미이다. 몸의 내부의 기관이나 조직에 접근하는 방법 중에는 기관이나 조직을 열어 보는 방법도 있지만 피부의 바늘구멍(이 구멍을 천자라고 한다)을 통하는 방법도 있다. 천자라는 말을 이해하는 가장 빠른 방법은 천공이라는 말을 떠올리면 된다. 천공은 구멍을 뚫는 것을 말한다. 구멍을 뚫는 기계를 천공기계라고 한다. 사람 몸에도 진단과 치료를 위하여 구멍을 뚫어야 할 때가 있다.

경피는 도관(catheter: 카테터)과 관련되어 있다. 도관은 튜브 또는 파이프를 생각하면 된다. 대신에 사람 몸에 들어가는 도관은 작은 것이어야 한다. 그리고 섬세한 것이어야 한다. 도관을 설치하려면 일단 혈관에 철선을 집어 넣어야 한다. 이 철선을 따라 도관이 설치된다. 이 철선을 와이어(wire)라고 한다. 폐색은 닫아서 막는 것을 말한다. 트랜스카테터 (Transcatheter)는 '카테터를 경유하는'이라는 의미이다. 트랜스(trans-)는 '경유하는'이라는 의미이다. 경피적 대동맥판 삽입술은 피부를 통하여 대동맥판을 삽입 또는 이식하는 것을 말한다. 심장에는 대동맥판이 있다. 대동맥판은 좌심실과 대동맥 사이에 있는 판이다. 판은 밸브(valve)를 번역한 것이다. 튜브 또는 파이프가 있으니 밸브가 있는 것은 당연하다. 이 판은 좌심실로부터 대동맥으로 흐르는 혈액의 역류를 방지하는 기능을 한다.

밸브라는 것이 원래 이러한 기능을 하는 것이다. 집에서 가스를 쓰고 나면 밸브를 닫아야 한다. 가스가 새는 것을 방지하기 위해서이다. 대동맥판 삽입술에 사용하는 밸브는 인공적으로 만든 것이다. 와이어는 철선, 철사라는 의미이다. 와이어는 철을 포함하여 금속으로 만든 실 모양의 줄이라는 의미이다. 이러한 줄을 의학적 삽입 또는 이식에 사용하고 있다. 이 와이어들이 모여서 두껍고 강한 다발이 되면 케이블(cable)이라고 한다. 케이블은 전력선과 통신선에 이용한다. 사람의 몸에 들어가는 철사는 가늘어야 한다. 석회는 칼슘과 관련된 것이다. 석회에는 생석회 (산화칼슘)와 이것이 물과 화합한 소석회(수산화칼슘)가 있다. 석회수치 측정은 칼슘을 측정하는 것이다.

T파는 심전도상에 나타나는 파동의 일종이다. T파는 완만하고 작은 파동이다. T파는 심실근의 재분극에 의하여 생긴다. 세동은 미세한 움직임 또는 떨림이라는 의미이다. 심방세동은 심방이 불규칙하고 미세하게 떨리는 것을 말한다. 심방조동은 심장세동보다는 덜 빠르게 떨리는 것을 말한다. 이로 인하여 부정맥이 발생한다. 심장의 떨림을 표현하는 말 중에 스릴이라는 것도 있다. 스릴이라는 말은 일상생활에서 많이 사용하는 말이다. 사람에게 있어서 스릴은 행동의 추진력을 제공하기도 한다. 하

지만 심장의 스릴은 위험한 것이다. 엑토미(-ectomy)는 제거, 절제, 적출 이라는 의미이다. 쓰람벡토미는 혈전제거라는 의미이다. 스텐트(stent)는 혈관을 열리게 하기 위하여 혈관에 집어 넣는 도관을 말한다. 이 도관은 금속성일 수도 있고 플라스틱성일 수도 있다. 스텐트는 일종의 그물망 또는 철망을 구성한다. 이것을 통하여 이전에 막힌 통로를 열어 준다.

　동맥류(aneurysm, 애뉴리즘)는 동맥의 일부가 팽창된 것을 말한다. 색전술에서는 스텐트가 오히려 동맥류 내 혈류 유입을 차단시키는 기능을 한다. 앤지오그러피(angiography)는 촬영, 조영이라는 의미이다. 조영은 비추는 것 또는 비치는 그림자라는 의미이다. 정맥류(Varicose Vein)는 정맥의 일부가 팽창된 것을 말한다. 팽창되었다는 것은 부풀어 오른 것을 말한다. 부풀어 오른 것의 모양이 혹과 같을 수도 있다. 동맥류와 정맥류의 류는 '혹 류'(瘤)이다. 신의료기술은 새로운 의료기술이라는 의미이다. 신의료기술은 현재 우리나라의 제도로서 설치되어 운영되고 있다. 이 제도는 신의료기술에 관한 인정과 지원을 위한 것이다.

<신의료기술의 안전성·유효성 평가 결과>

구　분	내　용
경피적 근성부 심실중격결손 폐쇄술 Percutaneous Closure of Muscular Ventricular Septal Defect 경피는 피부를 통하는 이라는 의미이다. 몸의 내부의 기관이나 조직에 접근하는 방법 중에는 기관이나 조직을 열	1. 사용목적 　선천성 근성부 심실중격결손 환자에게 폐색기를 이용하여 심실중격결손 부위를 폐쇄하고자 시행. 폐색기는 암플라처(Amplatzer)라고 한다. 2. 사용대상 　선천성 근성부 심실중격결손 환자 3. 시술방법 　좌심실까지 삽입한 유도관을 통해 유도철선을 설치하고 유도철선을 따라 폐색기 유도 장치(Amplatzer introduction system)를 결손부위를 지나 좌심실까지 통과시킴. 　폐색기의 정확한 위치 확인 후 좌측 디스크를 펼치고 폐색기를 심실중격에 저항하여 당긴 후 우측 디스크를

어 보는 방법도 있지만 피부의 바늘구멍(구멍을 천자라고 한다)을 통하는 방법도 있다.

경피는 도관(catheter: 카테터)과 관련되어 있다.

도관을 설치하려면 일단 혈관에 철선을 집어넣어야 한다. 이 철선을 따라 도관이 설치된다.

펼쳐 정확한 위치를 확인하고 케이블을 분리
4. 안전성·유효성 평가결과

경피적 근성부 심실중격결손 폐쇄술은 시술관련 사망률이 기존의 수술적 치료와 간접비교시 낮았고, 대부분의 합병증이 일시적으로 발생하였거나 추가 처치가 필요하지 않았으며, 기기관련 부작용의 경우 폐색기 제거로 증상이 완화되었으므로 비교적 안전한 시술이다. 경피적 근성부 심실중격결손 폐쇄술의 폐색기 이식 성공률은 70.0-100%로 보고되었고, 결손부위 완전 폐쇄율은 54.5-100%로 수술 후 시간이 흐름에 따라 폐쇄율이 증가하는 경향을 보인다.

따라서 경피적 근성부 심실중격결손 폐쇄술은 선천성 근성부 심실중격결손 환자를 대상으로 결손부위를 폐쇄하는데 있어 수술적 대안으로서 시술시 안전하고 유효한 기술이다. 다만 심실중격결손과 방실판막 또는 반월판막 사이의 공간이 폐색기를 설치하기에 적절치 않은 유입부 근성부 심실중격결손과 증상이나 폐동맥 고혈압을 동반하지 않은 크기가 작은 결손이 있는 신생아, 영아, 소아에서 결손의 크기가 시간이 경과함에 따라 감소할 것으로 예상되는 경우 적용대상에서 제외한다.
5. 참고사항

경피적 근성부 심실중격결손 폐쇄술은 15편(증례연구 8편, 증례보고 7편)의 문헌적 근거에 의해 평가된다.

경피적 좌심방이 폐색술 Percutaneous Left Atrial Appendage Occlusion

아트리얼 어펜디지 어클루전은 심방의 부속물 폐색이라는 의미이다. 폐색은 닫아서 막는 것을 말한다.

1. 사용목적

비판막성 심방세동 환자의 좌심방이로부터 기인한 혈전 및 색전으로 인한 혈전색전성 뇌졸중의 발생 예방
2. 사용대상

와파린을 사용할 수 없는 비판막성 심방세동 환자
3. 시술방법

자가 팽창성 니티놀로 이뤄진 이식형 기구를 경피적으로 삽입하여 심장 내 좌심방이를 폐색하는 시술임
4. 안전성·유효성 평가결과

경피적 좌심방이 폐색술은 기존의 와파린 사용군에 비해 이차적으로 치료가 가능한 시술관련 합병증은 높았고, 출혈성 합병증은 낮아 와파린을 사용할 수 없는 환자에게 사용시 안전한 시술로 평가한다.

허혈성 뇌졸중 예방을 목적으로 비판막성 심방세동 환자에게 처방되는 와파린 사용군에 비해 그 치료 효과

	가 유사한 정도로 나타난다. 따라서 경피적 좌심방이 폐색술은 와파린을 사용할 수 없는 비판막성 심방세동 환자에서 선택적인 치료법의 하나로 사용시 비교적 안전하고 유효한 시술로 평가한다. 5. 참고사항 　경피적 좌심방이 폐색술은 총 4편(무작위 임상시험연구 1편, 코호트연구 1편, 증례연구 1편, 증례보고 1편)의 문헌적 근거에 의해 평가된다.
건식 생화학 분석 Dry Chemistry Analysis	1. 사용목적 　총콜레스테롤, 고밀도콜레스테롤, 저밀도콜레스테롤, 중성지방, 포도당 농도의 정량적 측정 2. 사용대상 　확진이나 치료 여부 결정목적이 아닌 추적관찰목적으로 총콜레스테롤, 고밀도콜레스테롤, 저밀도콜레스테롤, 중성지방, 포도당의 추적 관찰이 필요한 대상자 3. 검사방법 　Cholestech L.D.X를 이용하여 반사광도측정법(Reflectance photometry)으로 측정하고자 하는 물질의 농도를 측정함 4. 안전성·유효성 평가결과 　건식 생화학 분석은 대상자의 혈액을 채취하여 체외에서 이루어지기 때문에 대상자에게 직접적인 위해를 가하지 않는 안전한 검사이다. 건식 생화학 분석은 총콜레스테롤, 고밀도콜레스테롤, 저밀도콜레스테롤, 중성지방, 포도당에서 모두 CLIA (Clinical Laboratory Improvement Amendments) 기준 범위(총콜레스테롤 bias ±10%, 고밀도콜레스테롤 bias ±30%, 중성지방 bias ±25%, 포도당 bias ±10%)에 포함된다. 따라서, 건식 생화학 분석은 추적 관찰이 필요한 대상자의 혈액에서 총콜레스테롤, 고밀도콜레스테롤, 저밀도콜레스테롤, 중성지방, 포도당을 측정하는데 있어 안전하고 유효한 검사라는 근거가 있다. 5 참고사항 　건식 생화학 분석(Cholestech LDX)은 총 11편(진단법 평가연구 11편)의 문헌적 근거에 의해 평가된다.
경피적 대동맥판 삽입술 Transcatheter	1. 사용목적 　대동맥판협착증 치료

Aortic Valve Implantation	2. 사용대상
트랜스카테터 (Transcatheter)는 카테터, 즉 도관을 경유하는이 라는 의미이다. 경피적 대동맥판 삽입술은 피 부를 통하여 대동맥판 을 삽입 또는 이식하는 것을 말한다. 심장에는 대동맥판이 있 다. 대동맥판은 좌심실 과 대동맥 사이에 있는 판이다. 판은 밸브를 번 역한 것이다. 이 판은 좌심실로부터 대동맥으 로 흐르는 혈액의 역류 를 방지하는 기능을 한다. 밸브라는 것이 원래 이러 한 기능을 하는 것이다. 대동맥판 삽입술에 사 용하는 밸브는 인공적 으로 만든 것이다.	증상이 있는 중증 대동맥판협착증 환자 중 수술이 불가능하거나, 수술 고위험군인 환자 3. 시술방법 　대상자 상태를 고려하여 대퇴동맥, 심첨하부, 쇄골 하동맥 또는 상행대동맥을 통해 접근. 인공 대동맥판막 삽입을 위하여 카테터를 삽입하고, 풍 선 판막 성형술을 시행하여 기존 대동맥판막을 확장 형광투시 및 심초음파 검사를 이용하여 인공 대동맥판 막을 삽입하고, 혈관조영술 및 심초음파 검사를 이용하 여 삽입된 인공 대동맥판막이 적절히 작동하는지 확인 4. 안전성·유효성 평가결과 　경피적 대동맥판 삽입술은 증상이 있는 중증 대동 맥판협착증으로 수술이 불가능한 환자에서 표준치료와 비교시, 수술적 대동맥판 치환술의 대안으로써 초기 뇌졸중 발생의 위험이 증가하는 경향이 있으나, 생존 율을 증가시키고, 환자의 증상을 개선시킬 수 있는 안 전하고 유효한 의료기술로 평가한다. 경피적 대동맥판 삽입술은 증상이 있는 중증 대동맥판 협착증으로 수술 고위험군 환자에서 수술적 대동맥판 치환술과 비교시, 초기 뇌졸중 발생의 위험이 증가하 는 경향이 있으나, 수술적 대동맥판 치환술에 비해 사 망률 감소에 있어 열등하지 않으며, 환자의 증상 개선 에 효과가 있는 안전하고 유효한 의료기술로 평가한다. 따라서 경피적 대동맥판 삽입술은 증상이 있는 중증 대동 맥판협착증 환자 중, 수술 위험도 측정 지표(STS(Society of Thoracic Surgeons) 점수 또는 logistic EuroSCORE (European System for Cardiac Operative Risk Evalua- tion) 점수)를 고려하여 흉부외과 의사와 순환기내과 의사가 동의한 '수술이 불가능한 환자' 및 '수술 고위험 군 환자'에서 생존율을 향상시키고, 증상 개선에 효과가 있는 안전하고 유효한 기술이다. 5. 참고사항 　경피적 대동맥판 삽입술은 총 18편(무작위 임상시 험 연구 2편, 비무작위 임상시험 연구 5편, 코호트 연구 10편, registry 1편)의 문헌적 근거에 의해 평가된다.
압력철선을 이용한 관 상동맥 내 압력/혈류 측	1. 사용목적 　혈관조영술상 협착정도가 중등도인 관상동맥 질환

정술 coronary pressure wire 와이어(wire)는 철선, 철사라는 의미이다. 와이어는 철을 포함하여 금속으로 만든 실 모양의 줄이라는 의미이다. 이러한 줄을 의학적 삽입 또는 이식에 사용하고 있다. 이 와이어들이 모여서 두껍고 강한 다발이 되면 케이블(cable)이라고 한다. 케이블은 전력선과 통신선에 이용한다. 사람의 몸에 들어가는 철사는 가늘어야 한다.	환자에서 심근허혈 유발여부를 판단하고 병변에 대한 적절한 중재시술 수행여부를 결정하기 위함 2. 사용대상 　관상동맥 질환 환자에서 혈관조영술상 협착정도가 허혈을 유발하는 수준인지의 여부가 불분명한 중등도 협착병변(40-70%)의 환자 3. 검사방법 　소형화된 혈압 및 혈류 속도감지기를 유도철선에 부착하여 관상동맥 내 압력/혈류 속도를 측정하여 관상동맥 협착 정도를 판단 4. 안전성·유효성 평가결과 　압력철선을 이용한 관상동맥 내 압력/혈류 측정술은 약물관련부작용은 자연치료되었고 흉통 및 심장박리 등의 시술관련 합병증이 보고가 있었으나 증상이 일시적이거나 또는 다른 시술을 요하지 않는 안전한 검사이다. 압력철선을 이용한 관상동맥 내 압력/혈류 측정술에 따라 경피적 관상동맥 중재술을 수행한 군이 관상동맥 조영술에 따라 경피적 관상동맥 중재술 수행여부를 결정한 군보다 생존율이 높고, 주요심장사건 발생률이 낮았다. 또한 중재술을 권고하지 않는 압력철선을 이용한 관상동맥 내 압력/혈류 측정술 값이 0.80 초과인 경우에서 동검사결과에 따라 중재술을 실시하지 않은 결과 치료변화 및 요구도가 5.0%이하로 낮아 임상적 관리에 유효한 검사이다. 따라서 압력철선을 이용한 관상동맥 내 압력/혈류 측정술은 관상동맥 질환 환자에서 혈관조영술상 협착정도가 허혈을 유발하는 수준인지의 여부가 불분명한 중등도 협착병변(40-70%)에서 심근허혈 유발여부를 판단하고 병변에 대한 적절한 중재시술 수행여부를 결정하는데 있어 안전하고 유효한 검사라는 근거가 있다. 5. 참고사항 　압력철선을 이용한 관상동맥 내 압력/혈류 측정술은 총 28개(체계적인 문헌고찰 1편, 메타분석 1편, 무작위 임상시험 1편, 비무작위 임상시험 1편, 진단법평가연구 12개, 증례 연구 12개)의 문헌적 근거에 의해 평가된다.
관상동맥 석회수치 측정검사	1. 사용목적 　관상동맥질환의 일차예방

Coronary Artery Calcium Scoring 석회는 칼슘과 관련된 것이다. 석회에는 생석회(산화칼슘)와 이것이 물과 화합한 소석회(수산화칼슘)가 있다. 석회수치 측정은 칼슘을 측정하는 것이다.	2. 사용대상 　동맥경화증의 위험인자는 있으나 심혈관질환 증상은 없는 사람 3. 시술방법 　컴퓨터 단층촬영(Computed Tomography, 이하 CT)을 이용해 관상동맥 석회수치를 정량적으로 측정 4. 안전성·유효성 평가결과 　관상동맥 석회수치 측정검사는 동 검사시 발생하는 방사선 피폭량이 자연환경으로부터 받게 되는 방사선 피폭량, 일반적인 흉부 CT, 관상동맥조영술 등을 고려시 적은 양으로 안전한 검사이다. 관상동맥 석회수치 측정검사는 의료결과에 미치는 영향과 관련하여 근거가 제시된 문헌은 없었으나, 심혈관질환 발생예측력을 높이며, 관상동맥 석회수치가 높을수록 심혈관 이벤트 발생관련 상대위험도, 위험비, 발생률 등이 높은 연구결과를 토대로 유효한 검사로 평가한다. 따라서 관상동맥 석회수치측정검사는 동맥경화증의 위험인자는 있으나 심혈관질환 증상은 없는 사람을 대상으로 관상동맥질환의 일차예방을 목적으로 시행시 안전성 및 유효성 있는 검사이다. 5. 참고사항 　관상동맥 석회수치 측정검사는 총 13개(무작위임상시험연구 2개, 코호트연구 11개)의 문헌적 근거에 의해 평가된다.
미세전위 T교대파 검사 Microvolt T-Wave Alternans(MTWA) 올터넌(Alternans)은 강약의 교대라는 의미이다. T파는 심전도상에 나타나는 파동의 일종이다. T파는 완만하고 작은 파동이다. T파는 심실근의 재분극에 의하여 생긴다.	1. 사용목적 　심장마비, 심장돌연사, 심실성 부정맥 등의 위험 예측 2. 사용대상 　심근경색, 허혈성 심질환 등 심장질환이 있는 사람(운동부하검사에 적응되지 않는 환자는 검사대상에서 제외) 3. 시술방법 　미세전위수준의 T파 교대파를 그래프로 표시하여 심장활동의 재분극 변동정도를 측정하는 검사 중 하나로 Spectral 방법에 의해 분석 4. 안전성·유효성 평가결과 　미세전위 T교대파 검사는 비침습적 검사로 기존 부하심전도와 비교시 유사한 정도의 안전성을 가진다. 미세전위 T교대파 검사는 기존검사(전기생리학적 검

사, 좌심실구혈률 등)와 비교시 민감도, 특이도, 양성예측도유사하였고 음성예측도값은 86.5-100%로 유사하거나 높았다.

따라서 미세전위 T교대파 검사는 심근경색, 허혈성 심질환 등 심장질환이 있는 사람을 대상으로 심장돌연사 및 심실성 부정맥 발생예측이 가능한 비침습적인 검사로 심장돌연사의 고위험군 환자에서 제세동기 삽입이 필요없는 환자를 선별할 수 있는 안전성 및 유효성이 있는 검사이다.

5. 참고사항

미세전위 T교대파 검사는 총13편(코호트 연구)의 문헌적 근거에 의해 평가된다.

T파를 측정하는 것은 이러한 재분극의 정도를 측정하는 것이다. T파를 측정하는 것은 T파의 흔들림의 변화를 보기 위한 것이다.

심장에 이상이 있으면 T파의 이상이 발생할 수도 있다. T파의 이상은 다른 원인에 의하여도 발생할 수도 있다.

고주파를 이용한 흉강경하 심방세동 수술 Thoracoscopic epicardial radiofrequency ablation 세동은 미세한 움직임 또는 떨림이라는 의미이다. 심방세동은 심방이 불규칙하고 미세하게 떨리는 것을 말한다. 심방조동은 심장세동보다는 덜 빠르게 떨리는 것을 말한다. 이로 인하여 부정맥이 발생한다.	1. 사용목적 　심방에 전달되는 희귀성파 차단 2. 사용대상 　단일 심방세동 환자 중 발작성 및 지속성 심방세동 환자 3. 시술방법 　심장 박동하에 비디오 흉강경을 이용한 흉부 수술 기법으로 심외막 접근법을 통해 수행되며, 양극성 고주파 절제 도구로 심방에 전달되는 희귀성파를 차단 4. 안전성·유효성 평가결과 　고주파를 이용한 흉강경하 심방세동 수술의 안전성은 표준 치료와 비교된 문헌은 없으나 고주파는 부정맥수술에 이미 오래전부터 사용되어 에너지원이며, 동 시술의 사망률은 0.5%로 기존시술(Cox-Maze)과 간접비교 시 낮아 안전성은 확보된 기술로 평가한다. 고주파를 이용한 흉강경하 심방세동 수술의 동율동 전환율은 발작성 심방세동의 경우 79.2-100%, 지속성 심방세동의 경우 55.6-100%로 높은 동율동으로의 전환을 보였으며, 시술 후 약물을 중지율은 31.8-100% 이었다.

	따라서 고주파를 이용한 흉강경 심방세동 수술은 발작성 및 지속성 심방세동환자에서 동율동으로 전환시키고 약물사용을 중지시킬 수 있는 안전하고 유효한 시술이라는 근거가 있다고 평가한다. 5. 참고사항 　고주파를 이용한 흉강경하 심방세동 수술 총 11개(증례연구 11편)의 문헌적 근거에 의해 평가된다. 라디오프리퀀시(radiofrequency)는　라디오(무전)의 빈도수를 말한다. 심장세동이 발생하면 이것을 제거하여야 한다. 라디오프리퀀시 카테터(도관, 전극도자라고도 한다)를 제거하려는 부위에 놓고 고주파 전기를 통하면 도관 끝이 뜨거워지면서 이 열이 심장조직을 파괴시켜 심장의 이상 박동을 차단하게 된다.
하지정맥류 냉동 제거술 Cryosurgical Ablation of Varicose Vein	1. 사용목적 　하지정맥류 제거 2. 사용대상 　하지정맥류 환자 3. 검사방법 　냉동 프로브를 정맥 혈관 내 또는 혈관 주위에 삽입 후 냉동 흡착력을 이용하여 정맥 혈관을 역위 시킴으로써 정맥류를 제거 4. 안전성·유효성 평가결과 　하지정맥류 냉동 제거술은 기존시술(고식적 발거술, 정맥 내 레이저 치료술)과 비교하여 합병증률이 유사하거나 낮았다. 하지정맥류 냉동 제거술은 대복제정맥제거율, 술 후 증상 및 기능 호전, 삶의 질 향상 등이 기존시술과 비교시 유사하였다. 따라서 하지정맥류 냉동 제거술은 하지정맥류 환자에서 정맥류를 제거함에 있어 안전하고 유효한 기술이다. 5. 참고사항 　하지정맥류 냉동 제거술은 총 6편(무작위 임상시험)의 문헌적 근거에 의해 평가된다.
혈관 내 카테터를 이용한 치료목적의 체온조절요법	1. 사용목적 　뇌혈류량 감소와 뇌대사율 및 두개강내내압을 낮춤으로써 뇌세포 손상을 최소화하여 신경학적 증상 회복 개선

Therapeutic Temperature Management with Endovascular Catheters	2. 사용대상 　급성 심정지, 허혈성 뇌졸중, 외상성 뇌손상, 뇌출혈 환자 3. 시술방법 　혈관 내에 전용 카테터를 삽입하여 이를 통해 열교환 매질로 사용되는 생리식염수를 순환시킴으로써 환자의 체온을 목표온도로 유도·유지하는 방법으로, 카테터와 연결된 제어장치를 통해 목표체온과 온도 변화율을 설정함. 체온은 카테터에 부착된 탐침에 의해 피드백된 체온정보와 제어장치의 마이크로소프트에 의해 자동조절·유지 4. 안전성·유효성 평가결과 　혈관 내 카테터를 이용한 치료목적의 체온조절요법은 기존의 해열제나 얼음주머니, blanket 등을 이용한 체온조절요법에 비해 침습적인 시술이나, 기존의 도자요법과 유사한 안전성을 가진다. 혈관 내 카테터를 이용한 치료목적의 체온조절요법은 기존의 해열제, 얼음주머니, blanket 등을 이용한 체온조절요법들에 비해 빠르고 안정적인 목표온도 유도 및 유지가 가능하여 신경학적 결과 개선에 유효한 시술이다. 5. 참고사항 　혈관 내 카테터를 이용한 치료목적의 체온조절요법은 16편(무작위임상시험 6편, 비교관찰연구 2편, 증례연구 8편)의 문헌적 근거에 의해 평가된다.
뇌혈관 내 흡인기구를 이용한 혈전제거술 Thrombectomy using aspiration device in intracranial vessel 엑토미(-ectomy)는 제거, 절제, 적출이라는 의미이다. 쓰람벡토미는 혈전제거라는 의미이다.	1. 사용목적 　뇌혈관 내 폐색된 혈관의 혈류 재개통 2. 사용대상 　증상발현 8시간 이내의 급성 허혈성 뇌졸중 환자 중 정맥 내 또는 동맥 내 혈전용해술에 실패하거나 치료 불가능한 환자 3. 검사방법 　흡인펌프에 연결된 카테터를 혈전의 근위부에 위치시키고 흡인펌프를 작동시켜 분리기를 이용해 혈전을 분해하여 카테터 내로 진공흡인하여 적출 4. 안전성·유효성 평가결과 　뇌혈관 내 흡인기구를 이용한 혈전제거술의 안전성은 시술 후 뇌내출혈 발생률 및 90일 이내의 사망률에 있어 기존의 동맥 내 혈전용해술과 간접비교시 유사

<table>
<tr><td></td><td>또는 높았으나 현재 증상발현 후 6시간 이후에는 혈전제거를 위한 대체기술이 없고 선택된 문헌의 연구대상이 기대사망률이 높은 중증 대상자가 포함된 것을 고려시 안전성은 수용 가능하다.

뇌혈관 내 흡인기구를 이용한 혈전제거술은 기존의 동맥내혈전용해술과 간접비교시 재개통률에 있어 우월하고, 신경학적 임상증상 개선은 동 시술에 적용되는 환자의 중증도 및 치료가능시간을 고려하면 유사하거나 향상을 보인다.

따라서 뇌혈관 내 흡인기구를 이용한 혈전제거술은 증상발현 8시간 이내의 급성 허혈성 뇌졸중 환자 중 정맥 내 또는 동맥 내 혈전용해술에 실패하거나 치료 불가능한 환자의 폐색된 혈관을 재개통하는데 있어 안전성 및 유효성에 대한 근거가 있는 시술이다.

5. 참고사항
　뇌혈관 내 흡인기구를 이용한 혈전제거술은 총 5개 (증례연구)의 문헌적 근거에 의해 평가된다.</td></tr>
<tr><td>회수성 스텐트를 이용한 뇌혈관 내 기계적 혈전제거술

Intracranial Vessel Thrombectomy using Retrievable Stent

스텐트(Stent)는 혈관을 열리게 하기 위하여 혈관에 집어 넣는 도관을 말한다. 이 도관은 금속성일 수도 있고 플라스틱성일 수도 있다.

스텐트는 일종의 그물망 또는 철망을 구성한다. 이것을 통하여 이전에 막힌 통로를 열어준다.</td><td>1. 사용목적
　뇌혈관 내 폐색된 혈관의 혈류 재개통
2. 사용대상
　증상발현 8시간 이내의 전방순환계, 12시간 이내의 후방순환계 급성 뇌졸중 환자로서, 정맥 내 혈전용해술로 조절이 안 되거나 치료불가능한 환자
3. 시술방법
　뇌혈관 내 폐색된 혈관에 마이크로카테터를 통해 회수성 스텐트를 전개, 확장하면 혈관이 개통되어 즉각적인 재관류가 이루어지며, 이후 스텐트 속에 혈전이 들어온 것이 확인되면 가이딩 카테터의 풍선부위를 확장 후 가이딩 카테터에 실린지를 부착, 음압을 가하면서 스텐트 속에 있는 혈전을 스텐트와 함께 잡아 당겨내어 제거
4. 안전성·유효성 평가결과
　회수성 스텐트를 이용한 뇌혈관 내 기계적 혈전제거술은 보고되는 시술관련 합병증 사례가 경미한 수준이고, 시술 후 증상성 뇌내출혈 발생률이 비교시술에 비해 낮은 수준으로 안전한 기술이다.
회수성 스텐트를 이용한 뇌혈관 내 기계적 혈전제거술은 비교시술과 비교하여 신경학적 임상증상 개선 및 재관류율이 동등 이상의 향상을 보이며, 시술후 전체</td></tr>
</table>

	사망률이 유사하거나 낮았다.
	따라서 회수성 스텐트를 이용한 뇌혈관 내 기계적 혈전 제거술은 증상발현 8시간 이내의 전방순환계, 12시간 이내의 후방순환계 급성 뇌졸중 환자로서, 정맥 내 혈전용해술로 조절이 안 되거나 치료불가능한 환자를 대상으로 폐색혈관의 혈류를 재개통하여 환자에게 임상적 호전을 기대할 수 있는 시술로 안전하고 유효한 기술이다.
	5. 참고사항
	회수성 스텐트를 이용한 뇌혈관 내 기계적 혈전제거술은 총 12편(무작위 임상연구 1편, 코호트연구 1편, 증례연구 10편)의 문헌적 근거에 의해 평가된다.

Flow-diverter를 이용한 뇌동맥류 색전술
 	
Intracranial aneurysm embolization with flow-diverter
 	
플로우 다이버터(flow-diverter)는 흐름을 전환시키는 것이라는 의미이다. 동맥류는 동맥의 일부가 팽창된 것을 말한다.
 	
애뉴리즘(aneurysm)은 동맥류라는 의미이다.
 	
색전술에서는 스텐트가 오히려 동맥류 내 혈류 유입을 차단시키는 기능을 한다.
	1. 사용목적
	   뇌동맥류 폐색
	2. 사용대상
	   구경이 큰(10mm 이상) 뇌동맥류, 박리형 혹은 방추형 뇌동맥류, 수포성 뇌동맥류, 이전 치료 후 재발한 뇌동맥류 환자
	3. 시술방법
	   그물망 모양의 스텐트를 통해 동맥류 내 혈류 유입을 차단시키는 것으로, 카테터를 통해 Pipeline Embolization Device(PED)를 삽입 및 전개하여 동맥류를 폐색시킴
	4. 안전성·유효성 평가결과
	   Flow-diverter를 이용한 뇌동맥류 색전술은 보고되는 합병증이 경미한 수준이고, 동맥류 파열 후 사망률이 높은 수준임을 고려시 비교적 안전한 시술이다. Flow-diverter를 이용한 뇌동맥류 색전술은 기존 시술과 비교시 재발률이 낮고, 폐색율과 시술 성공률이 우수하여 유효한 시술이다.
	따라서 Flow-diverter를 이용한 뇌동맥류 색전술은 구경이 큰(10mm 이상) 뇌동맥류, 박리형 혹은 방추형 뇌동맥류, 수포성 뇌동맥류, 이전 치료 후 재발한 뇌동맥류 환자를 대상으로 하여 동맥류를 폐색시키는데 있어 안전성 및 유효성에 대한 근거가 있는 시술이다. \
	5. 참고사항
	   Flow-diverter를 이용한 뇌동맥류 색전술은 총 11편(증례연구)의 문헌적 근거에 의해 평가된다.

뇌혈관 정량적 자기공명혈관조영술	1. 사용목적 비침습적인 검사방법으로 뇌혈관에서의 혈류량과

Neurovascular Quantitative MRA MRA는 자기공명조영(magnetic resonance angiography)의 첫글자들이다. 앤지오그러피(angiography)는 촬영, 조영이라는 의미이다. 조영은 비추는 것 또는 비치는 그림자라는 의미이다.	혈류 방향 등 혈역학적 정보를 정량화하여 제공함 2. 사용대상 　스텐트 또는 우회로 시술 전후 추적관찰이 필요한 환자 3. 검사방법 　MRI(magnetic resonance imaging) 장비에 NOVA 소프트웨어를 연결하여 MRI 장비에서 획득된 TOF(time-of-flight) 영상 및 위상 대조 자기공명(phase-contrast MR)을 사용하여 혈관 전체 구조를 분석하고, 개별 혈관에서의 혈류량 및 혈류 속도를 측정하여 정량화함으로써 3D 영상을 제공 4. 안전성·유효성 평가결과 　뇌혈관 정량적 자기공명혈관조영술은 MRI 영상을 이용하여 체외에서 비침습적 방식으로 뇌혈관에서의 혈류량과 흐름 방향을 정량화하는 기술로 체외에서 이루어지기 때문에 환자에게 직접적인 위해를 가하지 않아 검사 수행에 따른 안전성에는 문제가 없다. 기존 임상에서 사용되는 침습적 혈관조영술 결과와의 진단정확성 및 상관성이 높고, 비침습적인 방법으로 뇌혈관의 혈역학적 정보를 정량화하여 제공하기 때문에 해부학적 구조 뿐 아니라 실제 혈관기능의 측정이 가능하여 향후 치료방향을 결정하고 환자의 추적관찰에 용이하므로 스텐트 또는 우회로 시술 전후 추적관찰이 필요한 환자를 대상으로 사용 시 안전성 및 유효성이 있는 검사이다. 5. 참고사항 　뇌혈관 정량적 자기공명혈관조영술은 총 5편(진단법평가연구 2편, 코호트연구 2편, 증례연구 1편)의 문헌적 근거에 의해 평가된다.

　사람의 몸에 활용하는 튜브와 카테터는 매우 많다. 튜브와 카테터는 몸의 다양한 부위에서 활용되고 있다. 튜브와 카테터는 질병의 치료에 있어서 대단히 중요한 기능을 하고 있다. 다음은 심장과 혈관에서 활용하는 튜브와 카테터를 정리한 것이다. 일부는 몸의 다른 부위에서 활용하는 것들이다. 중간 중간에 튜브와 카테터 이외의 용어들도 사용되고

있다. 캐뉼러, 스텐트 등이 그러한 용어들이다.

<튜브와 카테터>

의료용 취관 및 체액 유도관 (Tube and Catheter for medical use)	
회장루용튜브·카테터 Catheter, rectal, continent ileostomy	회장루 조성술(외과적으로 복벽에 누공을 만들어 그곳에 회장의 개구부를 만드는 것)을 할 때 사용하는 유연한 관(튜브) 모양의 기구로서 배액을 위해 사용한다. 수술 후 배액을 위해 수시로 삽입하기도 한다. 개구부는 열리는 부분이라는 의미이다.
단기사용위장용튜브·카테터 Catheter, Gastrointestinal	단기적 사용을 목적으로 환자에게 비경구를 통하여 흡인 또는 영양공급을 하기 위해서 사용되는 튜브·카테터. 영양백, 주입기 등을 포함하기도 한다. 비경구는 입을 통하지 아니하고 몸 안으로 들어가는 것을 말한다. 비경구의 경은 경유한다는 의미이다.
단기사용식도정맥류지혈용튜브 Irrigation catheter, short-term use	단기적 사용을 목적으로 출혈성 정맥류를 지혈하기 위해 사용하는 튜브.
단기사용위장용급식튜브 Enteral feeding tube, short-term use	단기적 사용을 목적으로 영양을 공급하기 위해 위, 십이지장 또는 공장에 외과적으로 삽입하는 튜브
식도용풍선카테터 Oesophageal balloon catheter	식도의 진단 또는 치료적 처치를 위해서 사용하는 팽창성 풍선이 달린 카테터. 벌룬(balloon)은 원래 공기 또는 공기보다 가벼운 물질로 팽창된 얇은 고무 또는 다른 가벼운 물질로 만들어진 주머니라는 의미이다. 풍선도 그 중의 하나이다. 애드벌룬은 광고용 벌룬을 말한다. 애드는 광고의 약자이다. 벌룬 카테터(balloon catheter)는 카테터에 벌룬이 달린 것이다. 이 벌룬을 풍선으로 번역한 것이다.
식도정맥류경화요법용내시경 고정용풍선카테터 Oesophageal balloon catheter	식도정맥류 경화요법에서 내시경을 식도 내에 고정하기 위해 사용하는 풍선이 달린 카테터.
식도정맥류경화요법용지혈카 테터	식도정맥류 경화요법에서 천자부위를 지혈하기 위해 사용하는 풍선이 달린 카테터. 천자는 속

Catheter, oesophagealpile, hemostasis	이 빈 가는 침을 몸 속에 찔러 넣어 체액을 뽑아내는 것 또는 그렇게 구멍을 뚫는 기구를 말한다. 헤모스타시스(hemostasis)는 지혈이라는 의미이다. 헤모(hemo-)는 피라는 의미이다. 헤모글로빈의 헤모 또한 피라는 의미이다. 헤모글로빈은 피의 글로빈이라는 의미이다. 헤모는 그리스어 하이마(haîma)에서 왔다. 하이마는 피라는 의미이다.
위내배설용튜브 Stoma drainage catheter	경구로 위의 내용물을 제거하기 위해 이용하는 튜브. 경구는 입을 통한다는 의미이다. 카테터를 튜브로 번역하고 있다.
위내식욕억제용풍선 Gastric appetite-suppress-ing balloon	위에 삽입시키고 확장하여 식욕을 억제하기 위해 사용하는 풍선.
위장세정용튜브·카테터 Gastrointestinal cleansing tube and catheter	위장을 세정하기 위하여 사용되는 튜브·카테터.
단기사용기관·기관지용튜브·카테터 Catheter, bronchus, short-term use	단기적 사용을 목적으로 기도를 확보하기 위하여 기관 절개 또는 비강, 구강을 통하여 삽입하는 튜브·카테터. 브랑쿠스(bronchus)는 기관지라는 의미이다.
장기사용기관·기관지용튜브·카테터 Catheter, bronchus, long-term use	장기적 사용을 목적으로 기도를 확보하기 위하여 기관 절개 또는 비강, 구강을 통하여 삽입하는 튜브·카테터.
장기사용환기용기관용튜브 Catheter, ventilatory, long-term use	장기적 사용을 목적으로 기도의 확보, 흡입 마취약 투여 등 환기를 위해서 구강 또는 비강을 통하여 기관 내에 삽입하는 튜브. 후두마스크 일체형도 있다.
산소투여용튜브·카테터 Oxygen tube and catheter	산소를 경비강, 즉 비강을 통하여 투여하기 위하여 사용하는 튜브·카테터.
지방흡인용카테터 Liposuction system cannula, single-use	경피적으로 피하에 삽입하여 지방을 흡인하기 위하여 흡인기와 함께 사용하는 카테터. 지방을 흡인한다는 것은 지방을 빨아들인다는 것을 말한다. 캐뉼러(cannula)를 카테터로 번역하고 있다. 캐뉼러는 몸에 삽입하는 금속성 튜브이다. 캐뉼러는 라틴어 카눌라(cannula)에서 왔다. 카

	눌라는 작은 갈대라는 의미이다.
심폐수술용혈관튜브·카테터 Catheter, cannula and tubing, vascular, cardiopulmonary	심폐수술시 혈관에 삽입되는 캐뉼러, 관상 동맥의 관류, 산소 공급기에 연결하는 카테터와 캐뉼러, 기타 우회로 기기의 부속품을 포함한다.
헤파린사용심폐수술용혈관튜브·카테터 Catheter, cardiopulmonary, heparin	헤파린이 사용되어진 심폐수술용혈관튜브·카테터. 헤파린(heparin)은 황산기를 가진 산성 다당류의 일종이다. 헤파린은 혈액응고 저지작용이 강한 물질이다. 헤파린은 동물의 간이나 폐 등 모세혈관이 많은 장기 및 혈액 속에 존재한다. 헤파(hepa-)는 간이라는 의미이다. 헤파는 그리스어 헤파르(hêpar)에서 왔다. 헤파르는 간이라는 의미이다.
폐동맥카테터 Catheter, pulmonary artery	폐동맥의 압력을 측정하거나 조영하기 위해서 사용하는 확장풍선이 달린 기구. 풀모너리(pulmonary)는 폐라는 의미이다. 아터리(artery)는 동맥이라는 의미이다.
개심술용튜브·카테터 Catheter, cadiac	심장수술시 혈액 등을 공급하는 기구. 관상 동맥 관류용 등에 사용되며 체외 순환용을 포함한다. 카디액(cadiac)은 심장의라는 의미이다.
헤파린사용개심술용튜브·카테터 Catheter, cadiac, heparin	헤파린이 사용되어진 개심술용 튜브·카테터.
심실용심장카테터 Catheter, cardiac, venticular	심장의 심실에 삽입하기 용이하도록 설계된 카테터.
심장순환기용풍선카테터 Cardiac catheter, balloon, pacing electrode	전극이 장착되어 있는 풍선부착 카테터로서 전극을 심장에 삽입하여 심박수를 조정한다.
헤파린사용심장순환기용풍선카테터 Catheter, cardiac, balloon, heparin	헤파린이 사용된 심장순환기용풍선카테터.
혈관내튜브·카테터 Intravascular catheter, short-term	환자의 혈관에 단기간(30일 이내) 삽입하여 혈액채취, 혈압감시, 약물 주입에 사용되는 튜브모양의 튜브·카테터.
유로키나제사용혈관내튜브·카테터	유로키나제가 사용된 혈관 내 튜브·카테터.

Catheter, intravascular, general-purpose, urokinase	
헤파린사용혈관내튜브.카테터 Catheter, intravascular, general-purpose, heparin	헤파린이 사용된 혈관 내 튜브·카테터.
혈관내가이딩용카테터 Intravascular guiding catheter	경피적 동맥성형술을 위하여 풍선카테터나 가이드와이어를 삽입하는 카테터.
혈관조영용카테터 Catheter, intravascular, angiography	혈관을 조영하기 위하여 조영제를 주입하기 위하여 사용하는 카테터.
의약품투여혈관조영용카테터 Catheter, intravascular, angiography, medicine administration	의약품을 투여를 목적으로 사용하는 혈관조영용 카테터.
헤파린사용의약품투여혈관조영용카테터 Catheter, intravascular, angiography, heparin	헤파린을 사용한 의약품투여 혈관조영용 카테터.
비중심순환계동맥카테터 Catheter, arterial, non-central circulation	비중심순환계 동맥을 통하여 주입흡인을 위하여 사용하는 카테터로서 동맥의 혈압을 연속적으로 측정하기 위하여 통상 오실로스코프와 연결되어 있다.
중심순환계동맥카테터 Catheter, arterial	중심순환계 동맥을 통하여 주입흡인을 위하여 사용하는 카테터로서 동맥의 혈압을 연속적으로 측정하기 위하여 통상 오실로스코프와 연결되어 있다.
헤파린사용중심순환계동맥카테터 Catheter, arterial, central circulation, heparin	헤파린을 사용한 중심순환계 동맥카테터.
범용카테터캐뉼러 Cannula, general-purpose	혈관이나 체강에 범용적으로 삽입하는 캐뉼러. 커넥터 또는 튜브에 연결되도록 비교적 단단한 부분이 있다
동맥캐뉼러 Cardiopulmonary bypass	동맥에 삽입하는 일회용 캐뉼러. 캐뉼러는 몸 안으로 들어가는 튜브라는 의미이다.

cannula, arterial return	
관상동맥캐뉼러 Coronary artery cannula	관상동맥에 삽입하는 일회용 캐뉼러.
헤파린사용관상동맥캐뉼러 Cannula, coronary arter, hepain	관상동맥에 삽입하는 헤파린 사용 일회용 캐뉼러.
뇌척수용드레인튜브 Cerebrospinal drain	두개 내의 액량이나 압력을 조정할 목적으로 중추신경에서 심혈관계 또는 복막강으로 뇌척수액을 배출하기 위해 이용하는 관상의 기구를 말한다.
흉부배액용튜브 Catheter, thoracic, drainage	심장수술 등에 따라 흉부에 생성되는 액을 배출하기 위한 튜브.
헤파린사용흉부배액용튜브 Catheter, thoracic, drainage, heparin	심장수술 등에 따라 흉부에 생성되는 액을 배출하기 위한 헤파린 사용 튜브.
비이식형혈관접속용기구 Catheterization kit, haemodialysis	혈액투석 및 만성질환 환자 등의 혈관에 접속하기 위해 사용하는 비이식형 기구로서 혈관이나 인공혈관에 삽입하는 카테터, 캐뉼러, 주사침 등 다양한 튜브 형태, 피스툴라 바늘, 투석용 기구, 어뎁터(Adapter), 마개(Stopcock), 접속기(Connector), 고정기구(Fixing devices), 매니폴드(Manifold), 확장튜브(Extension tube) 등이 있다.
담관용스텐트 Biliary stent	담관의 폐색부위에 삽입하여 개통을 유지시키는 스텐트로서 관상구조이며 확장할 수 있다. 풍선카테터 등과 함께 사용될 수 있다. 스텐트(stent)는 막힌 혈관이나 다른 부위에 삽입하는 작고 팽창할 수 있는 튜브를 말한다.
기관용스텐트 Tracheal stent	기관의 폐색부위에 삽입하여 개통을 유지시키는 스텐트로서 관상구조이며 확장할 수 있다. 풍선카테터 등과 함께 사용될 수 있다.
기관지용스텐트 Bronchial stent	기관지의 폐색부위에 삽입하여 개통을 유지시키는 스텐트로서 관상구조이며 확장할 수 있다. 풍선카테터 등과 함께 사용될 수 있다.
장골동맥용스텐트 Stent, iliac	장골동맥에 이식하여 골관절염 환자의 혈관직경을 개선하는데 사용하는 스텐트로서 관상구조이며 확장할 수 있다.

식도용스텐트 Oesophageal stent	식도 또는 위식도의 폐색을 치료하기 위하여 이식하는 스텐트로 관상구조이며 확장할 수 있다. 풍선카테터 등과 함께 사용될 수 있다.
췌장용스텐트 Pancreatic stent	췌장혈관의 폐색부위에 삽입하여 개통을 유지시키는 스텐트로서 관상구조이며 확장할 수 있다. 풍선카테터 등과 함께 사용될 수 있다.

제6장

패혈증과 폐렴

패혈증의 위험성

　패혈증은 매년 많은 사망자를 발생시키고 있다. 패혈증과 관련된 용어들은 여러가지가 있다. 패혈증은 염증과도 관련되어 있다. 패혈증은 질병을 일으키는 미생물 또는 그것들의 독소가 부분적으로 또는 전체적으로 몸에 침입하여 발생시키는 질병을 말한다. 패혈증을 셉시스(sepsis)라고 한다. 셉시스라는 말 속에는 패혈증에 관한 정보가 포함되어 있다. 셉시스는 그리스어 셉시스(sêpsis)에서 왔다. 셉시스는 '썩는 것, 부패, 부식'이라는 의미이다. 패혈증의 '패'도 부패한다는 의미이다. 패혈증은 글자 그대로 해석하면 피가 부패하는 것을 말한다. 패혈증은 피와 조직 모두 발생한다. 만약 몸의 부분적인 부위에 생긴 감염을 제대로 치료하지 않는다면 혈류의 감염으로 이어지고 광범위한 염증을 발생시킨다. 그러다가 패혈증은 쇼크를 발생시킨다. 이러한 쇼크를 패혈증 쇼크라고 한다.

　패혈증을 일으키는 세균은 한두 개로 정해진 것이 아니다. 이러한 세균 중에는 비브리오 세균도 포함되어 있다. 비브리오 세균은 패혈증을 일으키는 여러 세균 중의 하나일 뿐이다. 세균이 사람의 몸에 침입하는 경로가 다양하듯이 패혈증을 일으키는 세균이 몸에 침입하는 경로 또한 다양하다. 한 조사에 의하면 피부(17.9%), 위장관계(16.9%), 호흡기계

(12.5%), 비뇨기계(9.9%), 간담도계(7.3%)로 되어 있다. 피부가 상당히 많다. 비뇨기계도 상당한 부분을 차지한다. 패혈증에의 감염은 병원에서도 발생한다. 몸이 약한 사람이 병원에 입원하고 있을 경우 입원기간이 길어지면 패혈증에의 감염을 조심하여야 한다. 패혈증은 아주 무서운 질병이다.

세균에 몸이 감염되는 것은 사실은 순간적인 접촉에 의하여 발생하는 것이기 때문에 그 순간을 피하면 세균에 감염되지 않는다. 패혈증에의 감염은 선행질병이 있는 경우 위장관계(28.4%)와 비뇨기계(16.4%)에서 많이 발생한다. 패혈증으로 인한 사망은 그람음성균의 경우 사망률이 20.9%이고 그람양성균의 경우 사망률은 39.4% 정도이다. 패혈증으로 인한 개체의 손상은 개체의 조절능력을 넘어서는 전신성 염증반응 증후군에 의하여 발생한다. 중증 패혈증은 장기의 부전(부전은 불기능, 즉 기능하지 않는 것을 말한다)이 발생한 것이다. 패혈증 환자에게는 수액을 공급하게 되는데 저혈압이 발생하면 수액공급에 반응하지 않는다. 이것은 패혈증 쇼크를 발생시킨다. 수액은 물과 액체라는 의미이다.

쇼크(shock)는 쉬우면서도 어려운 말이다. 쇼크는 갑작스러운 충격, 교란, 방해라는 의미이다. 이것은 일반적인 의미이다. 쇼크에는 마음과 감정의 갑작스러운 충격, 교란이라는 의미도 들어 있다. 흔히 말하는 쇼크받았다는 것은 이러한 의미이다. 쇼크에는 병리학적인 의미도 들어 있다. 패혈증 쇼크는 병리학적인 의미로 사용된 경우이다. 병리학적인 의미의 쇼크는 심한 부상, 혈액의 손실 또는 질병에 의하여 야기된 순환기능의 붕괴를 말한다. 쇼크의 증상으로는 창백함, 땀, 희미한 맥박 그리고 매우 낮은 혈압이다. 저혈압과 쇼크는 매우 밀접한 관계에 있다. 병리학적인 의미의 쇼크는 구체적인 증상을 특징으로 한다.

패혈증 쇼크의 사망률은 매우 높다. 패혈증 쇼크는 심혈관계 중환자실의 가장 큰 사망원인 중의 하나이다. 패혈증 진단 후 최초 6시간 이내에 중심정맥압, 평균동맥압, 중심정맥 산소포화도를 향상시키는 치료방법이 실시된다. 이러한 치료방법과 함께 초기 수액투여량의 증가, 적극적인 수혈, 패혈증 쇼크 진단 후 빠른 항생제의 투여가 생존에 영향을 미친다. 패혈증 쇼크라고 의심되면 생리식염수 정맥투여를 시작한다. 이때 수축기 혈압이 90mmHg 이상으로 유지되지 않으면 중심정맥 카테터 삽입을 실시한다. 또한 가능한 빨리 항생제를 투여한다. 최초 6시간 이내에 3,000mL 이상의 수액투여가 사망을 감소시킬 수 있다고 보고되고 있다. 이러한 적절한 초기 수액투여는 패혈증 쇼크 환자의 초기 염증반응의 진행을 억제하는 것으로 알려져 있다.

식염수와 소금

식염수(saline, saline solution)는 소금이 들어 있는 용액이다. 세일린(saline)은 '소금이 들어 있는'이라는 의미이다. 소금의 특징은 짠 맛이 난다는 것이다. 식염수는 소금물이라고도 한다. 식염수와 대비되는 것은 순수 수용액이다. 순수 수용액은 물로 만들어진 용액이다. 소금은 염화나트륨(NaCl)이라고도 한다. 식염수는 염화나트륨이 들어 있는 용액이다. 수용액과 식염수는 멸균처리할 수도 있다. 멸균처리한 식염수를 멸균식염수라고 한다.

소금, 즉 염화나트륨은 단순한 화합물이다. 나트륨(Na)이라는 원소와 염소(Cl)라는 원소 하나씩이 결합하여 생긴 것이 소금이다. 이것을 당, 즉 설탕, 단백질, 지질과 비교하여 보라. 화학적 구조에 있어서 소금은 매우 간단하다. 사람이 필요로 하는 물질은 매우 다양하다. 사람은 소금도 필요로 한다. 그래서 사람의 몸에 일정한 양의 소금을 공급해 주어야 한다. 음식의 양념에는 소금이 들어 있다. 음식을 먹으면 몸에 소금을 공급하게 된다. 소금물을 먹어도 된다. 사람은 물도 필요로 한다.

식염수를 통하여 몸에 소금을 공급할 수도 있다. 식염수를 통하면 물과 소금이 동시에 사람의 몸에 공급된다. 그래서 의학적 치료에 있어서 식염수가 활용된다. 식염수를 혈관을 통하여 직접 주입하기도 한다. 식염수를 혈관에 직접 주입하려면 일정한 처리를 하여야 한다. 그래야 쇼크를 방지할 수 있다. 사람들은 병원에서 특별하게 처리된 식염수를 볼 수 있다. 식염수는 환자에게 특별한 의미를 가진다. 병원에 입원했을 때 가장 먼저 접하는 것이 식염수이다.

사람의 입을 통하는 것을 경구(經口)라고 한다. 경구의 '經'(경)은 '지나다, 통하다, 경과하다'라는 의미이다. '口'(구)는 입이라는 의미이다. 약을 입으로 먹으면 경구용 약이라고 한다. 약은 입을 통하지 않고 주사를 놓을 수도 있다. 음식은 기본적으로 경구용이다. 입으로 음식을 먹기 때문이다. 물도 마찬가지이다. 하지만 입을 통하지 않고 약, 영양분, 물, 소금을 사람의 몸에 주입할 수도 있다. 그것이 바로 주사이다. 평상시에는 입으로 먹는 것이 정상이지만 질병이 발생했기 때문에 입 이외의 통로를 통하여 주입할 필요가 생긴 것이다. 어쨌든 물질을 몸 안으로 들여보내야 하기 때문이다.

입 이외의 통로를 통하는 것을 비경구용이라고 한다. 영양분을 비경구적으로 주입하는 것을 비경구용 영양(parenteral nutrition, PN)이라고 한다. 패렌터럴(parenteral)은 '비경구의, 입을 통하지 않는'이라는 의미이다. 혈관을 통하여 직접 주입하는 식염수는 비경구용 식염수이다. 약을 비경구적으로 주입하는 것을 비경구용 의약품이라고 한다. 몸에 바르는 연고도 비경구용 의약품이다. 입으로 먹는 경구용 약을 경구용 의약품이라고도 한다.

비경구용 영양이나 비경구용 의약품은 입이 하는 기능을 보완하는 것들이다. 질병이 생기면 신체의 각 부분이 제대로 기능하지 못하므로 그것을 보완해 주어야 한다. 비경구용 영양이나 비경구용 의약품은 특별한 처리를 하여야 한다. 특별한 처리의 대표적인 예가 멸균처리이다. 특별한 처리를 하는 이유는 몸이 나타내는 거부반응을 줄이고 새로운 감염을 줄이기 위한 것이다.

　식염수는 여러가지 용도로 사용된다. 식염수는 안과용으로도 사용
된다. 식염수는 코를 세정하기 위하여도 사용된다. 식염수는 세포생물학
과 분자생물학에서도 사용된다. 식염수에서 소금, 즉 염화나트륨의 농도
는 다양하다. 이것을 염화나트륨의 농도라고 한다. 농도가 낮은 것부터
정상적인 것 그리고 높은 것이 있다. 의학에서는 높은 농도를 거의 사용
하지 않는다. 하지만 분자생물학에서는 높은 농도를 사용한다. 정상적인
식염수(normal saline, NS)의 경우 염화나트륨의 농도는 0.90%이다. 이
농도는 질량농도를 말한다. 질량농도는 구성성분의 질량을 혼합체의 양
으로 나눈 것이다. 염화나트륨의 농도가 0.90%인 것을 생리식염수 또는
등장성의 식염수라고 한다. 등장성이라는 것은 운동 중 손실된 부분을
보충할 수 있도록 염화나트륨을 첨가한 것을 말한다.

　정상적인 식염수는 입으로 액체를 먹을 수 없는 환자와 탈수환자 그
리고 저혈량증 환자를 위한 정맥주사에서 사용된다. 정상적인 식염수는
무균목적을 위하여도 사용된다. 정상적인 식염수는 저혈량증이 적절한
혈액순환을 위협할 정도로 심각할 때 사용한다. 하지만 정상적인 식염수
의 급속한 주입은 대사성 산성 혈액증을 발생시킬 수도 있다. 하르토크
야콥 함부르거(Hartog Jakob Hamburger)가 1880년대 이후 정상적인 식
염수를 발명하였다. 함부르거가 임상적인 사용을 위하여 정상적인 식염
수를 발견한 것은 아니다.

　정상적인 식염수의 삼투성과 혈액 속에 있는 염화나트륨의 삼투성
은 매우 근접하고 있다. 하지만 양자가 완전히 일치하는 것은 아니다. 정
상적인 식염수의 주입량은 환자의 필요성에 따라 다르다. 정상적인 식염
수의 주입량은 성인의 경우 전형적으로 하루 1.5리터에서 3리터 사이이
다. 정상적인 식염수에는 1리터당 9그램의 염화나트륨이 들어 있다. 그
러면 1.5리터에는 13.5그램의 염화나트륨이 들어 있다. 3리터에는 27그

램의 염화나트륨이 들어 있다. 이것이 정상적인 식염수를 통하여 주입하는 하루 염화나트륨의 양이다.

식염수는 또한 감기의 증상을 줄이기 위하여 코 세정용으로 사용된다. 집에서 만든 식염수가 사용되기도 한다. 깨끗한 물에 약간의 소금을 타면 식염수가 만들어진다. 이러한 식염수로 코 속을 통과시킨 경험을 가진 사람들이 있다. 다만 이렇게 만든 식염수는 무균처리된 것은 아니다. 정상적인 식염수 이외에 염화나트륨의 농도가 낮은 것들도 특수 목적을 위하여 의학적으로 사용된다. 식염수에는 링거액(Ringer's solution)도 있다.

식염수는 1831년 유럽을 덮쳤던 인디언 블루 콜레라가 유행할 때 기원하는 것으로 알려져 있다. 식염수에 있어서 염화나트륨의 농도는 역사적으로 변화되어 왔다. 생리적 농도를 달성하는 데 있어서 돌파구는 시드니 링거(Sydney Ringer, 1836-1910)에 의하여 만들어진다. 시드니 링거는 개구리 심장근육조직의 신축성을 유지하기 위하여 최적의 소금농도를 결정하였다. 시드니 링거의 발견이 바로 받아들여진 것은 아니다. 정상적인 식염수라는 용어는 역사적인 근거가 미약한 것이다. 하르토크 야콥 함부르거는 사람의 피의 소금의 농도는 0.9%라고 제안하였다. 하지만 사람의 피의 소금의 농도는 0.6%이다.

소금은 나트륨(나트륨은 소디움: sodium이라고도 한다) 40%와 염소 60%로 구성되어 있다. 그래서 과학적인 이름이 염화나트륨이다. 바다는 염분이 3.5%이다. 소금은 동물에게 있어서 필수적이다. 그리고 소금의 맛은 사람이 가지고 있는 기본적인 맛의 하나이다. 동물의 조직은 식물의 조직보다 더 많은 양의 소금을 가지고 있다. 그래서 육식 위주의 식사를 하는 사람은 곡물 위주의 식사를 하는 사람보다 더 많은 양의 소금을 섭취한다. 곡물 위주의 식사를 하는 사람은 보완제가 필요할 수도 있다. 육식 위주의 식사를 하는 사람의 전형적인 예는 유목민이다. 많은 서구국가들에서 습관적인 소금의 섭취는 하루 10그램이다. 이것은 동유럽과 아시아보다 높은 것이다.

　같은 식물이라고 할지라도 자연 그대로의 것과 통조림으로 가공된 것은 나트륨의 함량에 있어서 많은 차이를 보인다. 토마토 주스의 경우 1컵당 나트륨의 함량은 2밀리그램이지만 통조림의 경우 230밀리그램이나 된다. 당근의 경우 1컵당 나트륨의 함량은 31밀리그램이지만 통조림의 경우 280밀리그램이나 된다. 280밀리그램은 0.28그램이다.

　미국의 경우 매일의 나트륨 평균섭취량은 2.3그램에서 6.9그램이다. 나트륨은 염화나트륨의 40%이므로 염화나트륨 10그램을 섭취하면 나트륨 4그램을 섭취하게 된다. 염화나트륨 5그램 속에는 2그램의 나트륨이 들어 있다. 나트륨의 생리적 최소 필요량은 하루 40밀리그램에서 300밀리그램이다. 좋은 건강을 위하여 필요한 나트륨 섭취량은 하루 500밀리그램이다. 생리적 최소 필요량과 좋은 건강을 위하여 필요한 섭취량은 평균섭취량보다 매우 적다. 채소에 들어 있는 나트륨의 양만으로도 성인에게 필요한 양을 충족시킨다. 소금이 많이 들어 있는 음식으로는 포테이토 칩, 프레첼(막대 모양의 짭짤한 비스킷이다), 팝콘, 간장, 스테이크소스, 마늘 소스, 소금에 절인 음식, 보존처리된 고기 등이다.

　나트륨은 사람의 몸에 유용한 기능을 수행하기도 한다. 나트륨은 신경과 근육이 제대로 기능하도록 돕는다. 나트륨은 물함량에 대한 자동조절에 관련되어 있는 인자 중의 하나이다. 하지만 식사할 때 너무 많은 나트륨을 먹으면 건강에 해롭다. 너무 많은 나트륨은 심근경색 또는 심장마비의 위험을 증가시키고 심장혈관계 질병의 위험을 증가시킨다. 또한 너무 많은 나트륨은 혈압을 상승시킨다. 그래서 건강관련 기구들은 일반적으로 사람들에게 소금의 섭취를 줄이도록 권고하고 있다.

　소금, 나트륨과 혈압과의 관계에 관하여 많은 연구들이 행해지고 있다. 먹는 나트륨이 낮은 국가들의 경우 고혈압이 드물다. 고혈압이 있는 성인들이 소금섭취를 줄이면 항상 정상적인 수준으로 내려가는 것은 아니지만 대개 혈압이 내려간다. 소금섭취를 많이 하면 다른 질병들도 악화된다. 그러한 질병으로는 천식, 위암, 신장결석, 골다공증 등이 있다. 나트륨의 제한을 받는 식사를 하는 사람들은 염화나트륨 대신에 다른 소금을 소비한다. 일반적으로 염화나트륨이 소금의 대표적인 예이지만 소금이 염화나트륨만으로 국한되는 것은 아니다.

　다른 소금을 소비하면 포타시움(potassium) 섭취가 증가한다. 그 이유는 염화나트륨 대체물들은 대개 높은 염화포타시움을 포함하고 있기 때문이다. 포타시움이 칼륨이다. 염화포타시움은 염화칼륨이라고도 한다. 염화나트륨이든지 염화칼륨이든지 이것들의 섭취문제는 결국 무기질, 즉 미네랄의 섭취에 관한 문제이다. 물질대체물에는 염화나트륨 대체물뿐만 아니라 설탕대체물도 있다. 설탕대체물은 감미료라고 한다. 설탕은 달기 때문에 감미료라는 용어를 사용한다. 감미료는 단맛을 내는 것이라는 의미이다. 염화나트륨을 대체하고자 하는 전략은 혈압을 낮추고 심장마비의 위험을 줄이는데 있어서 이점을 제공한다. 하지만 일부의 사람들에게 있어서 포타시움을 포함하고 있는 염화나트륨 대체물의 사용은 질병이나 죽음을 가져올 수도 있다.

　소금은 양념으로도 사용되고 식품의 보존제로도 사용된다. 부패, 악취, 변색을 억제하여 음식을 보존하는 화합물들을 산화방지제라고 한다. 아황산염이 일반적으로 식품첨가제(food additives)로 사용된다. 아황산나트륨, 메타중아황산 나트륨, 중아황산 나트륨이 그것들이다. 이것들은 모두 나트륨을 함유하고 있다. 음식에서 소금의 함량을 줄이거나 나트륨의 소비를 제한하는 것은 음식의 질과 속성에 영향을 준다. 이러한 것들 때문에 상업적인 음식가공업자들은 대개 그들의 제품에서 소금의 수준을 줄이지 않는다. 소금은 열량이 있을까? 이것이 소금의 영양적 가치에 관한 문제이다. 소금의 영양적 가치는 다음과 같다. 소금 5.5그램을 섭취하였다.

<소금의 영양적 가치>

탄수화물	0
단백질	0
콜레스테롤	0
지방	0
포화지방	0
열량	0

소금의 종류에는 여러가지가 있다. 이들 소금의 성분의 함량은 다르다. 소금의 종류에는 천일염, 재제소금(재제조소금), 태움·용융소금, 정제소금, 가공소금이 있다. 규격은 일정한 기준을 말한다. 소금에서 말하는 규격은 소금이 가지고 있는 성분의 함량에 관한 기준을 말한다.

<소금의 종류와 규격>

구분	천일염	재제소금	태움·용융소금	정제소금	기타소금	가공소금
염화나트륨(%)	70.0 이상	88.0 이상	88.0 이상	95.0 이상 (해양심층수 염은 70.0 이상)	88.0 이상	35.0 이상
총염소(%)	40.0 이상	54.0 이상	50.0 이상	58.0 이상 (해양심층수 염은 40.0 이상)	54.0 이상	20.0 이상
수분(%)	15.0 이하	9.0 이하	4.0 이하	4.0 이하 (해양심층수 염은 10.0 이하)	9.0 이하	5.5 이하
불용분(%)	0.15 이하 (토판염은 0.3이하)	0.02 이하	3.0 이하	0.02 이하	0.15 이하	-
황산이온(%)	5.0 이하	5.0 이하	5.0 이하	0.4 이하 (해양심층	5.0 이하	5.0 이하

				수염은 5.0 이하)		
사분(%)	0.2이하	-	0.1 이하	-	-	-
비소 (mg/kg)	0.5 이하	0.5 이하	0.5 이하	0.5 이하	0.5 이하	0.5 이하
납(mg/kg)	2.0 이하	2.0 이하	2.0 이하	2.0 이하	2.0 이하	2.0 이하
카드뮴 (mg/kg)	0.5 이하	0.5 이하	0.5 이하	0.5 이하	0.5 이하	0.5 이하
수은 (mg/kg)	0.1이하	0.1 이하	0.1 이하	0.1 이하	0.1 이하	0.1 이하
페로시안 화이온 (g/kg)	불검출	0.010 이하	0.010 이하	0.010 이하	0.010 이하	0.010 이하

링거 주사액

링거 주사액(Ringer's solution, 링거즈 솔루션, 솔루션 자체는 용액이라는 의미이다)은 수용액의 일종이다. 수용액은 액체 상태의 용액이 물인 것을 말한다. 링거 주사액이라는 수용액에는 동물조직에 등장하도록 처리된 나트륨(나트륨은 소디움이라고도 한다), 포타시움(칼륨을 말한다), 칼슘의 염화물이 들어 있다. 링거 주사액에는 이러한 것들이 혼합되어 있다. 사람에게 주사하는 링거 주사액은 사람의 혈청을 닮도록 처리된다. 이것을 등장이라고 한다. 음료에도 등장처리한 것이 있다. 등장처리한 음료(isotonic drink)는 미네랄이 함유된 드링크를 말한다. 스포츠 드링크가 이에 해당한다. 링거 주사액은 생리적 식염수로도 사용되고 실험에서 사용되기도 하며 동물조직을 씻을 때에도 사용된다. 링거 주사액은 식염수보다 범위가 더 넓은 것이다. 식염수가 링거 주사액으로 제공될 수도 있다. 링거 주사액의 링거는 시드니 링거(Sydney Ringer)를 본뜬 것이다. 시드니 링거는 여러 물질들을 혼합하여 주사액을 만들었다.

링거 주사액 중에서 하나의 예를 들면 다음과 같다. 1리터당 염화나트륨 7.0그램, 염화칼륨 0.04그램, 염화칼슘 0.09그램, 중탄산나트륨 0.5그램이다. 이것이 사람의 몸에 무기질을 공급하는 방법이다. 피에이치(pH)를 균형시키기 위한 물질도 포함된다. 사람의 몸 속에 있는 액체는 일정한 pH를 유지하여야 한다. 피에이치는 용액의 수소이온 농도지수이다. 피에이치는 0에서 14까지 있다. pH 7미만은 산성을 나타내고 7이상은 염기성을 나타낸다. 링거 주사액에는 다른 것들도 추가된다. 세포를 위한 화학적 연료원, 즉 ATP, 덱스트로오스, 항생제, 항곰팡이제 등이 추가된다. 링거 주사액은 기관이나 조직에 관한 체외실험에서 사용되기도 한다.

링거 주사액은 1880년대 초 발명되었다. 시드니 링거는 개구리를 가지고 체외실험을 하고 있었다. 1930년대에는 원래의 용액이 미국의 소아과 의사인 알렉시스 하트만(Alexis Hartmann)에 의하여 더 많이 변형되었다. 하트만은 산성증을 치료하기 위한 목적을 가지고 있었다. 하트만은 링거 주사액에 젖산의 짝염기인 락테이트(lactate)를 추가하였다. 젖산은 젖당이나 포도당의 발효로 생기는 유기산이다. 락테이트는 pH의 변화를 완화시켜 준다. 락테이트는 산을 위하여 완충자로서 행동한다. 이러한 용액을 락테이트 링거 주사액이라고 한다.

폐렴의 위험성

폐렴에 의한 사망자수가 1년에 10,314명이나 된다. 폐렴은 병원체에 의해 폐에서 발생한 감염성의 염증을 말한다. 폐렴을 일으키는 원인은 다양하다. 세균에 의하여 발생하는 폐렴을 세균성 폐렴이라고 한다. 바이러스에 의하여 발생하는 폐렴을 바이러스성 폐렴이라고 한다. 진균에 의하여 발생하는 폐렴을 진균성 폐렴이라고 한다. 기도의 위(이것을 상기도라고 한다)가 감염되는 상기도 감염에 이어서 폐렴이 많이 발생한다. 상기도 감염은 가슴의 X-선에 의하여 진단이 가능하다. 폐렴에 걸리면 열이 나고 기침이 나며 호흡이 어려워진다. 폐렴은 누모니아(pneumonia)라고 한다. 누모니아는 그리스어 프네우몬(pneumōn)에서 왔다. 프네우몬은 폐라는 의미이다. 이아(-ia)는 병이라는 의미이다.

폐렴은 폐의 공기주머니(이것을 허파꽈리 또는 폐포라고 한다, 앨비올리: alveoli)가 액체로 채워지는 것을 말한다. 이것으로 인하여 허파꽈리는 호흡을 할 수 없다. 가슴의 X-선에 의하여 폐렴을 발견할 수 있는 것은 폐의 감염된 부위에 액체로 채워진 부분을 가슴의 X-선이 보여주기 때문이다. 이것은 물론 비정상적인 가슴의 X-선 사진이다. 폐렴을 일으키는 세균은 폐렴 구균(pneumococcus, 누모코쿠스)이다. 구균은 둥근 구 모양으로 생긴 세균을 말한다. 현미경으로 관찰하면 그렇게 보인다. 세균의 분류방법으로 가장 많이 사용되는 것은 세균이 생긴 모양이다. 누모코쿠스는 폐 또는 폐렴의 구균이라는 의미이다. 코쿠스는 구처럼 생긴 세균, 즉 구균을 말한다.

폐렴 구균은 스트렙토코쿠스(Streptococcus)라는 세균의 속에 소속되어 있다. 속은 생물의 분류상의 단위이다. 속 아래에는 종이 소속되어 있다. 스트렙토코쿠스는 코쿠스, 즉 구균이기 때문에 모양이 구 모양 또는 타원 모양이다. 스트렙토코쿠스는 추가적으로 쌍으로 또는 체인, 즉 연쇄상으로 존재한다. 쌍으로 존재하는 구균을 쌍구균이라고 한다. 연쇄상으로 존재하는 구균을 연쇄상 구균이라고 한다. 스트렙토코쿠스를 줄여서 스트렙(strep)이라고도 한다. 스트렙토코쿠스는 그람 양성균이다. 스트렙토코쿠스라는 이름은 비엔나의 의사인 알베르트 테오도르 빌로트

(Albert Theodor Billroth, 1829-1894)가 만든 말이다. 이것은 그리스어 스트렙토스(streptos)에서 왔다. 스트렙토스는 비틀린, 꼬인이라는 의미이다. 이것은 체인, 즉 연쇄상이라는 말과 같은 말이다.

코쿠스(coccus)는 그리스어 코코스(kokkos)에서 왔다. 코코스는 베리(berry)라는 의미이다. 스트렙토코쿠스는 피부, 점막, 소화관 등에 존재한다. 스트렙토코쿠스는 여러 그룹으로 나누어진다. 그 중에 그룹 A가 사람에게 있어서 병원체이다. 그룹 A는 패혈증, 인두염, 성홍열, 폐렴, 피부가 짓무르는 병인 농가진, 임파선염을 발생시킨다. 임파선염은 스트렙토코쿠스와 포도상구균(staphylococcus, 스타필로코쿠스)과 같은 세균에 의하여 피부와 같은 부위를 통하여 발병한다. 포도상구균은 포도 모양의 구균이라는 의미이다.

폐렴을 일으키는 세균으로 스트렙토코쿠스 속에 소속되어 있는 스트렙토코쿠스 누모니에(S. pneumoniae)가 있다. S는 스트렙토코쿠스라는 속명을 의미한다. 스트렙토코쿠스 누모니에는 폐렴을 일으키는 스트렙토코쿠스라는 의미이다. 스트렙토코쿠스 누모니에는 코의 인두에 증상 없이 존재한다. 그런데 몸이 약한 사람들, 즉 나이 든 사람, 어린이, 면역력이 약화된 사람에 있어서는 스트렙토코쿠스 누모니에가 질병을 일으키는 병원체로 되고 다른 장소로 퍼진다. 이것은 이어서 질병을 일으킨다. 스트렙토코쿠스 누모니에는 수막염, 기관지염, 패혈증, 화농성관절염, 심장에 생기는 심막염 등도 일으킨다. 스트렙토코쿠스 누모니에는 패혈증도 발생시킴으로써 사람을 더욱 위험하게 만들고 있다. 화농성이라는 것은 패혈증성을 말한다.

스트렙토코쿠스 누모니에는 염증의 주요한 원인이다. 이 염증이 생명을 위험한 상황으로 몰아가고 있는 것이다. 폐렴이 자주 생긴다면 면역력이 약화되었다는 것을 의미한다. 특히 입원환자가 폐렴에 자주 걸린다는 것은 특별한 조치를 필요로 하는 대목이다. 폐렴 자체도 위험하지만 면역력이 약화되었다는 것은 다른 질병에 걸리기 쉽다는 것을 의미한다. 폐렴은 매년 엄청난 사망자를 발생시키는 매우 위험한 것이다. 몸이 약한 사람들, 즉 나이 든 사람, 어린이, 면역력이 약화된 사람이 주변에 있다면 폐렴과 패혈증에 각별한 신경을 써야 한다. 우리나라에는 한때 일본뇌염으로 인하여 많은 사망자가 발생하였다. 2년 동안은 사망자수가 2,000명을 넘기도 하였다. 1949년에는 일본뇌염으로 인한 사망자수가 2,729명이었고 1958년에는 2,177명이었다. 그 후 일본뇌염에 관하여 많은 연구(논문의 수만 해도 엄청나다)가 이루어지고 결국 사망자수가 줄었다. 지금 폐렴과 패혈증에 관하여 특별한 연구가 필요한 시점이다.

마 이 신

마이신(-mycin)은 항생물질의 이름에 사용되는 단어이다. 단어의 끝에 마이신이 붙으면 항생제라는 의미이다. 마이신은 대개 곰팡이에서 얻는 항생물질이다. 항생이라는 용어는 생명체에 대항한다는 의미이다. 생명체에의 대항은 사람의 몸 속에서 이루어진다. 사람의 몸 속에는 많은 생명체들이 있다. 그러한 생명체 중에서 대표적인 것이 세균이다. 항생물질은 사람의 몸 속에 있는 세균에 대항하여 죽이는 물질이다. 세균을 죽이려면 세균의 몸을 파괴하여야 한다. 세균의 세포에 있는 세포벽을 파괴하는 것이 가장 좋은 방법이다. 마이신이 바로 이러한 기능을 한다.

세균은 사람의 몸 속에서 다양한 방법으로 몸의 기능을 방해한다. 세균과 사람의 몸은 전쟁을 하고 있는 것이다. 이 전쟁은 사람의 머리가 수행하는 것이 아니다. 그래서 머리는 그 전쟁을 잘 알지 못한다. 사람의 몸과 세균과의 전쟁에서 세균이 이길 때 질병이라고 한다. 질병이 생기면 사람은 약을 먹든지 수술해야 한다. 질병이 생기면 내 몸의 힘만으로는 세균을 감당하지 못할 수도 있다. 약을 먹으면 그 약이 세균의 세포에 있는 세포벽을 파괴하기 시작한다. 세포벽이 파괴되면 세균은 생명을 유지할 수 없다. 세균이 죽으면 사람은 질병에서 회복된다.

국가들은 무기를 만들 때 화학무기를 만들기도 한다. 많은 화학무기들이 금지되어 있다. 화학무기를 사용하면 화학물질이 사람의 몸의 기능을 방해한다. 화학무기는 사람에게 치명적이다. 방사선무기, 즉 핵무기 또한 사람에게 치명적이다. 그래서 화학무기와 방사선무기, 즉 핵무기의 사용은 금지해야 한다. 화학무기의 사용은 사람을 해치는 세균에 대하여 하여야 한다. 사람이 먹는 약은 세균에게 있어서 치명적인 화학무기이다. 약을 먹는 것은 세균에게 화학무기 공격을 하는 것이다.

사람은 때로는 방사선치료를 받기도 한다. 이것은 세균에게 방사선무기 공격을 하는 것이다. 이때 세균뿐만 아니라 사람의 몸도 공격을 받는다. 이것이 때로는 사람에게 해를 끼칠 수도 있다. 약도 마찬가지이다. 약을 남용하면 사람에게 해로울 수 있다. 이것을 방지하기 위하여 방사선치료와 약물치료는 특수한 처리를 한다. 하지만 그 처리가 아직 완전하지 못하다. 그래서 부작용이 발생하기도 한다.

마이신이라는 단어는 마이코(myco-)와 인(-in)이 결합하면서 o가 빠진 것이다. 마이코가 곰팡이라는 의미이다. 마이코는 그리스어 무케스(mukēs)에서 왔다. 무케스가 바로 곰팡이라는 의미이다. 마이신은 곰팡이에서 얻은 항생물질이다. 약은 바로 물질이다. 약은 물질이고 물질은 때로는 약이다. 음식도 물질이다. 그래서 음식도 약이 된다. 하지만 음식에 있는 물질, 즉 약은 농축된 것이 아니다. 약은 물질을 고농도로 농축한 것이다. 이것이 음식과 약의 차이이다. 세균을 죽이려면 고농도로 농축한 약이 필요하다.

세팔로스포린(cephalosporin)은 세팔로스포리움(Cephalosporium) 곰팡이로부터 분리한 몇 가지 항생물질을 통틀어 이르는 말이다. 세균의 세포벽 합성을 저해하며 강한 살균작용이 있어 페니실린이 듣지 않는 포도상 구균에 의한 감염을 치료한다. 마이신, 세파졸린, 세팔렉신, 세팔로스포린 모두 단어의 끝에 인(in)이 붙어 있다. 이것이 물질의 이름을 만드는 방법이다. 스포린(sporin)은 스포(spore)와 인(in)이 결합하면서 e가 빠진 것이다. 스포는 홀씨라는 의미이다. 홀씨는 대개 단일세포로 된 작은 재생산체, 즉 번식체이다. 홀씨는 열에 대하여 심하게 저항한다. 그리고 홀씨는 세균, 곰팡이 등에 의하여 생산되는 새로운 생명체에 들어가서 성장할 수 있다. 스포는 그리스어 스포라(sporā)에서 왔다. 스포라는 씨앗이라는 의미이다.

왜 약에 스포린, 즉 홀씨라는 이름이 붙었을까? 그것은 곰팡이에서 추출하였기 때문이다. 곰팡이는 분열하면서 홀씨로 번식한다. 곰팡이는 몸의 구조가 간단하다. 곰팡이는 동물과 식물에 기생하고 곳곳에서 생긴다. 곰팡이는 항생제의 주요한 공급원이다. 곰팡이는 사람에게 해롭기도 하다. 세팔로스포린이 분리된 세팔로스포리움이라는 용어는 속에 해당하는 학명이다. 이 학명을 약간 변형시켜 약의 이름으로 사용하고 있다. 세팔로스포리움에서 세팔로스포린을 추출한 것이므로 그게 그거다. 그래서 같은 이름을 사용한다. 페니실린(penicillin)은 페니실리움(Penicillium)이라는 속에 해당하는 학명의 이름을 약의 이름으로 사용하고 있는 것이다. 마이신 몇 가지를 살펴보자.

<마이신의 종류>

에리트로마이신	$C_{37}H_{67}NO_{13}$ 에리트로마이신(erythromycin) 효과에 있어서 페니실린과 비슷한 항생물질.
반코마이신	$C_{66}H_{75}Cl_2N_9O_{24}$ 반코마이신(vancomycin) 스피로헤타(재귀열, 매독의 병원체이다)에 쓰는 항생물질.
스트렙토마이신	$C_{21}H_{39}N_7O_{12}$ 스트렙토마이신(streptomycin)

	결핵에 대하여 성공한 최초의 약물.
악티노마이신 D	$C_{62}H_{86}N_{12}O_{16}$ 악티노마이신(actino-mycin) 땅속의 방사선세균으로부터 분리하는 항생물질.
세파드록실	$C_{16}H_{17}N_3O_5S$ 세파드록실(cefadroxil) 요로 감염증, 피부 감염증 따위에 사용하는 항생제의 하나. 세균의 세포벽을 파괴하여 살균작용을 한다. 마이신이라는 단어가 사용되지는 않았지만 세균을 죽이는 항생제들도 있다.
세파만돌	$C_{18}H_{18}N_6O_5S_2$ 세파만돌(cefamandole) 호흡 기관 감염증, 요로 감염증, 피부 감염증 따위에 사용하는 항생제의 하나. 세균의 세포벽을 파괴하여 살균작용을 한다.
세파졸린	$C_{14}H_{14}N_8O_4S_3$ 세파졸린(cefazolin) 호흡기관 감염증, 요로 감염증, 피부 감염증 따위에 사용하는 항생제의 하나. 세균의 세포벽을 파괴하여 살균작용을 한다.
세팔렉신	$C_{16}H_{17}N_3O_4S$ 세팔렉신(cephalexin) 가운데귀염, 폐렴, 기관지염 따위에 사용하는 항생제의 하나. 세균의 세포벽을 파괴하여 살균작용을 한다.
파로페넴	$C_{12}H_{15}NO_5S$
파니페넴	$C_{15}H_{21}N_3O_4S$
카루모남	$C_{12}H_{14}N_6O_{10}S_2$
그라미시딘	$C_{99}H_{140}N_{20}O_{17}$
세팔로스포린	세팔로스포린(cephalosporin) 세팔로스포리움(Cephalosporium) 곰팡이로부터 분리한 몇 가지 항생 물질을 통틀어 이르는 말. 세균의 세포벽 합성을 저해하며 강한 살균작용이 있어 페니실린이 듣지 않는 포도상구균에 의한 감염을 치료한다.

페니실린

페니실린(penicillin, PCN, pen)은 대표적인 항생제이다. 페니실린은 푸른곰팡이에서 얻은 항생물질이다. 페니실린은 세포벽의 합성을 저해하여 증식하는 세균을 죽인다. 페니실린은 폐렴, 패혈증, 매독 등을 치료하는 데 사용한다. 페니실린은 하나의 그룹을 지칭하는 것이기 때문에 페니실린에는 여러가지가 있다. 페니실린 G, 프로카인 페니실린, 벤자틴 페니실린, 페니실린 V 등이 그것이다. 페니실린은 역사적으로 의미가 크다. 왜냐하면 이전에 심각했던 많은 질병들에 대하여 효과적이었던 최초의 약이기 때문이다. 그런데 많은 세균들이 지금은 페니실린에 대하여 저항력을 가지고 있다.

노벨상 수상자인 알렉산더 플레밍(Alexander Fleming)이 페니실린의 발견에 기여하였다. 페니실린의 발견은 항생제발견의 근대적인 시대를 시작하는 것이었다. 1928년 플레밍은 곰팡이가 세균의 성장을 억제하는 물질을 방출한다고 생각하였다. 그리고 그러한 곰팡이가 페니실리움 곰팡이라는 것을 발견하였다. 플레밍은 페니실린이라는 용어를 만들었다. 페니실린은 여러 사람들의 노력에 의하여 약으로 사용할 수 있도록 개발되었다. 페니실린에 관한 최초의 출판물은 1875년 존 틴달(John Tyndall)에 의하여 나왔다.

1942년 492명을 죽게 한 보스톤의 코코넛 그로브(Cocoanut Grove)의 화재에서 살아남은 사람들이 페니실린 치료를 받았다. 페니실린이 감염을 성공적으로 막은 결과로 미국정부는 페니실린의 생산을 지원하고 군대에 페니실린을 분배하기로 결정하였다.

실린(-cillin)은 페니실린을 지칭하는 접미사로 사용된다. 그래서 페니실린 계통의 항생제에는 이름의 끝에 실린이라는 접미사가 붙어 있다.

페니실린의 재료인 페니실리움은 여러 분야에서 활용된다. 페니실리움은 유기산과 치즈를 만드는 데에도 활용된다. 페니실리움을 활용하는 치즈의 대표적인 예는 스틸톤(Stilton) 치즈이다. 스틸톤 치즈는 영국에서 만드는 푸른색 줄이 나 있고 향이 강한 치즈이다. 치즈를 만들 때 페니실리움 곰팡이는 치즈를 숙성시키는 기능을 한다.

페니실리움 곰팡이는 여러 곰팡이들 중의 하나이다. 그리고 페니실리움 곰팡이에는 여러 곰팡이들이 포함되어 있다. 페니실리움(Penicillium)의 실리움(-cillium)은 원래 라틴어로서 속눈썹이라는 의미이다. 실리움의 복수형은 실리아(-cilia)이다. 실리움은 진핵세포에서 발견되는 세포소기관이다. 실리아는 섬모라는 의미이다. 짚신벌레가 가지고 있는 그 섬모 말이다. 실리아에는 식물의 잎이나 동물의 날개에 나 있는 솜털이라는 의미도 들어 있다. 곰팡이들은 솜털이 보송보송한 모습이다. 특히 음식에 나 있는 곰팡이들이 그렇다. 펜(pen)은 잉크를 종이에 쓰는 필기도구이다. 펜은 라틴어 페나(penna)에서 왔다. 페나는 깃털이라는 의미이다. 페니실리움이라는 이름은 깃털과 솜털에서 온 이름이다.

페니실리움이라는 곰팡이 이름은 라틴어 페니킬리움(penicillium)에서 왔다. 페니킬리움은 화가의 붓이라는 의미이다. 붓 또한 깃털과 모습이 비슷하다. 페니실린은 페니실리움 곰팡이가 만든 분자이다. 페니실린은 사람의 몸 속에서 세균을 죽이거나 세균의 성장을 중단시킨다. 페니실리움 곰팡이는 300종이 넘는다. 페니실리움 곰팡이를 처음으로 설명한 사람은 독일의 자연주의자이자 식물학자인 요한 하인리히 프리드리히 링크(Johann Heinrich Friedrich Link, 1767-1851)이다. 링크의 아버지는 링크에게 자연사물의 수집을 통하여 자연에 대한 사랑을 가르쳤다. 링크는 식물들을 연구하였다. 다음은 대한민국약전에 나와 있는 페니실린의 구조이다.

<페니실린의 종류와 구조>

페니실린(penicillin, PCN, pen)은 대표적인 항생제이다. 페니실린은 푸른 곰팡이에서 얻은 항생물질이다. 페니실린은 세포벽의 합성을 저해하여 증식하는 세균을 죽인다.	
페니실린G나트륨	페니실린G나트륨(Penicillin G Sodium)
벤질페니실린나트륨	$C_{16}H_{17}N_2NaO_4S$ 이 약은 *Penicillium* 속을 배양하여 얻은 항세균활성을 가지는 페니실린계 화합물의 나트륨염이다. 이 약은 정량할 때 환산한 건조물 1mg에 대하여 페니실린 G($C_{16}H_{18}N_2O_4S$: 334.39) 1500-1750 단위(역가)를 함유한다. 이 약은 흰색의 결정 또는 결정성 가루이며 냄새는 없든가 또는 약간 특이한 냄새가 있다. 이 약은 물에 썩 잘 녹고 아세톤에는 녹기 어렵다. 이 약은 생리식염 주사액, 포도당 주사액에 썩 잘 녹는다. 이 약 0.6g을 물 10mL에 녹인 액의 pH는 5.0-7.5이다.
페니실린G칼륨	페니실린G칼륨(Penicillin G Potassium)
벤질페니실린칼륨	$C_{16}H_{17}N_2KO_4S$ 이 약은 *Penicillium* 속을 배양하여 얻은 항세균활성을 가지는 페니실린계 화합물의 칼륨염이다. 이 약은 정량할 때 환산한 건조물 1mg에 대하여 페니실린 G($C_{16}H_{18}N_2O_4S$: 334.39) 1430-1630 단위(역가)를 함유한다. 그 1단위는 페니실린 G 칼륨 0.57

	μg에 해당한다. 이 약은 흰색의 결정 또는 결정성 가루이다. 이 약은 물에 썩 잘 녹고 에탄올(99.5)에 녹기 어렵다. 이 약 1.0g을 물 100mL에 녹인 액의 pH는 5.0-7.5이다.
주사용 페니실린G칼륨	이 약은 쓸 때 녹여 쓰는 주사제로 정량할 때 표시된 단위의 93.0-107.0%에 해당하는 페니실린 G 칼륨($C_{16}H_{17}KN_2O_4S$: 372.48)을 함유한다. 이 약은 페니실린 G 칼륨을 가지고 주사제의 제법에 따라 만든다. 이 약은 흰색의 결정 또는 결정성 가루이다. 이 약 페니실린 G 칼륨 100000단위에 해당하는 양을 달아 물 10mL에 녹인 액의 pH는 5.0-7.5 이다.
나프실린	$C_21H_{22}N_2O_5S$
디클록사실린	$C_{19}H_{17}Cl_2N_3O_5S$
메실리남	$C_{15}H_{23}N_3O_3S$
메즐로실린나트륨	$C_{21}H_{24}NaN_5O_8S_2 \cdot H_2O$
메티실린나트륨	$C_{17}H_{19}N_2NaO_6S \cdot H_2O$
메탐피실린나트륨	$C_{17}H_{18}N_7NaO_4S$
설베니실린나트륨	$C_{16}H_{16}N_2Na_2O_7S_2$

제7장

체온, 혈압과 혈당

체 온

체온은 몸의 온도이다. 사람 몸의 조건과 기상상태를 표현하는 용어들에 공통된 것들이 여러 개 있다. 그 중의 하나가 온도이다. 압력도 있다. 기압은 대기의 압력이다. 사람에 있어서 압력은 혈압, 눈의 압력인 안압, 뇌의 압력인 뇌압 등으로 표현한다. 사람과 기상상태가 동일한 용어를 사용하지만 그 크기는 다를 수도 있고 비슷할 수도 있다. 체온은 그 크기가 기상상태와 같다. 혈압은 그 크기가 기상상태와 다르다.

체온은 어디를 재는 것이 정확할까? 직장(대장의 일부분이다)은 전통적으로 가장 정확히 내부 부위들의 온도(이것이 체온이다)를 반영하는 것으로 생각되어 왔다. 피부의 경우 체온이 상당히 넓은 범위에 걸쳐 있다. 귀를 통하여 체온을 재기도 한다. 사람의 체온조절기제는 자율신경계를 통하여 행동한다. 주로 뇌의 시상하부에 의하여 통제된다. 사람의 경우 몸의 열은 몸 속에 깊이 있는 기관들인 간, 뇌, 심장, 골격근의 수축에 의하여 발생한다. 뇌의 경우 생각하는 것도 열을 발생시킨다.

동물들은 직장의 온도가 16도(16°C) 아래로 떨어지면 생존할 수 없다. 이렇게 낮은 온도에서는 호흡이 매우 약해진다. 호흡이 중단된 후에도 대개 심장충격은 계속된다. 심장박동은 매우 불규칙해지고 중지하다가 다시 시작하기도 한다. 체온이 낮아서 발생하는 죽음은 주로 질식에 의한 것이다.

45도(45℃) 이상에서는 오랫동안 생존할 수 없다. 포유류의 근육은 50도(50℃) 정도에서 열로 인하여 경직된다. 이것을 열경직(heat rigor, 히트 리거, 리거는 경직, 엄격함이라는 의미이다)이라고 한다. 열경직이 발생하는 온도를 열경직의 온도라고 한다. 열경직의 온도는 마비의 온도라고도 한다. 온몸의 갑작스러운 경직은 생명의 존속을 불가능하게 만든다. 양서류의 마비의 온도는 38.5도(38.5℃)이고, 물고기는 39도(39℃)이며, 파충류는 45도(45℃)이고, 연체동물은 46도(46℃)이다.

체온은 생명체의 내부온도이다. 생명체 외부의 온도는 기온이다. 물 속에도 온도가 있다. 이것을 수온이라고 한다. 압력도 생명체 내부의 압력이 있고 외부의 압력이 있다. 외부의 압력은 기압이라고 한다. 물 속에도 압력이 있다. 이것을 수압이라고 한다. 내부의 압력 중에서 대표적인 것이 혈압이다. 뇌압도 있다. 생명체 외부의 온도와 외부의 압력은 생명체에게는 자기를 둘러싸고 있는 환경이다. 외부의 온도와 외부의 압력은 환경이 만드는 것이기 때문에 생명체가 어떻게 할 수 없다. 적응하면서 살아야 한다.

열은 왜 있을까? 포유류와 조류는 온혈동물이다. 온혈동물은 몸 속의 온도를 비교적 일정하게 유지할 수 있다. 반면에 냉혈동물은 환경의 온도에 따라서 몸 속의 온도가 변한다. 환경의 온도에 적응하는 방법은 2가지가 있다. 하나는 온혈동물처럼 몸 속의 온도를 비교적 일정하게 유지하면서 환경에 적응하는 방법이다. 그러려면 털도 있어야 하고 옷도 입어야 하며 불도 피워야 한다. 옷을 입고 불을 피우는 것은 사람이다. 다른 하나는 냉혈동물처럼 몸 속의 온도를 변화시키는 것이다. 그러면 털의 필요성이 감소할 것이다.

온혈동물이라고 해서 체온이 변하지 않는 것이 아니다. 이러한 변화는 외부적 원인에 의하여 발생하기도 하지만 내부적 원인에 의하여 발생하기도 한다. 내부적 원인 중의 하나가 질병이다. 온혈동물이 체온을 일정하게 유지하려면 체온을 조절할 수 있어야 한다. 온도의 조절은 물질대사의 원천으로부터의 열생산과 증발과 방출로부터의 열손실 사이의 균형을 나타내는 것이다. 추운 환경에서는 몸의 열은 혈관의 수축, 근육의 수축, 몸을 떠는 것에 의하여 보존된다. 몸을 떠는 것은 물질대사를 증가시킨다. 환경의 온도 4도(4℃) 이하에서는 나체의 사람이 열손실을 대체하기 위하여 필요한 물질대사를 충분히 증가시킬 수 없다. 소름이 끼치는 것, 털을 세우는 것, 털을 기르는 것도 몸의 열을 보존하는 방법들이다.

따뜻한 환경에서는 표면의 피의 흐름의 증가가 표면에서 열을 소멸시키기 위하여 기능한다. 환경의 온도 34도(34℃) 이상에서는 땀 속에 있는 물의 증발을 통하여 열이 손실되어야 한다. 온도와 습도가 모두 높을 때에는 증발이 느려지고 땀흘리는 것이 비효율적으로 된다. 대부분의 포유류는 땀샘을 가지고 있지 않다. 그래서 숨을 헐떡이는 것, 타액의 분비, 피부와 털을 핥는 것을 통하여 열을 내린다. 사람이 일을 하면 체온이 올라간다. 그러면 환경의 온도가 34도보다 낮아도 땀을 흘려야 한다. 이것은 효과면에서 환경의 온도가 올라간 것과 비슷하다.

사람과 동물에서 나타나는 여러 현상들 그리고 사람이 하는 일 또는 운동과 관련하여 발생하는 여러 현상들을 온도를 통하여 설명할 수 있다. 예를 들어 개가 숨을 헐떡이는 것, 타액의 분비, 피부와 털을 핥는 것의 원인은 위에서 이미 본 바와 같다. 온도는 동일한데 일을 하면 땀을 흘리는 이유, 달리기를 하였을 때(달리기는 일 또는 운동이다)의 현상, 추위를 이기는 방법도 체온을 유지하기 위한 행동들인 것이다. 일을 하면 환경의 낮은 온도에도 자신의 체온은 높아진다. 일, 즉 몸의 움직임을 통하여 환경의 온도의 변화를 상쇄시킬 수 있는 것이다. 환경의 온도는 사람에게 있어서 절대적인 것이 아니라 상대적인 것이다.

하지만 사람이 24시간, 그것도 계속하여 며칠을 일할 수는 없다. 결국 사람이 환경의 온도의 변화를 상쇄시킬 수 있는 것에는 한계가 있다. 이러한 한계를 극복시켜 주는 것이 난방장치이다. 난방장치는 24시간, 그것도 계속하여 가동할 수 있다. 이것은 사람이 도구를 이용하여 환경을 극복하는 하나의 예이다. 다만 난방장치는 몸의 체온을 변화시키는 것이 아니라 환경의 온도를 직접 변화시키는 것이다. 난방장치는 사람에게 환경 그 자체인 것이다.

극단적인 환경은 정상적인 체온을 유지할 수 없게 만든다. 체온이 높거나 체온이 낮으면 죽을 수도 있다. 몇몇 외과수술에서는 임시적으로 물질대사를 감소시키기 위하여 사람의 체온을 통제된 저체온으로 만든다. 온도조절기제를 재설정함으로써 발생하는 열은 세균 내부독소 또는 백혈구 추출물과 같은 열을 발생시키는 물질에 대한 반응이다. 생존할 수 있는 체온의 상위한계는 42도($42°C$)이고 하위한계는 다양하다. 사람의 내부 체온은 매일의 활동순환 속에서 변한다.

동면동물들의 경우 동면기간에는 환경온도보다 약간 더 높은 정도로 체온이 낮아진다. 포유류 동면동물들은 자동적으로 잠에서 깨어난다. 활동기에는 온혈동물이 된다. 동면은 체온조절기제가 임시적으로 체온이 떨어지는 것을 허용하는 것이다. 이것을 통하여 에너지를 절약한다. 고양이와 개들은 발바닥에만 땀샘을 가지고 있다. 말은 땀을 흘린다. 많은 동물들이 땀 대신에 숨을 헐떡이는 것은 허파가 넓은 표면지역을 가지고 있기 때문이다.

온혈동물이 감당할 수 있는 열과 추위에는 한계가 있다. 냉혈동물은 감당하고 생존할 수 있는 좀더 넓은 한계를 가진다. 너무 추운 것의 효과는 물질대사를 감소시키는 것이다. 그리하여 열생산을 감소시킨다. 이화작용과 동화작용의 경로는 모두 이러한 물질대사의 감소를 공유한다. 이렇게 감소된 물질대사의 효과는 우선 중앙신경체계, 특히 뇌에 의식에 관하여 알린다. 심장박동수와 호흡수가 모두 감소한다. 졸린 현상이 발생함에 따라 판단이 손상된다.

그리고 의식을 잃을 때까지 이러한 현상이 점차 깊어진다. 의학적 치료를 받지 않는다면 저체온증으로 인하여 사망하게 된다. 때때로 마지막을 향하여 경련이 발생하기도 한다. 결국 질식에 의하여 사망한다.

너무 높은 온도는 물질대사의 자원이 곧 소모되도록 만드는 속도로 다른 조직들의 물질대사를 빠르게 한다. 너무 따뜻한 피는 호흡센터의 물질대사의 자원을 소모함으로써 호흡곤란을 야기한다. 심장박동수는 증가한다. 심장박동은 불규칙해지고 궁극적으로는 중지한다. 심장박동이 불규칙해지는 것을 부정맥이라고 한다. 중앙신경체계는 고체온증과 섬망(delirium, 델리리움)에 의하여 심각하게 영향을 받는다. 또한 의식이 없어지고 혼수상태(comatose, 코마토스)로 몰아간다. 이러한 변화는 때때로 갑작스로운 열로 고통받는 환자에서도 발견된다.

섬망(譫妄, 한자는 '헛소리 섬, 헛될 망'이다)은 정신적 혼란의 임시적인 상태이다. 섬망은 높은 열, 독성중독, 쇼크 등으로 발생한다. 섬망은 걱정, 방향상실, 기억손상, 환각, 떨림, 비일관적인 언어 등을 특징으로 한다. 섬망의 원인이 제거되면 섬망은 없어진다. 섬망이 포함하는 내용들은 너무 광범위하다. 더군다나 그 내용들은 서로 성격이 다르다. 또한 섬망의 정도도 매우 다양하다. 그래서 섬망이라는 용어를 사용할 때에는 상당한 주의가 필요하다.

수술 후에 일시적으로 나타나는 현상도 섬망이라고 표현하고 있다. 하지만 이것은 일시적인 현상에 불과한 것이기 때문에 다른 것들과는 많은 차이가 있다. 수술 후에 나타나는 섬망은 시간이 지나면서 없어진다.

혈 압

혈압은 피의 압력이다. 혈압은 혈액이 흘러가도록 힘을 가하여 심장에 의하여 만들어진 에너지의 저장을 몸의 각 부분에 공급하는 기능을 한다. 혈액의 흐름은 산소와 영양분을 공급하고 이산화탄소와 같은 노폐물을 제거한다. 혈압이 없다면 혈액의 흐름은 있을 수 없다. 두 다리로 일어서는 동물인 사람은 몸의 모든 부분에 혈액을 공급하는 데 있어서 특별한 문제를 가지게 된다. 밑에서 끌어당기는 힘인 인력 때문에 머리에 있는 동맥의 혈압은 약 100mmHg이다.

혈압은 혈액이 혈관 속을 흐르고 있을 때 혈관벽에 미치는 압력이다. 심장에서 혈액이 나갈 때 혈관벽은 탄력성을 발휘하여 조금 넓어지고 동시에 혈액은 혈관벽에 대하여 혈압을 발생시킨다. 흔히 심장을 펌프에 비유한다. 펌프는 땅 속 깊은 곳에 있는 물을 땅 위로 끌어올리는 기능을 한다. 펌프는 고인 물을 빨아들여 특정한 목표에 물을 뿌리는 기능도 한다. 소방관들이 사용하는 펌프가 그런 것이다. 심장은 혈압을 활용하여 몸의 조직과 기관에 혈액을 뿌려준다.

펌프의 원리만큼 또는 펌프의 원리보다 더 잘 혈압을 설명하여 주는 것이 있다. 바로 소리이다. 소리의 크기는 2가지 점에서 혈압과 비슷하다. 소리의 크기는 음량이라고도 한다. 소리가 작으면 가까이 있는 사람만이 들을 수 있다. 멀리 있는 사람이 들을 수 있도록 하려면 소리를 크게 질러야 한다. 소리가 작으면 상대방의 고막에 소리가 도달하지 않는다. 이것은 동시에 멀리 있을수록 소리가 작아진다는 것을 의미한다. 소리를 만드는 목이 심장이고 고막이 혈관벽에 해당한다.

몸의 부분 중에서 심장으로부터 멀리 떨어져 있는 곳에 있는 것은 발가락 끝이다. 가장 가까이 있는 곳에 있는 것은 심장 바로 근처에 있는 것들이다. 혈압은 왜 중요할까? 혈압이 낮으면 몸의 조직과 기관에 혈액을 제대로 공급하지 못한다. 이것이 저혈압의 문제이다. 이때 가장 큰 타격을 입는 것(또는 가장 먼저 타격을 입는 것)은 심장을 기준으로 할 때 멀리 있는 곳에 있는 것이다. 그러다가 가까이 있는 곳에 있는 것도 타격을 받기 시작한다. 심장으로부터 멀리 떨어져 있는 곳까지 혈액을 도달하게 하려면 적절한 혈압이 있어야 한다. 이것은 동시에 멀리 떨어져 있는 곳에서는 혈압이 작아진다는 것을 의미한다.

이것은 동맥을 기준으로 한 것이다. 정맥은 혈액이 심장으로 들어오는 것이기 때문에 심장에 가까이 있다고 하여 혈압이 높아지는 것은 아니다. 심장으로부터 나오는 동맥에서 멀어짐에 따라 혈압은 줄고 심장 부근의 정맥에서는 음압(음의 압력)이 되기도 한다.

혈압은 심장박동의 세기, 동맥의 벽의 탄력성, 혈액이 혈관을 통과할 때 마주치는 저항(이것을 주변저항 또는 말초저항이라고 한다), 혈액의 양 (1박동당 심장 밖으로 펌프되는 혈액의 양이 중요하다. 이것을 스트로크: stroke, 양이라고 한다)과 점도, 개인의 건강, 신체적 조건에 따라 다양하다. 심장의 펌프질은 혈액을 혈관의 벽을 향하여 밀어낸다. 또는 뿌린다. 심장근육의 수축과 확장은 혈액이 흘러가도록 해준다. 혈압의 수준은 신장, 뇌, 심장, 내분비선, 혈관에 의하여 규제된다. 통증, 감정적 혼란, 카페인, 담배, 알코올은 수축기혈압을 증가시킬 수 있다.

혈관의 저항의 경우 저항이 높으면 동맥의 혈압이 높아진다. 저항은 혈관의 반지름과 관련되어 있다. 반지름이 클수록 저항은 낮아진다. 저항은 혈관의 길이와 관련되어 있다. 혈관의 길이가 길수록 저항은 높아진다. 저항은 혈관의 벽의 부드러움과도 관련되어 있다. 동맥의 벽에 지방축적이 생기면 혈관의 벽의 부드러움은 줄어든다. 혈관수축제는 혈관의 크기를 줄인다. 그래서 혈압을 증가시킨다. 나이트로글리세린과 같은 혈관확장제는 혈관의 크기를 크게 한다. 그래서 혈압을 감소시킨다. 모세혈관의 혈압은 6에서 25mmHg 정도이다.

혈액 그 자체가 두꺼워지면 동맥의 혈압이 증가한다. 혈액의 점도의 경우 빈혈은 점도를 감소시킨다. 빈혈은 적혈구세포의 농도가 낮은 것이다. 적혈구세포의 농도가 증가하면 혈액의 점도가 증가한다. 아스피린과 혈액희석제(혈액을 얇게 만드는 약이다)는 혈전이 되는 경향을 감소시킨다. 사람의 자율신경계는 이러한 상호작용인자들에 반응하고 조절한다.

혈압은 심장박동의 주기와 밀접하게 관련되어 있다. 혈압의 정상범위는 수축기 혈압 120mmHg, 확장기 혈압 80mmHg이다. 이것을 120/80mmHg라고 표시한다. 저혈압 또는 저혈압증은 혈압이 낮은 것을 말한다. 고혈압 또는 고혈압증은 혈압이 높은 것을 말한다. 하지만 정상범위를 벗어난다고 하여 바로 저혈압 또는 고혈압이라고 획일적으로 단정할 수 없다. 정상범위를 벗어난 것이 그리 크지 않을 경우 문제될 것은 없다. 바람직한 것은 혈압을 140/90mmHg 이하로 유지하는 것이다.

mmHg는 혈압을 측정하는 단위이다. 이것을 읽으면 밀리미터 에이치지(Hg) 또는 밀리미터 수은이다. Hg는 수은의 원소기호이다. 수은은 머큐리(mercury)라고도 한다. 머큐리에는 별이름 수성이라는 의미도 들어 있다. mmHg는 수은의 밀리미터(millimetre of mercury)이다.

수축기 때에는 심장의 근육이 수축하는 힘에 의하여 혈압이 올라간다. 심장이 수축할 때 여자의 정상적인 혈압은 12살에서는 120밀리미터 수은이다. 70살에서는 175밀리미터 수은으로 오른다. 남자의 경우 12살에서는 120밀리미터 수은이다. 70살에서는 160밀리미터 수은으로 오른다. 심장이 확장할 때 여자의 정상적인 혈압은 12살에서는 70밀리미터 수은이다. 70살에서는 95밀리미터 수은으로 오른다. 남자의 경우 12살에서는 70밀리미터 수은이다. 70살에서는 85밀리미터 수은으로 오른다. 어린이들의 경우 수축기 혈압은 약 100밀리미터 수은이다. 나이가 많아지면서 혈압이 오르는 것은 동맥이 두꺼워지기 때문이다. 혈압은 잘 때에는 내려간다. 혈압은 신체적인 활동을 하거나 감정적인 스트레스를 받으면 올라간다.

　　누워 있다가 일어서면 혈압이 내려간다. 이것을 자세에 의한 저혈압강하라고 한다. 강하는 내려간다는 의미이다. 자세에 의한 저혈압강하가 생기는 이유는 일어서면 혈액이 아래로 몰리기 때문이다. 혈압강하제는 혈압을 낮추는 약이다. 혈압강하제로 싸이아자이드(thiazide, 티아지드라고도 발음한다)가 있다. 싸이아자이드는 이뇨제이기도 하다. 이뇨제는 오줌을 잘 나오게 하는 약이다. 싸이아자이드는 부종을 치료하기 위하여 사용되기도 한다.

　　부종은 몸이 붓는 것을 말한다. 부종은 혈액 순환장애로 생긴다. 부종은 심장, 간, 신장 등의 질병으로 생긴다. 싸이아자이드는 고혈압에 기인하는 뇌졸중, 심근경색, 심장마비의 위험을 줄인다. 뇌졸중, 심근경색, 심장마비의 원인 중의 하나가 고혈압이다.

　　혈압이 낮으면 다리의 저림을 호소하기도 한다. 팔의 저림을 호소하기도 한다. 변비가 생기기도 한다. 혈압이 낮으면 뇌로 가는 혈류가 감소되기도 한다. 그러면 뇌가 제대로 기능할 수 없다. 그래서 현기증, 시력장애, 구역질이 생기기도 한다. 심한 경우 쇼크가 오기도 한다. 동맥의 혈압과 혈액의 흐름이 일정한 기준을 벗어나 감소하면 뇌의 관류(관류는 영양분과 산소를 공급하기 위하여 혈액이 몸의 조직과 기관에 도달하도록 혈관으로 혈액을 주입하는 것이다)가 심각하게 줄어든다. 다시 말하면 혈액의 공급이 줄어든다.

　　이것은 뇌의 기능을 손상시킨다. 그래서 현기증, 실신 등이 발생한다. 쇼크는 관류의 심각한 감소로 이어지는 복잡한 조건이다. 일반적인

기제는 대개 혈액의 양의 손실이다. 쇼크는 혈액을 정맥에 모아둔다. 이 것은 혈액이 심장으로 돌아가게 하는 것을 감소시킨다. 그리고 심장의 펌프질을 비효과적으로 만든다.

저혈압이 크게 문제되는 것은 저혈압이 사람을 사망으로 몰고 갈 수 도 있기 때문이다. 사람이 사망하기 전에 저혈압이 먼저 찾아온다. 이것 의 의미는 매우 중요하다. 환자에게 혈압이 어느 순간 낮아지면 혈액의 공급이 제대로 되지 않는다. 그러면 몸의 조직과 기관은 기능을 제대로 수행하지 못한다. 약물처방을 해도 끝내 혈압이 올라가지 않으면 심장을 기준으로 멀리 있는 조직이나 기관부터 큰 손상을 입게 된다. 발가락 끝 부터 부패가 시작한다.

그러면서 심장을 기준으로 가장 가까이 있는 곳 그리고 마침내 심장 까지 기능을 정지하게 된다. 혈압이 어느 순간 낮아지면 빨리 혈압을 올 려 놓아야 한다. 그래야지 생명이 소멸하는 과정을 중단시킬 수 있다. 건 강하던 사람의 혈압이 내려가서 저혈압이 되는 것과 지금 다른 질병 때 문에 환자로서 치료를 받고 있는 사람의 혈압이 어느 순간 낮아지면서 저혈압이 되는 것은 그 의미가 상당히 다르다.

지금 다른 질병으로 치료받고 있는 사람의 경우 이미 다른 질병 때 문에 몸의 기능이 손상된 상태이기 때문에 혈압이 어느 순간 낮아졌을 때 혈압을 올리지 못하면 그것으로 인하여 생명이 소멸하는 과정이 시작 하게 된다. 이 과정은 급속하게 진행하기 때문에 손쓸 겨를을 찾는 것이 쉽지 않다. 이것은 저혈압의 문제에서 매우 중요하다. 이것은 저혈압으 로 인한 다리의 저림, 팔의 저림, 변비, 현기증, 시력장애, 구역질과 본질 적으로 다른 것이다. 이것은 바로 생명과 연결되어 있다.

고혈압은 왜 나쁠까? 멀리 있는 사람도 들을 수 있게 하려면 소리를 크게 질러야 한다. 그런데 가까이 있는 사람에게 그것도 귀에 대고 큰 소리를 지르면 잘못하면 상대방의 고막이 파열될 수도 있다. 파열은 터지는 것이다. 고막이 파열되는 것은 고막이 외상을 받거나 센 압력을 받아서 터지는 것이다. 파열의 원인에는 여러가지가 있지만 센 압력도 원인이 될 수 있다는 것이 중요하다. 이것이 고혈압과 관련이 있다. 고혈압은 압력이 높은 것이기 때문이다. 고막(eardrum, 이어드럼)의 드럼(drum)은 북이라는 의미이다. 북을 세게 치면 북이 찢어진다. 찢어지는 것이 바로 파열이다. 북을 송곳으로 꼭 찌르면 북이 찢어진다. 즉 파열된다.

압력은 단위지역에 가해지는 힘이다. 이 힘이 세면 그 힘과 접촉하는 단위지역은 파열된다. 혈관파열이 일어나면 찢어진 혈관 사이로 피가 나온다. 혈관파열의 원인은 고막처럼 여러가지가 있다. 그 중의 하나가 압력이다. 외상 때문에 혈관파열이 생기기도 한다. 혈관은 사람의 조직과 기관 곳곳에 있다. 심혈관은 심장의 혈관이다. 뇌혈관은 뇌 속을 흐르는 혈관이다. 뇌동맥은 뇌에 있는 동맥이다. 간정맥은 간 안에 분포된 서너 줄의 혈관으로 모인 정맥이다. 피부혈관은 피부에 있는 혈관이다.

혈압은 대동맥에서 가장 세다. 혈압은 좀더 작은 혈관 속에서 계속하여 감소한다. 정맥에 이르면 혈압이 가장 낮다. 혈압은 동맥이 잘라지고 관통될 때 극적으로 스스로를 드러낸다. 그리고 압력하에 있는 혈압은 분출된다. 고막이 센 압력을 받아서 터지는 것처럼 북을 세게 치면 북이 찢어지는 것처럼 피의 압력이 높으면 피를 접촉하는 동맥들은 그 높은 압력의 영향으로 인하여 손상을 받게 된다.

고혈압은 소동맥들의 혈관수축을 증가시킨다. 고혈압은 특히 뇌, 심장, 신장, 눈 내부의 동맥들과 대동맥을 손상시킨다. 손상된 동맥들은 파열된다. 손상된 동맥들은 두꺼워지거나 단단해지고 좁아진다. 그 결과는 뇌졸중(stroke), 심근경색, 신부전, 시각손상, 동맥류, 대동맥의 파열이다. 또한 고혈압으로 인하여 왼쪽 심방이 두꺼워진다. 심장이 혈관 속의 증가된 압력을 극복하기 위하여 더 이상 두꺼워지거나 확대될 수 없을 때 심장은 약해진다. 이것은 심장마비로 이어진다.

동맥의 혈압은 동맥의 벽에 기계적 스트레스를 준다. 높은 압력은 심장의 작업량을 증가시킨다. 높은 압력은 동맥의 벽 내부에서 진행되는 건강하지 않은 조직의 성장을 증가시킨다. 건강하지 않은 조직으로 아테로마가 있다. 아테로마는 지방으로 된 작은 혹과 같은 것이다. 아테로마는 피부에도 생긴다. 혈압이 높을수록 더 많은 스트레스와 아테로마가 진행하고 심장근육은 두꺼워지고 커지며 더 약해진다.

건강검진실시기준에 의하면 혈압의 정상범위는 심장의 수축기에서 120mmHg 미만, 이완기 또는 확장기에서 80mmHg 미만으로 되어 있다.

압력을 재는 것을 압력계 또는 기압계라고 한다. 수은기압계에는 유리관에 수은이 들어가 있다. 유리관에서 수은으로 채워진 부분을 수은주라고 한다. 수은주는 수은이 기둥 모양을 이룬다는 의미이다. 수은주의 높이로 압력을 읽는다. 수은주의 높이가 압력의 크기인 것이다. 수은은 온도계에도 들어가 있다. 이 온도계가 수은온도계이다. 수은온도계 역시 수은주의 높이가 온도의 크기이다.

1mmHg는 입방 센티미터당 13.5951그램의 밀도를 가진 수은 1밀리미터 높이에 의하여 가해진 압력과 동일한 압력단위이다. 1mmHg는 133.322387415 파스칼(pascals, Pa)과 동일한 것이다.

파스칼은 압력의 단위이다. 파스칼이라는 용어는 프랑스의 철학자이자 수학자인 블레즈 파스칼(Blaise Pascal)의 이름을 본뜬 것이다. 파스칼은 단위면적당 가해진 힘을 측정한 것이다. 파스칼은 1평방미터당 1뉴톤(newton)으로 정의되어진다. 여기에 압력의 개념이 나와 있다. 압력은 단위 면적에 대하여 힘이 수직으로 누를 때의 힘의 단위이다. 압력은 힘이기 때문에 압력을 가하면 부피가 찌그러진다. 즉 부피가 작아진다. 1mmHg는 1파스칼의 133.322387415배이다.

지구에서 기준 대기압은 101.325킬로파스칼(kPa)이다. 1킬로파스칼은 1,000파스칼이다. 기준대기압은 1mmHg의 약 760배이다. 기준 대기압이 1mmHg의 약 760배라는 사실이 의미하는 것은 사람의 혈압은 대기압에 비하여 작은 압력이라는 것이다. 이 작은 압력의 변화가 사람의 생명을 좌우하는 것이다. 사람의 심장, 뇌, 혈관, 혈액시스템, 즉 순환시스템은 압력에 매우 민감하다. 이것을 빨리 알아차려야 한다. 그래야 건강하게 오래 살 수 있다. 지금 혈압에 영향을 주는 행동을 하고 있다면 그것을 중단하여야 한다. 사람은 혈압에 민감한 동물이다.

대기압은 공기의 무게에 의하여 생기는 압력이다. 1대기압을 mmHg로 바꾸면 대기압과 사람의 혈압의 관계가 나온다. 사람의 혈압을 76mmHg라고 하면 1대기압은 사람의 혈압의 10배가 된다. 대기의 기온은 사람의 체온과 큰 차이가 나지 않는다. 1대기압과 혈압은 10배 정도의 차이가 난다.

1mmHg는 토르(torr)와 약간의 차이를 보인다. 그 차이는 0.000015% 정도이다. 토르는 전통적인 압력의 측정단위이다. 지금은 기준 대기압의 760의 1을 토르라고 한다. 토르라는 용어는 이탈리아의 물리학자이자 수학자인 에반젤리스타 토리첼리(Evangelista Torricelli)의 이름을 본뜬 것이다. 토리첼리는 1644년 기압계의 원리를 발견한 사람이다.

1733년 스티픈 헤일스(Stephen Hales)는 동맥혈압에 대한 직접적인 측정에 관한 최초의 보고를 한 사람이다. 스티픈 헤일스는 말의 동맥에 튜브를 넣은 후 유리튜브 안에서 피의 기둥이 8피트 3인치 수직높이로 올라가는 것을 관찰하였다. 이것은 심장에 의하여 만들어지고 몸의 주요한 동맥으로 전송하는 힘을 나타낸다.

수성(水星)의 수(水)는 물 수이다. 수성은 머큐리(Mercury)라고 한다. 머큐리는 영어이고 라틴어는 메르쿠리우스(Mercurius)이다. 머큐리는 로마의 신이기도 하다. 머큐리가 관장하는 영역은 매우 많을 뿐만 아니라

서로 반대되기도 한다. 머큐리는 금전적인 이익, 상업, 감동, 시, 메시지, 통신, 여행자, 경계, 행운, 사기, 절도범 등을 관장하였다. 머큐리는 지하 세계로 영혼을 안내하는 역할을 담당하기도 한다. 머큐리는 이 곳에서 저 곳으로 빠르게 옮겨다닌다. 수성은 다른 별들보다 더 빠르게 움직이는 것처럼 보인다. 이러한 빠른 움직임이 로마의 신 머큐리라는 이름으로 이어진다. 머큐리를 여행자성이라고 번역하는 것도 좋은 번역이다.

머큐리는 수은(水銀)을 의미하기도 한다. 수은의 은(銀)은 은 은이다. 연금술사들은 모든 금속들이 수은에서 형성되는 것으로 생각하여 수은을 제1의 물질이라고 생각하였다. 수은의 원소기호는 Hg이다. Hg는 하이드라지럼(hydrargyrum)에서 따온 것이다. 하이드라지럼의 H와 g를 합하여 Hg가 되었다. 하이드라지럼은 그리스어 히드라르기로스(hydrargyros)의 라틴어화된 형태이다. 히드라르기로스는 물의 은, 즉 수은이라는 의미이다. 그리스어 히드르(hydr-)는 물이라는 의미이다. 아르기로스(argyros)는 은이라는 의미이다. 그래서 하이드라지럼은 수은이라는 의미이다. 수은의 수는 바로 이러한 물을 의미한다. 머큐리를 수성이라고 한 것은 수은의 이름에 물이 들어가 있기 때문이다.

수은은 물처럼 액체이고 은처럼 빛이 난다. 그래서 수은을 하이드라지럼, 즉 물의 은이라고 부른 것이다. 수은을 머큐리라고 하는 것은 로마에서 속도와 기동성의 신인 머큐리라는 이름을 본뜬 것이다. 머큐리는 신이자 물질이자 우주의 별의 이름이다. 신과 물질 그리고 우주가 이름을 통하여 조화를 이루고 있다. 신은 정신과 영혼의 의지처이다. 그럼에도 불구하고 물질의 이름으로 사용된다. 더 나아가 우주의 별을 신과 물질로 감싸고 있다.

혈관의 구조와 동맥벽의 구조

혈관의 구조

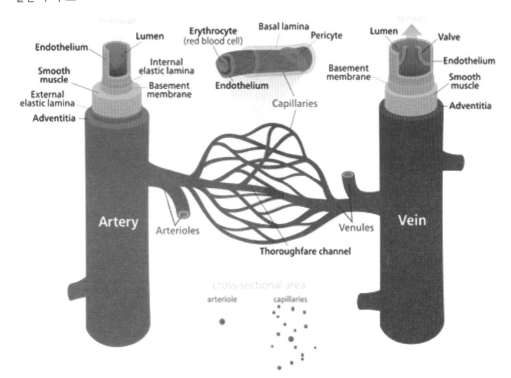

용어번역

아터리(artery): 동맥. 베인(vein): 정맥. 아터리올(arteriole): 세동맥. 세동맥은 작은 동맥이라는 의미이다. 베이뉼(venule): 소정맥. 소정맥 또한 작은 정맥이다. 소정맥은 피가 모세혈관(capillary, 캐필러리)으로부터 정맥으로 돌아오도록 하는 혈관이다. 써러페어 채널(thorougfare channel): 통행통로. 아드벤티티아(adventitia): 외막 또는 외피. 동맥을 바깥에서부터 살펴보자. 아드벤티티아는 바깥쪽에 있는 외막 또는 외피로서 혈관에도 있고 내장 기관 또는 기타 조직체에도 있다. 아드벤티티아는 혈관의 외피이다. 익스터널 일래스틱 라미나(external elastic lamina): 외부의 탄력적인 층 또는 막. 라미나는 조직의 얇은 층 또는 막을 말한다.

스무드 머슬(smooth muscle): 민무늬근 또는 평활근. 원래 스무드는 부드러운이라는 의미이다. 스무드 머슬은 부드러운 근육이라는 의미이다. 인터널 일래스틱 라미나(internal elastic lamina): 내부의 탄력적인 층 또는 막. 베이스먼트 멤브레인(basement membrane): 기저막. 베이스먼트는 원래 기초 또는 지하라는 의미이다. 이것을 기저라고 번역하고 있다. 엔도텔리움(endothelium): 내피. 엔도(endo-)는 내부의라는 의미이다. 루멘(lumen): 강, 공간 또는 운하. 루멘은 도관기관(도관이 형성되어 있는 기관. 튜브가 바로 도관이다)의 강 또는 운하라는 의미이다. 이 도관을 통하여 피가 이동하게 된다. 루멘은 빛의 양을 측정하는 단위라는 의미도 가지고 있다. 루멘은 라틴어 루멘(lumen)에서 왔다. 이것은 빛이라는 의미이다.

정맥의 경우에도 동맥과 비슷하게 되어 있고 용어도 동일하다. 정맥에 있는 밸브(valve)는 글자 그대로 밸브이다. 모세혈관을 살펴보자. 베이슬 라미나(basal lamina): 기저판. 베이슬은 기초의라는 의미이다. 베이슬 라미나에서는 라미나를 판이라고 번역하고 있다. 엔도텔리움(endothelium): 내피. 페리사이트(pericyte): 주위세포. 페리(peri-)는 주위의, 주변의라는 의미이다. 사이트(cyte)는 세포라는 의미이다. 이리스러사이트(erythrocyte): 적혈구. 적혈구는 레드 블러드 셀(red blood cell)이라고도 한다. 이상으로 혈관의 구조를 모두 살펴보았다. 혈관의 구조에서 구조를 구분하는 기준으로 삼을 수 있는 것은 근육이다. 근육을 기준으로 바깥에 있는 것도 있고 안에 있는 것도 있다. 혈관의 구조에서 다음의 것들을 기억하면 된다.

혈관의 구조

외막 또는 외피(아드벤티티아)
라미나
근육
내피(엔도텔리움)
루멘

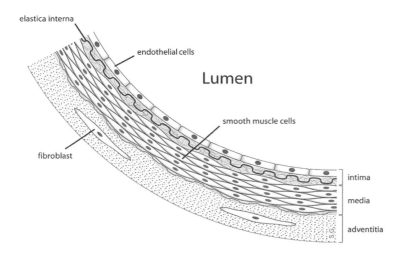

동맥벽의 구조

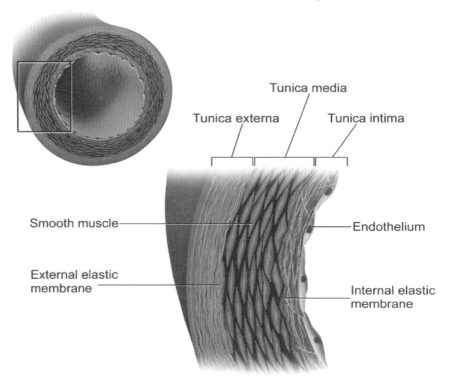

The Structure of an Artery Wall

Tunica media

Tunica externa   Tunica intima

Smooth muscle —————————————— Endothelium

External elastic
membrane

Internal elastic
membrane

용어번역

월(wall): 벽. 일래스티카 인테르나(elastica interna): 내부의 탄력. 피브로
블라스트(fibroblast): 섬유아세포. 인티마(intima): 가장 내부의 막. 미디아
(media): 중간층. 엑스테르나(externa): 외부층. 셀(cell): 세포. 투니카
(tunica): 층. 투니카는 혈관벽의 조직층처럼 기관이나 부위의 층을 형성하
는 조직을 말한다. 혈관의 층 전체를 혈관벽이라고 한다. 투니카라는 용어를
사용하여 혈관의 층을 구별하면 투니카 아드벤티티아(투니카 엑스테르나라
고도 한다), 투니카 미디아, 투니카 인티마가 있게 된다. 투니카 미디아는 평
활근으로 이루어진 중간층이다. 중간층은 얇다. 투니카 인티마는 내피세포
(엔도텔리움 세포)이다.

혈관의 구조를 통하여 혈관에 생긴 질병을 설명할 수 있다. 정맥류 중에서 하지 정맥류는 정맥이 늘어나서 피부 밖으로 돌출되어 보이는 것이다. 이미 본 바 있는 정맥의 밸브(판막이라고도 번역한다)는 혈액의 흐름을 항상 심장 쪽으로 일정하게 유지시키는데, 하지 정맥 내의 압력이 높아지면 정맥벽이 약해지고 밸브가 손상된다. 그러면 심장으로 가는 혈액이 역류하여 정맥이 늘어나게 된다. 이로 인하여 늘어난 정맥이 피부 밖으로 보이게 된다. 피부 근처의 정맥에 혈액이 모여 정맥이 늘어나고 피부 밖으로 보인다. 정맥류는 정맥 밸브의 기능손상으로 발생한다. 정맥류는 다리에서 많이 생긴다. 정맥류가 생기는 원인은 유전적인 요인, 정맥벽의 약화, 정맥에 대한 내부적 또는 외부적 압력 등이다. 정맥류는 임신중에도 발생한다. 이것은 호르몬의 비정상성이 정맥류에 일정한 역할을 하고 있다는 것을 알려 준다. 정맥류에 걸린 사람이 오랫동안 서 있으면 부풀어 오른다.

죽상동맥경화증은 혈관의 가장 안쪽 층인 내피(투니카 인티마, 즉 엔도텔리움)에 콜레스테롤 침착이 일어나고 내피세포의 증식이 일어난 결과 혈관이 좁아지고 막히게 된 것을 말한다. 그러면 혈액이 혈관을 따라 이동할 수 없게 된다. 침착은 달라 붙는 것을 말한다. 혈관이 제공하는 공간인 강, 즉 루멘은 내피세포의 증식으로 인하여 좁아질 수밖에 없다. 또한 콜레스테롤이 내피에 달라 붙으면 루멘은 좁아질 수밖에 없다. 이것이 경화증을 일으키고 혈액의 순환을 방해한다. 죽상은 죽 모양의 것을 말한다. 죽상동맥경화증은 아테로마(atheroma)와 관련되어 있다. 아테로마는 노란 지방 물질이다. 이것은 동맥벽의 안쪽인 내피 안에 또는 아래에 형성된다. 아테로마는 그리스어 아테로마에서 왔다. 그리스어 아테르(athêr)는 죽이라는 의미이다.

동 맥 류

혈관질병은 혈관에 생긴 질병이다. 혈관질병은 신체의 곳곳에서 발생한다. 동맥류(aneurysm, 애뉴리즘)의 류는 '혹 류'자이다. 동맥류의 혹은 주위보다 튀어나온 것을 말한다. 튀어나오는 원인 중의 하나는 그 부위가 팽창하기 때문이다. 동맥류는 혈관이 팽창하면서 그 부위가 피로 채워지는 것을 말한다. 동맥류는 혈관의 벽이 약화되어 생기기도 한다. 혈관의 벽이 약화되면 그 부분이 팽창한다. 이때 압력이 작용한다. 동맥류는 동맥자루라고도 한다. 동맥류는 대동맥에 많이 생긴다. 대동맥은 심장의 좌심실(왼쪽에 있는 심실이다)과 연결되어 있는 동맥이다. 사람의 몸에 혈액을 공급하는 동맥들은 대동맥으로부터 갈라져 나온 것이다. 대동맥은 심장의 좌심실과 몸의 각 부분을 혈액을 통하여 연결하고 있다.

동맥류는 선천적으로 동맥벽이 약해서 생길 수도 있고 후천적으로 동맥벽이 경화되어 발생할 수도 있다. 고혈압이 있을 때 발생하기도 한다. 동맥류는 동맥의 파열을 초래할 수도 있다. 동맥이 파열되면 동맥에서 출혈이 있게 된다. 이러한 출혈을 동맥출혈이라고 한다. 혈관의 파열은 기본적으로 출혈을 발생시킨다. 출혈은 위험하다. 동맥출혈로 인하여 사망할 수도 있다. 동맥류의 치료는 원인과 반대로 하는 것이다. 혈관의 벽을 튼튼하게 보완하는 것이다. 그 중의 하나는 인공혈관이다. 또 하나는 제거술이다.

그래서 동맥류를 치료하기 위하여 인공혈관이 사용되기도 한다. 인공혈관은 말 그대로 인공적으로 또는 인위적으로 만든 혈관이다. 인공혈관에는 합성 혹은 생체 고분자를 사용한다. 이러한 것으로 폴리테트라플루오르에틸렌 또는 포화 폴리에스테르의 고분자 섬유가 이용된다.

동맥의 특정 부분이 팽창하면 그 부분의 혈관벽은 약해진다. 동맥류의 원인 중의 하나는 매독이다. 동맥경화증(동맥벽이 경화된 것을 말한다)도

원인의 하나이다. 경화는 단단하게 굳은 것을 말한다. 동맥류는 세균에 의하여 생길 수도 있고 곰팡이에 의하여 생길 수도 있다. 총알과 칼에 의한 관통상에 의하여 발생할 수도 있다. 총알과 칼에 의한 관통이 혈관벽을 약하게 만들기 때문이다.

동맥류는 생기는 위치와 크기에 따라 다양한 증상을 만들어낸다. 또한 동맥류는 팽창하는 덩어리가 인접하고 있는 신경이나 중요한 기관에 미치는 압력에 따라 여러 증상을 만들어낸다. 심장의 심실에서도 동맥류가 발생한다. 이것을 심장의 심실동맥류 또는 심실류라고 한다. 심실동맥류는 종종 심근경색 후에 발생한다. 동맥류는 두개골에 있는 동맥에서도 발생하고 몸의 다른 부분에서도 발생한다.

경색은 몸의 특정 부분 또는 기관으로의 혈액순환이 막혀서 조직이 괴사, 즉 죽는 것을 말한다. 경색은 2가지 요소로 이루어져 있다. 하나는 혈액순환이 막히는 것이다. 다른 하나는 그로 인하여 조직이 죽는 것이다. 경색은 사람의 몸 곳곳에서 발생한다. 심근경색도 그 한 예이다.

비장, 신장, 폐, 뇌 등에서도 경색이 발생한다. 뇌경색은 뇌에서 발생한 경색이다. 뇌경색도 원리는 같다. 몸의 조직 또는 기관에서 가장 중요한 것은 그 곳의 혈관이다. 뇌의 경우 특히 그러하다. 뇌경색은 뇌에 혈액공급이 되지 않아 그 조직이 죽는 것이다. 괴사, 즉 조직이 죽는 이유는 산소가 공급되지 않기 때문이다. 산소를 공급하는 것이 바로 혈액이다. 혈액이 공급되지 않으면 산소 또한 공급되지 않는다.

뇌 출 혈

뇌출혈(brain hemorrhage, cerebral hemorrhage, 세리브럴은 '뇌의'라는 의미이다. 헤모리지는 '출혈'이라는 의미이다)은 뇌에서 일어난 출혈이다. 뇌출혈은 뇌에 있는 혈관이 파열(rupture, 럽처)되고 그로 인하여 뇌의 조직으로 피가 흘러 들어가는 것이다. 뇌출혈은 2가지 요소로 이루어진다. 하나는 혈관의 파열이다. 출혈과 파열은 매우 밀접한 관계이다. 헤모리지의 헤모(hemo-)는 피라는 의미이다. 리지(-rrhage)는 파열 또는 출혈이라는 의미이다. 리지는 파열과 출혈을 동일시하는 말이다. 엄밀하게 말하면 파열은 출혈의 원인이고 출혈은 파열의 결과이지만 양자는 동일시할 정도로 밀접한 관계에 있다. 다른 하나는 뇌의 조직으로 피가 흘러 들어가는 것이다. 피가 있을 자리는 혈관이다. 그런데 혈관이 찢어졌기 때문에 혈관 안에 피를 가두어 둘 수 없게 된다. 그러면 피가 다른 곳, 즉 몸의 조직으로 이동한다.

뇌출혈은 뇌일혈(腦溢血)이라고도 한다. 뇌일혈의 일(溢)은 '넘칠 일'이다. 일혈은 '피가 넘쳐 흐르다'라는 의미이다. 뇌일혈은 뇌에서 피가 넘쳐 흐른다는 의미이다. 일혈은 출혈과 같은 말이다. 뇌출혈은 출혈에 중점을 두는 용어이다. 뇌출혈의 본질은 혈관의 파열이라고 할 수 있다. 혈관의 파열은 혈관이 있는 곳이면 발생할 수 있다. 그 중에서도 뇌혈관은 중요하므로 뇌출혈 또한 중요하다. 뇌출혈은 뇌의 기능에 영향을 준다. 뇌는 중요한 여러 기능을 수행한다. 뇌는 정신적 기능을 수행하고 신체와 관련된 기능도 수행한다. 뇌출혈로 인하여 뇌가 손상되면 뇌의 정신적 기능이 저하되고 뇌가 수행하는 신체와 관련된 기능도 저하된다. 그래서 신체거동과 말하는 것에 문제가 발생한다.

대동맥파열은 대동맥이 파열되는 것이다. 대동맥파열은 외상에 의하여 발생하는 경우가 많다. 대동맥파열이 발생하면 출혈이 대량으로 발생한다. 대량의 출혈은 사망으로 이어질 수도 있다. 그래서 대동맥파열 시 출혈을 줄이거나 막는 일이 중요하다. 외상성 대동맥파열은 외상에 의하여 생기는 대동맥파열이다.

출혈은 피가 혈관에서 밖으로 나오는 것이다. 다시 말하면 출혈은 피가 자신의 이동통로를 이탈하는 것이다. 이러한 이탈에는 2가지가 있다. 하나는 피가 피부 밖으로 나오는 것이다. 피가 피부 밖으로 나오는 경우에는 몸의 주변조직으로 스며들지는 않는다. 다른 하나는 몸의 내부에서 출혈하여 주변조직으로 흘러가는 것이다. 피가 주변조직으로 흘러가면 주변조직은 영향을 받는다. 피가 자신의 이동통로를 이탈하게 되는 것은 혈관의 벽이 손상되었기 때문이다. 외상의 경우에도 혈관의 벽이 손상되었기 때문에 출혈이 발생한다. 그래서 출혈의 정도는 혈관의 벽의 손상 정도에 따라 다르다.

혈관이 열려 있는 한 출혈은 계속된다. 그리고 혈관 내부의 압력이 혈관 외부의 압력을 초과하는 한 출혈은 계속된다. 피가 나오는 곳을 눌러주면 혈관 외부의 압력이 높아지기 때문에 출혈이 멈춘다. 이것이 압박의 효과이다. 그런데 몸의 내부에서 발생하는 출혈은 압박을 하려고 해도 압박을 할 수 없다. 몸의 내부를 압박할 수 있는 방법이 없다. 그래서 몸의 내부의 출혈은 위험한 것이다. 출혈이 발생하면 응고물이 혈관에 접근하여 출혈을 중단시킨다. 하지만 출혈이 대량으로 발생할 경우에는 응고물로 되지 않는다.

통제되지 않는 출혈은 항응고치료로부터도 발생한다. 항응고치료는 혈액의 응고를 방해하는 치료이다. 이러한 치료는 혈액이 응고되면 안 되는 경우에 실시한다. 통제되지 않는 출혈은 혈우병에서도 발생한다. 통제되지 않는 출혈은 심각한 혈관손상에 의하여도 발생한다. 이러한 것들은 혈액의 대량손실과 쇼크로 이어질 수도 있다.

경막은 뇌와 척수를 싸고 있는 뇌척수막 중에서 바깥쪽에 있는 두껍고 단단한 막이다. 지주막은 경막과 연막 사이에 있는 엷은 막이다. 경막외 출혈, 경막하 출혈, 지주막하 출혈은 뇌조직 내부가 아니라 뇌조직 외부에서 발생하는 출혈이다. 이에 비하여 뇌출혈은 뇌조직 내부에서 발생하는 출혈이다. 뇌출혈은 종종 지주막하 출혈로 잘못 진단되고 있다. 왜냐하면 양자의 징후가 비슷하기 때문이다. 심각한 두통과 그 후의 구토는 뇌출혈의 징후 중의 하나이다. 일부의 환자들은 출혈이 발견되기 전에 혼수상태에 빠진다.

뇌출혈은 뇌졸중의 원인이다. 뇌출혈의 원인은 여러가지가 있다. 고혈압은 뇌출혈의 위험을 2배에서 6배까지 증가시킨다. 조직실질 내 출혈은 대개 머리를 관통하는 외상 때문이다. 또한 조직실질 내 출혈은 두개골의 함몰골절에 의하여 생기기도 한다. 골절(骨折)은 뼈가 부러지는 것이다. 골절의 절(折)은 '꺾을 절'이다. 외부의 강한 힘이 일시에 뼈에 작용하면 뼈가 부러진다. 만성적인 가압에 의하여 뼈가 부러지기도 한다. 질병으로 인하여 뼈의 조직이 침해됨으로써 뼈가 부러지기도 한다. 골절은 뼈가 있는 곳이면 발생할 수 있다. 두개골에서 생긴 골절이 두개골골절이다. 함몰골절은 함몰되면서 생긴 골절이다. 동맥류의 파열, 동맥과 정맥의 기형(이것을 동정맥기형이라고 한다), 암에 있어서의 출혈, 아밀로이드 맥관병, 대뇌정맥동 혈전증도 뇌출혈의 원인이다.

뇌 졸 중

뇌졸중(腦卒中, stroke)은 뇌중풍 또는 중풍(中風)이라고도 한다. 스트로크(stroke)도 그렇고 중풍도 그렇고 용어가 병에 관하여 설명해 주는 것은 하나도 없다. 중(中)은 가운데 중이다. 중(中)에는 사람의 몸이라는 의미도 들어 있다. 스트로크는 때리는 것이라는 의미이다. 풍(風)은 바람이라는 의미이다. 때리고 바람?

우리말에서 바람이라는 용어는 다양한 용도로 사용되고 있다. 젊은 남녀가 우연히 눈이 맞았다. 그래서 다음날 2시에 만나기로 하고 일단 헤어졌다. 다음날 2시에 약속장소에 갔더니 한 사람이 나오지 않았다. 이것을 바람맞았다고 한다. 배우자 중 한 사람이 한 눈을 팔고 있다. 그래서 다른 사람과 만나고 그 사람과 정이 든다. 이 배우자는 바람이 난

것이다. 다른 배우자는 바람을 맞은 것이다.

　뇌졸중은 뇌의 혈관이 막히는 것 또는 뇌의 혈관의 파열에 의하여 발생된 뇌기능의 상실이다. 뇌기능의 상실로 인하여 뇌졸중이 발생하면 뇌가 하는 일을 제대로 할 수 없다. 그런데 뇌가 하는 일은 매우 많다. 뇌출혈은 출혈에 중심을 두는 데 비하여 뇌졸중은 뇌기능의 상실에 중심을 둔다. 이것이 뇌출혈과 뇌졸중의 차이이다. 뇌출혈은 출혈이라는 증상 자체에 중점을 두는 용어이고 뇌졸중은 결과로서의 기능손상에 중점을 두는 용어이다. 양자가 동일한 것은 아니지만 양자는 원인과 결과로서 밀접한 관련을 가진다.

　뇌졸중은 근육의 통제 상실, 감각과 의식의 감소 또는 상실, 현기증, 명료하지 못한 언어 등을 특징으로 한다. 이러한 것들이 바로 뇌가 수행하는 기능이 손상되었을 때 발생하는 것들이다. 사람이 뇌기능을 상실하는 것은 뇌조직이 파괴되었기 때문이다. 뇌조직이 파괴되는 원인, 즉 뇌졸중의 원인은 뇌출혈, 혈전에 의한 파열, 색전(embolus, 엠벌러스. 색전은 피덩어리 또는 혈관 속을 순환하는 다른 외부의 물질 등과 같은 혈관 속의 장애물이다. 색전증은 색전으로 인한 질병이다. 색전병이라고 해도 된다) 등이다.

　색전(塞栓)의 색(塞)은 '막힐 색'이고 전(栓)은 '마개 전'이다. 마개도 막는 데 쓰인다. 색전은 막힌 것이다. 혈전(血栓)의 전(栓)도 '마개 전'이다. 색전이나 혈전이나 동일한 글자를 쓰고 있다. 폐색(閉塞)은 닫혀서 막히는 것이다. 장폐색은 창자의 일부가 막혀 내용물이 통과하지 못하는 것이다. 창자도 하나의 통로이다. 그 통로가 막히는 것이다. 엠벌러스는 혈관을 막기 위하여 혈류를 통하여 돌아다니다가 자리를 잡는 공기거품, 분리된 혈전, 외부의 물질과 같은 덩어리이다. 엠벌러스는 원래 라틴어이다. 그 뜻은 펌프의 피스톤이다. 피스톤은 펌프 안에 꽉 끼여 있는 원판이다. 자동차의 실린더에도 피스톤이 있다. 이 피스톤 또한 실린더 안에 꽉 끼여 있다. 이것이 바로 색전이다. 라틴어 엠벌러스는 그리스어 엠볼로스(embolos)에서 왔다. 엠볼로스는 중단시키는 역할을 하는 것, 마개라는 의미이다. 색전이나 혈전의 전이 마개 전인 이유가 바로 여기에 있다.

엠볼로스는 엠발레인(emballein)에서 왔다. 엠발레인은 '삽입하다, 집어넣다'라는 의미이다. 전기용품에서 사용하는 플러그(plug)는 마개, 구멍을 틀어막는 것이라는 의미이다. 귀마개는 이어플러그(earplug)이다. 혈전이나 색전은 한 마디로 혈관(이것이 구멍에 해당한다)의 마개인 것이다. 혈관 속의 콜레스테롤도 플러그, 즉 마개이다. 혈관의 마개 말이다. 혈관 속의 마개는 뽑아야 한다. 소켓에서 플러그를 뽑듯이 말이다. 그러면 혈관이 좋아한다. 그래야 사람이 건강하게 오래 산다. 건강의 비결은 다음과 같다.

"혈관 속의 플러그를 뽑아라."

엠벌러스, 즉 색전 중에서 분리된 혈전은 혈관의 벽에서 분리된 것이다. 기체 또는 공기의 거품은 공기색전이라고 한다. 주사를 놓을 때 공기가 들어가면 안 된다고 하는 것은 공기색전이 생기는 것을 막아야 한다는 것을 말한다. 일상생활에서 사용하는 호스에 공기가 차면 호스가 기능을 제대로 하지 못한다. 호스가 공기로 막힌 것이다. 이러한 경우 공기를 호스에서 빼주어야 한다. 도로에 차들이 혼잡하게 막혀 있으면 도로의 통행은 불가능하다. 그 도로를 이탈하여야 한다. 도로가 혼잡한 것을 컨제스천(congestion)이라고 한다. 도로의 혼잡은 교통량이 한계를 넘어선 것이다.

네트워크가 제어할 수 있는 통신량의 한계를 넘어선 통신 상태 또한 혼잡이라고 한다. 통신의 혼잡으로 인하여 서비스의 질이 떨어진다. 혈관 내에 색전이 생기면 혈관을 파열시키고 혈관을 이탈하려고 한다. 이것이 출혈이다. 그리고 울혈(鬱血)이 바로 컨제스천(congestion)이다. 울혈의 울(鬱)은 '울창하다'라는 의미이다. 울혈은 '피가 울창하다'라는 의미이다. 울에는 '답답하다'라는 의미도 들어 있다. 우울(憂鬱)의 울(鬱)도 '울창할 울'이다. 우울은 슬픔, 근심이 울창한 것이다. 우울은 슬픈 것을 말한다. 이것이 우울증(melancholy, 멜란콜리)이다.

일상생활에서 흔히 멜란콜리라는 말을 사용하고 있지만 이것이 의학에서 사용되면 우울증이라는 의미이다. 병원에 가서 좀 멜란콜리하다고 하면 우울증진단을 해 준다. 그런데 많은 사람들이 멜란콜리를 외로움으로 생각한다. 외로움이 사람을 우울하게 만들 수는 있다. 우울은 외로움보다는 슬픔을 본질적 요소로 한다. 그래서 외롭지 않은 사람들도 슬픔 때문에 우울증에 걸릴 수 있다. 누군가 주변에 있는 사람이 세상을 떠날 때 너무 슬퍼하면 우울해진다. 그렇다고 슬픔이 생기는 것을 막을 수는 없다. 하지만 슬픔이 지나치면 안 된다.

울혈은 혈관의 장애로 인하여 혈액이 정맥에 모여 뭉치는 것을 말한다. 울혈이 있으면 혈액의 액체성분이 혈관 밖으로 나오기도 한다. 이것이 수종(水腫)을 일으킨다. 울혈의 원인은 색전, 혈전, 혈관의 압박, 심부전 등이다. 수종은 조직 내부에 물이 고이는 것을 말한다. 부종(浮腫)은 조직의 틈 사이에 조직액이 고여 용적이 늘어나는 것이다. 그래서 부기를 느끼게 된다. 부종은 혈관, 림프관의 폐색으로 생기기도 한다. 혈종(血腫)은 출혈로 혈액이 한곳으로 모여서 된 혹과 같은 것이다. 같은 종자를 쓰지만 그 의미들이 서로 다르다.

엠벌러스, 즉 색전 중에는 작은 지방 덩어리, 세균물질의 무리, 암세포의 무리 등도 있다. 색전은 더 이상 나아갈 수 없을 정도로 작은 혈관에 이를 때까지 자유롭게 순환한다. 폐, 뇌, 심장으로 이어지는 혈관 속에 있는 색전은 만약 크기가 크다면 치명적이다. 팔이나 다리에 있는 색전은 괴저병으로 이어질 수도 있다. 그리고 궁극적으로 절단할 수도 있다. 응급수술에 의한 절단은 대개 고체색전에 대한 처리이다. 색전에 대항하여 혈관을 팽창시키는 약물과 항응고제가 처방되기도 한다.

항응고제는 혈액응고억제제라고도 한다. 혈액응고억제제는 혈전증과 수혈시에 사용되는데 혈액의 응고를 방지하는 것이기 때문에 부작용으로 출혈이 있다. 양자는 서로 다른 목적지를 향하여 가고 있다. 출혈과 혈액응고 사이의 조절은 매우 중요하다. 출혈도 막아야 하고 혈액응고도 막아야 하는 상황이 동시에 올 수도 있다. 이러한 상황을 딜레마라고 한다. 질병에 대한 치료의 많은 부분이 딜레마상황에 빠진다. 암세포를 죽이기 위하여 방사선치료를 받으면 건강한 세포도 같이 죽는다. 그래서 이것을 방지하기 위한 조치를 같이 취해야 한다. 괴저병은 조직이 죽는 것이다. 괴저병은 혈액공급이 제대로 되지 않기 때문에 발생한다. 세균의 침입과 부패가 수반된다.

혈전증은 혈전에 의하여 생기는 질병이다. 혈전증이 생기는 혈관에 따라 이름이 부여된다. 관상동맥에 생기는 혈전증은 관상동맥 혈전증이다. 정맥에 생기는 혈전증은 정맥혈전증이다. 뇌에 생기는 혈전증은 뇌혈전증이다. 뇌출혈과 혈전증은 대부분 수축된 동맥을 가진 나이든 사람들에게서 발생한다. 뇌출혈과 혈전증은 뇌혈관에 대한 염증성 또는 독성 손상에 의하여도 발생한다. 뇌색전증은 나이의 구애를 받지 않고 어린이들에게도 발생한다.

뇌졸중에 의하여 뇌손상이 심각하게 발생한 경우 혼수상태, 몸의 한쪽 면의 마비, 언어의 상실이 발생한다. 때로는 죽을 수도 있다. 회복 후에도 영구적인 신경학적 장애가 있다. 뇌손상이 가벼울 경우 대개 회복된다. 대부분의 생존자들은 재활을 필요로 한다. 고혈압은 머리속출혈과 뇌졸중의 주요한 원인이다. 고혈압은 식사, 약물치료, 스트레스 감소기술 등에 의하여 처리되고 있다. 혈전형성을 막기 위하여 매일 아스피린이 처방되기도 한다. 좁아진 목동맥에 대하여 수술적 교정이 실시되기도 한다. 목동맥은 경동맥이라고도 한다. 목동맥은 목에 있는 동맥이다. 큰 동맥들에 대하여는 때때로 혈전의 수술적 제거가 가능하다.

뇌졸중은 암, 심장질병과 더불어 사망의 주요한 원인이다. 스트로크라는 용어는 갑자기 스트럭 다운(struck down)되었다는 생각에서 왔다. 스트럭 다운은 '쓰러지다, 목숨을 빼앗기다'라는 의미이다. 뇌졸중의 졸(卒)은 '마치다, 죽다'라는 의미이다. 스트럭 다운과 의미가 통한다. 스트로크라는 용어를 사용하는 질병이 더 있다. 일사병은 선스트로크(sunstroke)라고 한다. 열사병은 히트스트로크(heatstroke)라고 한다.

스트로크라는 용어에 대하여 새로운 용어가 제시되기도 한다. 그 중의 하나가 뇌공격(brain attack, 브레인 어태크)이다. 이것은 심근경색(heart attack, 하트 어태크)에 대응하는 말이다. 뇌졸중은 뇌에 대한 공격이고 심근경색은 심장에 대한 공격이다. 암은 사람의 세포에 대한 공격이다. 치매는 사람의 정신에 대한 공격이다. 항생제는 세균의 세포에 대한 공격이다. 사람, 물질, 바이러스, 세균 사이에서 생존하기 위한 공격들이 몸부림치고 있다. 사람들은 모르는 사이에 누군가로부터 공격받고 누군가를 공격하고 있는 것이다. 이러한 공격에서 살아남기 위하여 공격하는 물질, 바이러스, 세균에 관하여 잘 알아야 한다.

뇌졸중에 의한 기능상실은 신경학적 결손에 의한 것이다. 뇌졸중에 의한 기능상실 중에서 몸의 한쪽 면의 마비를 반신부전마비라고 한다. 언어이해와 사용에 대한 손상을 실어증이라고 한다. 실어증은 뇌혈관의 폐색 또는 파열에 의하여 발생한다. 뇌졸중에 의한 신경학적 징후들은 영향을 받은 뇌의 부분에 의하여 결정된다. 뇌의 부분들은 특정한 기능을 수행하고 있다. 뇌의 기능들은 각각의 부분들에 분배되어 있다. 뇌졸중의 징후들은 비슷하게 기능에 의하여 부분화한다. 그래서 한쪽 면이 등장하게 된다.

뇌의 작은 부분을 담당하는 작은 소동맥들의 폐색은 순수한 감각적 반신부전마비 또는 운동 반신부전마비와 같이 좀더 고립된 효과로 이어진다. 전두 피질 또는 두정 피질과 같이 뇌의 조용한 부분에 있는 혈관들의 폐색 또는 파열은 미묘한 징후들로 이어진다. 이러한 징후들은 인식, 집행기능, 기억의 손상 등이다. 뇌졸중에 의하여 손상된 뇌기능 중에서 다른 징후들은 운동불능, 인지불능증 등이다. 운동불능은 운동행동의 집행기능이 손상된 것이다. 인지불능증은 친밀한 대상을 인지할 수 있는 능력을 상실한 것이다.

허혈(虛血)성 뇌졸중은 허혈로 인하여 발생하는 뇌졸중이다. 허혈의 허(虛)는 '비어 있다'라는 의미이다. 허혈은 피가 비어 있는 것, 즉 피가 없거나 부족한 것을 말한다. 허혈은 혈관의 수축 또는 혈관 속의 장애물로 인하여 몸의 조직이나 기관 또는 부분에 공급하는 혈액이 감소한 것을 말한다. 허혈은 혈액의 양이 감소한 것이다. 허혈을 국부적 빈혈이라고도 한다. 그런데 허혈과 빈혈은 차이가 있다. 빈혈은 혈액 자체에 문제가 있는 것이다. 허혈은 신체 곳곳에서 발생한다.

허혈은 동맥의 침해 또는 특정 부분을 담당하고 있는 모세혈관의 침해에 의하여 발생한다. 동맥의 침해는 알러지성 과민증, 아테롬성 동맥경화증, 염증, 혈압, 약학적 독성물질, 신경학적 질병 등에 의하여 야기된다. 주요 장기의 허혈은 심근경색, 뇌경색, 뇌졸중의 원인이다. 허혈성 심장질환은 허혈로 인하여 발생하는 심장질환이다. 허혈은 세포의 기능부전, 괴사로 이어지기도 한다. 허혈성괴사는 허혈에 의한 괴사를 말한다.

허혈성 뇌졸중의 원인은 복합적이다. 두개외동맥과 두개내동맥의 죽상경화증은 매우 자주 발생한다. 죽상경화증으로 생긴 뇌졸중은 모든 뇌졸중의 약 3분의 1 정도를 설명해 준다. 뇌졸중 시작 3시간 이내에 혈전용해제로 치료가 이루어지면 환자의 신경학적 결과를 향상시킨다. 치료상의 노력은 허혈적으로 손상된 뇌조직에 흐르는 혈액의 흐름을 최적화하기 위한 것이다. 치료상의 노력은 뇌손상을 피하기 위하여 신경에 대한 보호를 제공하고 신경 재활을 최대화하기 위한 것이다. 뇌졸중은 일시적인 허혈성 발작이라고 불리는 일시적인 신경학적 결손에 의하여 예고된다. 일시적인 신경학적 결손으로 한쪽 눈의 임시적인 시력상실, 반신부전마비, 실어증 등이 있다.

일시적인 허혈성 발작은 자주 두개외 경동맥의 죽상경화증과 함께 발생한다. 죽상경화증에 대한 위험인자의 통제는 뇌졸중을 감소시킬 것이다. 위험인자에는 고혈압, 흡연, 당뇨병, 증가한 콜레스테롤, 스트레스, 사무적인 생활양식 등이 있다. 아스피린과 다른 항혈소판제는 뇌졸중을 예방할 수 있다. 허혈성 뇌졸중은 부정맥과 심방세동과 같은 심장의 질병의 결과로서 심장으로부터의 색전에 의하여 발생한다.

빈혈은 혈액 속에 있는 적혈구의 수가 감소된 것 또는 헤모글로빈 농도가 부족한 것을 말한다. 헤모글로빈은 혈색소라고도 한다. 혈색소는 피에 있는 색소이다. 헤모글로빈은 적혈구 속에 있다. 헤모글로빈은 2가지 물질이 결합한 것이다. 헤모글로빈은 철을 함유하는 빨간 색소인 헴(heme)과 단백질인 글로빈(globin)이 결합한 것이다. 헤모글로빈에서 헴은 약 6%이고, 글로빈은 94%이다. 글로빈은 산소와 결합할 수 있다. 이것이 헤모글로빈이 사람에게 중요한 이유이다. 그런데 일산화탄소는 산소보다도 글로빈과 더 잘 결합한다. 일산화탄소의 양이 많아지면 글로빈이 산소가 아닌 일산화탄소와 결합한다.

그러면 헤모글로빈은 더 이상 몸의 조직과 기관에 산소를 공급할 수 없다. 산소가 없으면 몸의 조직과 기관은 기능할 수 없다. 일산화탄소는 연소에 의하여 발생한다. 그래서 화재시에는 일산화탄소가 많이 발생한다. 연탄을 피우는 것도 연소이자 화재이다. 연탄을 피우면 일산화탄소가 많이 발생한다. 일산화탄소가 많아지면 글로빈이 일산화탄소와 결합한다. 헤모글로빈은 더 이상 산소를 운송하지 않는다. 이것이 연탄가스 중독이다.

헤모글로빈은 구상단백질(globular proteins) 중의 하나이다. 구상단백질은 동그란 구(globe, 지구본도 구이다) 모양의 단백질이다. 단백질은 3

가지로 나눈다. 구상단백질, 섬유상단백질, 막단백질이 그것들이다. 구상단백질은 물에 조금 녹는다. 헤모글로빈은 글로빈을 가지고 있다 하여 글로빈단백질이라고 한다. 면역글로불린(immunoglobulins, Ig, 철자 2개를 추린 것이다)도 구상단백질이다. 면역글로불린에는 IgA, IgD, IgE, IgG, IgM이 있다. 알파 글로불린, 베타 글로불린, 감마 글로불린도 구상단백질이다. 글로불린은 혈장단백질이다. 혈장은 혈액의 액체 부분을 말한다. 주요한 물질대사 기능을 하는 거의 모든 효소들은 모양이 구형이다. 알부민도 구상단백질이다. 알부민은 다른 구상단백질과 달리 물에 완전하게 녹는다.

혈색소뇨는 헤모글로빈이 들어 있는 소변이다. 혈색소뇨는 몸 속에서 파괴된 대량의 헤모글로빈과 메토헤모글로빈이 섞여 나오기 때문에 검붉은 색깔이다. 혈색소뇨에는 다량의 단백질이 들어 있다. 혈뇨라는 것도 있다. 혈뇨는 소변에 혈액이 섞여 있는 것이다. 혈뇨의 원인으로 신장결석증, 혈관육종, 요로결석증, 창상, 전립선 선암종 등이 있다. 결석(stone: 스톤, 스톤은 돌이라는 의미이다, calculus: 캘큘러스, 돌이라는 의미이다. 캘큘러스는 수학의 미분을 의미하기도 한다)은 몸 안의 장기속에 생기는 돌과 같이 단단한 물질이다. 결석이 신장에 생기면 신장결석이고 요로에 생기면 요로결석이다.

캘큘러스는 라틴어 칼쿨루스(calculus)에서 왔다. 칼쿨루스는 작은 돌이라는 의미이다. 이 돌은 계산할 때 쓰는 작은 돌이다. 여기에서 2가지 의미가 캘큘러스에 생긴다. 하나는 돌이라는 의미이다. 캘큘러스가 결석증을 의미하는 것은 이러한 의미 때문이다. 결석증은 대개 무기염의 형태로 몸 속에 비정상적으로 응결된 것이다. 나트륨, 칼슘이 그러한 무기염에 해당한다. 무기염, 즉 나트륨, 칼슘을 너무 많이 섭취하면 결석증이 생긴다. 그러면 혈뇨가 생기기도 한다. 캘큘러스의 다른 하나의 의미는 미분이다. 수학의 미분을 캘큘러스라고 부르는 것은 이 때문이다. 돌과 미분.

계산할 때 쓰는 작은 돌이라는 의미의 칼큘루스에서 '계산할 때 쓰는'이라는 의미가 강조되어 수학의 미분이 되었다. 수학의 미분은 함수의 한계, 구별, 통합을 다룬다. 이 돌이 수학, 물리학, 경제학, 의학을 휘젓고 다니고 있다.

창상(創傷)은 칼날 등에 다친 상처를 말한다. 창상의 창(創)은 '다칠 창'이다. 총상은 총에 다친 상처이다. 창상과 총상은 혈관을 파열시킨다. 왜냐하면 혈관을 뚫고 들어가기 때문이다. 열창(裂創)은 상처가 찢어진 것을 말한다. 피부가 찢어진 상처를 열창이라고 한다. 개방창(開放創)은 피부나 점막이 찢어져 겉으로 나온 상처를 말한다.

욕창(蓐瘡)의 욕(蓐)은 깔개 욕이고 창(瘡)은 '부스럼 창'이다. 욕창의 창은 열창의 창과 다른 한자이다. 욕창은 오랜 기간을 깔개 등에 누워 지내는 환자의 엉덩이나 등에 생기는 부스럼이다. 좌창(痤瘡)의 창(瘡)이 욕창의 창과 같은 한자이다. 그러면 좌창도 부스럼 중의 하나일 것이다. 좌창은 털구멍 등이 염증을 일으켜 생기는 것을 말한다. 좌상(挫傷)은 외부의 충격에 의하여 피부 표면에는 손상이 없으나 내부의 조직이나 기관을 다치는 것을 말한다. 종창(腫脹)의 창(脹)은 완전히 다른 글자이다. 창은 '부풀다, 팽창하다'라는 의미이다. 종창은 염증, 수종, 종양 등으로 몸의 어느 부분이 부어오른 것을 말한다.

안압(눈의 압력)

눈도 압력이 중요하다. 눈의 압력은 눈압이다. 눈압과 관련되어 있는 질병으로 녹내장(綠內障)이 있다. 녹내장은 백내장과 많은 차이가 있다. 녹내장의 장이나 백내장의 장이나 고장, 장애라는 의미이다. 녹내장의 녹은 푸른이라는 의미이다. 백내장의 백은 하얀이라는 의미이다. 원래의 서양용어들도 모두 색깔만을 의미할 뿐이다. 녹내장은 녹색, 푸른색, 회색을 의미한다. 백내장은 하얀색을 의미한다.

　백내장과 녹내장은 고장난 부위가 서로 다르다. 그래서 치료법도 다르다. 녹내장은 안압의 상승으로 인해 시신경이 눌리거나 혈액공급에 장애가 생겨 나타난 시신경의 기능손상이다. 백내장은 수정체의 이상이다. 시신경은 눈의 신경이다. 시신경은 수정체를 통과한 물체의 모습이 맺히는 곳인 망막을 거친 시각정보를 대뇌와 중뇌에 전달하는 신경섬유다발이다. 시신경은 망막으로 들어가야 하는데 이 곳은 시신경원판 또는 시신경 유두로 불린다. 시신경의 표면은 뇌막(뇌막으로 경막, 거미막, 연막이 있다. 뇌막은 뇌에 있는 막이다)으로 싸여 있다.

　시신경은 이 망막의 시각정보를 시신경유두에서 나와 두개강으로 들어가 대뇌와 중뇌에 전달한다. 시신경에 장애가 생기면 시야결손이 나타나고 시력을 상실하게 된다. 각막의 후면과 홍채의 전면이 이루는 각을 전방각이라 한다. 전방각이 눌리면 방수(눈 안에서 만들어지는 물을 말하며, 눈의 형태를 유지한다)가 배출되는 통로가 막히게 된다. 이로 인하여 안압이 빠르게 상승한다. 이러한 안압의 상승으로 녹내장이 발생한다.

　폐쇄각 녹내장은 갑자기 상승한 후방압력 때문에 홍채가 각막쪽으로 이동하여 전방각이 눌려 발생하는 녹내장이다. 개방각 녹내장은 전방각이 눌리지 않고 정상적인 형태를 유지한 채 발생하는 녹내장이다. 녹내장은 시신경으로의 혈류에 장애가 생겨 시신경의 손상이 진행되는 경우에도 발생한다. 안압이 너무 낮으면 안구 자체가 작아지는 안구위축이 올 수 있고, 너무 높으면 시신경이 손상받게 된다. 안압은 주로 방수에 의해 결정된다.

　안압의 정상범위는 21mmHg이다. 방수가 제대로 배출되지 못하면 안압이 정상범위를 넘게 된다. 안압은 혈압과 비교하여 상당히 작다. 안압이 높은 상태가 계속되면 시신경유두에 부분적 함요가 생기고, 시야변화를 일으킨다. 주변부의 시야부터 점점 좁아진다. 이때 보이는 부분의 계속 시력은 유지된다. 시야변화는 시야결손 등으로 시작되며 결국에는 동심협착이 되고 최후에는 시력도 감퇴해서 실명에 이른다. 스테로이드제를 오래 쓴 경우에도 안압이 상승해 녹내장이 발생할 수 있다.

녹내장은 안압의 문제로 생긴 것이기 때문에 녹내장의 치료는 안압을 조절하는 것이다. 안압을 내리는 약물을 사용하면 안압을 내릴 수 있다. 안압이 내려간 후에는 홍채에 레이저를 이용하여 작은 구멍을 뚫어 방수의 순환 및 배출을 돕는다. 안혈류를 높이는 방법으로 치료할 수도 있다. 녹내장의 종류에 따라 레이저치료가 필요할 수도 있다. 눈에 레이저를 쏘여 눈의 구조를 바꾸어 안압을 내리는 것이다. 녹내장수술을 시행할 수도 있다. 안압을 내리는 약물로는 베타차단제, 교감신경흥분제, 부교감신경작동제, 선택성 알파-2 작동제, 프로스타글란딘계 약제 등이 있다. 녹내장수술로는 방수가 빠져나갈 수 있는 공간을 만드는 섬유주절제술과 눈 안에 방수유출장치를 넣는 방수유출장치삽입술 등이 있다.

<신의료기술의 안전성·유효성 평가 결과>

구 분	내 용
녹내장 방수유출관삽입술 Glaucoma Aqueous Tube Insertion 애퀴어스 (Aqueous)는 수분을 함유한이라는 의미이다.	1. 사용목적 　　안압조절 2. 사용대상 　　약물사용에도 조절되지 않는 개방각녹내장, 가성탈락녹내장, 색소성녹내장 환자 3. 시술방법 　　결막을 4mm 정도 절개한 후, 4mm×3mm의 공막 판을 만들고 각막과 홍채의 사이 공간에 구멍을 만들어 방수유출관(Ex-PRESSTM)을 삽입한 후, 공막판과 결막을 봉합 4. 안전성·유효성 평가결과 　　녹내장 방수유출관삽입술은 섬유주절제술과 비교 시 합병증의 발생 빈도가 유사하거나 낮은 안전한 기술이다. 　　녹내장 방수유출관삽입술은 약물사용에도 조절되지

	않는 개방각녹내장, 가성탈락녹내장, 색소성녹내장 환자를 대상으로 섬유주절제술과 비교 시 안압 감소에서는 우월하거나 유사한 정도의 효과를 보였고, 항녹내장 약물사용의 감소 및 시력의 호전 정도, 시술 성공률 등은 유사한 정도의 효과를 보인다. 따라서 녹내장 방수유출관삽입술은 약물사용에도 조절되지 않는 개방각녹내장, 가성탈락녹내장, 색소성녹내장 환자에서 안압 조절, 항녹내장 약물사용 감소 및 시력의 호전에 안전하고 유효한 기술이다. 5. 참고사항 　녹내장 방수유출관삽입술은 총 10개(무작위 임상시험 연구 1편, 비교관찰연구 1편, 증례연구 5편, 증례보고 3편)의 문헌적 근거에 의해 평가된다.
금판 삽입술 Gold Weight Implantation 토안은 토끼눈증이라고도 한다. 토안은 눈이 제대로 감기지 않는 것을 말한다. 원인은 안면신경마비, 안구돌출, 눈꺼풀 손상 등이다. 증세가 심하면 수술을 통해 일시적으로 위아래 눈꺼풀을 붙여주는 눈꺼풀 봉합술을 실시한다.	1. 사용목적 　토안의 교정 2. 사용대상 　토안 3. 시술방법 　상안검을 절개하여 검판에 금판을 얹은 후, 금판을 상안검 검판에 고정시킴 4. 안전성·유효성 평가결과 　금판 삽입술은 시술 후 주합병증인 금조각 노출이 3.5%(7/200명)로 낮았고 그 외 부종, 이동 등의 합병증은 경미하여 시간이 지남에 따라 사라지므로 비교적 안전한 기술이다. 금판 삽입술은 측두근 전이술과 적절한 눈감음에서 유사하였고, 스프링 삽입술보다는 적절한 눈감음과 증상 개선에서 더 좋았으며, 단일군 연구에서도 적절한 눈감음과 증상 개선이 보고된다. 따라서 금판 삽입술은 토안 환자를 대상으로 시술 시 눈감음을 적절하게 유지시키고, 증상을 개선하는데 있어 안전하고 유효한 기술이라는 근거가 있다고 평가한다. 5. 참고사항 　금판 삽입술은 총 22편(비교관찰연구 3편, 증례연구 16편, 증례보고 3편)의 문헌적 근거에 의해 평가된다.

뇌 압

두개내의 압력(줄여서 두개내압이라고도 한다)은 외부적인 힘에 의하여 뇌조직에 가해진 압력을 말한다. 외부적인 힘으로는 뇌척수액과 혈액을 들 수 있다. 정상적인 조건에서는 두개내에서 뇌척수액과 혈액의 안정된 양이 유지된다. 이것은 뇌에 가해지는 압력이 낮도록 만든다. 뇌척수액과 혈액의 증가는 두개내의 압력을 증가시킨다. 수두증은 뇌척수액의 증가를 야기한다. 출혈은 혈액을 증가시킨다. 출혈로 혈액이 혈관 밖으로 나오기 때문이다. 이러한 양의 증가는 뇌에 가하는 압력을 증가시킨다. 뇌에 가해지는 압력이 뇌압이다. 뇌압은 두개내의 압력과 같은 것이다. 두개내의 압력(intracranial pressure, 인트러크레이니얼 프레셔)을 뇌압이라고 번역하고 있다. 두개는 두개골의 두개와 같은 것이다.

두개내의 압력을 증가시키는 다른 원인으로는 종양, 뇌졸중으로 인하여 부풀어 오른 것, 감염, 외상 등을 들 수 있다. 두개내의 압력이 증가하는 것을 뇌압항진이라고 한다. 두개내의 압력이 오르면 두통이 생긴다. 심하면 혼수상태에 빠질 수도 있다. 이러한 증상이 나타나는 이유는 증가한 압력이 뇌를 압박하기 때문이다. 두개내의 압력은 휴식상태에서 등을 바닥에 대고 누우면 7~15mmHg이다. 20~25mmHg이면 압력을 떨어뜨리기 위한 치료가 필요하다.

헤모글로빈의 농도

헤모글로빈의 농도는 남자와 여자 사이에 차이가 있다. 그래서 남자와 여자의 빈혈의 기준이 서로 다르다. 남자의 경우 헤모글로빈의 농도가 13g/dL 이하이면 빈혈이다. 디엘(dL)은 데시리터라고 읽는다. 여자의 경우 헤모글로빈의 농도가 12g/dL 이하이면 빈혈이다. 임산부의 경우 헤모글로빈의 농도가 11g/dL 이하이면 빈혈이다. 빈혈을 진단할 때 적혈구의 수도 고려한다. 헤모글로빈의 농도를 가지고 빈혈진단을 하는 것은 헤모글로빈의 농도의 정상범위를 고려한 것이다.

헤모글로빈의 농도는 혈당의 농도와 관련되어 있다. 혈당의 농도의 장기적인 통제는 헤모글로빈A1c(Hb A1c)의 농도에 의하여 측정된다. A1c는 '에이 일 씨' 또는 '에이 완 씨'라고 읽는다. 헤모글로빈 A1c를 당화헤모글로빈이라고도 한다. 헤모글로빈 A1c의 비율을 검사하는 것을 당화헤모글로빈 검사라고 한다. 헤모글로빈 A1c의 농도를 직접적으로 측정하는 것은 많은 표본을 필요로 한다. 왜냐하면 혈당의 수준은 하루를 통하여 광범위하게 변하기 때문이다. 헤모글로빈 A1c는 헤모글로빈 A와 포도당의 불가역적 반응의 산물이다. 높은 포도당의 농도는 더 많은 헤모글로빈 A1c로 귀착된다.

이러한 반응은 매우 느리기 때문에 헤모글로빈 A1c의 비율은 혈액의 포도당의 평균화된 수준을 나타낸다. 이 포도당의 수준은 적혈구 세포의 삶의 반(전형적으로 50-55일이다) 동안에 평균화된 것이다. 헤모글로빈 A1c는 적혈구의 수명기간 동안에 느리고 일정한 비율로 만들어진다. 헤모글로빈 A1c의 비율이 6.0% 또는 그 이하이면 포도당에 대한 장기적인 통제상태가 잘 되어 있는 것이다. 헤모글로빈 A1c의 비율이 7.0% 이상이면 높은 상태이다.

이러한 검사는 당뇨병에 대하여 특히 유용하다. 헤모글로빈 A1c의 비율이 높으면 당뇨병에 있어서 포도당 과민성과 관련되어 있다. 적절한 인슐린 치료를 받으면 수준은 다시 정상적인 범위로 돌아온다. 주기적인 분석은 당뇨병에 대한 효과적인 통제를 평가하는 데 도움이 된다.

건강검진실시기준에 의하면 헤모글로빈의 정상범위는 남자의 경우 12.0~16.5g/dL, 여자의 경우 10.0~15.5g/dL로 되어 있다.

헤모글로빈의 농도의 측정단위는 그램 퍼 데시리터(g/dL, dL은 데시리터: decilitre를 줄인 것이다. 1데시리터는 10분의 1리터이다)이다. 13g/dL는

1데시리터당 13그램이라는 의미이다. 헤모글로빈의 농도, 즉 g/dL은 헤모글로빈의 무게를 계산한 것이다. 헤모글로빈의 농도는 가장 일반적으로 실시되는 혈액검사 중의 하나이다. 헤모글로빈의 농도를 측정하는 단위로 g/dL 이외에 그램 퍼 리터(g/L), 몰 퍼 리터(mol/L)도 있다. 몰 퍼 리터는 1리터당 몰의 수를 의미한다.

헤모글로빈의 산소포화도

헤모글로빈의 산소포화곡선은 S자 모양이다. 이것은 하위단위들 사이에 적극적인 협력이 있다는 것을 보여준다. 산소포화도는 헤모글로빈의 산소결합능력에 대하여 산소가 헤모글로빈에 실제로 결합하고 있는 양의 비율을 %로 표시한 것을 말한다. 헤모글로빈의 산소결합능력은 헤모글로빈의 농도와 관련이 있다.

헤모글로빈은 산소와 완전히 결합할 수도 있고 그러지 못할 수도 있다. 헤모글로빈이 산소와 완전히 결합하는 것을 산소결합능력이라고 한다. 이때의 산소의 양은 헤모글로빈과 결합할 수 있는 산소의 최대치이다. 헤모글로빈이 산소와 완전히 결합할 때 헤모글로빈 1그램에 대하여 산소 1.34밀리리터(mL)가 결합한다. 헤모글로빈의 농도가 13g/dL이고 혈액이 1dL라면 산소는 13그램이 된다. 이 13그램에 대하여 산소 17.42mL(13g×1.34mL=17.42mL)가 결합할 수 있다.

이러한 산소결합능력에 대하여 산소가 헤모글로빈에 실제로 결합하고 있는 양이 15mL라면 산소포화도는 86.10%가 된다. 산소포화도는 온도와 pH의 영향을 받는다. 산소포화도는 온도상승과 pH 하락에 의하여 감소한다. 체온이 높으면 산소포화도가 떨어진다. 몸의 pH가 하락하면 산소포화도는 감소한다. pH가 하락하면 몸이 산성화되는 것이다. 몸이 산성화되면 산소포화도는 감소한다.

저산소 혈증은 혈액 자체 내에 산소가 부족한 것이다. 저산소 혈증은 또한 빈혈에 의하여 발생할 수도 있다. 혈액의 산소수준을 높이기 위하여 산소요법이 사용될 수도 있다. 낮은 산소포화도에 의하여 생기는 저산소 혈증은 청색증(cyanosis, 사이아노시스)에 의하여 확인된다. 청색증은 피부와 점막이 푸른색을 나타내는 것이다. 입술, 손톱, 귀, 광대 등에서 나타난다. 해당 부위의 작은 혈관의 산소포화도가 떨어질 때 나타난다. 선천성 심장질병이 있으면 태어난 후 바로 또는 시간이 좀 지나서 청색증이 나타난다.

저산소 혈증이 있으면 호흡이 제대로 되지 아니하여 체내의 산소 분압이 60mmHg 미만이거나 산소포화도가 90% 미만이 된다. 세포에서의 물질대사는 산소를 이용한 물질대사와 산소를 이용하지 않는 물질대사가 있다. 산소를 이용한 물질대사를 호기성대사라고 한다. 산소를 이용하지 않는 물질대사를 혐기성대사라고 한다. 혐기성대사는 에너지효율이 낮고 대사과정에서 유산이 생긴다. 저산소 혈증이 발생하면 세포가 필요로 하는 산소가 부족하게 되고 이로 인하여 호기성대사가 혐기성대사로 바뀌어진다. 저산소 혈증이 심해지면 에너지를 생성하는 것이 어려워지고 세포는 죽게 된다.

동맥산소포화도는 동맥의 산소포화도를 측정한 것이다. 정맥산소포화도는 정맥의 산소포화도를 측정한 것이다. 정맥산소포화도는 몸이 얼마나 많이 산소를 소비하였는지 여부를 알기 위한 것이다. 임상적 치료 아래에서 정맥산소포화도가 60% 이하이면 몸에 산소가 부족한 것을 의미한다. 그러면 허혈성 질병이 발생한다. 정맥산소포화도의 측정은 종종 인공심폐장치로 치료하는 동안 실시된다. 이때 정맥산소포화도의 측정은 환자가 건강한 상태를 유지하기 위하여 얼마나 많은 흐름을 필요로 하는지에 관하여 정보를 준다.

헤모글로빈의 산소에 대한 친밀감은 조직수준에서 산소방출을 손상할 수도 있고 향상시킬 수도 있다. pH가 떨어지고 체온이 올라가며 동맥의 이산화탄소 부분압력이 올라가면 산소는 조직으로 더 쉽게 방출된다. 이것은 헤모글로빈의 산소에 대한 친밀감이 더 낮은 것을 의미한다. 헤모글로빈의 산소에 대한 친밀감이 매우 높으면 조직이 이용할 수 있는 산소는 더 적어진다. pH가 올라가고 체온이 내려가며 동맥의 이산화탄소 부분압력이 내려가면 산소의 헤모글로빈에 대한 결합은 증가하고 조직으로 방출하는 산소는 제한을 받는다.

산소포화도는 휴식, 운동, 의학적 치료중에 허파가 혈액에게 산소를 얼마나 잘 공급하고 있는지 여부를 평가해 주는 지표, 지수이다. 산소포화도는 피의 색깔을 결정한다. 또한 산소포화도는 피부를 통과하는 빛의 굴절을 결정한다. 옥시미터(oximeter)라고 불리는 산소포화도 측정장비는 산소포화도를 측정하기 위하여 굴절을 분석한다. 잘 공급된 산소를 가진 피는 색깔이 밝다. 이에 비하여 산소가 부족한 피는 어둡다.

병원에 가면 산소포화도를 측정한다. 입원환자의 경우 주기적으로 측정한다. 그것이 바로 위에서 본 내용에 관한 것이다. 산소포화도는 옥시미터를 사용하여 직접적으로 측정하기도 하고 산소해리곡선을 사용하여 구하기도 한다. 산소포화도는 산소헤모글로빈의 문제이기도 하다. 산소포화도는 산소헤모글로빈과 유효헤모글로빈의 용적비율이다. 이것은 산소함량과 최대로 수용가능한 산소함량의 백분율이다. 환경 속의 물에서도 산소포화도가 문제된다. 환경 속의 물에서의 산소포화도는 측정한 물의 산소량이 그 수온, 염분, 기압에서 포화량의 어느 정도인지를 %로 나타낸 것이다. 이것은 측정할 때의 수온, 염분, 기압 아래에서 산소가 녹아 있는 비율을 나타낸다. 물에는 헤모글로빈이 없기 때문에 헤모글로빈은 등장하지 않는다.

자연과 환경의 산소포화도는 흙과 수중에 용해된 산소의 양을 말한다. 환경의 산소화는 특정한 생태계의 지속가능성을 위하여 중요하다. 수중의 경우 15도(15°C)에서 산소포화도가 10mg/L라면 완전히 포화된 것이다. 강과 바다가 만나는 강 어귀에서 용해된 산소의 최적의 수준은 6ppm보다 더 높다. 자연에서의 불충분한 산소는 환경의 저산소증이라고 한다. 자연에서의 불충분한 산소는 유기물의 분해와 영양분오염으로 발생한다. 자연에서의 불충분한 산소는 연못과 강에서도 발생한다. 이것은 물고기와 같은 산소를 필요로 하는 생명체의 존재를 억압한다. 탈산소화작용은 식물과 몇몇 세균과 같은 혐기성 생명체의 상대적 인구를 증가시킨다. 이것은 물고기를 죽이게 된다. 이로 인하여 자연의 균형이 파괴된다.

혈소판의 수

혈소판(platelet: 플레이틀러트 또는 thrombocyte: 쓰람버사이트)은 혈액을 응고시키는 기능을 수행한다. 쓰람버(thrombo)는 덩어리라는 의미이다. 사이트(cyte)는 세포라는 의미이다. 쓰람버는 그리스어 트롬보스(thrómbos)에서 왔다. 트롬보스는 '덩어리'(clot: 클라트)라는 의미이다. 혈소판의 클라트는 혈전(blood clot)의 클라트와 동일한 것이다. 혈전 자체를 영어로 쓰롬부스(thrombus)라고 한다. 혈소판은 혈전과 밀접한 관련이 있다. 사이트는 그리스어 쿠로스(kutos)에서 왔다. 쿠로스는 속에 물건을 넣는 용기(container, 콘테이너)라는 의미이다.

혈소판은 작고 원반 모양을 한 세포 파편이다. 혈소판(血小板)의 소판은 작은 원반 모양을 번역한 것이다. 혈소판의 세포 파편은 핵을 가지고 있지 않다. 혈소판의 크기는 지름이 2~3μm(마이크로 미터, 마이크로: μ는 100만분의 1이다. 1마이크로 미터는 100만분의 1미터이다)이다. 혈소판의 수명은 5일에서 9일이다. 혈소판은 포유류의 피 속을 순환한다. 혈소판은 혈전의 형성으로 이어지는 응혈과 관련되어 있다. 혈소판의 수가 너무 적으면 과도한 출혈이 발생한다. 혈소판의 수가 너무 많으면 혈전이 형성될 수 있다. 혈전은 혈관을 방해한다. 이것은 뇌졸중, 심근경색, 폐의 색전, 팔과 다리와 같은 몸의 다른 부분으로의 혈관의 폐색(폐색은 막는 것, 봉쇄라는 의미이다)으로 귀착된다.

우리는 피부의 상처에서 피가 날 때 혈소판이 피를 응고시키는 것으로 생각하고 있다. 이것은 혈소판의 기능 중에서 외부의 상처에서 생기는 출혈을 방지하는 것을 생각하는 것이다. 혈소판이 몸의 내부, 즉 혈관에 너무 많이 있으면 색전이 형성된다. 색전은 생명을 위험에 빠뜨린다. 혈소판의 수의 비정상성 또는 질병을 혈소판증 또는 혈소판질병이라고 한다. 혈소판은 또한 성장요인을 방출한다. 이러한 성장요인들 중에서 일부는 결합조직의 보수와 재생에 있어서 중요한 역할을 수행한다.

혈소판은 지라에서 파괴된다. 지라는 비장이라고도 한다. 지라는 오래된 적혈구나 혈소판을 파괴하고 림프구를 만들어 낸다. 혈소판은 골수 내에 있는 거대세포로부터 갈라져 나온다. 그래서 세포 파편이라고 하는 것이다. 혈소판은 혈관이 손상되어 피부나 점막 등에 출혈이 생겼을 경우 활성화되는데 혈소판이 손상된 혈관벽에 붙어 공기와 접촉하면 트롬보키나아제(이름 자체가 덩어리를 활성화하는 효소라는 의미이다)라는 효소의 작용으로 혈장단백질 중 하나인 프로트롬빈이 트롬빈으로 된다. 트롬빈은 피브리노겐을 피브린으로 변화시켜 피브린이 혈액을 응고시킨다.

혈소판은 방사선에 피폭되면 그 수가 감소한다. 그래서 방사선의 피폭 여부를 알기 위하여 혈소판의 수를 검사한다. 혈소판의 수는 정상적인 경우 $1\mu L$(마이크로 리터)당 150,000개에서 450,000개이다. 건강한 사람의 95%가 이 범위 안에 있다. 혈소판의 수가 정상적인 범위 안에 있다고 하더라도 혈소판의 적절한 기능을 보장하는 것은 아니다. 일부의 경우 수에 있어서 적절하다고 하더라도 혈소판이 기능을 하지 못할 수도 있다.

아스피린은 사이클로옥시게나제-1(줄여서 COX1이라고 한다)을 억제함으로써 혈소판의 기능과 정상적인 응혈을 방해한다. 혈소판은 DNA를 가지고 있지 않기 때문에 새로운 사이클로옥시게나제를 생산할 수 없다. 정상적인 혈소판의 기능은 아스피린의 사용을 중지할 때까지 그리고 혈소판이 새로운 것으로 대체될 때까지 회복되지 않는다. 이때까지 걸리는 시간은 1주일 이상이다.

혈액의 양

혈액은 혈관 속을 흐르는 액체이다. 혈액은 사람의 몸무게의 7% 정도이다. 성인의 혈액은 평균적으로 약 5리터 정도이다. 혈액은 혈장(plasma, 플라즈마)과 여러 종류의 세포들로 구성되어 있다. 혈장이라는 말에 어떠한 특별한 의미가 있는 것은 아니다. 혈장은 혈액의 액체 부분을 말한다. 플라즈마는 혈액에만 있는 것은 아니다. 림프에도 플라즈마가 있다. 다만 혈액 속의 플라즈마를 번역하면서 혈이라는 말을 붙였기 때문에 림프에 있는 플라즈마는 혈장이라고 할 수 없을 뿐이다. 림프는 피가 아니기 때문이다. 플라즈마를 번역할 때 때로는 형질이라고 번역하기도 한다.

플라즈마라는 말은 물리학에서도 사용된다. 플라즈마는 고도로 이온화된 기체를 말한다. 플라즈마는 그리스어 플라스마(plasma)에서 왔다. 플라스마는 만들어진 어떤 것이라는 의미이다. 플라스마는 플라세인(plassein)에서 왔다. 플라세인은 '거푸집, 틀, 만들다, 얇게 펴다'라는 의미이다. 플라즈마 TV라는 것이 있다. 플라즈마 화면은 크기가 크고 얇은 것을 말한다.

PDP(plasma display panel)는 플라즈마 표시패널이라고 한다. PDP는 벽걸이 TV용 영상 장치를 말한다. 패널은 판이라는 의미이다. 패널은 판넬이라고 발음하기도 한다. 패널과 판넬은 같은 단어이다. LCD(liquid crystal display)는 액정화면이라고 한다. 크리스탈(crystal)은 결정체라는 의미이다. 액정은 액체상태의 결정체를 줄인 말이다. 그런데 플라즈마 또한 피 속의 액체를 의미하기도 한다.

혈액에 있는 세포로는 적혈구(red blood cells, RBCs), 백혈구(white blood cells), 혈소판이 있다. 부피를 기준으로 하면 적혈구는 전체 혈액의 45%를 구성한다. 혈장은 54.3%이다. 백혈구는 0.7%이다. 혈장은 주로 물이다. 부피를 기준으로 할 때 혈장의 물은 92%이다. 혈액 속의 세포는 이 혈장 속에 있는 것이다. 혈장 속에는 소멸되는 단백질, 포도당, 무기질(미네랄) 이온, 호르몬, 이산화탄소 등이 포함되어 있다.

알부민은 혈장 속에 있는 주요한 단백질이다. 알부민은 혈액의 콜로이드질 삼투압을 조절하는 기능을 수행한다. 적혈구는 헤모글로빈, 이온 함유 단백질을 포함하고 있다. 혈액의 pH는 7.35~7.45 정도이다. 혈액의 주요한 역할은 혈관을 순환하면서 산소, 이산화탄소, 영양소 등을 운반하는 것이다. 또한 혈액은 열이 왕성한 부분에서 다른 부분으로 열을 이동시킴으로써 열을 균등하게 분포시키는 기능을 수행한다.

만약 혈액을 혈액보다 낮은 삼투압의 식염수에 넣으면 혈구 속으로 수분이 빨려 들어가 혈구가 부풀어 오르고 그러다가 파괴된다. 이것을 용혈이라고 한다. 만약 혈액을 혈액보다 높은 삼투압의 식염수에 넣으면 혈구 속의 수분이 밖으로 나와 혈구가 오그라든다.

혈청(blood serum, 블러드 세럼)은 혈액의 응고에 있어서 덩어리로부터 분리한 액체를 말한다. 세럼은 물이 있는 유체 또는 유동체라는 의미이다. 세럼은 라틴어 세룸(serum)에서 왔다. 세룸은 물이 있는 유동체라는 의미이다. 혈청에는 알부민, 글로불린 등의 단백질, 효소단백질(효소는 단백질로 구성되어 있다) 등이 포함되어 있다. 혈청은 동물세포를 배양하는 데에도 사용한다. 동물세포를 배양하려면 혈청을 첨가하여야 한다.

면역혈청은 항혈청이라고도 한다. 동물은 외부의 물질이나 세균 등에 대항하여 항체를 만든다. 항체는 혈액의 혈청에 존재하게 된다. 면역혈청은 항체가 포함되어 있는 혈청을 말한다. 혈청에는 항체가 포함되어 있을 수도 있고 포함되어 있지 않을 수도 있다. 이 중에서 항체가 포함되어 있는 혈청이 면역혈청이다. 면역혈청은 감염에 의해 병이 생긴 환자들을 치료하기 위해 이용된다. 면역혈청을 투여하는 것은 항체를 투여하는 것을 의미한다. 면역혈청은 감염에 의해 병이 생긴 환자들을 치료하기 위한 항체를 투여하기 위해 이용되어 왔다.

백신(vaccine)은 감염증의 예방을 위하여 항원을 투여하여 자동적으로 면역하게 하는 것 또는 그러한 물질을 말한다. 백신은 약화시키거나 죽인 미생물 또는 병원미생물이 생산한 독소(이것이 항원에 해당한다)에 적당한 조작을 가하여 만든 것이다. 항체가 일단 형성되면 후에 동일한 항원에 감염되었을 때 신속한 면역반응을 나타내게 된다. 백신에 의하여 자극을 받으면 항체를 생성해내는 세포가 그 감수성을 유지하고 있다가 후에 재감염이 이루어졌을 때 더 많은 항체를 효과적으로 생성할 수 있게 된다.

면역혈청과 백신은 면역과 관련된 것이지만 원리가 서로 다르다. 그리고 투여하는 것이 다르다. 백신이라는 말은 라틴어 바키나(vaccina)에서 왔다. 바키나는 소와 관련된이라는 의미이다. 백신은 우두(소의 바이러스성 질병이다)와 밀접한 관련이 있다.

백혈구는 감염질병과 외부의 물질에 대항하여 몸을 방어하는 기능을 수행하는 면역체계의 세포이다. 백혈구는 이물질을 잡아먹거나 항체를 형성한다. 사람의 혈액 속에는 수백만 개의 백혈구가 존재한다. 백혈구는 아메바운동을 하면서 혈관 밖으로 나와 외부로부터 들어온 세균이나 이물질을 세포 내로 가져가서 소화 분해하여 무독화시킨다. 백혈구는 세균의 단백질을 분해하여 사멸시킨다. 그 결과가 고름이다.

백혈구에는 5가지가 있다. 중성백혈구, 염기성백혈구, 산성백혈구, 단핵구와 대식세포, 림프구가 바로 그것들이다. 림프구도 백혈구의 일종이다. 림프구는 림프절에서 만들어진다. 백혈구는 조혈모세포로부터 분화되어 만들어진다. 조혈모세포는 백혈구뿐만 아니라 적혈구, 혈소판으로 분화되기도 한다. 골수계열의 세포분화는 대개 골수 내에서 이루어진다.

적혈구는 산소를 운반하는 기능을 담당한다. 사람의 경우 적혈구의 수는 엄청나다. 1초에 240만개의 새로운 적혈구가 생산된다. 적혈구는 뼈의 골수에서 생산된다. 적혈구는 100일에서 120일 정도 몸을 순환한다. 매 순환마다 20초 정도가 소용된다. 사람 몸의 세포의 4분의 1정도가 적혈구이다. 사람의 혈액에서 적혈구의 수는 약 25조개이다. 적혈구는 간, 지라, 골수에서 파괴된다. 적혈구 표면의 세포막에 존재하는 탄수화물에 의하여 혈액형이 결정된다.

전해질의 농도

전해질(electrolyte, 일렉트로라이트)은 물에 녹아 양전하와 음전하로 분해를 일으키는 물질을 말한다. 전해질은 물질의 한 유형이다. 전해질이 아닌 것을 비전해질이라고 한다. 전류는 전하가 이동하는 것을 말한다. 양이온은 양전하를 띤 이온이다. 음이온은 음전하를 띤 이온이다. 사람의 몸에는 많은 물질들이 있는데 이들 물질들은 각각의 기능을 수행한다. 이들 기능 중에서 사람에게 좋은 것도 있고 나쁜 것도 있다. 사람의 몸에 있는 물질 또한 전해질도 있고 비전해질도 있다. 사람의 몸에 있는 전해질 중에는 중요한 기능을 수행하는 것들도 있다. 그래서 이들 전해질이 부족하면 몸이 제대로 기능하지 못한다. 사람의 몸 안에 전해질이 어느 정도로 있는지 확인하는 것이 전해질농도검사이다.

전해질이 몸 안에서 수행하는 기능이 전류와 관련된 것은 아니다. 다만 물질의 유형이 전해질이라는 것일 뿐이다. 일렉트로(electro-)는 전기라는 의미이다. 라이트(-lyte)는 그리스어 리토스(lytós)에서 왔다. 리토스는 분리될 수 있는, 느슨해질 수 있는이라는 의미이다. 전해질은 전기적으로 분리될 수 있는, 분해될 수 있는 것이라는 의미이다.

그러면 사람의 몸에 있는 전해질로는 어떠한 것이 있을까? 설탕은 물에 녹지만 전해질이 아니다. 소금, 즉 염화나트륨은 전해질이다. 소금은 양이온의 나트륨(sodium, 소디움이 나트륨이라는 의미이다. Na+)과 음이온의 염소(Cl-)로 이온화된다. 칼륨, 칼슘, 마그네슘, 중탄산염, 인, 황 등이 이온화된다. 전해질검사는 나트륨, 칼륨, 염소, 중탄산염에 대하여 실시한다. 전해질검사를 통하여 체내 삼투압 농도 상태, 수분 상태 및 pH 상태를 파악할 수 있다.

전해질의 불균형을 발생시키는 질병으로는 신장, 신장에서 전해질 대사를 조절하는 내분비 기관, 간, 심장, 소화기의 질병 등이 있다. 비전해질로는 포도당, 에탄올(이것이 술이다), 메탄올(이것도 알코올의 일종이다), 녹말, 글리세린, 기름 등이 있다.

나트륨은 몸의 수분상태와 관련이 있다. 나트륨의 농도가 높으면 탈수현상이 나타나고 낮으면 과수분현상이 나타난다. 나트륨은 혈장을 구성하는 무기 양이온의 90%를 차지한다. 나트륨의 농도가 145mmol/L (밀리 몰/리터) 이상인 경우 고나트륨혈증이고, 135mmol/L 이하인 경우 저나트륨혈증(hyponatremia)이다. 칼륨은 조직의 세포 내의 경우 150mmol/L이고 적혈구의 경우 105mmol/L이다.

염소는 물의 재분포, 삼투압 유지와 양이온과 음이온 사이의 균형조절 등의 기능을 한다. 염소는 산염기 불균형에 관한 정보를 제공한다. 혈장에 녹아 있는 중탄산염과 이산화탄소의 변화는 산염기 불균형에 관한 정보를 제공한다.

pH

pH(피에이치, 페하. 페하는 라틴어 발음이다. 페하는 독일어 발음이기도 하다)는 산성의 정도를 나타내는 측정단위이다. pH의 철자가 무엇을 의미하는지에 관하여 여러 의견들이 제시되고 있다. pH가 처음으로 제안된 것은 1909년이다. pH는 수소의 힘(power of hydrogen 또는 potential of hydrogen, 이것의 첫 글자를 모으면 pH가 된다. 하이드러전은 수소이다)을 의미한다는 의견이 많이 제시되고 있다. 수소의 힘이라는 것은 수소이온농도를 말한다.

pH는 전자계측기로 측정한다. pH가 0에 가까워지면 점차 산성화되고, 14에 가까워지면 점차 염기화된다. pH는 용액 중의 수소이온농도(H+)를 나타내는 수치이다. pH는 수소 이온의 농도를 나타내기 위해서 농도의 상용대수에 마이너스(-)를 붙인 것이다. 이것을 역수인 상용대수라고 한다. 1기압, 25℃에서의 물 1L는 10의 -7승 mole(몰)인 수소이온을 가지므로 H+ = 1×(10의 -7승)이다. 이것의 pH는 7이라 한다. pH가 7보다 작은 수용액은 산성, pH가 7보다 큰 수용액은 염기성이다. 사람의 경우 위액의 pH는 약 2, 혈액은 약 7.38이다.

물질대사성 산성혈액증은 이산화탄소 이외의 산성물질의 증가에 의하여 혈액이 산성으로 된 상태를 말한다. 호흡기능 부전 때문에 이산화탄소가 저류한 때에도 혈액이 산성으로 되는데, 이러한 경우는 호흡성 산성혈액증이라고 한다. 물질대사성 산성혈액증은 물질대사의 이상으로 인하여 생긴 산성혈액증이다. 물질대사성 산성혈액증은 심한 운동, 설사, 당뇨병에 의하여도 생긴다. 물질대사성 산성혈액증은 혈액의 산과 염기의 평형이 깨지고 산성으로 된 것을 말한다.

혈액뿐만 아니라 다른 체액도 pH가 문제된다. 산성의 정도는 탄산과 중탄산의 비율에 의하여 결정된다. 정상상태는 '탄산 : 중탄산'의 비율이 '1 : 20'이다. 이것은 pH 약 7.35~7.45이다. 산성의 정도가 높아지는 것은 탄산의 증가 또는 중탄산의 감소에 의하여 발생한다. 탄산과 중탄산의 비율이 높아지면 pH는 감소한다. pH가 7.35 아래로 떨어지면 산성혈액증이라고 한다. 탄산의 증가는 호흡이 제대로 되지 않을 때 발생한다. 이것을 호흡성 산성혈액증이라고 한다. 중탄산의 감소는 신장의 불완전기능 또는 설사에 의하여 발생한다. 이것을 물질대사성 산성혈액증이라고 한다.

피에이치(pH)의 수치는 정상에서 조금만 벗어나도 난리가 나는 것이다. 위험해진다. 왜냐하면 피에이치(pH)의 수치는 '그 수치×10'의 의미가 있는 것이기 때문이다. 피에이치(pH)의 수치 0.1은 0.1×10=1의 의미가 있는 것이고, 피에이치(pH)의 수치 1은 1×10=10의 의미가 있는 것이다. 피에이치(pH) 1의 차이는 10의 차이가 되어 그 차이가 10배로 커진다.

산성이라는 말은 산(acid)과 관련된 것이다. 산의 개념은 매우 중요하다. 알칼리는 알칼리 금속원소 또는 알칼리 토류 금속(alkaline earth metal, 알칼린 어쓰 메탈, earth를 '흙 토'로 번역하고 있다) 원소가 염기화되고 (basic, 베이직, 베이직은 베이스: base의 형용사형이다) 이온화된 솔트(salt)이다. 이러한 알칼리의 정의는 어려운 해석을 거쳐야 한다. 그리고 아주 조심하여야 한다. 베이스라는 용어는 많은 곳에서 등장하는 용어임에도 정리하기가 매우 까다로운 용어이다. 보통 염기라고 번역하고 있다.

베이스는 수소 양이온, 즉 양성자(proton, 프로톤)를 받아들일 수 있는 실체이다. 이러한 의미는 기지와 비슷하다. 베이스에는 원래 기지라는 의미가 들어 있다. 베이스는 한쌍의 원자가전자(valence electron, 밸런스 일렉트론)를 줄 수 있는 실체이다. 만약 용해될 수 있는 베이스가 수산화기 이온(OH−)을 포함하고, 방출하면 알칼리(alkali)라고 한다. 베이스는 산과 대비된다. 물에서 베이스는 용액에게 순수한 물보다 더 낮은 수소 이온 활성화를 준다. 다시 말하면, 기준조건에서 pH 7.0보다 더 높게 만든다. 베이스의 일반적인 예로는 소디움 수산화기와 암모니아이다.

솔트(salt)는 산과 베이스의 중성화로부터 나오는 이온화된 화합물이다. 솔트는 생산물이 전기적으로 중성으로 되게 하기 위하여 양이온과 음이온의 관련된 수로 구성된다. 이러한 구성이온은 염화이온(Cl^-), 아세테이트, 불화이온(F^-), 설페이트($SO_4{}^{2-}$) 등이다. 솔트에는 여러 종류가 있다. 물에 분해되었을 때 수산화이온을 생산하기 위하여 가수분해되는 솔트는 염기화된 솔트(basic salt)이다. 물에서 하이드로늄 이온(hydronium ion)을 생산하기 위하여 가수분해되는 솔트는 산성화된 솔트이다. 하이드로늄 이온은 수소이온이 물분자와 결합하여 생기는 이온이다. 중성화된 솔트는 염기화된 솔트도 아니고, 산성화된 솔트도 아니다.

베이스를 왜 염기라고 번역할까? 솔트는 염이라고 번역하는데, 우리가 흔히 말하는 소금과 같은 것으로 생각하면 안 된다. 솔트는 더 넓은 개념이다. 솔트에 소금이라는 의미도 들어 있다. 하지만 산성, 염기성을 따질 때의 솔트는 소금이라는 의미가 아니다. 솔트에 소금이라는 의미가 있기 때문에 솔트를 번역할 때 염이라고 한 것으로 보인다. 그런데 이 염과 염기라는 말이 구분하기가 쉽지 않다. 더군다나 DNA의 경우에도 염기서열이라는 말이 나오는데 이 염기 또한 베이스를 번역한 것이다. 이것들을 구분하는 것은 매우 어려운 일이다.

일부 사람들은 물에 용해될 수 있는 베이스를 알칼리라고도 한다. 용해될 수 있는 베이스의 용액은 pH가 7보다 더 크다. 알칼리는 일반적인 베이스들 중의 하나이다. 알칼리라는 용어는 재를 의미하는 알칼리라는 아라비아어에서 왔다.

알칼로이드(alkaloid)는 알칼리와 비슷한 유기화합물이다. 알칼로이드는 질소를 함유하고 있다. 알칼로이드는 염기성이다. 또한 독성을 가지고 있는 것이 많다. 알칼로이드에는 히스타민, 노르아드레날린, 스페르민, 에피바티딘, 카페인, 모르핀, 니코틴, 코카인, 스트리크닌, 아트로핀, 키닌 등이 있다.

사람의 혈액은 중성에 가까운 약한 염기성을 띤다. 이 pH가 산성으로 되면 산성증 또는 산증이다. pH가 염기성으로 되면 염기증이다. 염기증을 알칼리증이라고도 하고 있다. 식품의 경우 산성식품과 알칼리성 식품이 있다. 음식을 먹을 때 양자를 잘 조화시켜야 한다. 그래야 몸의 pH가 균형을 유지할 수 있다.

그러면 산성식품과 알칼리성식품을 어떻게 구별할 수 있을까? 알칼리성식품은 알칼리성 원소를 많이 함유하고 있다. 알칼리성 원소에는 나트륨, 칼륨, 칼슘, 마그네슘 등이 있다. 산성식품은 산을 만드는 원소를 많이 함유하고 있다. 산을 만드는 원소에는 염소, 인, 황 등이 있다. 많은 약품들이 인과 황을 함유하고 있다. 이것이 약품의 하나의 특성이다. 산성식품으로 곡류, 육류, 생선류, 달걀 등이 있다. 알칼리성식품으로 채소, 과일, 우유 등이 있다. 물론 채소 중에도 산성식품이 있다. 수산화이온(OH^-)의 농도를 측정하는 단위 중에 피오에이치(pOH)가 있다. pOH는 pH의 측정으로부터 도출된다.

사람도 산성인지 알칼리성인지 가릴 수 있다. 이미 본 바와 같이 사람의 혈액은 중성이다. 그런데 육류는 왜 산성식품일까? 사람의 몸은 부위에 따라 pH에 차이가 있다. 다음은 pH를 정리한 것이다.

<pH의 정도>

구 분	정도(크기)
사람의 몸	
위산	1
리소좀	4.5
크롬친화성 세포의 알갱이	5.5
사람의 피부	5.5
소변	6.0
37°C에서의 순수한 물	6.81
시토졸	7.2
뇌척수액(CSF)	7.5
혈액	7.34 - 7.45
미토콘드리아 기질	7.5

췌장분비물	8.1
음 식	
레몬	2.2 - 2.4
와인	2.8 - 3.8
사이다	2.9 - 3.3
오렌지	3.0 - 4.0
포도	3.5 - 4.5
과일 칵테일	3.6 - 4.0
채소쥬스	3.9 - 4.3
맥주	4.0 - 5.0
버터우유	4.4 - 4.8
바나나	4.5 - 5.2
치즈	4.8 - 6.4
흰빵	5.0 - 6.2
요리한 브로콜리	5.3
코코넛	5.5 - 7.8
감자	5.6 - 6.0
콩	5.6 - 6.5
당근	5.9 - 6.3
아스파라거스	6.0 - 6.7
버터	6.1 - 6.4
연어	6.1 - 6.3
우유	6.4 - 6.8
크래커	6.5 - 8.5
차	7.2
신선한 달걀	7.6 - 8.0

pH와 피부부식성

다음은 pH가 피부부식성과 피부자극성에 미치는 내용을 정리한 것
이다.

구 분	내 용
	피부 부식성은 피부에 비자극적인 손상, 즉 피부의 표피부터 진피까지 육안으로 식별 가능한 괴사를 일으키는 것을 말하며(전형적으로 궤양, 출혈, 혈가피가 나타난다), 피부 자극성은 회복 가능한 피부 손상을 말한다.
단일물질	
피부 부식성	다음 어느 하나에 해당하는 물질 ① 사람 또는 동물에 대한 경험으로부터 피부에 비가역적인 손상을 일으킨다는 근거가 있음. 다만, 사람 또는 동물에 대한 경험으로부터 부식성 물질이 아니라는 근거가 있는 경우에는 추가시험 없이 피부 부식성 물질로 분류하지 않는다. ② 부식성 물질과 유사한 구조활성관계를 가짐. ③ pH 2 이하의 강산 또는 pH 11.5 이상의 강염기 ④ 타당성이 검증된 시험관내 피부 부식성 시험결과 양성 ⑤ 동물시험에서 최대 4시간 피부 노출에 의해 3마리 중 1마리 이상에서 피부에 비가역적인 손상을 일으킴.
피부 자극성	다음 어느 하나에 해당하는 물질 ① 사람 또는 동물에 대한 경험으로부터 피부에 가역적인 손상을 일으킨다는 근거가 있음. 다만, 사람 또는 동물에서의 경험으로부터 자극성 물질이 아니라는 근거가 있는 경우에는 추가시험 없이 피부 자극성 물질로 분류하지 않는다. ② 자극성 물질과 유사한 구조활성관계를 가짐. ③ 타당성이 검증된 시험관내 피부 자극성 시험결과 양성 ④ 피부 자극성 시험에서 피부에 최대 4시간 접촉 시 아래와 같은 가역적인 손상을 일으킴. - 홍반·가피 또는 부종의 평균점수가 2.3 이상 4.0 이하 또는 - 시험기간 동안 시험동물 3마리 중 적어도 2마리에서 관찰기간 종료까지 염증이 지속됨.
혼 합 물	
피부 부식성	다음 어느 하나에 해당하는 혼합물 ① pH 2 이하인 성분의 함량이 1% 이상 ② pH 11.5 이상인 성분의 함량이 1% 이상 ③ 기타 가산 방식이 적용되지 않는 다른 구분 1인 성분의 함량이 1% 이상
피부자극성	산, 알칼리 등 가산 방식이 적용되지 않는 다른 피부 자극성(구분 2)인 성분의 함량이 3% 이상인 혼합물

산성비의 문제

산성비(acid precipitation)는 빗물이 산을 만드는 공기 오염물질(NO: 일산화질소, NO_2: 이산화질소, SO_2: 이산화황 등)과 혼합되었을 때 생성된다. 주로 교통수단의 매연 때문에 발생하는 NO와 NO_2는 물과 결합하여 HNO_3(질산)을 만든다. 석탄을 연료로 하는 발전소에서 주로 발생하는 물질인 SO_2는 물과 결합하여 H_2SO_4(황산)을 만든다. HNO_3와 H_2SO_4는 모두 물과 반응하여 빗물을 산성으로 만든다.[1] 산성비는 pH가 5.6(오염되지 않은 비의 pH) 이하인 비, 눈 또는 안개를 말한다. 식초보다 더 강한 산성인 pH 2와 3 사이의 비가 미국 동부에 내린 기록이 있다.[2]

산성비가 내리고 그 물들이 호수와 개울로 흘러들면 그 지역은 더 산성화된다. 송어, 농어, 달팽이, 도롱뇽, 조개 등의 몇몇 수중생물들은 높아진 산성도를 견디지 못하고 죽어버리기도 한다. 이것은 호수의 생태계를 교란시키고, 결과적으로 다른 생물들이 죽을 수도 있는 불균형을 초래한다. 또한 산성비는 땅 속의 영양분을 파괴하고 잎을 상하게 함으로써 나무를 약하게 만든다.[3]

지구온난화의 문제

지구 평균기온은 지구를 따뜻하게 하는 햇빛의 입사량과 지구를 식히는 우주로의 열손실 사이의 균형에 달렸다. 온실기체(greenhouse gas)라 불리는 지구 대기 중의 특정 기체들은 열을 가두어 놓기 때문에 이 균형에 영향을 미친다. 이 기체들은 마치 온실유리와 같은 역할을 한다.

---

1) Nivaldo J. Tro, *Introductory Chemistry*, 2nd ed., 안상두, 정기주, 신권수, "화학의 이해", 라이프사이언스, 2008, p. 111.

2) Neil A. Campbell, Jane B. Reece, Martha R. Taylor, Eric J. Simon and Jean L. Dickey, *Biology: Concepts and Connections*, 6th ed., 김명원, 김옥용, 김희진, 고인정, 서영훈, 신주옥, 윤미정, 윤인선, 이영원, 하영미 공역, 생명과학: 개념과 현상의 이해, 도서출판 바이오사이언스(주), 2010, p. 28.

3) Nivaldo J. Tro, *Introductory Chemistry*, 2nd ed., 안상두, 정기주, 신권수, 화학의 이해, 라이프사이언스, 2008, p. 111.

이들은 지구를 따뜻하게 하는 햇빛이 대기 중으로 들어오는 것은 허용하지만 열이 빠져 나가는 것은 막는다. 기후에 기여하는 면에서 가장 주요한 온실기체인 대기 중 이산화탄소의 농도가 증가하고 있기 때문에 최근 몇 년 사이에 과학자들의 염려는 커져 왔다. 1860년 이후로 대기 중의 이산화탄소 수준은 25% 증가하였으며 지구온난화(global warming)로 지구 평균기온이 0.6도C 증가하였다.

이산화탄소 농도 증가의 주원인은 화석연료의 연소다. 천연가스, 석유, 석탄 등의 화석연료는 사회에너지의 90%를 제공한다. 그러나 이들의 연소는 이산화탄소를 생성한다. 예를 들어 가솔린 성분인 옥탄(C_8H_{18})의 연소를 생각해 보자.[4]

$$2C_8H_{18}+25O_2 \rightarrow 16CO_2+18H_2O$$

일부 이산화탄소는 식물에 흡수되어 광합성에 사용된다. 그러나 약 30%는 대양에 흡수된다. 이산화탄소 흡수의 증가는 대양의 화학적 상태를 변화시킬 것이며, 생태계에도 해를 입힐 것으로 생각된다. 이산화탄소 흡수의 한 가지 폐해는 pH가 낮아지는 것이다. 이 변화는 탄산이온의 농도를 떨어뜨린다. 탄산이온은 그들의 골격과 외피를 만들기 위해 탄산칼슘을 생산하는 산호나 다른 생명체들에게 반드시 필요한 물질이다.

기후변화에 관한 국제연합 기본협약

기후변화는 인간활동에 직접 또는 간접으로 기인하여 지구대기의 구성을 변화시키는 상당한 기간 동안 관측된 자연적 기후 가변성에 추가하여 일어나는 기후의 변화를 말한다. 온실가스는 적외선을 흡수하여 재방출하는 천연 및 인공의 기체성의 대기 구성물을 말한다.

이 협약과 당사자총회가 채택하는 모든 관련 법적문서의 궁극적 목적은, 협약의 관련규정에 따라 기후체계가 위험한 인위적 간섭을 받지

---

4) Nivaldo J. Tro, *Introductory Chemistry*, 2nd ed., 안상두, 정기주, 신권수, 화학의 이해, 라이프사이언스, 2008, p. 189.

않는 수준으로 대기중 온실가스 농도의 안정화를 달성하는 것이다. 그러한 수준은 생태계가 자연적으로 기후변화에 적응하고 식량생산이 위협받지 않으며 경제개발이 지속가능한 방식으로 진행되도록 할 수 있기에 충분한 기간 내에 달성되어야 한다.

당사자는 온실가스의 인위적 배출을 제한하고 온실가스의 흡수원과 저장소를 보호·강화함으로써 기후변화의 완화에 관한 국가정책을 채택하고 이에 상응하는 조치를 취한다. 이러한 정책과 조치를 취함으로써 선진국은 이 협약의 목적에 부합하도록 인위적 배출의 장기적 추세를 수정하는 데 선도적 역할을 수행함을 증명한다. 선진국은 이러한 역할을 수행함에 있어 이산화탄소와 몬트리올의정서에 의하여 규제되지 않는 그 밖의 온실가스의 인위적 배출을 1990년대말까지 종전 수준으로 회복시키는 것이 그러한 수정에 기여함을 인식하고 각 당사자의 출발점 및 접근 방법, 경제구조 그리고 자원기반의 차이, 강력하고 지속 가능한 경제성장을 유지할 필요성, 가용기술 그리고 여타 개별적 상황, 아울러 이 목적에 대한 세계적 노력에 각 당사자가 공평하고 적절하게 기여할 필요성을 고려한다. 선진국인 당사자는 그 밖의 당사자와 이러한 정책과 조치를 공동으로 이행할 수 있으며, 또한 그 밖의 당사자가 협약의 목적, 특히 본 호의 목적을 달성하는 데 기여하도록 지원할 수 있다.

수온상승의 문제

원자력발전의 냉각수순환시 발생되는 온배수의 배출은 어류에게 심각한 영향을 미친다. 어류는 변온동물로서 서식지의 수온변화에 민감하게 반응하며 수온의 급격한 상승은 용존산소 절대량의 감소를 가져와 어류가 호흡에 이용할 수 있는 산소량을 급격히 감소하게 하는 한편, 어류의 체온 상승을 가져와 산소 소비량이 급격히 증가하게 되어 어류의 호흡대사에 치명적인 영향을 주게 되고, 어류의 혈액 내 혈당치, 헤모글로빈, 코티졸의 상승 등으로 어류에 강한 스트레스를 유발시켜 생체대사리듬을 깨뜨려 어류의 대량 폐사를 일으킬 수 있다. 이 경우 치어보다는 성어가 크게 영향을 받는다. 치어는 알에서 깬 지 얼마 안 되는 어린 물고기를 말한다. 성어는 다 자란 물고기를 말한다.

넙치의 경우 성장에 적정한 수온은 18~23℃ 정도이나 수온이 26~27℃에 이르면 넙치가 생리적으로 위험한 상태에 이르고, 특히 29~31℃ 정도의 고수온은 넙치의 대량 폐사를 일으킬 수 있는 치명적인 온도가 되어 결국 넙치가 살 수 있는 최고임계수온(CTMax)은 30℃ 정도이고, 전복의 경우도 동일하다. 배출된 온배수의 수온이 31.3~34.2℃로 급상승하면 부근 해수를 끌어들여 양식업을 하는 양식장의 육상 수조의 사육 수온이 넙치와 전복이 살 수 있는 최고임계수온인 30℃를 넘어 넙치와 전복은 집단폐사에 이르게 된다.

<온도와 수중 용존산소 포화량>

온도(℃)	수중 용존산소 포화량 (mg/L)	온도(℃)	수중 용존산소 포화량 (mg/L)
0	14.16	18	9.18
1	13.77	19	9.01
2	13.40	20	8.84
3	13.01	21	8.68
4	12.70	22	8.53
5	12.37	23	8.39
6	12.00	24	8.25
7	11.78	25	8.14
8	11.47	26	7.99
9	11.19	27	7.87
10	10.92	28	7.75
11	10.67	29	7.64
12	10.43	30	7.53
13	10.20	31	7.43
14	9.97	32	7.32
15	9.70	33	7.23
16	9.56	34	7.13
17	9.37	35	7.04

혈당의 농도

피에 존재하는 당을 혈당이라고 한다. 혈당 속의 당은 대부분 포도당의 형태로 존재한다. 혈당량은 인슐린, 글루카곤, 성장호르몬, 아드레날린 등에 의해 조절되어 항상성이 보존되고 있다. 당뇨병은 혈당의 양이 많은 것이다. 당뇨라는 말은 당이 있는 요(소변) 또는 요에 당이 있다는 의미이다. 요에 당이 많이 있으면 혈액에도 당이 많다는 것을 의미한다. 말을 하나 만들면 혈액에 당이 많은 것은 당혈이다.

사람의 몸은 자기의 생명유지를 위하여 내적 환경의 항상성을 유지하는데, 혈당 역시 간의 작용을 중심으로 한 각종 호르몬의 상호작용을 통하여 당의 소비와 공급의 균형을 맞추어 혈액 내에서 적절한 정도가 유지된다. 혈당은 세포 내 미토콘드리아 및 뇌의 에너지원으로 사용된다. 당은 사람에게 열량을 제공한다. 지방과 단백질도 열량을 제공한다.

척추동물의 혈당은 주로 포도당이다. 동물에 따라 혈당의 종류가 다르다. 그리고 혈당의 양도 다르다. 사람의 경우 대개 혈당의 농도는 80~100mg/100mL 정도이다. 이것은 100밀리리터당 80~100밀리그램의 포도당이 들어 있는 것을 의미한다. 수치가 크면 포도당이 많이 들어 있다는 의미이다. 그러면 소변에서도 포도당이 나오게 된다. 식사를 하지 않았을 때에는 혈당이 떨어지고 식사 후에는 혈당이 올라간다. 음식에 있는 당 때문이다. 혈당치는 음식물의 섭취량, 근육이나 그 밖의 조직세포가 혈액에서 포도당을 흡수하는 양, 간에서 포도당을 글리코겐으로 합성하는 정도 및 일부 아미노산으로부터 포도당을 생성하는 양 등의 영향을 받는다. 음식물 섭취량 이외의 요인은 여러가지 호르몬에 의한 조절을 받아 일정 범위로 유지되고 있다.

소변에서도 포도당이 나오는 것은 포도당의 재흡수와 관련되어 있다. 이러한 재흡수는 신장에서 이루어진다. 신장의 세뇨관에서는 사구체

여과액의 포도당을 재흡수하는데 사구체 여과액 중의 포도당 농도가 재흡수능력을 초과할 정도로 혈당치가 높으면 재흡수가 이루어지지 않아 소변으로 당이 배출된다. 이것을 당뇨증상이라고 한다. 한 마디로 요, 결국 피 속에 당이 많다는 의미이다. 건강검진실시기준에 의하면 공복혈당이 100mg/dL 미만이면 정상으로 되어 있다. 100mL는 1dL이다.

포도당(glucose, 글루코스)

$C_6H_{12}O_6$

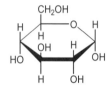

이 약은 흰색의 결정 또는 결정성 가루로 냄새는 없고 맛은 달다. 이 약은 물에 잘 녹으며 열에탄올에 녹고 에탄올(95)에 녹기 어려우며 에테르에는 거의 녹지 않는다.

포도당 주사액(glucose injection)

이 약은 포도당을 가지고 주사제의 제법에 따라 만든다. 이 약에는 보존제를 넣지 않는다. 이 약은 무색의 맑은 액으로 맛은 달다. 다만 표시 농도가 40% 이상일 때는 무색-연한 노란색의 맑은 액이다. pH는 3.5~6.5.

발과 당뇨병

발을 씻는 것, 즉 발씻기는 매우 중요하다. 발을 씻은 다음에는 발을 잘 건조하여 습기를 제거하여야 한다. 발은 다리의 맨 아래에 붙어 있는 부분이다. 골격을 기준으로 하면 발목 아래 부분이다. 발에도 여러 골격들이 있다. 발의 구성 부분은 발뼈, 발바닥, 발등, 발꿈치, 발가락,

발볼 등이다. 발에도 혈관이 연결되어 있다. 발의 혈관은 발의 체온, 피부와 발톱을 정상적으로 유지하고, 발의 각 조직들에 영양분을 공급한다. 발의 혈관을 통하여 발에서도 맥박을 느낄 수 있다.

괴저는 괴사하여 몸의 일부가 떨어져 나가거나 부패하는 것을 말한다. 괴저는 탈저라고도 한다. 괴저는 세균에 대한 저항력의 감퇴와 혈관의 변화로 인하여 발생하기도 한다. 괴저는 만성 혈관성질환으로 인하여 발생하기도 한다. 만성 혈관성질환으로 인한 괴저에는 동맥경화에 의하여 발가락에 생기기 쉬운 노인성 탈저가 포함되어 있다. 괴저는 광범위한 부분에까지 침범되며 일반적으로 혈액공급 중단과 관련이 있고 세균의 침입과 부패가 수반된다.

당뇨병성 괴저는 당뇨병환자에게서 볼 수 있는 괴저를 말한다. 당뇨병환자의 경우 당뇨병으로 인하여 동맥경화가 촉진되고 하지동맥말초의 폐색을 일으켜 발이나 발뒤꿈치에 괴저를 만들기 쉽다. 동시에 세소혈관증이나 신경병증, 감염증을 수반한다. 이것이 심하면 하지절단을 해야할 경우도 있다. 한쪽을 절단하고 다시 다른 쪽의 발도 절단해야 하는경우도 발생한다.

당뇨병성 말초신경병증

당뇨병성 말초신경병증은 만성 당뇨병 환자에게서 나타나는 다양한 신경질환이다. 당뇨병 환자 중 많은 사람에게서 말초신경손상이 발견된다. 그리고 당뇨병 환자 중 약 15%는 당뇨병성 말초신경병증(이것을 줄여서 당뇨신경병증이라고도 한다)의 증상을 보인다. 당뇨병성 말초신경병증 중 대칭먼쪽여러신경병증은 50세 이상의 환자에게서 흔히 나타난다.

당뇨병성 말초신경병증의 증상으로는 통증이 있다. 또한 몸에서 먼 부위인 발과 하지에서 지속적인 저린 느낌과 무딘 감각을 발생시킨다. 심한 경우에는 손을 침범하기도 하며, 감각저하가 하복부의 측면으로 퍼

져나가기도 한다. 심한 감각상실과 영양성 변화(피부가 두꺼워지며 궤양이 발생하는 현상을 말한다)를 동반하기도 한다. 근력 약화 증상은 가볍지만 몸 쪽 근육의 위축을 동반하기도 한다.

당뇨병 환자의 경우 말초신경이 외부의 압력이나 조임에 의해 쉽게 손상될 수 있다. 당뇨병성 말초신경병증은 주로 말초신경을 둘러싸고 있는 신경섬유의 손상으로 나타난다. 이것은 주로 신경에 혈액을 공급하는 신경혈관의 폐쇄성 병리적 변화로 인한 이차적 허혈(허혈은 조직의 국부적인 빈혈 상태이다. 허혈은 혈관이 막히거나 좁아지기 때문에 발생한다)에 의하여 발생한다.

일반적으로 당뇨병의 유병 기간이 길고 혈당조절이 잘 되지 않는 환자에게서 당뇨병성 말초신경병증이 많이 발견된다. 당뇨병성 말초신경병증은 여러 유형이 있고 그 유형에 따라 증상 및 합병증이 다르다. 급성 당뇨홑신경병증, 당뇨근육위축증, 당뇨신경뿌리병증, 대칭먼쪽여러신경병증 등이 그러한 유형들이다.

대칭먼쪽여러신경병증은 느린 속도로 점차 진행되고 잘 회복되지 않는다. 심한 경우에는 손가락 및 발가락의 괴사가 진행되어 절단이 필요할 수도 있다.

먼쪽신경병증(distal polyneuropathy)이라는 용어는 글자 그대로 먼쪽의 신경병증이라는 말이다. 디스틀(distal)은 '몸의 중앙으로부터 멀리 떨어진 곳에 위치하고 있는'이라는 의미이다. 손가락 및 발가락이 바로 몸의 중앙으로부터 멀리 떨어져 있다. 뉴로퍼시(neuropathy)는 신경에 생긴 질병이라는 의미이다. 퍼시(-pathy)는 질병, 고통이라는 의미이다. 뉴러(-neuro)는 신경이라는 의미이다. 퍼시는 다양하게 번역하고 있다. 신경병증의 병증은 그 중의 하나이다. 퍼시는 병, 증으로 번역하기도 하고 병과 증을 합하여 병증으로 번역하기도 하며 질병, 질환으로 번역하기도 하고 병질이라고 번역하기도 한다. 어떤 때에는 장애라고 번역하기도 하고 장해라고 번역하기도 한다. 모두 같은 말이다.

이러한 모든 것들의 공통점은 병이다. 따라서 단순하게 병이라고 번역하면 된다. 신경병증은 신경병이라는 의미이다. 뉴로는 신경이라는 의미인데 신경에는 2가지 의미가 들어 있다. 하나는 물질적·물리적·신체적 개념으로서의 신경이다. 대칭먼쪽여러신경병증이 이러한 경우에 해당한다. 이것은 몸의 구성체계로서의 신경을 의미한다. 다른 하나는 정신적 개념으로서의 신경이다. 정신질환을 의미할 때의 신경증이 이에 해당한다. 이것은 정신질환이 신경체계와 관련되어 있다는 것을 전제로 하고 있기 때문에 사용되는 용법이다. 특히 중앙신경체계를 구성하는 뇌와 관련되어 있다는 것을 전제로 하고 있다.

그래서 신경이라는 말이 등장할 때에는 어느 신경을 말하는 것인지 늘 확인하여야 한다. 정신질환을 매개로 하여 물질적·물리적·신체적 신경이 정신적 신경으로 연결되고 있다. 이것이 서양 사람들의 사고체계이다. 먼쪽여러신경병증의 신경은 팔과 다리에서 알 수 있듯이 정신적 개념으로서의 신경을 의미하는 것이 아니다. 폴리(poly-)는 '수가 많은, 여러 개의'라는 의미이다. 폴리는 많다는 의미의 '다'라고 번역하기도 하고 다중이라고 번역하기도 한다. 여러신경병증은 '여러'로 번역하고 있는 것이다. 폴리를 '다발'이라고 번역하기도 한다. 그러면 다발성이 된다.

여러신경병증은 다발성 신경병증과 같은 말이다. 결국 서로 달라 보이는 병들(이것은 명칭이 다르기 때문에 발생하는 현상이다. 이 현상은 용어의 사용으로 인한 일종의 병리현상이다. 이 병리현상이 의학에 만연되어 있다. 이로 인하여 일반인들은 혼란된 상태에 빠져 있다)이 사실은 완전히 동일한 질병이었던 것이다.

먼쪽여러신경병증의 정확한 번역은 먼 거리에 위치한 다신경병이다. '먼 거리에 위치한'을 줄이면 먼거리다신경병이다. 당뇨병성 말초신경병증은 말초신경병증 중에서 당뇨병으로 인한 또는 당뇨병과 관련된 말초신경병증이라는 의미이다. 말초신경병증은 말초신경에 이상이 있는 질병이다. 말초신경병증은 당뇨병 이외의 원인으로 발생할 수도 있다.

그러한 것들 중에서 당뇨병으로 발생하는 말초신경병증을 당뇨병성 말초신경병증이라고 한다.

당뇨병성 말초신경병증 중에서 당뇨자율신경병증은 자율신경에 이상이 있는 당뇨병성 신경병증이다. 당뇨자율신경병증에 동반되는 기립성 저혈압의 경우 당뇨를 갖고 있는 노인 환자의 낙상과 두부외상의 주요한 원인이다. 일어날 때 쓰러지기 때문이다. 쓰러지면서 다치는 것이다. 낙상은 떨어지거나 넘어져서 다치는 것을 말한다. 두부외상은 그 과정에서 머리를 다치는 것이다. 외상은 몸의 겉에 생긴 상처를 말한다. 외상에 해당하는 영어는? 익스터널 인저리(external injury)이다.

그런데 트라우마(trauma)에도 외상이라는 의미가 들어 있다. 하지만 트라우마에는 다른 의미도 들어 있다. 트라우마에는 2가지 의미가 들어 있다. 하나는 외부적 요인에 의하여 살아 있는 조직이나 기관, 즉 몸이 부상을 입은 것이다. 이것이 우리말에서 말하는 외상이다. 다른 하나는 심각한 정신적 또는 감정적 긴장(긴장을 스트레스라고 한다)으로부터 또는 신체적 부상으로부터 생긴 병적인 정신적 또는 행동적 상태를 말한다.

두 번째 의미의 트라우마는 2가지 요소로 이루어져 있다. 하나는 증상, 질병으로서의 요소이다. 증상, 질병으로서의 요소는 정신적 또는 행동적 상태가 병적인 것을 말한다. 몸이 병적인 것을 말하는 것이 아니라 정신적 또는 행동적 상태가 병적인 것이다. 다른 하나는 원인으로서의 요소이다. 병적인 정신적 또는 행동적 상태를 발생시킨 원인은 심각한 정신적 또는 감정적 긴장일 수도 있고, 신체적 부상일 수도 있다. 이 신체적 부상이 외상이다.

외상 후 스트레스장애에서 트라우마를 외상으로 번역하는 것은 신체적 부상으로 인한 병적인 정신적 또는 행동적 상태를 강조하는 번역이다. 여기에는 심각한 정신적 또는 감정적 긴장으로 인한 병적인 정신적 또는 행동적 상태가 약화되어 있다. 심각한 정신적 또는 감정적 긴장으로 인한 병적인 정신적 또는 행동적 상태는 정신적 요인에 의한 정신적 장애이다.

외상 후 스트레스 장애라고 번역하고 있는 트라우마 후 스트레스 장애(post-traumatic stress disorder, PTSD)는 정신적 요인 또는 신체적 부상을 원인으로 하는 정신적 장애를 말한다. 외상 후 스트레스 장애의 외상을 우리말의 외상으로 이해하면 안 된다. 그래서 등장한 개념이 충격이다. 이 충격이라는 개념으로 정신적 요인 또는 신체적 부상을 모두 포함하려고 하는 것이다.

당뇨자율신경병증 환자는 기립성 저혈압이 발생하기 쉬우므로 갑작스러운 자세 변화를 피해야 한다. 말초신경(peripheral nerve)의 말초(末梢)는 끝에 있는 나뭇가지라는 의미이다. 말초라는 용어는 끝을 강조하는 말이다. 페리퍼럴(peripheral)은 주요한 것과 관련되지 않은 것이라는 의미이다. 이러한 의미는 주변을 의미한다. 말초신경은 중추신경(central nerve)에 대비되는 용어이다. 중추신경의 중추는 센트럴(central)을 번역한 것이다. 센트럴은 중앙이라는 의미이다. 중추신경은 중앙신경이라는 의미이다. 중추의 추는 의역하면서 집어넣은 것이다.

중앙은 그 주변과 대비되면서 동시에 주변과 합쳐져서 하나의 전체를 이룬다. 이 전체를 체계라고 한다. 신경체계는 중앙의 신경체계와 주변의 신경으로 구성된다. 주변의 신경이 말초신경이다. 말초신경은 팔과 다리 같이 멀리 떨어져 있는 곳에만 있는 것이 아니다. 말초신경은 중추신경체계인 뇌와 척수의 주변에도 있다. 팔과 다리 같이 멀리 떨어져 있는 것은 디스틀(distal)이다. 페리퍼럴(peripheral)은 디스틀을 포함하지만 디스틀은 페리퍼럴, 즉 주변을 포함하는 것이 아니다. 디스틀은 페리퍼럴의 하나의 종류이다.

말초신경병증은 이러한 말초신경에 이상이 생긴 것이다. 당뇨병성 말초신경병증은 당뇨병으로 인하여 말초신경에 이상이 생긴 것이다. 당뇨병성 말초신경병증은 말초신경에 이상이 생긴 것이기 때문에 말초신경이 담당하는 기능에 이상증상이 발생한다. 당뇨병성 말초신경병증은 당뇨병으로 인하여 생긴 것이기 때문에 우선 당뇨병에 대한 치료를 하여야 한다.

자율신경병증은 자율신경에 이상이 생긴 것이다. 당뇨자율신경병증은 당뇨병으로 인하여 자율신경에 이상이 생긴 것이다. 당뇨자율신경병증은 자율신경에 이상이 생긴 것이기 때문에 자율신경이 담당하는 기능에 이상증상이 발생한다. 당뇨자율신경병증은 당뇨병으로 인하여 생긴 것이기 때문에 우선 당뇨병에 대한 치료를 하여야 한다.

눈과 당뇨병

당질은 소화흡수되면 글리코겐으로서 간장 및 근육에 축적된다. 그리고 피에도 존재한다. 피에 존재하는 당이 바로 혈당인 것이다. 수정체는 빛의 굴절력을 변화시킨다. 수정체는 빛을 굴절시켜 망막에 형상을 맺게 한다. 수정체는 원근을 자유자재로 볼 수 있는 조절작용을 한다. 수정체는 세포 또는 세포의 생산물로 형성되어 알모양 또는 원추형을 하고 있다.

수정체의 굴절률에 이상이 생기면 상이 맺히는 위치가 망막에서 벗어나게 된다. 안경은 수정체의 굴절 이상을 보완해 주는 렌즈이다. 수정체는 각막과 함께 빛을 굴절시켜 망막의 중심에 상을 맺게 하는 역할을 한다. 수정체는 모양체 소대에 매달려 있다. 수정체는 모양체 내의 모양근의 수축으로 두께가 변화하여 눈의 조절작용에 관계한다.

수정체는 60~70%의 수분과 30~40%의 단백질로 이루어져 있고 혈관과 신경이 없다. 영양분의 공급은 앞뒤에 접해 있는 눈방수와 유리체에서 받는다. 사람의 수정체는 나이가 들면서 서서히 커지며 황색이 되고 탄력성이 떨어진다. 수정체는 무색의 투명한 구조이다. 수정체가 비정상적으로 혼탁해진 것을 백내장(白內障)이라고 한다. 백내장은 수정체가 혼탁해져 빛을 제대로 통과시키지 못하게 되면서 뿌옇게 보이는 질병이다. 수정체가 혼탁해진 부분에 따라 여러가지 명칭이 사용된다.

안경은 수정체의 기능을 수행한다. 안경의 알, 즉 렌즈(이것은 수정체라는 말과 같은 것이다. 수정체는 결정 모양의 렌즈라는 말을 번역한 것이다. 수정은 결정 모양을 하고 있는 물질의 대표적인 예이다. 그래서 수정체라고 부른다. 정확히 말하면 결정체이다. 수정처럼 말이다)를 맨손으로 문지르면 알이 뿌옇게 혼탁해져 있다.

이 안경을 쓰고 사물을 보면 뿌옇게 혼탁해져 있다. 보는 주체가 뿌옇게 혼탁해져 있기 때문에 보이는 객체 또한 뿌옇게 혼탁해져 보이는 것이다. 이것이 백내장이다. 안경이야 손으로 문지른 것이지만 눈의 수정체는 무엇인가가 수정체를 그렇게 만든 것이다. 물질 중에는 원래 뿌옇게 혼탁해져 있는 것들이 있다. 수정체는 원래 무색의 투명한 구조이다. 그래야 빛이 제대로 통과할 수 있다. 백내장은 무엇인가가 렌즈의 투명성을 훼손한 것이다. 백내장은 선천성인 경우도 있고 후천성인 경우도 있다. 후천성 백내장은 나이가 들면서 발생할 수도 있다. 눈 속의 염증에 의해 생기는 백내장도 있다.

백내장을 고치기 위한 수술은 초음파로 혼탁이 생긴 수정체의 내용물을 제거한 후 개개인의 시력 도수에 맞는 인공수정체를 삽입해 주는 것이다. 백내장이 너무 많이 진행된 경우에는 수정체가 딱딱해져 있다. 백내장은 각종 동물에서 발견된다. 말, 개에게서도 발생한다. 백내장의 원인은 다양할 뿐만 아니라(수정체가 혼탁해져 뿌옇게 보이는 것은 백내장이 된다. 이 원인이 다양할 수밖에 없다) 뚜렷하게 꼬집어 말할 수 없다. 수정체가 혼탁해져 뿌옇게 보이는 것은 렌즈에 있는 물질 때문일 가능성도 있다.

이러한 입장에서 당뇨병이나 갈락토오스혈증의 백내장은 당이 환원되어 폴리올로 되고 그것이 축적되어 생긴 것이라고 설명하게 된다. 단백질의 결합의 문제가 원인이라는 설명도 있다. 동물의 백내장을 설명할 때에는 애견이 나이가 들면 수정체가 퇴화하면서 자연스럽게 이물질이 나타난다는 설명도 있다.

<당뇨병치료제>

a. 글리벤클라미드(Glibenclamide)

   ($C_{23}H_{28}ClN_3O_5S$, 493)

b. 글리클라짓(Gliclazide)

   ($C_{15}H_{21}N_3O_3S$, 323)

c. 글리피짓(Glipizide)

   ($C_{21}H_{27}N_5O_4S$, 445)

d. 글리메피리드(Glimepiride)

   ($C_{24}H_{34}N_4O_5S$, 490)

<혈액검사 및 장비검사의 항목과 관련 질환>

구 분	검사 항목	관련 질환
혈액검사	SGOT	급성·만성 간염 B형간염 항원, 항체
	SGPT	
	HBs Ag/Ab	
	공복 시 혈당	당뇨병
	AIDS	후천성면역결핍증
	HCV	C형간염
	HAV	A형간염
	C.B.C 11종	빈혈, 혈액질환
	소변 10종	비뇨기계 감염 및 종양
	V.D.R.L	매독
장비검사	요추 CT(단층촬영)검사	추간원판 탈출증
	흉부 X선검사	폐결핵, 폐암, 기관지염
	심전도검사	심장 관련 질환
	초음파검사	간, 신장, 비장, 췌장, 담낭

<신의료기술의 안전성·유효성 평가 결과>

구 분	내 용
당화혈색소검사(전기영동법) HbA1c Test (Electrophoresis) 포레시스 (-phoresis)는 운반, 전달이라는 의미이다. 전기영동은 전해질 중에 존재하는 하전 입자에 직류전압을 걸었을 때 정의 하전 입자는 음극으로, 부의	1. 사용목적 　당뇨병 진단 및 관리 2. 사용대상 　혈당관리가 필요한 당뇨병 환자 3. 검사방법 　환자의 혈액을 채취하여 샘플러에 장착시키고 전기장과 전기삼투 흐름에 의해 단백질이 이동 및 분리되는 원리를 이용하여 흡광도를 측정하고 결과를 판독함 4. 안전성·유효성 평가결과 　당화혈색소 검사(전기영동법)는 환자의 혈액을 채취하여 체외에서 이루어지므로 채취과정 외는 환자에게 직접적인 위해를 가하지 않아 안

하전 입자는 양극으로 이동하는 것을 말한다. 이것을 통하여 성분들이 분리된다. 영동은 용액 속에서 이동한다는 의미이다.	전한 검사이다. 당화혈색소 검사(전기영동법)는 참조검사(고성능 액체 크로마토그래피)와의 상관성이 수용할 만한 수준이었다. 따라서 당화혈색소 검사(전기영동법)는 혈당관리가 필요한 당뇨병 환자를 대상으로 당뇨병 진단 및 관리에 있어 안전하고 유효한 검사이다. 5. 참고사항 　당화혈색소 검사(전기영동법)는 총 3편(진단법 평가연구)의 문헌적 근거에 의해 평가된다.
혈중베타케톤검사(전기화학방식) Blood ß-ketone Testing (Electrochemical sensor) 케톤산은 당이나 지질이 대사되는 과정에서 생기는 분자 중에 케톤기와 카르복실기를 가지고 있는 화합물이다. 당뇨병은 지방산의 계속된 분해로 케톤이 축적되어 케톤뇨증이 되어 당뇨성 케톤산증으로 발전할 수도 있다.	1. 사용목적 　케톤증 및 당뇨성 케톤산증 모니터링 및 위험도 평가 2. 사용대상 　케톤증 및 당뇨성 케톤산증 의심 환자 3. 검사방법 　전기화학방식의 베타케톤스트립을 미터기에 삽입한 후, 채혈침으로 손끝에서 소량의 혈액(0.6µL)을 스트립의 끝 부분에 묻히면, 10초 후 검사 결과가 정량적으로 측정되는 검사임. 베타케톤 생성 시 발생하는 Nicotinamide Adenine Din- ucleotide(NAD+)는 베타케톤스트립의 화학물질(1,10- phenanthroline quinone)과 반응하여 전자를 방출시키고, 방출된 전자가 베타케톤스트립에 장착된 전극을 통해 혈중베타케톤산 정도 측정 4. 안전성·유효성 평가결과 　혈중베타케톤검사(전기화학방식)는 환자의 혈액을 채취하여 환자 체외에서 이루어지기 때문에 환자에게 직접적인 위해를 가하지 않아 검사 수행에 따른 안전성에는 문제가 없는 검사이다. 혈중베타케톤검사(전기화학방식)는 기존검사(일반화학검사)와 상관성이 높고, 진단 정확성이 유사한 검사이다. 따라서 혈중베타케톤검사(전기화학방식)는 케톤증 및 당뇨성 케톤산증 의심 환자를 대상으로 혈중베타케톤을 측정하여, 케톤증을 모니터링하고 위험도를 평가하는데 있어 안전하고 유효한 검사이다.

	5. 참고사항 　혈중베타케톤검사(전기화학방식)은 총 7편(진단법 평가연구 7편)의 문헌적 근거에 의해 평가된다.
족부수분검사 Sudomotor Function Indicator 수도모토(Sudomotor)는 땀샘을 자극하는 것을 말한다.	1. 사용목적 　당뇨병 환자에서 말초신경병증을 선별 2. 사용대상 　당뇨병 환자 3. 검사방법 　건조된 양 발바닥의 엄지 발가락 아래 볼록한 부분에 반응패드(뉴로체크TM)를 부착하고 10분 후 반응패드의 색 변화를 관찰 4. 안전성·유효성 평가결과 　족부수분검사는 외용제를 사용하는 검사이고, 평가된 13편의 연구에서 환자에게 피부발진 등의 부작용 사례가 보고되지 않았다. 족부수분검사는 기존에 말초신경병증 선별검사로 사용되던 진동감각역치검사와 비교시, 민감도는 높고 특이도는 낮다. 그러나 당뇨병성 말초신경병증의 특성상 일차의료에서 주로 이루어지는 점을 감안했을 때 신경전도검사를 수행하기 어려운 점을 고려하면 선별검사로서 의미가 있는 검사이다. 5. 참고사항 　족부수분검사는 총 12편(진단법 평가연구 12편)의 문헌적 근거에 의해 평가된다.
KCNJ11 유전자, 돌연변이(염기서열검사) KCNJ11 gene, mutation (Sequencing)	1. 사용목적 　신생아 당뇨의 분자유전학적 진단 2. 사용대상 　신생아 당뇨가 의심되는 환자 또는 가족 3. 검사방법 　환자의 말초혈액에서 DNA를 추출하고 KCNJ11 유전자의 각 엑손을 중합효소연쇄반응으로 증폭함. 증폭 산물과 염기서열분석용 시약을 이용하여 염기서열반응을 시킨 후, 이를 염기서열자동분석기에서 분석하여 돌연변이 유무를 확인

	4. 안전성·유효성 평가결과 　KCNJ11 유전자, 돌연변이(염기서열검사)는 대상자의 체외에서 이루어지는 검사이며, 검체 채취 등의 과정으로 인체에 직접적인 위험을 초래하지 않으므로 안전한 검사이다. KCNJ11 유전자는 신생아 당뇨의 원인유전자로 KCNJ11 유전자, 돌연변이(염기서열검사)는 유전자의 돌연변이 여부를 확인하는 검사법이다. KCNJ11 유전자, 돌연변이(염기서열검사)는 신생아 당뇨의 원인유전자인 KCNJ11 유전자의 돌연변이 여부를 확인하여 환자를 진단 및 확진하는데 안전하고 유효한 검사라는 근거가 있다.
GLUD1 유전자, 돌연변이(염기서열검사) GLUD1 gene, mutation (Sequencing)	1. 사용목적 　가족성 과인슐린증(또는 선천성 고인슐린혈증)의 확진과 가족력이 있는 경우 조기진단, 산전진단, 유전상담에 사용 2. 사용대상 　ABCC8 유전자, 돌연변이(염기서열검사) 시행 후 음성결과인 가족성 과인슐린증(또는 선천성 고인슐린혈증)이 의심되는 환자 및 가족 3. 검사방법 　환자의 말초혈액에서 DNA를 추출하고 GLUD1 유전자의 각 엑손을 중합효소연쇄반응으로 증폭함. 증폭 산물과 염기서열분석용 시약을 이용하여 염기서열반응을 시킨 후, 이를 염기서열자동분석기에서 분석하여 돌연변이 유무를 확인 4. 안전성·유효성 평가결과 　GLUD1 유전자, 돌연변이(염기서열검사)는 대상자의 체외에서 이루어지는 검사이며, 검체 채취 등의 과정으로 인체에 직접적인 위험을 초래하지 않으므로 안전한 검사이다. GLUD1 유전자는 가족성 과인슐린증(또는 선천성 고인슐린혈증)의 원인유전자로 GLUD1 유전자, 돌연변이(염기서열검사)는 유전자의 돌연변이 여부를 확인하는 검사법이다. GLUD1 유전자, 돌연변이(염기서열검사)는 ABCC8 유전자, 돌연변이(염기서열검사) 시행 후 음성결과인 가족성 과인슐린증(또는 선천성 고인슐린

혈증)이 의심되는 환자 및 가족을 대상으로 가족
성 과인슐린증(또는 선천성 고인슐린혈증)의 원
인유전자인 GLUD1 유전자의 돌연변이 여부를
확인하여 환자를 진단 및 확진하는데 안전하고
유효한 검사라는 근거가 있다.

인 슐 린

인슐린(insulin)은 호르몬의 일종이다. 그 중에서 폴리펩디드 호르몬
이다. 호르몬은 지질호르몬과 단백질호르몬이 있다. 인슐인은 단백질호
르몬이다. 인슐인은 사람에게 있어서 매우 중요한 호르몬이다. 이것이
부족하다면 외부에서 인슐린을 투여하여야 한다. 인슐린은 랑게르한스
(Langerhans) 섬에 의하여 분비된다. 폴 랑게르한스(Paul Langerhans, 1847-
1888)는 독일의 의사이자 해부학자이다.

랑게르한스섬은 췌장 속에서 인슐린을 분비하는 세포군이다. 랑게
르한스섬은 내분비샘 조직이다. 분비샘에는 내분비샘과 외분비샘이 있
다. 눈물과 땀은 외분비샘이 분비한다. 췌장은 이자라고도 한다. 췌장은
배 안의 뒤쪽에 있는 기관이다. 신장, 췌장, 비장, 쓸개 등 용어들이 복
잡하다. 신장은 콩팥이라고도 한다. 비장은 지라라고도 한다. 쓸개는 쓸
개즙을 일시적으로 저장하는 곳이다. 쓸개즙은 간에서 분비한다. 음식물
이 들어오면 쓸개즙을 내어 소화를 돕는다.

인슐린은 탄수화물, 지방의 물질대사를 규제하는 기능을 한다. 인슐
린은 포도당(glucose, 글루코오스)을 글리코겐(glycogen)으로 전환하는 기능
을 한다. 이것은 혈당의 수준을 감소시킨다. 혈당은 피 속의 당을 말한
다. 혈당의 수치가 높다는 것은 피 속의 당이 많다는 것을 의미한다. 이
것이 바로 당뇨병이다. 당은 설탕(sugar)을 말한다. 탄수화물을 당질이라
고도 한다. 글리코겐을 당원이라고도 한다. 인슐린은 동물의 췌장에서

추출할 수도 있다. 인슐린은 유전공학을 통하여 생산되기도 한다. 인슐린은 제1형(type I) 당뇨병에 대한 의학적 치료에 사용된다. 인슐린은 새로운 라틴어 인슐라(īnsula)에서 왔다. 인슐라는 섬이라는 의미이다. 랑게르한스의 그 섬이다. 인슐린은 인슐라와 인(in)을 결합하면서 철자 a를 생략한 것이다.

인슐린이 탄수화물의 물질대사를 규제한다는 것은 피 속의 포도당 수준을 규제한다는 것을 의미한다. 사람의 몸은 물질이 적절한 수준을 넘어 존재하면 병이 생긴다. 물질이 부족해도 병이 생긴다. 물질이 부족해 생기는 병이 영양실조이다. 비만은 물질이 적절한 수준을 넘어 존재할 때 생긴다. 물질은 있어야 할 곳에 있어야 하고 적절한 수준을 넘어서도 안 되고 부족해서도 안 된다. 물질의 적절한 수준은 음식과 운동으로 조절한다.

"물질이여, 있어야 할 곳에, 적절한 수준으로."

음식과 운동이 물질의 수준을 조절하는 데 실패하면 약을 투여하게 된다. 이것이 바로 병이다. 세균이나 바이러스에 의한 병이 없어도 물질에 의하여 병이 생기기도 한다. 이때의 약은 세균이나 바이러스와 싸우는 약과는 차이가 있다. 물질의 수준을 조절하기 위하여 투여하는 약은 물질의 양 자체를 조절하기 위한 것이다. 관상동맥경화증(coronary sclerosis) 또한 물질이 과도할 때 생긴다. 경화증(sclerosis, 스클레로시스)은 섬유성 결합 조직의 증식으로 인하여 몸의 조직이나 기관이 비정상적으로 단단하게 변화되는 것을 말한다. 당뇨병은 혈관이 아니라 혈액에 포도당이 많아서 생긴다. 당뇨병과 동맥경화증은 내용은 다르지만 이치는 같다. 물질의 양이 많은 것이다.

음식을 먹으면 혈당이 오른다. 음식에는 포도당이 들어 있기 때문이다. 음식을 먹은 후 피 속에 포도당이 많아지면 췌장의 랑게르한스섬은 인슐린을 분비한다. 인슐린은 에너지(열량. 에너지의 측정단위가 칼로리이다)를 얻도록 몸의 세포로 포도당을 이동시켜 산화되는 것을 돕는다. 또한 인슐린은 포도당이 지방산이나 글리코겐으로 전환되어 저장되는 것을 돕는다. 간이나 골격근에서는 포도당이 글리코겐으로 저장된다. 지방세포에서는 트리글리세라이드로 저장된다. 피 속에 포도당이 적어지면 인슐린분비는 중단된다. 그리고 간은 피 속에 더 많은 포도당을 방출한다. 인슐린은 간, 근육, 조직들에서 포도당의 균형을 통제하면서 다양한 기능을 수행한다. 인슐린은 글리코겐의 방출을 금지시킴으로써 지방이 에너지원으로 사용되는 것을 중단시킨다.

인슐린과 관련된 무질서(서양에서는 질병을 무질서라고 표현한다)로는 당뇨병과 저당혈증, 물질대사증후군(증후군이라는 말이 들어가도 질병이다) 등이 있다. 당뇨병과 물질대사증후군과 같은 물질대사무질서를 제외하면 인슐린은 피로부터 초과된 포도당을 제거하기 위하여 일관된 비율로 몸 내부에서 공급된다. 그러지 않으면 독이 된다. 피 속에 있는 포도당이 특정한 수준 이하로 떨어지면 몸은 글리코겐 분해를 통하여 저장된 당을 에너지원으로 사용하기 시작한다. 이것은 간과 근육에 저장된 글리코겐을 포도당으로 분해하는 것이다. 그리고 나서 에너지원으로 사용된다.

인슐린수준의 통제에 실패하면 당뇨병이 생긴다. 그래서 인슐린은 몇몇 형태의 당뇨병을 치료하기 위하여 사용된다. 제1형 당뇨병을 가진 환자들은 인슐린이 더 이상 내부적으로 생산되지 않기 때문에 외부적인 인슐린투여에 의존한다. 제2형(type 2) 당뇨병을 가진 환자들은 종종 인슐린에 대하여 저항한다. 이러한 저항 때문에 그들은 상대적 인슐린부족으로 인하여 고통받는다. 제2형 당뇨병을 가진 환자들 중 일부는 다른 치료가 피 속의 포도당 수준을 적절하게 통제하는데 실패할 경우 궁극적으로 인슐린을 필요로 한다.

사람의 인슐린은 51개의 아미노산으로 구성되어 있다. 인슐린의 구조는 동물의 종에 따라서 조금 다르다. 돼지의 인슐린이 사람의 인슐린에 근접해 있다. 1923년 프레데릭 밴팅(Frederick Banting)과 존 제임스 리처드 맥클레오드(John James Richard Macleod)는 인슐린을 발견한 공로로 노벨상을 받았다. 1958년 프레데릭 생거(Frederick Sanger)는 인슐린의 아미노산 서열을 결정한 공로로 노벨상을 받았다. 다음은 대한민국약전에 있는 내용이다.

> **인슐린(insulin)**: 이 약은 건강한 소 또는 돼지의 췌장에서 얻은 것으로 혈당을 낮추는 작용이 있다. 이 약은 흰색의 결정성 가루로 냄새는 없다. 이 약은 물, 에탄올(95) 또는 에테르에 거의 녹지 않는다. 이 약은 흡습성이다.
>
> **인슐린 주사액(insulin injection)**: 이 약은 인슐린을 주사용수에 현탁시키고 염산을 넣어 녹여 주사제의 제법에 따라 만든다. 이 약 100mL에 대하여 페놀 또는 크레솔 0.10~0.25g 및 농글리세린 1.4~1.8g을 함유하도록 넣는다. 이 약에는 염화나트륨을 넣지 않는다. 이 약은 무색-연한 노란색의 맑은 액이다. pH는 2.5~3.5이다.
>
> **인슐린아연 수성현탁주사액(insulin zinc injection, aqueous suspension)**도 있고 **이소판인슐린 수성현탁주사액(isophane insulin injection, aqueous suspension)**도 있다.

림프절의 수

림프절은 내부에 림프구 및 백혈구를 포함하고 있는 면역기관이다. 림프절은 몸의 곳곳에 분포한다. 림프절은 림프관에 의해 서로 연결되어 있다. 림프절은 림프관을 타고 림프절로 들어온 외부 항체 등에 대한 탐식작용 및 항원제시, 항체생성 림프구의 증식 등 일련의 면역반응을 담당한다. 전신에 약 500개 이상의 림프절이 존재한다. 림프절은 자그마한 공 모양이다. 림프액은 림프관을 타고 림프절로 들어왔다가 림프절을 빠져나간다.

여포성결막염은 자그마한 림프절이라는 의미의 여포(follicle, 팔리클)가 형성되는 결막염이다. 여포는 자그마한 빈 공간을 의미한다. 여포는 갑상선, 뇌하수체 같은 동물의 내분비선 조직에 있는 주머니 모양의 세포 집합체이다. 여포는 속이 비어 있는 일종의 주머니로서 그 내부에는 호르몬 같은 여러가지 내분비 물질이 들어 있다. 이 주머니가 터지게 되면 그 안에 있는 물질이 분비된다. 갑상선, 뇌하수체같이 호르몬을 분비하는 내분비선 조직은 이러한 여포의 집합체로 되어 있다. 여포에는 자그마한 림프절이라는 의미도 들어 있다.

여포에는 포유류의 난소에 있는 주머니라는 의미도 들어 있다. 이 주머니에는 세포들의 덮개에 의하여 둘러싸인 발달 중인 난자가 포함되어 있다. 이것을 난포라고도 한다. 난포 중에 그라프난포는 포유류의 원시난포가 성숙한 결과 난포액이 고여 난포가 확대되어 형성되는 주머니를 말한다. 어린 난포는 난소의 내부에 있고, 뇌하수체전엽에서 분비하는 난포자극호르몬의 작용으로 성장한다. 배란시에 그라프난포는 파열되고, 난세포는 방사관을 가진 채로 난소를 떠난다. 난포는 안에 난자를 가지고 있는 주머니 모양의 세포 집합체로서 생식주기를 거쳐 배란이 일어나면 난자가 방출된다. 여포는 얼마나 성숙했느냐에 따라 원시여포, 1차여포, 2차여포, 3차여포, 그라프난포로 구분된다.

제8장

갱년기부터: 우울과 인생의 황금기

최대 이혼위험 연령(여자 기준으로 39세부터 43세)

부부 사이의 요구는 요구하는 사람의 자존심과 관련되어 있기 때문에 요구가 암시의 형태로 이루어진다. 이러한 암시에 관한 배경을 모르는 배우자는 암시 자체를 알아차리지 못하거나 암시를 잘못 해석하게 된다. 암시를 준 사람은 그 사람대로 암시를 두고 헤매고 있는 자신의 배우자의 속사정을 알지 못한다. 부부관계에 있어서 배우자보다 다른 사람이 알고 있는 비밀들이 매우 많다. 그것도 배우자가 모르는 익명의 사람이 말이다. 그 이유는 사람의 자존심과 관련되어 있는 부분은 내가 알고 있는 사람이 몰랐으면 하기 때문이다.

사람이 갱년기에 접어들면 기존의 부부관계에 권태로움을 느끼기 시작한다. 부부관계에 위기가 본격화되기 시작한다. 2012년 기준으로 이혼건수는 114,316건이다. 통계청의 자료를 기초로 한 수치이다. 혼인건수는 327,073건이다. 이혼건수를 혼인건수로 나누면 0.3495(34.95%)이다. 이혼건수는 혼인건수의 약 3분의 1이다. 이혼하는 사람의 수는 이혼건수 114,316건×2=228,632명이다. 혼인하는 사람의 수는 654,146명이다. 이혼의 영향을 받는 사람은 당사자들 본인의 수에다가 자녀의 수(자녀의 수를 2명으로 잡는다) 228,632명을 더하면 457,264명이다. 10년 동안 이혼의 영향을 받는 사람은 자녀를 포함하면 4,572,640명이다.

20년 동안 이혼의 영향을 받는 사람은 자녀를 포함하면 9,145,280명이다. 이것은 엄청난 수치이다. 이혼이 이루어지는 연령대를 보면(연령대를 볼 때 남자와 여자의 연령대를 모두 보아야 하지만 여자의 연령대만을 보기로 한다. 남자의 연령대는 여자의 연령대보다 조금 높으면 된다) 43세에 4,658건으로 가장 많다. 여자의 연령 42세에는 4,593건이다. 44세에는 4,240건이다. 2011년에는 40세에 4,659건으로 가장 많다. 39세에는 4,547명이다. 41세에는 4,556건이다. 42세에는 4,537건이다. 43세에는 4,267건이다. 2012년 기준으로 이혼건수가 3,000건을 넘는 것은 30세부터이다. 30세에 3,010건이다. 4,000건을 넘는 것은 37세부터이다. 37세부터 44세까지는 매년 이혼건수가 4,000건을 넘는다.

45세부터 49세까지도 매년 이혼건수가 3,000건을 넘는다. 이혼건수가 많아지는 것은 갱년기 전부터이다. 그리고 갱년기 동안 많아진 이혼건수가 유지된다. 갱년기 직전 그리고 갱년기 동안 많은 이혼이 발생하는 것이다. 이혼을 포함하여 갱년기 직전 그리고 갱년기 동안은 인생에 많은 변화가 발생하는 시기이다. 더군다나 갱년기 직전 그리고 갱년기 동안은 자살도 매우 많이 발생한다. 그래서 이 시기는 사람에게 매우 위험한 시기이다. 이 위험의 정도는 사춘기를 능가하고 있다. 사람이 갱년기를 무사히 넘기는 것은 이렇게 어려운 일이다. 자신이 갱년기에 접어들었을 때에는 이 위험을 빨리 인식해야 한다.

자살의 경우 죽는 사람은 말이 없기 때문에 그 원인을 정확히 알 수 없지만 갱년기의 상황과 밀접한 관련이 있고 이혼이 만들어내는 상황과 밀접한 관련이 있다. 만약 자신이 이혼을 생각하고 있다면 그 시기가 혹시 갱년기가 아닌지 한 번 따져 보아야 한다. 그리고 갱년기에 발생하는 일들에 관하여 한 번 곰곰이 생각해 보아야 한다. 이혼의 원인은 여러가지가 있다. 배우자 부정, 가족간 불화, 경제 문제, 성격 차이, 건강 문제 등이 항목으로 제시되고 있다. 그런데 이러한 항목들이 나타내는 의미는 매우 제한적인 것이다.

　배우자 부정은 매우 복잡한 성격을 가진 이혼의 원인이다. 배우자 부정은 인간이라는 존재 자체, 즉 존재론과 밀접한 관련이 있다. 또한 배우자 부정은 사람의 인격 또는 성격과 관련되어 있다. 서양에서는 인격과 성격을 동일한 의미로 사용한다. 가족간 불화도 사람의 인격 또는 성격과 관련되어 있다. 경제 문제도 사람의 인격 또는 성격과 관련되어 있다. 어떤 사람들은 경제문제를 매우 중요하게 생각하는 반면 그러하지 않은 사람들도 있다. 성격 차이라는 것은 이러한 것들을 모두 포함하는 것이다.

　이혼하는 사람들은 자신들 나름대로 이혼을 피하기 위하여 노력한다. 하지만 그러한 노력이 성과를 내지 못하고 있는 것이다. 이 이유 중의 가장 큰 것은 의사소통에 있어서의 문제이다. 배우자 부정의 배경을 잘 보면 부부간의 의사소통에 있어서의 문제가 가장 큰 역할을 담당한다. 가족간 불화도 마찬가지이다. 성격 차이는 더욱 그러하다. 이혼의 원인의 근저에 깔려 있는 것은 바로 의사소통의 문제인 것이다. 부부 또는 가족간에 발생하는 의사소통의 문제를 해결하지 않으면 이것이 배우자 부정으로 나타나고 가족간 불화로 나타나며 경제 문제로 나타나고 성격 차이로 나타나게 된다.

　배우자보다 다른 사람에게 비밀을 말하는 이유는 배우자가 모르는 익명의 사람이야 관계가 계속될 것도 아니기 때문에 비밀을 말해도 부담스럽지 않기 때문이다. 그래서 자존심과 관련되어 있는 부분을 그 사람에게 말해도 자존심이 크게 손상될 것은 없다. 더군다나 자존심과 관련되어 있는 부분을 배우자에게 말할 수 없는 현실 속에서 그것을 계속하여 마음 속에 비밀로 간직하기는 힘든 일이다. 입이 그 때 결정적인 역할을 한다. 입은 원래 에너지의 분출구이다. 입의 기능 중의 중요한 하나는 무언가를 다른 사람에게 말하는 것이다.

　이것은 귀와 비교할 때 매우 대조적이다. 귀는 입과 반대로 다른 사람의 말을 잘 들으려고 하지 않는다. 입이 지금 막혀 있다면 마음은 답답함을 느낀다. 옆에 있는 누군가가 지나가는 식으로 나에게 말해 봐, 하고 한 마디만 던지면 그 사람에게 자신의 자존심과 관련되어 있는 속사정을 모두 말하고 만다. 이것이 입이 하는 일이다.

머리는 말하지 말라고 하고 자신도 그래야겠다고 생각하는 순간 입은 반대로 이미 말하고 있는 것이다. 이런 말은 하지 말아야지 생각하는 순간 입은 반대로 이미 말하고 있는 현상은 매우 많이 발생한다. 자존심과 관련되어 있는 부분은 특히 그러하다. 배우자가 모르는 익명의 사람은 뜻하지 않게 모든 비밀을 알게 된다. 이 사람이 비밀을 알게 된 것은 자신의 존재 때문이 아니다. 이 사람이 비밀을 알게 된 것은 비밀을 말한 사람의 배우자의 존재 때문이다.

그 배우자는 비밀을 말해서는 안 되는 사람이다. 비밀의 속성은 비밀을 말해서는 안 되는 사람을 설정한다는 것이다. 국가의 비밀은 적국에게 말해서는 안 된다. 기업의 비밀은 경쟁기업에게 말해서는 안 된다. 부부관계에서 한 배우자는 다른 배우자를 비밀을 말해서는 안 되는 사람으로 설정한다. 그 이유는 비밀을 말했을 때의 부작용을 걱정하기 때문이다. 그 부작용은 바로 자신의 자존심의 손상이다.

비밀의 또 하나의 속성은 비밀을 가진 사람은 그 비밀을 누군가에게 말하고 싶어한다는 것이다. 비밀이기 때문에 더 그러하다. 이것은 입의 속성이기도 하다. 입이 근질근질한 것이다. 하지만 그 누군가는 배우자가 아니다. 배우자가 모르는 익명의 사람이다.

부부 사이에서 비밀이 많은 것은 부부관계를 위험에 빠뜨린다. 왜냐하면 비밀이 많을수록 의사소통을 위축시키기 때문이다. 설사 의사소통이 이루어진다 하더라도 진정성은 훼손된다. 그러면 의사소통의 효과를 달성할 수 없다. 그래서 부부 사이에 비밀을 만들어서는 안 된다. 원래 비밀을 간직하고 있으면 그 사람에게 위험한 상황이 오기 마련이다. 만약 어쩔 수 없이 비밀이 생겼다면 그 비밀을 배우자 이외의 사람에게 말하면 안 된다. 의사나 심리상담가에게 말할 수는 있지만 큰 효과는 없다. 의사나 심리상담가는 비밀의 배경에 관하여 관심이 없을 뿐만 아니라 비밀의 배경을 말해도 그것을 이해하지 못한다.

왜냐하면 비밀의 배경은 인생과 관련된 것이고 의사나 심리상담가가 나보다 인생을 모를 수도 있기 때문이다. 의사나 심리상담가가 전문적인 지식을 배우면서 인생을 배우는 것은 아니다. 이들은 지식을 배울 뿐이다. 다만 그 지식 중에 군데군데 인생에 관한 것이 있을 뿐이다. 의사나 심리상담가가 군데군데 인생에 관한 것을 말할 때 그것을 가지고 이 사람이 인생을 알고 있구나라고 판단하면 안 된다. 의사나 심리상담가 이외의 다른 사람들도 사정은 마찬가지이다.

의사나 심리상담가에게 비밀을 말할 것 같으면 차라리 배우자에게 말하는 것이 더 좋다. 배우자는 아직 비밀을 모르지만 비밀을 말할 때 비밀을 이해할 수는 있다. 왜냐하면 같이 살다 보면 비밀의 배경을 어느 정도는 알고 있기 때문이다. 하지만 사람들은 반대로 행동한다. 배우자에게는 비밀을 말하지 않고 배우자가 모르는 익명의 사람에게는 비밀을 말한다. 배우자가 모르는 익명의 사람 중에는 가게의 주인이나 종업원도 포함되어 있다. 이들은 다른 사람의 비밀을 많이 알고 있다. 배우자가 모르는 익명의 사람 중에는 불륜의 상대방도 포함되어 있다. 이들도 비밀을 많이 알고 있다. 이들 모두는 익명성을 가지고 있는 사람들이다. 비밀과 익명성은 서로 친밀한 관계이다.

일단 비밀을 말하면 비밀을 말한 사람과 비밀을 들은 사람은 일정기간 의사소통이 잘 된다. 비밀을 알고 있기 때문이다. 특히 자존심과 관련되어 있는 부분을 말했을 때에는 더욱 그러하다. 그래서 비밀을 말한 사람과 비밀을 들은 사람 사이의 관계는 매우 밀접해진다. 이것은 의사소통이 잘 된 결과이다. 결국 이것은 비밀을 알게 되었을 때의 힘인 것이다. 하지만 비밀을 말했을 때 밀접해진 관계는 오래 가지 못한다. 비밀의 속성 중 또 하나는 비밀을 알면 비밀의 가치는 일정기간만 효과가 있다는 것이다. 이것은 비밀을 말한 사람도 마찬가지이다. 비밀을 말했더니 더 이상 비밀이 아닌 것이다.

불륜의 많은 경우는 비밀을 말할 수 있는 자유 때문에 생긴다. 그 사람과는 말이 통한다거나 그 사람은 나를 이해해 준다거나 그 사람은 나를 위로하고 격려해 준다거나 그 사람과 같이 있으면 마음이 편하다거나 하는 것들은 비밀을 말할 수 있는 자유의 다른 이름들인 것이다. 비밀을 가지고 있는 사람이 누군가에게 비밀을 말하면 마음의 짐을 벗었기 때문에 마음이 편해진다. 이것은 너무나 당연한 것이다.

그 비밀 속에는 하고 싶은 말뿐만 아니라 하고 싶은 행동도 포함되어 있다. 자존심 때문에 하지 못하던 행동을 자유롭게 할 수 있다는 것은 바로 비밀을 말하는 것과 같은 것이다. 다만 차이는 말과 행동이라는 점뿐이다. 말과 행동은 그것을 만들어 내는 신체기관은 다르지만 사실은 동일한 기능을 수행한다. 행동은 의사소통적 기능을 훌륭하게 수행한다. 다른 사람과의 관계에서 다른 사람에게 행하는 행동은 의사소통 그 자체이다.

사람은 행동을 통한 의사소통을 위하여 다른 사람을 필요로 하고 있다. 이것은 말할 때 대화의 상대방이 필요한 것과 같은 것이다. 결국 불륜은 말과 행동의 의사소통을 위한 것이다. 배우자와 말이 통하지 않으면 불륜의 유혹이 서서히 마음 속에 생긴다. 불륜을 하는 사람들이 쾌락을 위해서 한다고 생각하면 그것은 일부분만을 보는 것이다. 그러한 경우도 일부 있지만 대부분의 경우, 특히 지속적인 불륜은 배우자와 의사소통이 되지 않기 때문에 생긴다. 여기서 하나의 대답이 도출된다. 불륜을 방지할 수 있는 좋은 방법은 배우자와 의사소통을 잘 하는 것이다. 이것은 이혼을 방지하는 길이기도 하다.

<2012년 이혼건수>

아내의 연령별	2012년 이혼건수	아내의 연령별	2012년 이혼건수
총계	114,316		
15세 미만		38세	4,338
15 -19세	386	39세	4,440
20세	492	40세	4,482
21세	561	41세	4,531
22세	787	42세	4,593
23세	809	43세	4,658
24세	1,004	44세	4,240
25세	1,181	45세	3,894
26세	1,417	46세	3,903
27세	1,659	47세	3,737
28세	2,092	48세	3,267
29세	2,593	49세	3,443
30세	3,010	50 - 54세	13,283
31세	3,113	55 - 59세	6,145
32세	3,455	60 - 64세	2,733
33세	3,367	65 - 69세	1,247
34세	3,451	70 - 74세	548
35세	3,453	75세 이상	160
37세	4,048		

갱년기(45세에서 55세)

갱년기(更年期)는 인생의 성숙기에서 노년기로 변할 때의 시기이다. 갱년기의 갱(更)은 다시 갱이다. 갱년기는 다시 오는 해의 시기라는 의미이다. 갱년기의 기간은 사람에 따라 다르다. 갱년기의 기간은 흔히 45세에서 55세 사이라고 하고 있다. 갱년기의 기간을 정할 때 문제가 되는 것은 2가지이다. 하나는 갱년기가 언제 시작하는지의 여부이다. 이것은 갱년기의 시작시점이라고 할 수 있다.

다른 하나는 갱년기가 시작한 이후 언제까지 지속하는지의 여부이다. 이것은 갱년기의 종료시점이라고 할 수 있다. 갱년기의 종료시점은 명확하지 않다. 흔히 말하는 45세에서 55세 사이라는 것은 갱년기가 45세에 시작해서 55세까지 지속된다는 의미가 아니다. 갱년기가 어느 정도 일정한 기간을 지속하지만 그 기간을 산정하는 것은 명확하지 않다.

갱년기에서는 사람의 몸에 여러 변화가 있게 된다. 이러한 변화 중에서 대표적인 것은 성적 기능에 있어서의 변화이다. 여자의 경우 월경이 없어진다. 그래서 여자의 경우 갱년기의 시작시점은 월경이 없어지는 때나 불규칙하게 되는 때이다. 월경을 기준으로 갱년기의 시작시점을 정한다는 것은 갱년기라는 개념이 생물학적·생리적 요소에 기반을 두고 있다는 것을 의미한다. 하지만 사람의 몸에서 생기는 여러 변화가 원인이 되어 또는 그러한 변화들과 동시에 정신적인 변화도 생기게 된다. 갱년기는 몸의 생물학적·생리적 변화와 정신적인 변화를 모두 포함하는 개념이다. 양자 중에서 중심은 역시 몸의 생물학적·생리적 변화이다. 이것으로부터 갱년기가 시작하기 때문이다.

갱년기가 시작하였을 때 잘 적응하여야 한다. 적응이 제대로 이루어지지 않을 경우 정신적인 장애가 발생할 수도 있다. 갱년기가 찾아오는 것을 막을 수는 없다. 사람의 몸은 일정한 시간이 되면 갱년임을 알린다. 이것은 자연의 법칙이다. 문제는 그러한 시간이 되었을 때 어떻게 적응하는지의 여부이다. 갱년기와 비슷한 말로 폐경기라는 말이 사용된다. 폐경은 월경이 없어지는 것을 말한다. 갱년기와 폐경기는 비슷한 점이 있기는 하다.

여자의 경우 폐경이 되면 갱년기의 시작이다. 폐경기라는 용어는 남자에게는 적용될 수 없는 용어이다. 그리고 갱년기는 일정한 기간을 지속하지만 폐경기는 일정한 기간을 지속한다고 할 수 없다. 왜냐하면 사람이 나이가 들어 월경이 없어지면 그 후에 월경이 다시 생기거나 회복되는 것은 아니기 때문이다. 그래서 폐경은 지속기간이라는 개념 자체가 성립하지 않는다.

갱년기를 영어에서는 2가지로 표현한다. 하나는 메노포즈(menopause)이다. 포즈는 '중지'라는 의미이다. 메노는 '달'이라는 의미이다. 메노는 그리스어 메노(mēno-)에서 왔다. 그리스어 메노는 그리스어 멘(mến)의 결합형이다. 멘은 개월, 달이라는 의미이다. 메노포즈를 글자 그대로 해석하면 달을 중지하는 것이다. 메노는 생리주기의 길이와 관련되어 있다. 다른 하나는 클라이맥테릭(climacteric)이다. 클라이맥테릭은 생식능력이 감소되는 기간이라는 의미이다. 이러한 의미는 바로 메노포즈, 즉 폐경과 같은 의미이다.

클라이맥테릭은 다른 의미들도 가지고 있다. 클라이맥테릭은 중요한 기간이라는 의미도 가지고 있다. 클라이맥테릭에는 사람에게 있어서 건강, 운이 몇 년에 어떻게 될 것이라고 하는 건강, 운에 있어서 중요한 변화가 일어나는 해라는 의미도 들어 있다. 클라이맥테릭에는 과일이 완전히 성숙하는 최대호흡의 기간이라는 의미도 들어 있다. 클라이맥테릭이 가지고 있는 여러 의미들은 서로 통한다.

클라이맥테릭은 라틴어 클리막테리쿠스(climactericus)에서 왔다. 클리막테리쿠스는 그리스어 클리막테리코스(klimakterikos)에서 왔다. 클리막테리코스는 '결정적인 기간의'라는 의미이다. 클리막테리코스는 클리막테르(klimakter)에서 왔다. 클리막테르는 인생의 결정적인 시점이라는 의미이다. 클리막테르에는 사다리에 사용하는 가로대라는 의미도 들어 있다. 사다리에 사용하는 가로대는 단계를 의미하기도 한다. 사다리를 올라가려면 가로대를 하나하나 밟아야 한다. 클리막테르는 그리스어 클리막스(klîmax)와 관련되어 있다. 클리막스는 절정이라는 의미이다. 영어 클라이맥스(climax) 또한 절정이라는 의미이다.

흔히 클라이맥스하면 가장 높은 상태를 생각한다. 그런데 클라이막스에서 중요한 것은 그 가장 높은 것 때문에 그 이후는 내려가야 한다는 사실이다. 클라이막스를 시간의 길이에 대입하면 클라이막스에서 가장 높다는 것은 클라이막스 이후에는 내려가 있다는 것을 의미한다. 이것이 서양인들의 사고방식이다. 이러한 사고방식은 우리와 다를 것이 없다.

골다공증(osteoporosis, 오스테오포로시스, 오스테오: osteo-는 '뼈와 관련이 있는'이라는 의미이다. 포로: poro-는 '구멍이 있는'이라는 의미이다)은 특히 나이 든 여자에게서 발생한다. 골다공증은 밀도의 감소와 함께 뼈의 질량이 감소하는 것을 특징으로 한다. 골다공증은 다공성과 깨지기 쉬운 성질을 생산하는 뼈의 공간의 확대를 특징으로 한다. 다공성은 내부에 많은 작은 구멍을 가지고 있는 성질이다. 골다공증은 뼈의 다공성이 증가하여 뼈에 구멍이 있는 것이다. 뼈에 구멍이 있으면 뼈가 부러지기 쉽다. 뼈가 부러지는 것을 골절이라고 한다. 골다공증은 여자에게서 폐경 후에 발생한다. 골다공증은 종종 척추의 붕괴로 인하여 척추가 구부러지는 것으로 이어질 수 있다.

월경(menses, 멘시즈)은 매달 여자의 몸으로부터 나오는 혈액의 흐름을 말한다. 멘스(mense)는 '예의바름, 사리'라는 의미이다. 월경을 의미하는 멘시즈는 라틴어에서 왔다. 멘시즈는 글자 그대로 달, 개월, 월(month)이라는 의미이다. 멘시즈는 라틴어 멘시스(mensis)의 복수형이다. 멘시스는 달, 개월, 월이라는 의미이다. 폐경(menopause, 메노포즈, 포즈는 중지라는 의미이다)은 월경을 중지한 것이다. 월경이 중지되는 것은 대개 45세에서 55세 사이에 발생한다. 월경이 중지되는 것은 자연적으로 발생할 수도 있고 자연적인 원인 이외의 원인으로 발생할 수도 있다.

월경이 중지되면 여자의 임신 가능성은 사라진다. 난소의 기능이 점차적으로 감소하면 호르몬인 에스트로겐의 생산이 줄어든다. 그러면 배란이 불규칙해진다. 그러다가 점차 중지한다. 월경의 주기의 길이가 변한다. 피의 흐름이 감소하거나 증가한다. 에스트로겐의 감소에 대한 내

분비시스템의 조정은 종종 밤에 뜨거운 번쩍임(이것을 열감이라고 번역한다. 열감은 열에 대한 감각이라는 의미이다), 따뜻한 감각, 얼굴이 붉어지는 것(이것을 홍조라고 한다), 땀을 흘리는 것을 야기한다. 이러한 것들이 내분비시스템의 조정 과정에서 나타난다. 자극적으로 되는 것과 두통도 나이드는 것에 대한 반응과 관련되어 있다. 질병을 치료하기 위하여 난소를 제거하거나 파괴하는 것은 인위적인 폐경을 야기한다. 이것은 더 갑작스러운 효과를 발생시킨다.

에스트로겐의 감소는 에스트로겐이 수행하는 기능의 감소를 의미하기도 한다. 그래서 에스트로겐의 감소로 인하여 골다공증과 죽상경화증에 대항하는 에스트로겐의 보호적 효과는 상실된다. 그리고 골절의 위험과 관상동맥의 심장질병은 증가한다. 폐경기는 폐경의 시기, 즉 월경이 없어지는 시기이다. 폐경기와 비슷한 말로 갱년기라는 말이 있다. 폐경기와 갱년기는 비슷한 점이 있기는 하지만 다른 말이다. 폐경기와 갱년기의 비슷한 점 중의 하나는 갱년기에 폐경이 나타날 수 있다는 것이다.

골다공증은 무기질인 칼슘의 점진적인 상실에 의하여 발생한다. 칼슘은 뼈를 단단하게 한다. 하지만 칼슘의 과다한 섭취는 몸에 결석을 생성한다. 그래서 골다공증이 있는 경우에도 적절하게 칼슘을 섭취하여야 한다. 골다공증은 적절한 운동과 적절한 칼슘의 섭취, 즉 적절한 음식의 섭취로 예방할 수 있다. 골다공증은 오래된 뼈조직에 대한 정상적인 보충이 심각하게 방해될 때 발생한다. 골감소증(골연화증이라고도 한다)은 뼈의 질량의 상실은 있지만 골다공증처럼 그리 심각하지 않은 것이다.

에스트로겐은 정상적인 뼈의 재생산을 위하여 필요한 칼슘과 다른 무기질들의 수준을 유지하는 것을 돕는 호르몬이다. 폐경 후의 여자는 에스트로겐의 생산이 극적으로 떨어진다. 이것은 뼈의 질량을 급속하게 상실시킨다. 5년에서 7년간 매년 3%까지 상실된다.

높은 위험을 가진 여자들에게 예방적 조치로서 진단적 뼈의 밀도검사, 즉 골밀도검사가 실시된다. 골다공증에 대한 치료는 뼈의 상실의 과정을 늦추는 것이고 추가적인 뼈의 상실을 예방하는 것이다. 폐경 후의 여자들에 대한 에스트로겐 대체치료(대체치료는 대체요법이라고도 한다)는 효과적이다. 하지만 부작용도 발생한다. 티로이드 호르몬인 칼시토닌이 일부 경우에 투여되기도 한다.

골다공증치료를 위한 비호르몬적 약물로는 알렌드로네이트, 리세드로네이트, 비스포스포네이트(이것은 뼈의 재흡수를 감소시킨다), 랄록시펜 등이 있다. 랄록시펜은 뼈의 무기질의 밀도를 증가시키는 선택적인 에스트로겐 수용기 조절자이다. 사람의 부갑상선 호르몬의 생물학적으로 활성화한 지역으로 구성되어 있는 테리파라타이드는 골아세포의 활성을 자극한다. 골아세포는 새로운 뼈를 형성하는 전문화된 세포이다.

골다공증의 위험이 있는 사람들에게 대개 식사를 통한 칼슘과 보완적인 칼슘 그리고 비타민 D가 추천된다. 하지만 보완제들이 제공하는 효능이 그리 크지는 않다. 몸무게 훈련(이것을 웨이트 트레이닝이라고 한다)을 포함하여 운동은 뼈를 직접적으로 강화시키고 근육의 힘과 균형을 향상시킨다. 남자의 경우 뼈의 상실이 적다. 뼈의 상실은 일생의 늦은 시기에 시작하기도 한다. 골다공증은 뼈의 상실이 계속되고 뼈가 약해져서 뼈의 내부구조가 쉽게 부러질 정도로 손상을 입었을 때 발생한다.

건강검진실시기준에 의하면 정량적 전산화단층 골밀도검사의 경우 $80mg/cm^3$ 이상은 정상이다. $80mg/cm^3$ 미만은 질환의심이다. 양방사선 골밀도검사의 경우 T-score(T 점수) -2.5 초과는 정상이다. T-score(T 점수) -2.5 이하는 질환의심이다.

골밀도검사의 수치는 좀 복잡하다. mg/cm^3는 밀리그램/세제곱 센티미터이다. 그런데 T-score(티-스코어)는 골밀도의 수치를 점수화한 것이다. 원래 T-score는 원점수 분포를 평균과 표준편차를 이용하는 점수분포로 변환시켜 놓은 환산점수이다. 골밀도검사의 경우 기구를 활용하여 골밀도에 관한 자료를 얻은 후 이 자료가 제시하는 값을 동일한 성별의 20~30대 정상인과 비교하여 그 차이를 수치화한 것이 T-점수 또는 T-값이다. T-점수 중 -1.0 이상은 정상이다. -2.4에서 -1.1은 정상 경계 또는 골결핍이다. 골결핍이 더 진행되면 골다공증이 된다.

<신의료기술의 안전성·유효성 평가 결과>

구 분	내 용
에이엠에이치 AMH(anti-mul lerian hormone) 항뮐러호르몬은 뮐러관의 발달을 억제하는 호르몬이다.	1. 사용목적 　　폐경 유무 판단, 과배란 유도시 반응 및 난소능력예측 2. 사용대상 　　난소기능 저하에 의한 불임여성 및 폐경여성 3. 검사방법 　　환자의 혈청을 항 AMH 항체가 코팅된 플레이트에 반응시켜 항체-항원을 결합시킨 후, 다시 효소표지항체를 첨가하여 항체-항원-항체의 결합형태를 만들어 효소 작용에 의한 발색반응 정도를 측정 4. 안전성·유효성 평가결과 　　에이엠에이치 검사는 환자의 혈액을 채취한 후 체외에서 이루어지므로 검체 채취를 위한 행위 외에는 환자에게 직접적인 위해를 가하지 않는 안전한 검사이다. 불임여성에서 에이엠에이치 검사와 기존의 난소능력 검사지표인 동 난포수(antral follicle count)와 중등도의 양의 상관성을 보였고, 난포자극호르몬(follicle stimulating hormone)과는 낮은 유의한 상관성을 보였다. 에이엠에이치 검사의 진단정확성은 불임 및 폐경여성에서 기존의 검사지표와 유사하였고 에이엠에이치의 평균농도는 불임여성에서 난소능력 저반응군에 비해 고반응군이 유의하게 높았고, 폐경여성에서 에이엠에이치는 검출되지 않았다. 에이엠에이치 검사는 난소능력평가 난포자극호르몬이 뇌하수체 전엽에서 분비되는 것에 비하여, 에이엠에이치는 난소의 과립막 세포에서 직접 분비되며 월경주기별 변화가 적다. 따라서 불임 및 폐경여성에서 난소능력을 반영할 수 있는 직접지표로서 안전하고 유효한 검사라는 근거가 있다.

최대 자살위험 연령(50-54세)

2011년을 기준으로 했을 때 15세 미만의 자살자수는 56명이다. 15~64세는 11,444명이다. 65세 이상은 4,406명이다. 15~19세는 317명이다. 20~24세는 558명이다. 25~29세는 1,082명이다. 30~34세는 1,203명이다. 35~39세는 1,308명이다. 40~44세는 1,471명이다. 45~49세는 1,490명이다. 50~54세는 1,680명이다. 55~59세는 1,273명이다. 60~64세는 1,062명이다. 65~69세는 1,019명이다. 70~74세는 1,217명이다. 75~79세는 1,038명이다. 80~84세는 652명이다. 85~89세는 343명이다. 90세 이상은 137명이다. 5년을 하나의 구간으로 했을 때 가장 많은 자살자가 있는 것은 50~54세이다. 45~49세는 그 다음이다.

연령대별 자살자의 수는 한 사람의 일생 동안의 나이별 행동으로 바꿀 수 있다. 45~54세가 자살에 있어서 가장 위험한 나이이다. 45~54세의 경우 자살이 사망원인 1위는 아니지만 한 사람이 45~54세에 있다면 이 사람은 자신의 일생 동안에 있어서 다른 나이에서보다 자살의 위험이 가장 큰 것이다. 그런데 45~54세는 바로 인생의 갱년기(更年期)이다. 이것이 의미하는 것은 사람이 갱년기에 접어들면 자살의 위험이 매우 커진다는 것이다. 갱년기에 접어든 사람들은 이 점을 항상 조심하여야 한다.

눈물(tear, 티어)은 대표적인 의사소통의 수단이다. 눈물은 눈에서 나오는 물이다. 눈물은 눈의 눈물샘(lachrymal gland, 래크러멀 글랜드, 래크러멀은 눈물의라는 의미이다. 글랜드는 선, 샘이라는 의미이다)에 의하여 분비된다. 선, 샘은 분비물을 분비하는 신체의 조직 또는 기관이다. 눈물은 의사소통의 기능만을 수행하는 것이 아니다. 눈물은 의학적 기능도 수행한다. 눈물은 눈에 들어온 해로운 자극물들을 씻어내기도 한다.

의사소통을 위한 것도 아니고 자극물을 씻어내기 위한 것도 아닌데 눈물이 나는 것은 감정과 관련되어 있다. 눈물은 감정의 표현수단이기도 한 것이다. 의사소통은 나 이외에 다른 사람을 필요로 한다. 자극물을 씻어내는 것은 다른 사람이 필요 없다. 나 혼자서 한다. 감정의 표현에는 다른 사람이 필요할 수도 있고, 다른 사람 없이 혼자서 할 수도 있다. 눈물로 감정을 표현할 때 혼자서 할 수도 있는 것이다. 이것이 바로 혼자서 눈물을 흘리는 것이다.

자신의 감정 때문에 눈물을 흘리는 것이 감정에 어떠한 영향을 미치는지 여부는 명확하게 말할 수 없다. 사람에 따라서 다를 수도 있다. 사람들은 흔히 감정이 그러면 한 번 울어보라고 하지만 그것의 효과는 알 수 없다. 그러한 효과를 알 수 없는 이유 중의 하나는 감정의 미묘한 변화를 자신 스스로도 정확하게 포착할 수 없기 때문이다. 다시 말하면 울었더니 감정이 어떠한지를 정확하게 알 수 없다. 감정의 변화가 있다 할지라도 그것이 울었기 때문인지 명확하게 알 수 없다. 눈물이 감정에 미치는 영향이 명확하지 않음에도 불구하고 사람들은 감정이 그러면 한 번 울어보라고 한다. 하지만 이것이 역효과를 낼 수도 있다.

눈물을 흘리다 보면 일정한 시간이 흘러간다. 이 시간 동안 사람은 여러 생각을 하게 된다. 눈물을 흘리면서 무슨 생각을 하는지가 중요한 관건이다. 이러한 생각이 눈물의 효과를 결정한다. 눈물을 흘릴 때 생각했던 것이 중간에 바뀔 수도 있다. 이것이 눈물이 그칠 때쯤 다시 바뀔 수도 있다. 내가 무엇을 생각할지는 나 자신이 어느 정도 조정할 수 있지만 완전하게 조정할 수 없다. 갑자기 다른 생각이 들 수도 있기 때문이다. 그렇게 해서 머리 속에 들어온 생각을 사람은 쉽게 떨칠 수 없다.

눈물을 흘릴 때 옆에 사람이라도 있으면 이 사람의 존재 자체가 생각에 많은 영향을 준다. 그리고 이 사람이 하는 말이 생각에 많은 영향을 준다. 사람의 생각은 바람과도 같다. 이쪽으로 불던 바람이 갑자기 방향을 바꾸어 저쪽으로 불 수도 있다. 생각도 마찬가지이다. 눈물을 흘릴 때 처음에는 슬퍼서 울다가 갑자기 눈물을 흘리게 만든 사람에 대한 복수심이 생길 수도 있다. 눈물을 흘릴 때 처음에는 슬퍼서 울다가 갑자기 삶이 싫어질 수도 있다.

지금 생각이 많고 고민이 많으며 감정이 복잡한 사람이 자주 운다면 그 사람을 조심하여야 한다. 그 사람이 울면서 무슨 생각을 할지 알 수 없기 때문이다. 눈물을 흘릴 때의 생각은 정상적인 생각이라고 할 수 없다. 왜냐하면 그 사람은 이미 감정이 앞서 있기 때문이다. 감정이 앞서 있으면 생각이 감정의 영향을 받아 이리저리 방황하게 된다.

지금 내 앞에 생각이 많고 고민이 많으며 감정이 복잡한 사람이 앉아 있다. 삶이 의미가 없다는 말을 하면서 말이다. 이제 그 사람이 울고 있다. 눈물이 그친 후 그 사람이 집으로 가겠다고 한다. 그 사람에게 시원한지 여부를 묻는다. 그렇다고 한다. 그래서 집으로 데려다 주었다. 이것은 대단히 위험한 상황이다. 시원한지 여부를 물으면 대부분 간단한 대답만을 하고 만다. 그리고 속마음을 숨긴다. 그래서 눈물을 흘린 후의 생각을 알 수 없다. 눈물을 흘린 후에 중요한 것은 감정이 아니라 생각이다. 자살한다는 것은 감정이라기보다는 생각이다.

사람은 삶의 포기 여부를 쉽사리 감정에 맡기지는 않는다. 자살은 생각의 최종적인 결론인 것이지 감정의 결과가 아니다. 욱하는 마음에 옆에 있는 사람을 때리거나 욕을 할 수는 있어도 욱하는 마음에 자살하지는 않는다. 옆에 있는 사람을 때리거나 욕할 때에는 준비가 필요 없다. 그저 때리거나 욕하면 된다. 자살은 자신의 몸에 해를 끼치는 것이기 때문에 일정한 준비가 필요하다. 이 준비에는 생각이 필요하다. 사람은 자살을 생각할 때 이 준비까지 생각하게 된다. 높은 곳에 갔다가 우연히 생각이 들 수는 있다. 하지만 그런 경우에도 이전에 이미 자살에 관한 생각을 하였기 때문에 뛰어내리는 것이지 높은 곳에 가서 그 때 비로소 삶을 포기할 생각을 하는 것은 아니다.

　평소에 삶을 포기할 것인지를 생각하지 않은 사람은 자살하지 않는다. 이것이 바로 사람이 자살에 이르는 과정이다. 그래서 어느 날 자신에게 갑자기 삶을 포기할 것인지 여부가 머리에 떠오른다면 그 자리에서 그 생각을 떨쳐버려야 한다. 그 생각을 진행시킨다면 자살에 이르는 과정의 두 번째가 진행되고 있는 것이다. 첫 번째 단계는 자신에게 많은 생각과 고민과 복잡한 감정을 제공한 상황의 발생이다. 그러한 상황 중에서 중요한 역할을 하는 것은 바로 사람이다.

　사람이 개입된 상황은 사람이 개입되지 않은 상황보다 더 위험하다. 사람은 다른 사람의 생각과 고민과 감정을 촉진시키는 중요한 요인이다. 사람의 존재는 구체적인 것이어서 생각과 고민과 복잡한 감정을 구체적으로 진행시킬 수 있게 한다. 그래서 생각과 고민과 감정을 더 쉽고 강하게 촉진시킬 수 있는 것이다.

　생각과 고민과 감정을 촉진시킬 만한 구체적인 사람이 주변에 없다면 사람 일반을 생각하게 된다. 사람 일반은 범죄에서는 일정한 역할을 하지만 자살에서는 역할을 하지 않는다. 사람 일반을 증오하면 이것이 범죄의 원인이 될 수 있다. 하지만 사람 일반을 증오한다고 하여 자살하지는 않는다. 교도소의 경우 자살률이 높지 않다. 그 이유는 교도소라는 곳이 많은 생각과 고민과 복잡한 감정을 제공하는 상황을 차단시키기 때문이다.

　어느 날 자신에게 갑자기 삶을 포기할 것인지 여부가 머리에 떠오른 후 그 자리에서 그 생각을 떨쳐버리지 못하고 결국 생각을 진행시켰다면 이제는 어떻게 자살할 것인지에 관한 생각을 해서는 안 된다. 어떻게 자살할 것인지에 관한 생각이 바로 자살의 준비인 것이다. 자살의 준비까지 이루어진다면 상황은 매우 위험하다.

　지금 내 앞에 생각이 많고 고민이 많으며 감정이 복잡한 사람이 앉아 울고 있다. 눈물이 그친 후 그 사람에게 시원한지 여부를 묻는다. 그렇다고 한다. 그 사람에게 시원한지 여부를 묻는 것은 효과가 없다. 그 사람에게 울면서 무슨 생각을 하였는지를 물어야 한다. 그것도 자세하게 말이다. 눈물을 흘린 사람이 속마음을 숨길 수도 있다. 이것은 거짓 대답이다. 모든 거짓은 앞뒤가 잘 맞지 않는다. 논리가 서로 모순된다. 그리고 명확하지 않다. 또한 얼버무린다.

그 사람에게 울면서 무슨 생각을 하였는지를 물었을 때 앞뒤가 잘 맞지 않고, 논리가 서로 모순되며, 명확하지 않고, 얼버무리면 그 사람은 거짓말을 한 것이다. 이때 그 사람을 혼자서 두어서는 안 된다. 그 사람이 혼자서 산다면 그 사람을 집으로 데려다 주어서는 안 된다. 다른 사람과 같이 산다면 이 모든 사실을 그 사람에게 알려주어야 한다. 다시 말하면 이 사람이 지금 위험하다고 말이다. 이 사람은 이제 관찰의 대상이다. 이 관찰에 틈이 생기면 안 된다. 이 사람은 모든 준비를 마친 사람이다. 생각은 길지만 실행은 순간적으로 이루어진다. 그 순간은 숨을 쉬지 않고 있을 때 생명이 소멸하기까지 걸리는 시간이다. 1분, 2분.....

일단 준비까지 한 사람이 그 생각과 준비를 포기하게 하기 위하여는 시간이 필요하다. 이 시간은 상당히 긴 시간일 수도 있다. 이 시간이 바로 이미 한 생각을 바꾸는데 필요한 시간이다. 사람은 생각을 쉽게 바꾸지 않는다. 특히 잘 안다고 생각하는 것은 바꾸지 않는다. 일단 준비까지 하였던 사람은 자살에 관하여 많은 것을 안다고 생각하는 사람이다. 그래서 그 생각을 바꾸게 하는 일은 쉽지 않다.

신경안정제는 생각의 기능을 떨어뜨리기 때문에 자살에 관한 생각도 줄어들게 한다. 그런데 문제는 이미 자살을 생각하고 있는 사람의 경우이다. 이 사람에게 신경안정제를 투여하면 자살에 관한 생각이 줄어들기는 하지만 동시에 자살을 하지 말아야 한다는 생각까지 줄어들게 만든다. 신경안정제를 투여하면 자살에 관한 생각이 여전히 머리 속에 있는 상태에서 동시에 자살 이외의 다른 생각이 머리 속에 끼어들 여지도 없게 된다.

자살하는 사람은 삶을 포기할 것인지에 관하여 오랜 생각을 하지만 그 생각의 깊이, 강도의 정도까지 반드시 커야 하는 것은 아니다. 다시 말하면 생각의 깊이, 강도의 정도가 작아도 자살에 관한 생각이 있다면 자살을 시도할 수 있다. 이것이 의미하는 것은 신경안정제가 자살방지를 못할 수도 있다는 것이다.

자살방지를 위하여 가장 필요한 것은 생각을 바꾸게 하는 것이다. 이것을 통하여 삶을 포기하기로 한 생각을 떨쳐버릴 수 있는 것이다. 생각을 바꾸는데 있어서 필요한 것은 사람들의 도움이다. 이 도움은 다양한 형태로 제공되어야 한다. 이 도움이 별 효과를 보지 못할 수도 있다. 그러면 위험은 여전히 진행 중인 것이 된다.

동반자살은 같이 자살하는 것이다. 왜 동반자살을 할까? 이것에 관하여 많은 오해가 있다. 자살하는데 외로워서 그럴까? 만약에 그렇다면 자살은 일어나지 않는다. 왜냐하면 삶을 포기하는데 동반자를 만났다면 그 동반자를 만나는 순간 외로움은 사라지기 때문이다. 동반자를 만나는 순간 굳이 자살을 진행시킬 이유가 없어지는 것이다. 동반자살은 삶을 포기하겠다는 생각을 확인하는 과정에서 발생한다. 삶을 포기하겠다는 생각에 관하여 확신을 가지는 것은 힘든 일이다. 그래서 삶을 포기하겠다는 생각을 가진 사람은 자신의 생각을 확인시켜줄 누군가가 필요할 수도 있다.

그런데 삶을 포기하겠다는 생각을 가진 사람이 자살을 생각하지 않는 사람에게 자신의 생각을 말하면 삶을 포기하겠다는 생각이 잘못된 것이라고 말한다. 그러면서 말린다. 삶을 포기하겠다는 생각을 가진 사람이 자신의 생각을 말할 때 삶을 포기하겠다는 생각이 잘못된 것이 아니라고 말해줄 사람은 똑같이 자살을 생각하고 있는 사람이다. 이 사람은 삶을 포기하겠다는 생각이 잘못된 것이 아니라고 말해줄 뿐만 아니라 자신도 삶을 포기하겠다는 생각을 가지고 있다고 함으로써 다른 사람의 생각을 확인시켜 준다. 이러한 과정은 한쪽 방향으로만 이루어지는 것이 아니라 양쪽 방향으로 동시에 자동적으로 이루어진다.

일단 한 사람이 자신의 생각을 말하면 다른 사람은 그러한 생각에 동의를 표시함으로써 다른 사람 또한 자신의 생각을 확인하게 된다. 이러한 과정이 끝나면 자신들의 생각을 행동으로 시도하게 된다. 한 사람이 자신의 생각을 말하고 다른 사람은 그러한 생각에 동의를 표시하기까지 이들은 자신들의 생각이 과연 맞는 것인지를 다시 한 번 더 생각할 기회를 가지게 된다. 이러한 과정에서 생각을 바꿀 기회가 충분히 주어진다.

하지만 생각을 바꾸는 일은 쉽지 않다. 사람은 자신의 생각이 옳다는 것을 확인하기 위하여 많은 사람을 필요로 하지 않는다. 단 한 사람만 있어도 충분하다. 다시 말하면 다른 사람 한 사람만 자신의 생각에 동의해도 사람은 자신의 생각을 확신하게 된다.

이것이 마치 사람이 느끼는 외로움과 같은 것이다. 어떤 사람이 외로움을 느낄 때 그 외로움을 달래줄 수 있는 사람은 단 한 사람이면 충분하다. 사람이 많으면 오히려 외로움이 더해진다. 외롭다고 하여 많은 사람을 만나는 사람은 항상 외롭다. 그래서 외로움을 달래지 못하고 방황하게 된다. 이 사람은 잘못 생각하고 있는 것이다. 외로움을 달래는 것은 현재 자신이 처한 상황으로부터 생기는 생각을 확인시켜 줄 다른 사람을 만나는 것이다. 다른 사람을 만났는데 그 사람이 현재 내가 처한 상황과 그로부터 생기는 생각을 확인시켜 주지 않는다면 외로움은 없어지지 않는다. 자신이 외롭다면 한 사람을 만나고 그 사람으로부터 외로움을 달래는 법을 배워야 한다.

이에 비하여 사람은 자신이 생각이 옳지 않다는 것을 확인하기 위하여는 많은 사람을 필요로 한다. 한 사람이 나의 생각이 옳지 않다는 것을 확인해 주어도 나는 나의 생각을 바꿀 생각이 없다. 생각은 마음이라는 공간에 자리를 잡고 앉는다. 이미 그 자리를 차지하고 있는 생각을 자리에서 일어나도록 하는 쉬운 방법은 없다. 이미 그 자리를 차지하고 있는 생각에게 내 말을 잘 들어라, 너는 옳다, 그러니 그 자리에 계속하여 앉아 있어라라고 말하는 것은 쉽다. 그저 말 한 마디 하면 된다. 왜냐하면 이 경우는 자리를 옮길 필요가 없기 때문이다.

사람의 생각이 옳다는 것을 확인하는 것과 사람의 생각이 옳지 않다는 것을 확인하는 것은 비대칭적인 것이다. 이것을 오해하기 때문에 다른 사람의 생각을 쉽게 바꿀 수 있다고 생각하는 것이다. 다른 사람의 생각이 옳지 않다는 것을 확인해 주기 위하여 자신이 옳다고 생각하는 것을 백날 말해본들 효과는 없다. 이러한 비대칭성이 발생하는 이유는 생각은 다른 생각을 허용하지 않는 배타성을 가지고 있기 때문이다. 생각은 자신이 앉는 자리를 혼자서 독점하려고 한다. 이념논쟁도 마찬가지이다. 이념이 바로 생각의 대표적인 예이다.

생각이 아예 처음부터 없으면 그 생각을 불어넣기는 쉬운 일이다. 그래서 이념을 선전하는 사람들은 아무런 이념을 가지지 않은 사람을 대상으로 하여 이념을 선전한다. 이념을 이미 가진 사람에게 아무리 다른 이념을 선전한들 그 효과는 거의 없다. 아동들은 잘못된 고정관념을 형성하기 전에 좋은 고정관념을 심어주는 것이 필요하다. 이러한 역할을 하는 곳이 바로 가정이다.

동반자살의 경우 한 사람이 자신의 생각을 말하고 다른 사람은 그러한 생각에 동의를 표시하기까지 자신들의 생각이 과연 맞는 것인지를 다시 한 번 더 생각하는 과정에서 생각을 바꿀 기회가 충분히 있음에도 불구하고 생각을 바꾸지 못하는 것은 위에서 본 이유 때문이다. 애초부터 삶을 포기하겠다는 생각을 가지지 않은 사람이 이들 중에 끼어 있을 경우 이 사람이 다른 사람들을 설득하려고 하지만 설득은 쉽게 이루어지지 않는다. 이러한 현상은 자살에 특유한 것이 아니고 사람의 모든 생각에다 나타나는 현상이다.

이 세상에 태어난 이상 자살할 이유는 없다. 많은 생각과 고민과 복잡한 감정을 제공하고 있는 상황들을 하나하나 없애가면서 자신의 머리 속에 자리잡고 있는 자살에 관한 생각을 바꾸어 나가면 자살의 유혹을 이길 수 있다. 자살의 유혹은 유혹일 뿐이지 거기에 빠져서는 안 된다. 자살의 유혹이 다가오면 빨리 그 생각을 떨쳐버려야 한다. 이것이 자살을 방지할 수 있는 가장 좋은 방법이다.

많은 생각과 고민과 복잡한 감정을 제공하고 있는 상황들이 아무리 노력해도 없어지지 않을 수도 있다. 그러한 상황이 없어지면 가장 좋은 것이지만 그러한 상황이 없어지지 않는다고 하여 실망할 필요는 없다. 그러한 상황이라는 것도 나의 마음에서 없어지기 마련이다. 상황이 존재한다고 해서 그 상황이 항상 나의 마음 속에 있는 것은 아니다. 나의 마음은 상황보다 한수 위에 있다. 상황을 나의 마음 속에서 지우는 방법을 배우면 된다.

사람들은 한 번쯤 에이, 죽어 버리겠다라는 생각을 할 수 있다. 한 번이 아니라 여러 번 할 수도 있다. 이것이 이상할 것은 없다. 이런 생각을 하는 이유는 이 세상이 자신들이 꿈꾸어 왔던 세상과 다르기 때문이다. 꿈은 꿈일 뿐이다. 자살하고자 하는 사람을 설득시키기 어려운 것은 이 세상이 사람들이 꿈꾸어 왔던 세상과 다르기 때문이다. 이 세상이 꿈꾸어 왔던 세상이 아니라는 것을 비로소 깨달은 사람에게 누군가 이 세상이 아름다운 세상이라고 하면 그 사람이 제정신이 아닌 것이다.

사람이 무엇인가를 깨달으려면 많은 노력과 경험이 필요하다. 그 노력과 경험으로 이 세상이 꿈꾸어 왔던 세상이 아니라는 것을 비로소 깨달았는데 그것이 잘못된 것이라고? 이 세상이 꿈꾸어 왔던 세상이 아니라는 것을 비로소 깨달은 사람에게 누군가 이 세상이 아름다운 세상이라고 하면 그 사람은 깨달은 사람을 위로하는 것이 아니라 깨달은 사람이 이 세상을 깨닫기 위하여 그 동안 쏟아부었던 노력과 경험을 무시하는 꼴이 되고 만다.

종교는 이 세상을 아름답다고 가르치지 않는다. 이 세상이 아름답다면 종교가 필요 없을 것이다. 이 세상에 아름답지 않은 것이 너무 많기 때문에 종교가 필요한 것이다. 사람의 죽음 또한 아름답지 않은 것이다. 이 세상이 꿈꾸어 왔던 세상이 아니라는 것을 비로소 깨달은 사람에게 필요한 것은 원래 이 세상이 사람들이 꿈꾸어 왔던 세상과 달리 이 세상에 아름답지 않은 것이 너무 많다는 것을 알려주는 것이다. 이 봐요 당신, 당신의 깨달음은 너무 늦은 깨달음이예요. 이것이 바로 정답이다.

이 말을 들은 사람은 자신의 뒤늦은 깨달음에 관하여 후회는 할지언정 자살함으로써 미래를 보지 않겠다는 생각을 하지는 않는다. 후회는 과거에 관한 것이다. 과거를 후회하여 삶을 포기하는 것은 아주 드문 경우이다. 과거를 후회하여 삶을 포기하는 것은 양심과 관련되어 있는 경우이다. 양심은 원래 그런 것이다. 미래의 일에 관하여 양심의 가책을 느끼는 사람을 보았는가?

이 세상이 꿈꾸어 왔던 세상이 아니라는 것을 비로소 깨달은 사람에게 필요한 것은 이 세상에 아름답지 않은 것이 너무 많지만 그래도 살다 보면 어디엔가 아름다운 것이 있을 것이라고 알려주는 것이다. 그리고 실제로 어디엔가 아름다운 것이 있다. 그 아름다운 것을 찾기 위하여 힘들어도 미래를 향하여 가야만 한다고 말하는 것이 필요하다. 그리고 실제로 사람들은 그 아름다운 것을 찾기 위하여 힘들어도 미래를 향하여 가고 있는 중이다. 가다가 보면 아름다운 것을 찾을 수 있다. 그리고 실제로 아름다운 것을 찾는다. 현재만을 보고 삶을 포기할지 여부를 결정하여서는 안 된다.

그런데 노인들의 경우는 사정이 좀 다르다. 노인들의 미래는 젊은 사람들의 미래와 다르기 때문이다. 그래서 노인들에게 더 많은 관심이 필요한 것이다. 노인들의 경우는 일이 더 간단할 수도 있다. 노인들에게 필요한 것은 관심과 대화이다. 그리고 존재를 같이 하는 것이다. 또한 노인들에게 필요한 것은 동행이다. 관심과 대화, 존재를 같이 하는 것, 동행이라는 것이 어렵게 보일지 모르지만 같이 있으면 되는 것이다. 지금 사람들은 같이 있는 것을 그렇게 어렵게 생각하고 있는 것이다.

노인들과 같이 있는 것은 결단의 문제일 뿐이지 다른 애로사항은 없다. 이 결단이 그렇게 어려운 모양이다. 이 결단을 이미 한 사람은 이 결단이 매우 쉽다는 것을 잘 안다. 지금 사람들은 이 결단 주위를 빙빙 돌고 있다. 본인은 이 결단을 내리려고 해도 배우자가 따라주지 않는다. 그래서 이 결단 주위를 빙빙 돌고 있다. 배우자의 경우에도 일단 이 결단을 내려 보면 이 결단이 그리 어려운 것이 아니라는 것을 알게 된다.

사람들은 한 번쯤 에이, 죽어 버리겠다라는 생각을 하지만 이 생각을 더 이상 진행시키지는 않는다. 이것이 실제로 삶을 포기하는 사람과의 차이점이다. 그래서 나에게 어느 순간 에이, 죽어 버리겠다라는 생각이 떠오를 때 그 생각을 더 진행시켜서는 안 된다. 만약 그 생각을 더 진행시키면 위험해진다.

슬픔이 깊어지면 삶을 포기하려는 생각이 생기기 시작한다. 슬픔이 깊어진 것을 우울이라고 한다. 우울은 외로움과 다른 것이다. 외로움은 혼자 있다는 감정이다. 실제로 혼자 있다 보면 외로워진다. 그 이유는 대화의 상대방이 없기 때문이다. 노인들이 외로워하는 이유는 대화의 상대방이 없기 때문이다. 외로움이 슬픔으로 변할 수는 있다. 노인들의 경우에도 외로워하다가 슬퍼하기 시작한다. 노인들의 외로움은 슬픔으로 변하기 쉽다. 사람들의 슬픔의 원인은 다양하다. 미래에 대한 암울한 전망은 사람을 슬프게 만든다.

이 세상이 꿈꾸어 왔던 세상이 아니라는 것을 비로소 깨달은 사람은 미래에 대한 암울한 전망을 가진다. 그것이 슬픔으로 이어질 수 있다. 외로움은 미래에 관한 것이 아니다. 미래 때문에 외로워하는 사람은 없다. 외로움은 현재와 관련된 것이다. 외로움이 슬픔으로 이어질 때 위험해질 수도 있다.

슬픔 때문에 삶을 포기하려는 생각을 가진 사람은 빨리 슬픔을 던져 버려야 한다. 이 세상을 살면서 너무 슬퍼할 이유는 없다. 이 세상을 살다 보면 슬픈 일도 있는 법이다. 그것이 바로 인생이다. 너무 슬퍼하면 다른 생각이 들기도 한다. 삶을 포기하려는 생각 같은 것 말이다.

슬픔이 생기면 눈물이 저절로 나온다. 그런데 눈물이 나오는 것이 슬프기 때문만은 아니다. 기쁠 때에도 눈물이 저절로 나온다. 슬플 때 나오는 눈물은 슬픔의 눈물이고, 기쁠 때 나오는 눈물은 기쁨의 눈물 또는 감격의 눈물이다. 눈물의 종류는 다양하다. 이유 없는 눈물도 있다. 눈물샘은 슬픔과 기쁨 그리고 눈물의 다른 원인을 구별하지 않는다. 뇌는 슬픔과 기쁨을 구별하지만 정작 눈물을 분비하는 눈물샘은 그러하지 못하다. 그래서 눈물이 혼자만의 감정표현에 그치지 않고 옆에 있는 사람에게 의사소통의 기능을 수행할 때 옆에 있는 사람이 눈물을 보고 그 눈물의 의미를 정확히 파악하기가 힘들다. 이것이 눈물의 의사소통기능이 가지고 있는 한계이다.

옆에 있는 사람은 눈물을 흘리기 전까지의 대화와 상황을 보고 눈물의 의미를 파악할 수밖에 없다. 그러면 눈물의 의미를 정확히 파악할 수는 없지만 어느 정도는 파악할 수 있다.

제9장

평균수명과 사망의 원인

평균수명(남자 77.95세, 여자 84.64세)과 노모스

2012년을 기준으로 했을 때 남자의 평균수명은 77.95세이고 여자의 평균수명은 84.64세이다. 평균수명은 0세를 기준으로 한 기대여명과 같다. 기대여명은 남아 있는 것으로 기대되는 수명이다. 0세를 넘으면 기대여명은 점점 작아진다. 그 결과 기대여명의 수치와 평균수명의 수치는 달라진다. 기대여명의 수치가 평균수명의 수치보다 더 작아진다. 평균수명을 표로서 나타내고 있는 것을 평균수명표라고 한다. 생명표는 좀 더 자세한 내용을 나타내는 표이다. 다음은 평균수명표이다.

\<평균수명표>

구 분	2010년	2011년	2012년
계	80.79	81.2	81.44
남자	77.2	77.65	77.95
여자	84.07	84.45	84.64

\<시대별 평균수명>

후기 구석기시대	33세
신석기시대	20세

청동기시대	26세
철기시대	26세
고전그리스	28세
고전로마	20 - 30세
신대륙발견 이전의 북아메리카	25 - 30세
중세의 영국	30세
근대초기의 영국	25 - 40세
20세기 초	31세
2010년 세계평균	67.2세

직장에서 정년에 도달하면 직장을 그만두어야 한다. 이것을 은퇴 또는 퇴직이라고 한다. 직장을 은퇴한 이후의 시간의 길이는 평균수명에서 정년연령인 60세를 빼면 도출된다. 직장을 은퇴한 이후의 시간의 길이를 평균수명으로 나누면 직장을 은퇴한 이후의 시간의 길이의 비율이 나온다.

\<직장을 은퇴한 이후의 시간의 길이\>

구 분	직장을 은퇴한 이후의 시간의 길이	은퇴 후의 비율(%)
남자	77.95세-60년=17.95년	23.02
여자	84.64세-60년=24.64년	29.11
평균	81.29세-60년=21.29년	26.19

이제 양육과 교육에 자신의 삶을 할당한 시간의 길이, 직장에서의 근로에 자신의 삶을 할당한 시간의 길이, 직장을 은퇴한 이후의 시간의 길이가 평균수명에서 차지하는 비율을 모아 보면 다음과 같다. 평균수명은 남자와 여자의 평균치를 사용한다.

<양육, 교육과 근로의 노모스>

졸업학력	양육과 교육의 비율(%)	직장에서의 근로의 비율	은퇴 후의 비율
중학교	19.68	54.12	26.19
고등학교	23.37	50.43	26.19
대학교	28.29	45.51	26.19
석사학위	30.75	43.05	26.19
박사학위	34.44	39.36	26.19

양육과 교육의 비율과 직장에서의 근로의 비율을 합하면 73.81%이다. 이 73.81%와 은퇴 후의 비율 26.19%을 합하면 100%가 된다. 이것이 바로 평균수명이다. 그리스어 노모스(nómos)는 법, 관습, 전통적인 사회적 규범이라는 의미이다. 노모스의 복수형은 노모이(nómoi)이다. 노모스에 상응하는 라틴어는 모레스(mores)이다. 모레스는 '관습, 행동'이라는 의미이다. 그리스어 노모스(nomós)는 초원, 구역을 의미한다. 노모스(nómos)와 노모스(nomós) 모두 동사 네모(némō)에서 파생되었다. 네모는 '할당하다'라는 의미이다. 노모스(nomós)는 할당의 결과를 의미한다. 노모스(nómos)는 할당의 방식을 의미한다.

고대 그리스의 소피스트는 자연(physis, 피시스)과 관습(nomos)을 구분하였다. 법은 관습에 포함되는 것이다. 법은 일반적으로 편리함과 자기이익을 위하여 자연적 자유를 제한할 목적으로 합의에 의하여 도달되는 사람의 발명품으로 생각되었다. 이러한 생각은 플라톤과 다른 철학자들에 의하여 수정되었다. 플라톤과 다른 철학자들은 노모스는 도덕적인 행동의 불변의 기준들이 들어 있는 추론의 과정에 기초하고 있다고 주장하였다. 노모스에 관한 이러한 입장의 차이는 아직도 해결되지 않고 있다.

피시스는 자연에 있어서 성장과 변화의 원리이다. 피시스는 성장과 변화의 원천으로서의 자연을 의미하기도 한다. 피시스는 성장하고 발전하는 어떤 것을 의미하기도 한다. 영어 피시스(physis)는 그리스어 피시스

(phýsis)에서 왔다. 그리스어 피시스는 사물의 자연적인 형태를 의미한다.

사람의 수명은 자연적인 성격의 것이다. 평균수명이 나의 수명을 결정하는 것은 아니다. 평균수명은 글자 그대로 모든 사람들의 수명을 평균한 것일 뿐이다. 사람의 수명은 내가 어떻게 자연의 이치에 따라 살아가는가에 따라 결정된다. 여기에는 노모스가 개입할 여지가 많지 않다. 나의 수명의 길이에 따라 직장에서 은퇴한 후의 시간을 어떻게 활용하는지 여부에 따라 사람의 수명이 달라진다. 어떤 사람들은 그 길이가 길고 어떤 사람들은 그 길이가 매우 짧다. 또한 사람에 따라 직장에서 은퇴한 후의 시간을 활용하는 모습이 매우 다르다. 직장에서 은퇴한 후의 시간을 어떻게 활용할 것인지에 관하여 깊은 생각이 필요한 대목이다.

양육과 교육에 할당하는 삶의 길이와 직장에서의 근로에 할당하는 삶의 길이를 결정하는 것은 관습적인 성격의 것이다. 우리가 사는 세상이 어떠한지에 따라 양자에 할당(이것이 바로 할당의 방식과 할당의 결과로서의 노모스이다)하는 시간의 길이가 달라진다. 어떤 사회에서는 양육과 교육에 할당하는 삶의 길이가 길고 직장에서의 근로에 할당하는 삶의 길이가 짧다. 다른 사회에서는 반대로 양육과 교육에 할당하는 삶의 길이가 짧고 직장에서의 근로에 할당하는 삶의 길이가 길다. 양자의 길이는 내가 어떤 사회에 소속되어 있는지에 따라 달라진다.

사람에 따라서는 기존의 관습에 의존하지 않고 관습을 타파하려고 한다. 그래서 양육과 교육에 할당하는 삶의 길이와 직장에서의 근로에 할당하는 삶의 길이를 결정할 때 사회의 관습적인 흐름과 다르게 결정하기도 한다. 양육과 교육에 할당하는 삶의 길이를 짧게 결정할 때 회수율은 높아진다. 어떤 사회에서는 직장을 다니면서 근로를 제공하지만 그 기간 동안 여가활용을 중요한 가치로 생각하기도 한다. 이것이 근로에 대한 여가의 반격이다. 여기서 생기는 문제가 근로와 여가의 선택의 문제이다.

졸업학력을 대학교로 잡았을 때 양육과 교육이 사람의 삶에서 차지하는 비율은 28.29%이다. 이러한 수치는 직장에서의 은퇴 후의 시간이 사람의 삶에서 차지하는 비율인 26.19%와 비슷한 수치이다. 사람에 따라서는 양자의 수치가 일치할 수도 있다. 직장에서의 근로를 가운데 두고 양쪽 가장자리에서 양육과 교육의 삶과 직장에서의 은퇴 후의 삶이 감싸고 있다. 양육과 교육의 삶, 직장에서의 근로의 삶, 직장에서의 은퇴 후의 삶은 약 3 : 4 : 3이다(좀더 정확하게 말하면 2.8 : 4.5 : 2.6이다). 이것은 우리나라를 기준으로 한 수치이다. 대학교를 졸업할 때까지의 기간은 국가들 사이에 차이가 거의 없다. 수업연한이 비슷하기 때문이다. 그런데 직장에서 은퇴하는 정년과 평균수명은 국가에 따라 다르다. 그래서 국가에 따라 3 : 4 : 3의 비율에 차이가 생기게 된다.

<각국의 평균수명>

(자료: 나라지표, 단위: 나이, 기준: 2010년)

우리나라	미국	일본	스위스	독일	터키
80.8	78.7	83.0	82.6	80.5	74.3

평균수명은 기대수명을 평균한 것이다. 기대수명은 출생한 시점부터 앞으로 생존할 수 있는 수명을 말한다. 만약 출생한 시점이 아니라 20살을 기준으로 수명을 따진다면 이것은 여명 또는 기대여명이 된다. 평균수명 이외에 건강수명이라는 것도 있다. 건강수명은 평균수명에서 질병이나 부상으로 고통받는 기간을 제외한 수명을 말한다. 건강수명은 다음과 같다(2007년 기준이다).

<각국의 건강수명>

우리나라	일본	스위스	독일
71	76	75	73

평균수명에서 건강수명을 빼면 질병이나 부상으로 고통받는 기간이 나온다. 질병이나 부상으로 고통받는 기간을 평균수명으로 나누면 인생

에서 질병이나 부상으로 고통받는 기간의 비율이 나온다.

<질병이나 부상으로 고통받는 기간>

(단위: 년, 비율은 %)

구분	우리나라	일본	스위스	독일
평균수명	80.8	83.0	82.6	80.5
건강수명	71	76	75	73
질병과 부상 기간	9.8	7	7.6	7.5
질병과 부상의 비율	12.12	8.43	9.20	9.31

사람은 인생의 10% 정도를 질병과 부상으로 고통받는다. 이러한 질병과 부상은 노인들에게 집중되어 있다. 남자의 경우 직장에서 은퇴한 이후 17.95년을 생존하게 되는데 이 기간 동안에 질병과 부상이 집중되어 있다. 여자의 경우 직장에서 은퇴한 이후 또는 60살 이후 24.64년을 생존하게 되는데 이 기간 동안에 질병과 부상이 집중되어 있다. 직장에서의 은퇴 후의 삶은 이전에 경험한 자신의 양육과 교육의 삶에 의하여 영향을 받는다. 또한 직장에서의 은퇴 후의 삶은 자신의 직장에서의 근로의 삶에 의하여 영향을 받는다. 그리고 직장에서의 은퇴 후의 삶은 자신의 가족들의 삶에 의하여 영향을 받는다. 이러한 것들과 함께 직장에서의 은퇴 후의 새로운 생각이 직장에서의 은퇴 후의 삶을 결정하게 된다. 지금까지의 삶이 다소 부족하고 미진한 것이 있다면 일단 이러한 것들을 정리하고 새로운 생각을 가지고 은퇴 후의 삶을 살아가야 한다.

우리나라의 경우 양육과 교육의 삶, 직장에서의 근로의 삶, 직장에서의 은퇴 후의 삶은 약 3 : 4 : 3이다. 그러면 독자들의 노모스, 즉 할당은 어느 정도일까? 지금 하는 일을 멈추고 노모스를 생각할 때이다. 우리는 지금까지 정신 없이 살아 왔다. 그리고 학생들도 정신 없이 살고 있다. 인생에서 가장 중요한 것은 노모스를 결정하는 일이다. 독자들의 노모스가 바로 인생이다. 지금 선택을 하여야 한다. 그리고 그 선택을 실천하여야 한다.

인생을 흔히 수명주기라고 하는데 이것을 주기의 특성에 비추어 보자. 주기는 규칙적인 반복이 있어야 한다. 그런데 인생에는 규칙적인 반복이 없다. 인생에는 단 하나의 주기만 있을 뿐이다. 태어나서 성장하고 번창하다가 늙고 죽는 것이다. 그래서 수명주기를 말할 때 규칙적인 반복을 말하는 것이 아니라 단 하나의 주기 속에서 발생하는 내용들을 말하고 있는 것이다. 태어나서 성장하고 번창하다가 늙고 죽는 것 말이다. 이것을 생로병사라고 한다. 그런데 생로병사에는 태어나는 것과 늙고 병들고 죽는 것은 포함되어 있는데 성장하고 번창하는 것은 포함되어 있지 않다. 생로병사라는 용어는 인생을 매우 비관적으로 보고 있는 것이다. 생로병사 중에서 사람들이 즐거워하는 것은 생뿐이다. 4가지 내용 중에서 3가지가 슬프고 가슴 아픈 것에 관한 것이다.

아니 어쩌면 생로병사라는 용어는 생마저도 슬프고 가슴 아픈 것으로 보고 있는지도 모른다. 그래서 로병사와 같이 대열을 형성하고 있는지도 모른다. 인생을 그렇게까지 볼 필요는 없다. 생은 즐거운 일이다. 다만 그 이후의 일이 힘들고 고달플 뿐이다. 인생을 가장 힘들게 하는 것은 아프고 죽는 일이다. 나뿐만 아니라 부모님과 가족들의 질병과 사망은 사람을 가장 힘들게 만든다. 이제 적극적으로 건강과 질병에 관하여 체계적으로 공부해야 할 때이다.

2012년 기준으로 우리나라의 출생자수는 484,550명이다. 2010년의 출생자수는 470,171명이다. 2011년의 출생자수는 471,265명이다. 2012년의 사망자수는 267,221명이다. 2010년의 사망자수는 255,405명이다. 2011년의 사망자수는 257,396명이다. 2012년 기준으로 출생자수에서 사망자수를 빼면 217,329명이 나온다. 이것이 증가된 인구이다. 또한 2010년의 경우 출생자수에서 사망수를 빼면 214,766명이 나온다. 2011년 기준으로 출생자수에서 사망수를 빼면 213,869명이 나온다. 2012년에 태어난 사람은 2012년의 출생자수와 사망자수를 기준으로 평생 동안 217,329명×81.44년=17,699,273명의 인구증가를 경험하게 된다.

2012년 기준으로 81.44년 후이면 2093.44년이다. 평균수명이 81.44
년으로 고정되어 있으면 말이다. 그런데 평균수명은 더 증가할 것이다. 81.44
년의 반은 40.72년이다. 이때는 2052년이다. 2052년에는 8,849,636명
의 인구가 증가할 것이다. 2012년 기준으로 총인구는 50,004,000명이
다. 2052년에는 총인구가 50,004,000명+8,849,636명=58,853,636명이
다. 정부는 2052년의 총인구를 47,353,000명으로 예측하고 있다. 정부
는 2030년에 52,160,000명으로 예측하고 있다. 2030년에 총인구가 가
장 많을 것으로 예측하고 있다.

정부가 이러한 예측을 하는 것은 1년간의 출생자수가 감소할 것으
로 예측하고 있기 때문이다. 1년간의 출생자수는 여러 요인들의 영향을
받는다. 그 중에서 가장 중요한 것은 사람들의 인식이다. 이러한 인식은
바로 삶에 관한 인식을 토대로 하고 있다. 1년간의 출생자수가 감소한다
는 것은 사람들의 삶에 관한 인식이 변한다는 것을 의미한다. 이 세상
모든 것은 변한다. 심지어 삶에 관한 인식까지도 말이다.

연령별 사망자수는 매우 중요한 자료이다. 이 자료가 주는 정보는
매우 많다. 이 자료를 보면 인생의 최종적인 승리가 얼마나 어려운 일인
지 알 수 있다. 이 자료는 독자들이 평생 동안 마음 속에 간직하고 살아
야 할 자료이다. 이 자료는 건강과 생명에 관하여 독자들에게 등대가 되
어줄 자료이다.

<연령별 사망자수 >

연령	2009년	2010년	2011년
계	246,900명	255,100명	257,396명
0세	1,400명	1,500명	1,435
1-9세	800명	700명	628
10-19세	1,500명	1,500명	1,405
20-29세	4,100명	3,800명	3,476
30-39세	7,800명	7,300명	6,841

40-49세	18,000명	17,600명	16,346
50-59세	27,400명	28,300명	29,289
60-69세	40,100명	39,800명	38,308
70-79세	66,500명	69,500명	70,088
80-89세	61,400명	65,700명	89,562(80세 이상임)
90세 이상	17,900명	19,700명	

2010년을 기준으로 했을 때 0세의 경우 1,400명이 사망하고 있다. 아이때에도 조심해야 한다. 40~49세의 경우 17,600명이 사망하고 있다. 젊은 나이에 무려 17,600명이나 사망하고 있다. 이러한 수치 때문에 평균수명의 의미를 잘 새겨야 한다. 독자 여러분은 결코 안전하지 않다.

50~59세의 경우 28,300명이 사망하고 있다. 40~49세의 경우 사망자수 17,600명이 전체 사망자수 255,100명 중에서 차지하는 비율은 6.899%이다. 50~59세의 경우 사망자수 28,300명이 전체 사망자수 255,100명 중에서 차지하는 비율은 11.093%이다. 60~69세의 경우 39,800명이 사망하고 있다. 이 수치가 전체 사망자수 255,100명 중에서 차지하는 비율은 15.601%이다. 40~49세의 경우와 50~59세의 경우 그리고 60~69세의 경우를 모두 합하면 33.593%이다.

40세 이전에 사망한 사람들은 모두 1,500명+700명+1,500명+3,800명+7,300명=14,800명이다. 40세 이전에 사망한 사람들이 전체 사망자수 255,100명 중에서 차지하는 비율은 5.801%이다. 5.801%에다가 40~69세의 경우가 차지하는 비율 33.593%를 더하면 39.394%이다. 70~79세의 경우 69,500명이 사망한다. 이 수치가 전체 사망자수 255,100명 중에서 차지하는 비율은 27.244%이다. 39.394%에다가 27.244%를 더하면 66.638%이다.

80~89세의 경우 65,700명이 사망한다. 이 수치가 전체 사망자수에서 차지하는 비율은 25.754%이다. 위에서 본 66.638%에다가 25.754%

를 더하면 92.392%이다. 그 이후에는 19,700명이 사망한다. 이것이 전체 사망자수에서 차지하는 비율은 7.722%이다. 이것을 정리하면 다음과 같다. 40~49세의 누적비율이 상당하다. 50~59세 경우 비율이 증가하기 시작하여 60~69세에는 누적비율이 39.394%나 된다. 70~79세의 경우 누적비율이 66.638%나 된다.

<연령별 사망자수와 누적비율>

연령	사망자수	비율	누적비율
0-39세	14,800명	5.801%	
40-49세	17,600명	6.899%	12.700%
50-59세	28,300명	11.093%	23.793%
60-69세	39,800명	15.601%	39.394%
70-79세	69,500명	27.244%	66.638%
80-89세	65,700명	25.754%	92.392%
그 이후	19,700명	7.722%	
전체	255,100명	100%	100%

사망원인과 사망자수

<2012년 사망원인과 사망자수>

사망원인	사망자수(명)
합계	267,221
호흡기 결핵	2,244
패혈증	2,140
바이러스 간염	890
악성신생물(암)	73,759
기관, 기관지 및 폐	16,654(폐암은 암 중에서 1위)
간 및 간내쓸개관(담관)	11,335
위	9,342

결장, 직장 및 항문	8,198
췌장(이자)	4,778
유방	2,013
전립샘	1,460
자궁목	889
난소	910
나머지 악성신생물	8,340
뇌혈관 질환	25,744
허혈성 심장 질환	14,570
당뇨병	11,557
폐렴	10,314
만성 하기도 질환	7,831
간 질환	6,793
정신 및 행동장애	5,574
정신활성물질 사용	719
고혈압성 질환	5,239
알쯔하이머병	3,346
근육골격계통	1,767
빈혈	407
죽상경화증(동맥경화증)	180
달리 분류되지 않은 증상, 징후	25,115
질병이환 및 사망의 외인	31,153
고의적 자해(자살)	14,160
운수사고	6,502
추락	2,104
익사	712
가해(타살)	542
화재	311
유독성 물질 중독 및 노출	282
모든 기타 외인	6,540

<암으로 인한 사망자수와 증가율>

종 류	1983년의 사망자수	2012년의 사망자수	증가한 수	증가율
전체암	28,787명	73,759명	44,972명	156%
위암	12,145명(1위)	9,342명(3위)	-2,803명	-23%
폐암	2,360명(3위)	16,654명(1위)	14,294명	605%
간암	6,384명(2위)	11,335명(2위)	4,951명	77%
대장암	666명(5위)	8,198명(4위)	7,532명	1,130%
유방암	414명(6위)	2,013명(5위)	1,599명	386%
자궁암	1,421명(4위)	1,219명(6위)	-202명	-14%
기타	5,397명	24,998명	19,601명	63%

통계청의 연령별 사망확률은 연령별 사망률을 사망확률로 전환하고 일정한 보정을 행한 것이다. 이때 사망률과 사망확률은 다른 것이다. 연령별 사망률은 특정 연령의 연간 사망자수를 해당년도의 연령별 연앙인구로 나눈 수치를 1,000분비로 나타낸 것으로 어떤 특정 연령층에 사망이 얼마나 발생하는가를 표시한다. 연령별 사망률 계산시 일반적으로 1,000분비를 사용하나 100,000분비를 사용할 수도 있으며, 사망원인 결과분석에서는 사망원인별 사망률 계산과의 일치를 위해 100,000분비를 사용하였다. 연앙인구는 그 해의 중간(이것을 연앙이라고 한다. 연앙은 그 해의 중앙을 말한다)인 7월 1일을 기준으로 하는 인구를 말한다.

　연령별 사망률을 사망확률로 전환하는 과정에서 연령별 사망률과 연령별 사망확률은 달라진다. 연령별 사망확률은 일정한 연령에 있는 사람이 특정한 연령에 도달하지 못하고 사망할 확률이다. 도달하는 연령은 여러가지로 정할 수 있다. 평균수명을 도달하는 연령으로 정할 수도 있다. 사망률과 사망확률이 다르기 때문에 사망자 중에서 특정 사망원인으로 사망한 사람의 비율과 특정 사망원인으로 인한 사망확률도 달라진다. 특정 사망원인으로 인한 사망확률을 일정한 연령에 있는 사람이 특정한 연령에 도달하지 못하고 사망할 확률로 하지 않고 일정한 연령 대신에 평생 동안을 기준으로 하고 특정한 연령 대신에 평균수명을 기준으로 할 수도 있다. 다음은 특정 사망원인 중 암으로 인한 연령별 사망확률과 뇌혈관질환, 심장질환, 당뇨병으로 인한 연령별 사망확률이다. 자료는 통계청 자료에 기초한 것이다.

<연령별 사망원인별 사망확률 >

연령	사망확률
악성신생물(암)	
0 세	21.41
1 세	21.47
5 세	21.48
10 세	21.48
15 세	21.48
20 세	21.48
25 세	21.51
30 세	21.53
35 세	21.56
40 세	21.55
45 세	21.53
50 세	21.42
55 세	21.19
60 세	20.73
65 세	19.95
70 세	18.71
75 세	16.87
80 세	14.41
85세 이상	11.60
폐 암	
0 세	5.07
1 세	5.09
5 세	5.09

10 세	5.10
15 세	5.10
20 세	5.10
25 세	5.11
30 세	5.13
35 세	5.14
40 세	5.16
45 세	5.17
50 세	5.19
55 세	5.20
60 세	5.15
65 세	4.99
70 세	4.67
75 세	4.13
80 세	3.37
85세 이상	2.55
간 암	
0 세	2.71
1 세	2.72
5 세	2.72
10 세	2.72
15 세	2.73
20 세	2.73
25 세	2.73
30 세	2.74
35 세	2.74
40 세	2.74
45 세	2.73
50 세	2.67
55 세	2.56
60 세	2.40
65 세	2.21
70 세	1.93

75 세	1.59
80 세	1.27
85세 이상	0.96
뇌혈관질환	
0 세	10.54
1 세	10.58
5 세	10.58
10 세	10.59
15 세	10.59
20 세	10.60
25 세	10.62
30 세	10.65
35 세	10.67
40 세	10.70
45 세	10.73
50 세	10.78
55 세	10.86
60 세	10.97
65 세	11.10
70 세	11.23
75 세	11.33
80 세	11.11
85세 이상	10.58
심장질환	
0 세	11.11
1 세	11.13
5 세	11.14
10 세	11.14
15 세	11.15
20 세	11.16
25 세	11.17
30 세	11.19
35 세	11.21

40 세	11.23
45 세	11.26
50 세	11.31
55 세	11.37
60 세	11.46
65 세	11.56
70 세	11.72
75 세	11.95
80 세	12.21
85세 이상	12.35
당 뇨 병	
0 세	4.22
1 세	4.23
5 세	4.23
10 세	4.23
15 세	4.24
20 세	4.24
25 세	4.25
30 세	4.26
35 세	4.27
40 세	4.28
45 세	4.30
50 세	4.32
55 세	4.34
60 세	4.36
65 세	4.35
70 세	4.31
75 세	4.17
80 세	3.86
85세 이상	3.35

암으로 인한 연령별 사망확률은 65세가 되면서 20% 아래로 떨어진다. 80세에서는 14.41%이고 85세 이상에서는 11.60%이다. 폐암으로 인

한 연령별 사망확률도 65세가 되면서 5% 아래로 떨어진다. 80세에서는 3.37%이고 85세 이상에서는 2.55%이다. 간암으로 인한 연령별 사망확률도 70세가 되면서 2% 아래로 떨어진다. 80세에서는 1.27%이고 85세 이상에서는 0.96%이다.

그런데 뇌혈관질환과 심장질환의 경우는 사정이 다르다. 통계청 자료에 의하면 2012년을 기준으로 했을 때 85세 이상의 뇌혈관질환으로 인한 연령별 사망확률은 10.58%이다. 심장질환의 경우도 사정은 마찬가지이다. 85세 이상의 심장질환으로 인한 연령별 사망확률은 12.35%이다. 85세 이상이 되면 뇌혈관질환으로 인한 위험과 심장질환으로 인한 위험이 차지하는 비중이 다른 사망원인들에 비하여 중요해진다.

하지만 이것이 85세 이상이 되었을 때 뇌혈관질환으로 인한 연령별 사망확률과 심장질환으로 인한 연령별 사망확률이 크게 증가하는 것을 의미하지는 않는다. 2012년을 기준으로 했을 때 0세의 뇌혈관질환으로 인한 연령별 사망확률은 10.54%이다. 연령별 사망확률이 11%를 넘는 것은 65세이다. 이때 수치는 11.10%이다. 뇌혈관질환으로 인한 연령별 사망확률은 평생 동안 거의 일정하다고 할 수 있다. 이에 비하여 암으로 인한 연령별 사망확률은 80세 이상이 되면 상당히 떨어진다. 심장질환으로 인한 연령별 사망확률은 평생 동안 거의 일정하다고 할 수 있다. 이것은 뇌혈관질환으로 인한 연령별 사망확률과 비슷한 양상이다. 0세의 심장질환으로 인한 연령별 사망확률은 11.11%이다. 연령별 사망확률이 12%를 넘는 것은 80세이다.

당뇨병의 경우 0세의 사망확률은 4.22%이다. 80세의 사망확률은 3.86%이다. 80세가 되면 사망확률이 4% 아래로 떨어진다. 85세 이상의 사망확률은 3.35%이다. 당뇨병도 연령별 사망확률이 평생 동안 거의 일정하다고 할 수 있다. 80세가 되어야 사망확률이 다소 떨어진다.

가족의 사망과 슬픔

사랑하는 가족이 사망하였을 때 남은 가족들은 슬픔에 빠진다. 이 슬픔은 오랜 시간을 지속한다. 슬픔이 깊고 오래 지속될수록 살아 있는 사람들도 힘들어진다. 인생을 살다 보면 사람은 여러가지 일들을 경험하게 된다. 가족의 사망도 그 중의 하나이다. 가족의 사망으로 인한 마음의 충격은 싶게 지워지지 않는다. 아니 어쩌면 평생 동안 지워지지 않을 것이다. 가족의 사망으로 인한 마음의 충격을 슬픔 이외에 달리 표현할 수 있는 용어가 있을까? 마땅한 용어가 잘 생각나지 않는다.

우리는 스트레스(stress)라는 말을 많이 사용한다. 스트레스의 정도를 파악하기 위하여 스트레스 테스트를 실시하기도 한다. 사람은 무엇 때문에 스트레스를 받을까? 인생을 구성하는 요소들이 많은 만큼이나 스트레스의 원인도 매우 많다. 스트레스의 원인들 중에서 어느 것이 사람에게 가장 큰 스트레스를 만들까? 가끔 가다가 이에 관한 조사를 실시하기도 한다. 이러한 조사에서 1위를 차지하는 것은 가족의 죽음이다. 죽은 사람은 말이 없지만 산 사람은 가족의 죽음으로 인하여 엄청난 스트레스를 받고 있다고 한다.

스트레스라는 말은 매우 다양한 의미를 가지고 있어 사용할 때 주의를 요한다. 가족의 죽음으로 인한 슬픔을 스트레스라고 하는 것도 필자의 생각에는 적절한 것이 아니다. 슬픔은 사람의 감정체계에 속하는 것인데 스트레스는 감정체계에서 어느 정도 벗어나 있다. 스트레스는 감정체계에 속하기도 하지만 동시에 사람에게 가해지는 압박 또는 힘의 체계에 속하기도 한다. 압박 또는 힘의 체계는 이에 대한 저항 또는 반작용을 전제로 한다. 사람은 스트레스를 느낄 때 이에 대하여 저항하기 시작한다. 그러면서 스트레스로부터 회복되기도 한다. 스트레스는 사람에게만 있는 것이 아니라 동물에게도 나타난다.

스트레스라는 말에는 어떠한 일에 부여되는 중요성이라는 의미도 들어 있다. 또한 스트레스에는 강조, 강세, 액센트라는 의미도 들어 있다. 그리고 스트레스에는 어떠한 것에 가해지는 물리적인 압박, 압력, 힘이라는 의미도 들어 있다. 스트레스에는 정신적, 감정적 긴장이라는 의미도 들어 있다. 스트레스라는 말은 중세의 영어 스트레스(stresse)에서 왔다. 이 스트레스는 디스트레스(distresse)의 변형체이다. 디스트레스가 바로 고통, 괴로움(distress, 디스트레스)이라는 의미이다. 지금까지의 단어들은 철자 e와 di-에서 차이가 난다.

스트레스라는 말은 부분적으로는 통속 라틴어 스트릭티아(strictia)에서 왔다. 스트릭티아는 스트릭투스(strictus)에서 왔다. 스트릭투스는 압축한, 늘어진 줄을 잡아당긴 것처럼 팽팽한이라는 의미이다. 현재 스트레스라는 말은 몸에 압박을 가하는 경향이 있는, 몸을 무리하게 사용하는 경향이 있는 또는 몸을 변형시키는 경향이 있는 적용된 힘이라는 의미로 사용된다. 더 나아가 스트레스라는 말은 외부적으로 적용된 힘의 결과로서 몸에서 형성된 저항력이라는 의미로 사용된다. 또한 스트레스라는 말은 병으로 이어지는 정신적 긴장 또는 심리적 반응을 생산할 수 있는 신체적 또는 심리적 자극이라는 의미로도 사용된다.

우리가 흔히 스트레스를 받고 있다고 할 때에는 이러한 요소들을 모두 포함하고 있다. 그 중에서도 특히 정신적, 감정적 긴장과 압박이라는 의미가 매우 강하다. 흔히 스트레스를 느낀다고 말할 때 그것은 자신이 정신적으로 그리고 심리적으로 압박을 받고 있고 긴장되어 있다는 것을 의미하는 것이다. 이러한 압박과 긴장은 동시에 예민함, 걱정 등을 발생시킨다. 신체적인 변화로서 심장박동수와 땀이 증가하기도 한다.

스트레스의 원인은 삶에 있어서의 주요한 사건들, 건강상의 문제들, 가족들간의 문제, 일에 있어서의 문제들, 직장에서의 인간관계, 위기의 발생, 학업상의 문제들, 매일매일의 일상적인 일들 등이다. 삶에 있어서의 주요한 사건들로 대표적인 것은 가족들의 죽음이다. 가족들의 죽음으로 인한 스트레스는 걱정으로 인한 것이라기보다는 슬픔과 그리움으로 인한 것이다. 그리고 후회와 자신이 가족들의 죽음에 원인을 제공했을지도 모른다는 자책감으로 인한 것이다. 지난 일은 돌이킬 수 없는 것이지만 자신의 잘못된 행동에 대한 반성이 자책감을 불러일으킨다. 자신의 잘못된 행동에 대한 반성을 가능하게 하는 것은 사람이 가지고 있는 양심 때문이다. 이것이 양심의 본래의 의미이다.

　슬픔이 사람에게 가하는 압박, 압력, 힘의 크기는 매우 크다. 이것이 의미하는 것은 슬픔이 만드는 스트레스의 양은 매우 크다는 것이다. 그래서 슬픔이 깊어지면 우울증으로 진행될 수도 있다. 사람은 인생을 살면서 여러가지 슬픈 일을 경험하게 된다. 이 슬픔의 깊은 늪으로 빠져들면 자신의 삶이 매우 힘들어진다. 사람은 슬퍼도 너무 슬퍼하면 안 된다. 어차피 인생은 슬픔의 연속체이다. 다만 그 슬픔이 빨리 다가오는 사람도 있고 늦게 다가오는 사람도 있을 뿐이다. 또한 많은 슬픔을 겪는 사람도 있고 그보다 적은 슬픔을 겪는 사람도 있을 뿐이다. 우리의 삶이 슬픔으로부터 자유로울 수 있는 길은 없다.

　삶에 있어서의 주요한 사건들에는 이혼도 포함되어 있다. 이혼으로 인한 스트레스는 앞으로의 일에 대한 걱정과 불안으로 인한 것이다. 그리고 과거의 일에 대한 그리움과 현재 혼자가 된 것에 대한 외로움으로 인한 것이다. 특히 자신은 원하지 않는데 이혼을 하게 된 사람의 경우 이혼으로 인한 스트레스는 더 크다. 삶에 있어서의 주요한 사건들에는 결혼도 포함되어 있다. 결혼으로 인한 스트레스는 좀 다른 성격의 것이다. 결혼으로 인한 스트레스는 일단 결혼을 진행시키면서 처리하여야 할 일들이 많은 것이 원인이다. 이것도 준비해야 하고 저것도 준비해야 하니 말이다. 이러한 것들은 자연스럽게 당사자에게 가하는 압박, 압력, 힘으로 다가온다. 그래서 결혼을 앞두고 스트레스를 느끼는 사람들이 많아진다.

　결혼으로 인한 스트레스는 또한 미지의 세계에 대한 걱정스런 기대와 불안으로 인한 것이다. 이것은 결혼하고 시간이 지나면 완화된다. 그런데 미지의 세계에 대한 걱정과 불안이 실제로 현실화되면 이혼으로 이어질 수도 있다. 이것이 결혼한 지 얼마 되지 않아 이혼하는 경우이다. 삶에 있어서의 주요한 사건들에는 출산도 포함되어 있다. 출산으로 인한 스트레스는 주로 생리적인 변화로 인한 것이다. 임신을 하면 여자의 신체에는 많은 변화가 있게 된다. 이러한 변화 중에는 밖으로 드러나는 것도 있고 신체 내부에서 생기는 것도 있다.

사람에게 급격한 신체적 변화가 발생하는 시기는 4가지이다. 하나는 사춘기이다. 사춘기는 겨울이 지나 봄에 꽃이 피는 것과 같다. 다른 하나는 임신과 출산이다. 이것은 여름이 한창 진행 중인 것과 같다. 여름에는 나무의 잎이 무성해진다. 여름에 산에 가면 숲이 울창하다. 또 다른 하나는 갱년기이다. 이것은 가을에 수확을 하고 산에 있는 잎들이 낙엽이 되어 떨어지기 시작하는 것과 같다. 마지막으로 노화이다. 이것은 겨울에 잎이 다 떨어지고 눈이 오면 나무에 눈꽃이 달리는 것과 같다. 이 눈꽃마저 녹아버리면 피울 꽃도 없게 된다. 치매는 눈꽃이 갑자기 녹는 것과 같다.

출산으로 인한 스트레스는 출산으로 현실화되는 여러 상황들에 대한 걱정과 불안 때문에 생기기도 한다. 출산 자체도 하나의 위험일 뿐만 아니라 배 속에 있는 아기의 상태도 걱정이 된다. 출산으로 인한 스트레스는 출산이 안전하게 이루어지면 없어진다. 그런데 출산 후에 시간이 지나면서 태어난 아기에게서 이상이 발견되거나 출산 후에 자신의 상황이 악화되면 출산으로 인한 스트레스는 출산 전의 스트레스의 연장선상에서 다시 재점화가 된다. 재점화된 스트레스는 출산 전에 가지고 있던 스트레스보다 더 심한 강도를 가진다. 그 이유는 출산 전에는 이럴지도 모른다는 걱정 어린 예측이지만 출산 후에는 그러한 예측이 현실화된 것이기 때문이다.

매일매일의 일상적인 일들로 인한 스트레스는 우리가 일상생활에서 흔히 경험하는 스트레스이다. 이러한 스트레스는 원인을 제공한 사람이 있을 때 그 사람에 대한 감정이 자극제(스트레스에는 자극이라는 의미가 이미 들어가 있다)가 되어 증폭된다. 그래서 스트레스는 원인을 제공한 사람이 있을 때와 그러한 사람이 없을 때 강도에 있어서 차이가 있다. 지나가는 개가 사람의 다리를 물었을 때 그 개에 대하여 스트레스를 심하게 받지는 않는다. 하지만 지나가는 사람이 옆에 가는 사람의 다리를 차버리면 옆에 가는 사람은 자신의 다리를 찬 사람에 대하여 스트레스를 심하게 받는다.

다리에 입은 상처는 동일한 것이지만 그 원인을 제공한 것이 사람일 때 더 심한 스트레스를 느끼게 된다. 스트레스는 원인이 사람과 관련되어 있을 때 심하게 된다. 그 사람은 스트레스를 느끼는 사람의 질투의 대상이기도 하고 증오의 대상이기도 하기 때문이다. 질투, 시기심이나 증오 때문에 생기는 스트레스는 이것을 풀기 위하여 실천으로 이어지기도 한다. 이러한 것들이 질투나 증오로 인한 행동들이다. 질투나 증오로 인한 행동은 그 대상을 방해하거나 때로는 그 대상을 범죄의 대상으로 삼기도 한다. 증오로 인한 범죄를 줄여서 증오범죄라고 한다.

일이 이 정도로까지 진행되면 매일매일의 일상적인 일들로 인한 스트레스의 범위를 뛰어넘는다. 스트레스를 받을 때 이것을 잘 관리하고 조절하지 않으면 더 심한 상태로 이어질 수 있다. 스트레스와 정신병의 경계는 성격과 정신병의 경계 만큼이나 명확하지 않다. 스트레스가 심해지면 스트레스와 정신병 사이에 놓여진 다리가 흔들리기 시작한다. 잘못하면 이 다리를 건너게 될 지도 모른다. 일단 이 다리를 건너면 돌아오기가 힘들어질 수도 있다. 다리가 흔들리고 있을 때 그 다리를 건너서는 안 된다.

하지만 당사자는 다리가 흔들리고 있다는 것을 잘 알지 못한다. 그래서 무심결에 다리를 건너는 일이 생긴다. 스트레스와 정신병의 경계는 성격과 정신병의 경계보다는 더 두껍다. 다시 말하면 성격이 성격과 정신병 사이에 놓여진 다리를 넘기가 더 쉽다. 왜냐하면 스트레스는 주로 일시적인 현상임에 비하여 성격은 장기적인 것이고 자신의 삶의 축적물이기 때문이다. 스트레스는 시간이 지나면서 자동적으로 잊혀지기도 한다. 하지만 성격은 시간이 지나면서 점점 더 고착된다. 이 성격은 때를 만나면 겉으로 현실화될 것이다. 좋은 성격의 형성이 중요한 이유가 바로 여기에 있다.

성격이 현실화되는 때는 주로 발생한 중요한 일을 처리하는 과정에서이다. 이러한 과정을 반복하면서 어느새 성격과 정신병 사이에 놓여진 다리를 건너고 있는 것이다. 원래 이상성격은 정신병을 지칭하는 것이다. 다만 성격과 정신병 사이의 경계가 명확하지 않을 따름이다.

스트레스의 양을 계량적으로 측정함으로써 어떤 사람이 받는 스트레스의 정도를 판단하려고 하는 시도가 있어 왔다. 더 나아가 스트레스의 양을 계량적으로 측정함으로써 스트레스의 원인에 대한 비중평가도 시도되어 왔다. 그러면 어느 것이 더 많은 양의 스트레스를 발생시킬까? 가족들의 죽음으로 인한 스트레스가 가장 크다는 의견이 제시되기도 한다. 가족들의 죽음 중에서 자식의 죽음으로 인하여 가장 심한 스트레스를 받는다는 의견이 제시되기도 한다. 또는 배우자의 죽음이나 부모님의 죽음으로 인하여 가장 심한 스트레스를 받는다는 의견도 제시되고 있다.

스트레스의 원인에 따라 발생하는 스트레스의 양은 문화권에 따라 차이가 있다. 문화권의 성격이 부모와 자식간의 관계를 무엇보다 더 중요하게 생각하면 부모님과 자식의 죽음으로 인하여 가장 심한 스트레스를 받게 된다. 문화권의 성격이 배우자 사이의 관계를 무엇보다 더 중요하게 생각하면 배우자의 죽음으로 인하여 가장 심한 스트레스를 받게 된다. 그러면 우리나라의 경우는 어떠할까? 경험적으로 볼 때 우리나라의 경우 자식의 죽음으로 인하여 가장 심한 스트레스를 받는다.

자식들이 어릴 때 부모님이 사망한 경우 자식들은 죽음의 의미를 아직 모르고 있으므로 그 당시에는 부모님의 죽음으로 인한 스트레스는 문제가 되지 않는다. 하지만 자식들이 서서히 성장하면서 자식들에게서 부모님의 죽음으로 인한 스트레스가 현실화되어 나타날 수도 있다. 그만큼 가족들의 죽음은 사람의 마음 속에 오래도록 남아 있다. 인생의 행복을 위하여 가족들의 죽음을 예방하는 것이 필요한 이유이다.

사람의 사망의 원인은 크게 질병으로 인한 것과 사고로 인한 것으로 나눌 수 있다. 사망의 원인들 중에는 통제할 수 있는 원인과 통제할 수 없는 원인이 있다. 질병으로 인한 것도 어떤 것은 통제할 수 있고 다른 것은 통제할 수 없다. 사고로 인한 것도 어떤 것은 통제할 수 있고 다른 것은 통제할 수 없다. 통제할 수 있는 사망원인의 경우 그 원인을 정확히 파악하고 원인을 잘 관리하면 사망이라는 비극을 피할 수 있다. 하지만 사망의 원인은 사망이라는 사실이 발생한 이후에야 비로소 그 원인이 통제할 수 있었던 것이라는 사실이 명확해진다. 일이 발생한 이후에야 눈에 보이기 시작하는 것이다. 이것이 사망원인을 통제하기 어려운 이유이다.

사망원인을 통제하려면 미리 조심하는 것이 가장 좋은 방법이다. 질병의 원인을 통제하려면 음식의 섭취를 잘 조절하고 운동을 규칙적으로 하며 담배와 술을 조절할 수 있어야 한다. 그리고 정신을 건전하게 유지하여야 한다. 정신을 건전하게 유지하려면 가치관이 건전하여야 한다. 그래야 마음이 안정된다. 건전한 가치관의 형성에 있어서 가장 중요한 것은 어린시절의 경험이다. 그렇다고 성인시절에는 올바른 가치관의 형성이 불가능하다는 의미는 아니다. 다만 사람이 성인이 되면 이미 형성되어 마음 속 안의 공간에 깊숙이 자리잡고 있는 고정관념을 바꾸기가 어렵다.

이 고정관념이 마음 속 공간을 모두 차지하고 있기 때문에 그와 다른 생각이 마음 속 안으로 들어갈 여지가 좁아진다. 고정관념이 사람의 마음의 공간을 모두 차지하고 다른 생각에 자리를 내어주지 않을 때 마음의 공간은 이미 공간이 아니라 단 하나의 점일 뿐이다. 사람에게 필요한 것은 점이 아니라 열린 공간이다. 사람의 마음이 점이 되면 성격과 정신병 사이에 놓여진 다리를 이미 건넌 것이다. 이 다리가 놓여진 강은 돌아올 수 없는 강이 되어버린 것이다.

스트레스의 규모 또는 척도 중에서 홈즈와 레이히 스트레스 척도(Holmes and Rahe Stress Scale)가 있다. 이것은 토마스 홈즈(Thomas Holmes)와 리처드 레이히(Richard Rahe)에 의하여 개발된 것이다. 이것은 스트레스를 발생시키는 43개의 사건을 수치화하고 있다. 다음은 그 일부이다. 이 수치는 성인을 기준으로 한 것이다. 이들 수치들은 수치 자체의 크기도 의미가 있지만 더 중요한 것은 사건들 사이의 수치의 차이이다. 수치가 높을수록 더 많은 스트레스를 발생시킨다. 독자들은 이들 수치들과 그 동안 자신이 경험적으로 느꼈던 스트레스의 양을 비교해 볼 수도 있다. 또한 이들 수치들은 그 동안 자신이 경험한 심리적 현상들의 원인을 설명해 주기도 한다. 다만 스트레스의 양은 문화적 요소의 영향을 받기 때문에 문화권이 다르면 스트레스의 양이 달라질 수 있고 개인에 따라 스트레스의 양이 달라질 수 있다.

<스트레스의 척도>

배우자의 죽음	100
이혼	73
부부의·별거	65
교도소수감	63
가족의 사망	63
부상 또는 질병	53
결혼	50
직장에서의 해고	47
은퇴	45
가족의 건강변화	44
임신	40
재정상태의 변화	38
학교의 입학과 졸업	26
생활조건의 변화	25
개인적 습관의 변경	24

상사와의 문제	23
거주의 변화	20
학교의 변화	20
잠자는 습관의 변화	16

　　홈즈와 레이히 스트레스 척도에서는 배우자와 관련된 사건들이 수치가 높다. 배우자의 죽음은 수치가 가장 높다. 그 다음으로 이혼과 부부의 별거가 수치가 높다. 교도소수감이 수치가 상당히 높다. 가족의 사망은 높은 수치를 기록하고 있다. 가족의 사망의 경우 배우자와 관련된 사건들보다 수치가 낮다. 자신의 부상 또는 질병도 높은 수치를 보이고 있다. 스트레스가 질병으로 이어지기도 하지만 부상 또는 질병 자체가 스트레스의 원인이기도 한 것이다. 스트레스는 질병과 관련하여 이중의 의미를 가진다.

　　결혼 또한 상당한 수치를 보이고 있다. 직장에서의 해고와 은퇴도 상당한 수치를 보이고 있다. 재정상태의 변화도 스트레스를 발생시키지만 위에서 본 것들보다 높은 수치가 아니다. 학생들의 경우 학교와 관련된 사건들이 학생들에게 스트레스의 원인이 되고 있다. 어린이들은 처음 학교에 입학할 때 일종의 스트레스를 받고 있다. 또한 상급학교에 입학할 때에도 일종의 스트레스를 받고 있다. 개인적 습관의 변경과 잠자는 습관의 변화도 스트레스의 원인이 되고 있다.

　　홈즈와 레이히 스트레스 척도에 나와 있는 사건들은 비록 수치가 다른 것들보다 낮다 하더라도 무시할 성질의 것이 아니다. 왜냐하면 척도 자체에 포함되지 않는 사건들이 매우 많기 때문이다. 스트레스에 관한 척도에 포함되었다는 사실 자체는 중요성을 가진다. 다만 스트레스의 수치가 낮기 때문에 다른 것들보다 적은 양의 스트레스를 발생시킬 뿐이다. 그리고 개인에 따라서는 스트레스의 수치가 높아질 수도 있다.

건강관리의 기준

위에서 본 바와 같이 나이에 따라 특정 사망원인이 차지하는 비중이 다르다. 이러한 사실로부터 다음과 같은 건강관리의 기준을 도출할 수 있다.

<건강관리의 기준>

구 분	기 준
나이	나이에 따라 중점을 두는 건강관리가 달라져야 한다. 암의 발생이 줄어드는 연령이 될 때까지는 암의 발생을 방지할 수 있는 건강관리를 하여야 한다. 이때까지는 암으로 인한 사망확률이 다른 사망원인들보다 매우 크다. 암으로 인한 사망확률은 75세가 되어야 16.87%로 다소 떨어진다. 85세 이상에서는 11.60%로 다시 떨어진다. 물론 85세 이상에서도 암으로 인한 사망확률이 작은 것은 아니다. 뇌혈관질환과 심장질환으로 인한 사망확률은 평생 동안 거의 일정하고 그 확률 또한 크므로 평생 동안 뇌혈관질환과 심장질환의 발생을 방지할 수 있는 건강관리를 하여야 한다. 나이가 들면서 뇌혈관질환과 심장질환에 대한 건강관리는 더 강화되어야 한다. 당뇨병의 경우 사망확률은 평생 동안 거의 일정하고 그 확률 또한 크므로 평생 동안 당뇨병의 발생을 방지할 수 있는 건강관리를 하여야 한다.
가족들의 건강	가족은 다양한 연령층으로 구성되어 있다. 이것이 의미하는 것은 본인을 기준으로 하여 가족들의 건강을 바라볼 것이 아니라 가족들의 나이에 따라 가족들의 건강관리를 하여야 한다는 것이다. 부모님의 경우 본인과 많은 나이 차이가 있는데 이것은 특히 연로한 부모님의 건강관리는 뇌혈관과 심장의 관리에 중점을 두어야 한다는 것을 의미한다.
음식조절	음식은 평생 동안 잘 조절하여야 한다. 음식에는 건강에 해로운 영향을 주는 물질들이 포함되어 있으므로 음식을 섭취할 때 이러한 물질들이 지나치지 않도록 하여야 한다. 음식의 섭취가 부족한 것 또한 질병을 발생시키므로 부족함이 발생하지 않도록 하여야 한다. 나이가 들면서 음식의 조절을 더 잘 해야 한다. 음식에 포함되어 있는 물질들이 혈관에 해로운 영향을 줄 수도 있기 때문이다.
운동	나이가 들면서 더욱 더 운동에 신경을 써야 한다. 나이가

	들면 신체의 활동량이 줄어든다. 이것은 혈관과 혈액순환에 해로운 영향을 준다. 운동은 거창한 것이 아니다. 몸을 움직이는 것이 운동이다. 물이 든 병을 움직이지 않으면 물은 정지되어 있다. 물을 움직이게 하는 방법은 병을 흔들어 주는 것이다. 운동은 우리 몸 안의 액체를 흔들어 주는 역할을 한다. 자주 움직이는 것이 건강관리의 비결이다. 사람의 몸은 움직이지 않으면 병이 든다. 몸의 움직임이 바로 생명이다.
정신활동	나이가 들면서 더욱 더 정신활동에 관심을 가져야 한다. 나이가 들면 정신의 활동량이 줄어든다. 이것은 뇌에 해로운 영향을 준다. 뇌를 건강하게 하는 방법은 활발한 정신활동을 유지하는 것이다. 정신활동은 심리적으로 부담이 없어야 한다. 심리적 부담이 무거운 정신활동을 하면 뇌가 스트레스를 받게 된다. 이것은 뇌와 심장에 해로운 영향을 준다. 이로 인하여 뇌혈관질환과 심장질환이 발생한다. 활발한 정신활동은 치매를 방지할 수 있는 가장 좋은 방법이기도 하다.

상자(박스)로 보는 건강관리의 기준	
$C_6H_{12}O_6$	포도당
$C_6H_{12}O_6$	갈락토스
$C_6H_{12}O_6$	과당
$C_{12}H_{22}O_{11}$	맥아당
$C_{12}H_{22}O_{11}$	젖당
$C_{12}H_{22}O_{11}$	자당
$C_{16}H_{32}O_2$	팔미트산
$C_{27}H_{46}O$	콜레스테롤
$C_2H_4O_2$	아세트산
$C_6H_8O_6$	비타민 C
$C_6H_{15}O_{12}P_3$	트립신

영양분	100그램에 함유된 양
쌀	밀
탄수화물 80	탄수화물 71
단백질 7.1	단백질 13.7
지방 0.66	지방 2.47
포화지방산 0.18	포화지방산: 0.45
단불포화지방산 0.21	단불포화지방산 0.34
고도불포화지방산 0.18	고도불포화지방산 0.98

$C_{129}H_{215}N_{99}O_{55}$	티모신
$C_{157}H_{229}N_{41}O_{49}S_4$	인슐린
$C_{331}H_{518}N_{94}O_{101}S_6$	성장요인 I
$C_{136}H_{215}N_{33}O_{45}$	단백질
$C_5H_6N_2O_2$	티민
$C_9H_{13}N_3Na_3O_{13}P_3$	DNA(흉선)
$C_9H_8N_2O_2$	1-139-인터페론 g

영양분	100그램에 함유된 양	
청대두(콩)	땅콩	호두
탄수화물 11	탄수화물 21	탄수화물 13.71
단백질 13.0	단백질 25	단백질 15.23
지방 6.8	지방 48	지방 65.21
포화지방산 0.79	포화지방산 7	
단불포화지방산 1.28	단불포화지방산 24	
고도불포화지방산 3.20	고도불포화지방산 16	리보플라빈 0.15 밀리그램
비타민 C 29 밀리그램	비타민 C 0 밀리그램	비타민 C 1.3 밀리그램
칼슘 197 밀리그램	칼슘 62 밀리그램	칼슘 98 밀리그램
리보플라빈 0.18 밀리그램		리보플라빈 0.15 밀리그램
열량 2,385kJ	열량 570kcal	열량 654kcal (2,738kJ)

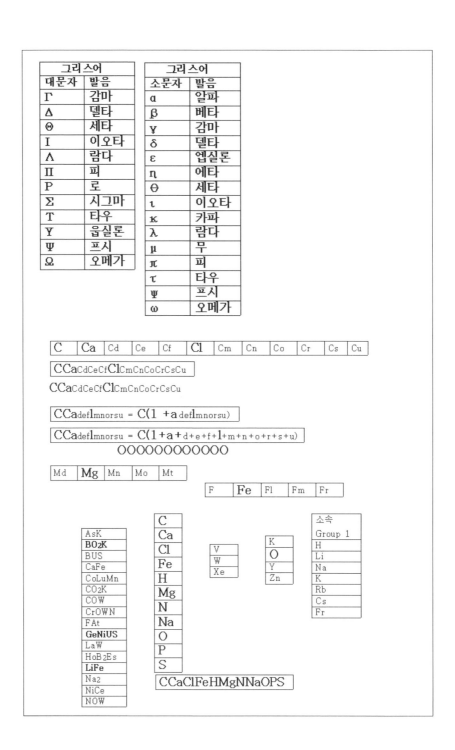

그리스어	
대문자	발음
Γ	감마
Δ	델타
Θ	세타
I	이오타
Λ	람다
Π	피
P	로
Σ	시그마
T	타우
Υ	웁실론
Ψ	프시
Ω	오메가

그리스어	
소문자	발음
α	알파
β	베타
γ	감마
δ	델타
ε	엡실론
η	에타
θ	세타
ι	이오타
κ	카파
λ	람다
μ	무
π	피
τ	타우
ψ	프시
ω	오메가

| C | Ca | Cd | Ce | Cf | Cl | Cm | Cn | Co | Cr | Cs | Cu |

$CCaCdCeCfClCmCnCoCrCsCu$

$CCaCdCeCfClCmCnCoCrCsCu$

$CCa_{deflmnorsu} = C(1 + a_{deflmnorsu})$

$CCa_{deflmnorsu} = C(1 + a + d + e + f + l + m + n + o + r + s + u)$

OOOOOOOOOOO

| Md | Mg | Mn | Mo | Mt |

| F | Fe | Fl | Fm | Fr |

| AsK |
| BO2K |
| BUS |
| CaFe |
| CoLuMn |
| CO2K |
| COW |
| CrOWN |
| FAt |
| GeNiUS |
| LaW |
| HoB2Es |
| LiFe |
| Na2 |
| NiCe |
| NOW |

| C |
| Ca |
| Cl |
| Fe |
| H |
| Mg |
| N |
| Na |
| O |
| P |
| S |

| V |
| W |
| Xe |

| K |
| O |
| Y |
| Zn |

| 소속 |
| Group 1 |
| H |
| Li |
| Na |
| K |
| Rb |
| Cs |
| Fr |

CCaClFeHMgNNaOPS

생명체에 필요한 기본원소	기본원소 O H C N
생명체에 필요한 필수미량원소	필수 미량원소 Mn Fe Co Ni Cu Zn Se Mo I
생명체에 필요한 수량원소	수량원소 Na Mg P S Cl K Ca

사람과 영양분의 관계	
	사람과 영양분의 관계는 단위를 무엇으로 할 것인지에 따라 여러가지로 표현할 수 있다.
원소와의 관계	사람과 원소의 관계는 다음과 같이 표현할 수 있다. 사람 = f(기본원소: O, H, C, N, 생명체에 필요한 수량원소, 생명체에 필요한 필수미량원소)
영양분과의 관계	사람과 영양분의 관계는 다음과 같이 표현할 수 있다. 사람 = f(산소: O, 물: Water, 탄수화물: Car, 단백질: Pr, 지방: Fat, 비타민: Vi,

사람
마음과 정신, 꿈
산소: O
물: Water
기본원소
영양분
수량원소
필수미량원소

호르몬: Hor, 미네랄: M, 효소: E) +f(마음과 정신 그리고 꿈)

사람
마음과 정신, 꿈
산소: O
물: Water
탄수화물: Car
단백질: Pr
지방: Fat 또는 지질
비타민: Vi
호르몬: Hor
미네랄: M
효소: E

사람이란 무엇인가?

마음

산소

O_2

물   공기 **N**

H_2O

기본원소   공기 O_2

C	H	N	O

영양분

탄수화물	단백질	지방	비타민	호르몬	미네랄	효소

수량원소

Na	Mg	P	S	Cl	K	Ca

필수미량원소

Mn	Fe	Co	Ni	Cu	Zn	Se	Mo	I

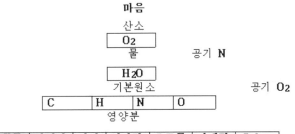

땅과 땅 속 H_2O 강, 호수, 바다 H_2O

땅과 땅 속 Si

강, 호수, 바다 H_2O

땅과 땅 속 O

땅과 땅 속 SiO_2

원소의 이름과 기호
산소: O, 수소: H, 탄소: C, 질소: N, 나트륨: Na,   칼슘: Ca, 염소: Cl, 철: Fe, 인: P, 황: S,   마그네슘: Mg, 칼륨: K, 망간: Mn, 코발트: Co,   니켈: Ni, 구리: Cu, 아연: Zn, 몰리브덴: Mo, 요오드: I

건강하게 오래 사는 방법	
	정신건강
	가족들의 안전
	음식물의 적절한 섭취
	몸의 움직임과 운동
	사고방지
	질병방지와 치료
질병의 원인	정신건강의 상실
	가족들의 사망
	음식물의 조절실패
	몸의 움직임과 운동의 감소
	사고발생
	물리적인 원인
	약물에의 노출
	화학물질에의 노출
	방사선에의 노출
	담배
	술
	세균
	바이러스
	곰팡이
	기생충
	유전자
	전쟁

사람 몸에 있어서 물질의 구성비율		
원소기준	원소의 구성비율	
	산소	65%
	탄소	18%

수소	10%
질소	3%
칼슘	1.4%
인	1.1%
칼륨	0.25%
황	0.25%
나트륨	0.15%
염소	0.15%

화합물기준	화합물의 구성비율	
	물	65%
	단백질	20%
	지질	12%
	RNA	1.0%
	DNA	0.1%

대기에 있어서 물질의 구성비율	대기의 구성비율	
	질소	78%
	산소	20.9%
	아르곤	0.93%
	이산화탄소	0.03%

지각에 있어서 원소의 구성비율	지각의 구성비율	
	산소	46.6%
	규소	27.7%
	알루미늄	8.1%
	철	5.0%
	칼슘	3.6%
	나트륨	2.8%
	칼륨	2.6%
	마스네슘	1.5%

지각에 있어서 화합물의 구성비율	지각(대륙)의 구성비율		
	이산화규소 (실리카라고도 한다)	SiO_2	60.2%
	산화알루미늄 (알루미나라고도 한다)	Al_2O_3	15.2%

산화칼슘 (석회 또는 라임 이라고도 한다)	CaO	5.5% 대양에서는 석회 의 구성비율이 더 높다. 12.3%.	
산화철	FeO	3.8%	
물	H_2O	1.4%	
이산화탄소	CO_2	1.2%	
모두가 산소와 결합되어 있다			

우리 은하의 구성비율	우리 은하의 구성비율	
	수소	산소의 71배
	헬륨	산소의 23배
	산소	
	탄소	
	네온	
	철	
	질소	
	규소	

심장관리의 연령(50세)

2011년을 기준으로 할 때 40~49세의 경우 암으로 인한 사망 28.1%, 자살 18.1%, 간질환 8.4%이다. 50~59세의 경우 암으로 인한 사망 37.6%, 자살 10.1%, 심장질환 7.2%이다. 50~59세의 경우 심장질환으로 인한 사망이 증가하기 시작한다. 50세부터 심장은 병이 생기기 시작한다. 지금부터 심장을 잘 관리해야 한다. 앞으로도 심장질환은 뇌혈관질환과 함께 증가한다. 여기서 자신의 건강과 생명, 부모님의 건강과 생명 그리고 가족들의 건강과 생명에 관하여 중요한 결론이 도출된다. 자신, 부모님, 가족들이 아래의 나이에 도달하면 이 결론을 반드시 알아두어야 한다. 이러한 결론의 내용을 정리하면 다음과 같다.

<나이에 따른 중요한 건강사항>

구 분	건강사항
40세-	암으로 인한 사망이 많아진다. 따라서 암에 대한 예방이 필요하다. 자살의 위험이 매우 높아진다. 따라서 자신의 마음을 편안히 가다듬어야 한다. 간이 고장나기 시작한다. 따라서 간을 잘 관리하여야 한다. 당신은 갱년기에 접어들고 있다. 갱년기에 대한 마음의 준비를 해야 한다.
50세-	암으로 인한 사망이 매우 많아졌다. 이제 암을 유발할 만한 행동을 해서는 안 된다. 당신의 심장은 이제부터 병이 생기기 시작한다. 지금부터 심장을 잘 관리해야 한다. 당신의 갱년기는 서서히 사라지고 있다. 어쩌면 당신의 갱년기는 이미 끝난 것일 수도 있다.
60세-	암으로 인한 사망은 최고조에 달해 있다. 이 상황이 지나야 암으로 인한 사망의 위험이 가라앉는다. 어느새 당신의 뇌혈관은 병이 생기기 시작한다. 지금부터 뇌혈관을 잘 관리해야 한다. 당신이 젊은 나이라면 부모님의 건강에 유의하여야 한다. 당신의 부모님의 심장과 뇌혈관에 많은 신경을 써야 한다.
70세-	암으로 인한 사망이 적어지기 시작하였다. 하지만 여전히 수치는 높은 상태이다. 그래서 방심하면 안 된다. 뇌혈관 질환과 심장질환이 동시에 많아지기 시작한다. 지금 당신은 뇌혈관과 심장에 많은 관심을 가져야 한다. 당신이 젊은 나이라면 부모님의 뇌혈관과 심장에 관심을 집중하여야 한다.
80세-	이제 암으로 인한 사망은 수치가 매우 낮아졌다. 60-69세의 수치인 42.3%의 3분의 1 수준(정확하게 말하면 38% 수준이다)인 16.1%로 수치가 낮아졌다. 뇌혈관 질환과 심장질환은 동시에 수치가 상당히 높아졌다. 심장질환의 수치가 더 높게 증가하였다. 그리고 심장질환이 뇌혈관 질환을 따라잡았다. 심장의 관리가 가장 중요한 일이다. 당신이 자식이라면 부모님의 심장관리에 많은 노력을 기울여야 한다. 아울러 부모님의 사망원인이 이들 질환 이외의 사망원인으로 더 많이 분산되었으므로 이것들에 관하여도 관심을 가져야 한다.
90세-	좀더 활력적으로 살자.

순환기계통 질환에는 고혈압성 질환, 심장질환, 뇌혈관 질환이 모두

포함된다. 질병이나 사망을 거론할 때 어떠한 명칭으로 거론하는가에 따라 그것에 해당하는 수치가 크게 달라진다. 심장질환 또는 뇌혈관 질환이라고 하면 심장이나 뇌혈관 독자적인 질환을 말한다. 순환기계통 질환이라고 하면 심장질환 또는 뇌혈관 질환을 모두 포함하기 때문에 해당하는 수치가 매우 높아진다. 여기에 고혈압성 질환까지 포함하면 2011년 인구 10만명당 120.4명이 순환기계통 질환을 앓았다.

<질병구조의 변화>

순 위 (1990년)	질 병	비 율(%)
1위	소화기계의 질환	19.75
2	호흡기계의 질환	19.70
3	손상, 중독 및 기타질환	10.01
4	근골격계 및 결합조직	6.88
5	신경계 및 감각기	6.37
6	비뇨생식기계의 질환	5.68
7	신생물	5.44
8	순환기계의 질환	5.42
9	감염성 및 기생충성	4.93
10	임신, 분만 및 산욕합병증	4.66
순 위 (2010년)	질 병	비 율(%)
1위	순환기계의 질환	13.97
2	호흡기계의 질환	13.22
3	근골격계 및 결합조직	11.12
4	소화기계의 질환	10.09
5	신생물	9.86
6	손상, 중독 및 외인에 의한 특정기타결과	7.00
7	비뇨생식기계의 질환	5.96
8	내분비, 영양 및 대사질환	4.56
9	정신 및 행동장애	3.92
10	눈 및 눈부속기의 질환	3.52

<순환기계통 질환의 사망률>

구 분	2001년	2010년	2011년
순환기계통 질환	113.5	112.5	120.4
고혈압성질환	10.1	9.6	10.2
심장질환	49.8	46.9	33.9
허혈성 심장질환(심근경색, 협심증 등)	27.1	26.7	21.9
기타 심장질환(심부전, 심내막염 등)	22.7	20.2	12.1
뇌혈관 질환	50.7	53.2	73.7

단위: 인구 10만명당 1명

<물질들의 원소(성분)비교>

구 분	탄소(개)	수소	산소	질소	황	인
글리신	2	5	2	1		
글루탐산	5	9	4	1		
트립토판	11	12	2	2		
글리세롤	3	8	3			
포도당	6	12	6			
맥아당	12	22	11			
젖당	12	22	11			
팔미트산	16	32	2			
콜레스테롤	27	46	1			
비타민C	6	8	6			
코르티손	21	28	5			
트립신	6	15	12			3
티모신	129	215	55	99		
인슐린	157	229	49	41	4	
단백질	43	68	16	12		
인터페론 b1	26	29	1	1		

| 면역글로불린 G1 | 22 | 32 | 14 | 4 | | 2 |
| 아스피린 | 17 | 17 | 6 | 1 | | |

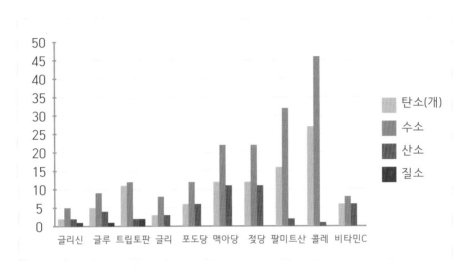

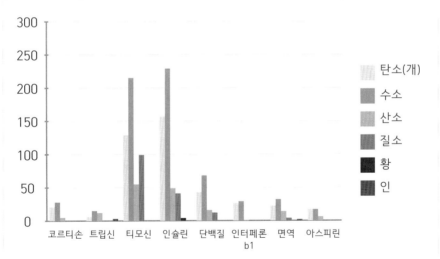

<한약(생약)제제에서의 지표성분>

생약명	지표성분명	분자식	함량기준
갈 근	푸에라린	$C_{21}H_{20}O_9$	2.0%
감 초	글리시리진산	$C_{42}H_{62}O_{16}$	2.5%
강 황	쿠르쿠민	$C_{21}H_{20}O_6$	5.0%
겐티아나	겐티오피크로시드	$C_{16}H_{20}O_9$	2.0%
계피(계지,육계)	신남산	$C_9H_8O_2$	0.03%
고 삼	마트린	$C_{15}H_{24}NO_2$	0.08%
구기자	베타인	$C_5H_{11}NO_2$	0.5%
다투라	총알칼로이드(히요스시아민 및 스코폴라민으로서)	$C_{17}H_{23}NO_3$ $C_{17}H_{21}NO_4$	0.3%
당 귀	총데쿠르신(데쿠르신 및 데쿠르시놀안겔레이트)	$C_{19}H_{20}O_5$	5.9%
당 약	스웨르티아마린	$C_{16}H_{22}O_{10}$	2.0%
대 황	센노시드 A 또는 에모딘	$C_{42}H_{38}O_{20}$ $C_{15}H_{10}O_5$	0.25% 0.5%
두 충	게니포시드	$C_{17}H_{24}O_{10}$	0.1%
도 인	아미그달린	$C_{20}H_{27}NO_{11}$	0.5%
마 황	총알칼로이드(에페드린 및 슈도에페드린으로서)	$C_{10}H_{15}NO$	0.7%
목단피	패오놀 또는 패오니플로린	$C_9H_{10}O_3$ $C_{23}H_{28}O_{11}$	1.0% 0.5%
벨라돈나근	총알칼로이드 (히요스시아민으로서)	$C_{17}H_{23}NO_3$	0.4%
보 두	스트리크닌	$C_{21}H_{22}N_2O_2$	1.0%
빈랑자	아레콜린	$C_8H_{13}NO_2$	0.3%
사 향	l-무스콘	$C_{16}H_{30}O$	2.0%
산수유	로가닌	$C_{17}H_{26}O_{10}$	0.5%
섬 수	부포스테로이드		5.8%
센나엽	총센노시드(센노시드 A 및 센노시드 B로서) 또는 총센노시드(센노시드 B로서)	$C_{42}H_{38}O_{20}$	1.0% 2.5%
스코폴리아근	총알칼로이드(히요스시아민 및 스코폴라민으로서)	$C_{17}H_{23}NO_3$ $C_{17}H_{21}NO_4$	0.3%

스코폴리아엽	총알칼로이드(히요스시아민 및 스코폴라민으로서)	$C_{17}H_{23}NO_3$ $C_{17}H_{21}NO_4$	0.1%
시 호	사이코사포닌 a	$C_{42}H_{68}O_{13}$	0.3%
아선약	카테친	$C_{15}H_{14}O_6$	20.0%
오미자	슈잔드린	$C_{24}H_{32}O_7$	0.4%
오수유	에보디아민	$C_{19}H_{17}N_3O$	0.2%
용 뇌	총보르네올(이소보르네올 및 놀보르네올로서)	$C_{10}H_{18}O$	94.1%
용 담	겐티오피크로시드	$C_{16}H_{20}O_9$	1.0%
우 황	결합형빌리루빈	$C_{33}H_{36}N_4O_6$	20.0%
웅 담	타우로우르소데옥시콜린산	$C_{26}H_{45}NO_6S$	20.0%
음양곽	이카린	$C_{33}H_{40}O_{15}$	0.36%
인 삼	진세노사이드Rb1 또는 진세노사이드Rg1 또는 총파낙사디올	$C_{54}H_{92}O_{23}$ $C_{42}H_{72}O_{14}$ $C_{30}H_{52}O_3$	0.2% 0.2% 0.58%
인진호	디메칠에스쿠레틴	$C_{11}H_{10}O_4$	0.1%
작 약	패오니플로린	$C_{23}H_{28}O_{11}$	2.0%
정제부자	총알칼로이드(벤조일아코닌으로서)	$C_{32}H_{45}O_{10}N$	0.33%
지 실	폰시린	$C_{28}H_{34}O_{14}$	2.0%
진 교	겐티오피크로시드	$C_{16}H_{20}O_9$	2.0%
진 피	헤스페리딘	$C_{28}H_{34}O_{15}$	4.0%
치 자	게니포시드	$C_{17}H_{24}O_{10}$	3.0%
토 근	총알칼로이드(에메틴 및 세파에린)	$C_{29}H_{40}N_2O_4$ $C_{28}H_{38}N_2O_4$	2.0%
행 인	아미그달린	$C_{20}H_{27}NO_{11}$	3.0%
호미카	스트리크닌	$C_{21}H_{22}N_2O_2$	1.1%
홍 삼	진세노사이드Rg3	$C_{42}H_{72}O_{13}$	0.03%
황 금	바이칼린	$C_{21}H_{18}O_{11}$	10.0%
황 련	베르베린(베르베린염화물으로서)	$C_{20}H_{18}ClNO_4$	4.2%
황 백	베르베린(베르베린염화물으로서)	$C_{20}H_{18}ClNO_4$	0.6%
한인진	스코폴린	$C_{16}H_{18}O_9$	0.3%
독성주의 한약재			
감수, 경분, 낭독, 밀타승, 반묘, 반하, 백부자, 보두, 부자, 섬수, 속수자, 수은, 아마인, 연단, 웅황, 주사, 천남성, 천오, 초오, 파두, 호미카			

<한약(생약)제제에서의 지표성분의 구성원소>

구 분	탄소(개)	수소	산소	질소	황
갈근	21	20	9		
감초	42	62	16		
강황	21	20	6		
계피	9	8	2		
고삼	15	24	2	1	
구기자	5	11	2	1	
당귀	19	20	5		
대황	42	38	20		
두충	17	24	10		
사향	16	30	1		
산수유	17	26	10		
오미자	24	32	7		
용뇌	10	18	1		
우황	33	36	6	4	
웅담	26	45	6	1	1
인삼	54	92	23		
작약	23	28	11		
토근	29	40	4	2	
호미카	21	22	2	2	
홍삼	42	72	13		

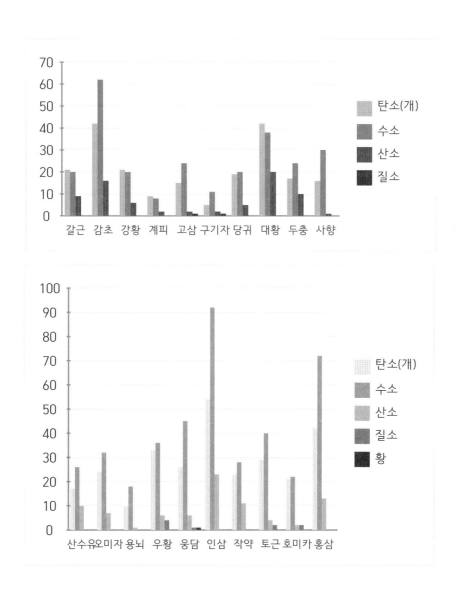

<광물의 화학적 구성>

구 분	화학적 구성
인회석 구아노	P_2O_5
보크사이트	Al_2O_3
마그네사이트	MgO

납석	Al_2O_3, S, K
홍주석(규선석) (남정석)	Al_2O_3, S, K
형석	CaF_2
명반석	Al_2O_3, K_2O + Na_2O
중정석	$BaSO_4$
장석	K_2O + Na_2O, Fe_2O_3
석회석	CaO
백운석	MgO
사금	Au
백금	Pt
규석	SiO_2
규사	SiO_2
사철	Fe

제10장

암검진과 암 판정기준

암 검 진

암검진 대상연령은 암검진사업의 대상이 되는 연령을 말한다. 암검진 대상연령은 시작하는 연령만 있고 끝나는 연령은 없다. 일단 암검진 대상연령이 시작하면 계속하여 암검진 대상이 된다. 암검진사업은 암의 치료율을 높이고 암으로 인한 사망률을 줄이기 위하여 보건복지부장관이 시행하는 암을 조기에 발견하는 검진사업이다. 보건복지부장관은 암검진을 받는 사람 중 의료급여수급자 및 건강보험가입자 중 월별 보험료액 등을 기준으로 하여 보건복지부장관이 정하여 고시하는 사람에 대하여는 그 비용의 전부 또는 일부를 지원할 수 있다. 암검진사업의 대상이 되는 암의 종류에는 위암, 간암, 대장암, 유방암, 자궁경부암이 있다.

위암의 대상연령은 40세 이상이다. 간암의 대상연령은 40세 이상으로서 간암발생 고위험군이다. 간암발생 고위험군은 간경변증, B형간염 항원 양성, C형간염 항체 양성, B형 또는 C형 간염 바이러스에 의한 만성 간질환 환자를 말한다. 유방암의 대상연령은 40세 이상의 여성이다. 자궁경부암의 대상연령은 30세 이상의 여성이다. 대장암의 대상연령은 50세 이상이다.

자궁경부암(cervical cancer, 서비클 캔서, 캔서는 암이라는 의미이다)은 자궁의 경부에 생기는 암이다. 서비클(cervical)에는 2가지 의미가 들어가 있다. 하나는 '머리 밑에 있는 목의'라는 의미이다. 목뼈를 경추라고 한다. 다른 하나는 자궁의 목, 즉 '자궁의 경부의'라는 의미이다. 자궁경부암의 경부는 자궁의 목, 즉 자궁의 경부라는 의미이다. 자궁은 체부(corpus, 코르푸스, 코르푸스는 몸이라는 의미이다. 체부는 몸체라고도 한다)와 경부(cervix, 서빅스)로 구성되어 있다. 서빅스는 목이라는 의미와 몸의 기관 중에서 수축되어 가운데가 잘록하고 바깥쪽에 있는 부분이라는 의미도 가지고 있다. 자궁의 경부는 자궁 중에서 수축되어 가운데가 잘록하고 바깥쪽에 있는 부분이라는 의미이다.

자궁경부는 자궁의 체부와 대비가 된다. 자궁경부는 질에 연결되어 있다. 이 자궁경부에 생긴 암이 자궁경부암이다. 자궁경부암은 자궁목암이라고도 한다. 자궁경부에 암이 발생하는 것처럼 자궁의 체부에도 암이 발생한다. 자궁의 체부에 발생하는 암을 자궁체암이라고 한다. 자궁체암은 자궁내막에 발생하는 암이다. 자궁체암은 자궁암 전체의 10% 정도를 차지한다. 자궁암은 자궁에 발생하는 암을 전부 말하는 것이다. 자궁암은 자궁경부암과 자궁체암을 포함한다. 자궁경부암은 자궁암 전체의 80% 정도를 차지한다. 자궁암에 대한 수술요법으로는 자궁만을 적출하는 자궁적출술과 자궁 및 질벽 일부 등을 포함하여 광범위하게 시행하는 자궁적출술이 있다.

자궁경부암은 30대부터 많이 생긴다. 40대, 50대에는 대폭적으로 증가한다. 자궁경부암은 인유두종 바이러스(human Papillomavirus, HPV)에 감염되어 발생한다. 인유두종 바이러스는 접촉에 의하여 감염이 이루어진다. 유두종(乳頭腫)은 파필로마(papilloma)라고 한다. 유두종은 상피조직의 과잉돌출 또는 과잉성장으로 인하여 발생하는 종양이다. 유두종은 주로 상피세포에서 발생한다. 상피세포에는 편평상피형, 원통상피형, 이행상피형 등이 있다. 상피세포가 발육증식하면 혈관을 함유한 결합조직이 증식한다. 유두종은 표피, 소화관 점막, 요로점막, 후두, 생식기 등에 발생하기 쉽다. 자궁경부암은 대부분 상피암이다.

유두종 바이러스(Papillomavirus)는 포유동물에게 유두종을 발생시키는 단일분자를 포함하고 있는 바이러스이다. 인유두종 바이러스는 사람에게 유두종을 발생시키는 바이러스이다. 자궁경부암 전단계인 자궁경부이형증에서 자궁경부상피내암으로 진행되는 데 걸리는 시간은 약 7년 정도이고, 상피내암에서 미세침윤성암으로 진행하는 데는 약 14년이 걸린다. 미세침윤암의 경우에는 진행속도가 빨라서 육안으로 암이 보일 때까지 약 3년이 걸린다. 자궁경부암은 암 전단계를 거치는 시간이 상대적으로 길기 때문에 조기진단과 조기치료가 가능하다.

유방암은 유방에 생긴 암이다. 유방암은 유방의 유관과 소엽에서 발생한 암이다. 유방암은 유방에 덩어리(이것을 종괴라고 한다. mass: 매스. 종괴는 덩어리라는 의미이다. 덩어리이기 때문에 손으로 만져진다)를 만들고 이를 전이시키며 젖꼭지에서 분비물이 나오게 한다. 젖꼭지에서 분비물이 나오는 것을 유두분비라고 한다. 분비물에는 혈성 분비물도 있다. 유방암의 정확한 원인은 아직도 규명되지 않았다. 그래서 정확한 원인보다는 발생위험을 증가시키는 요인들에 관한 설명이 주종을 이룬다. 동물에서는 생쥐에서 많이 발생한다. 생쥐의 유방암 발생에는 유전인자, 호르몬에 의한 자극, 모유를 통해 전달되는 유방암바이러스가 관련되어 있다. 동물이나 사람의 유방암 발생에는 여성호르몬이 가장 중요한 역할을 하고 있다. 그래서 호르몬 투여가 유방암의 발생을 촉진시킨다.

유전적으로 유방암 다발가계가 알려져 있다. 유방의 상피세포는 에스트로겐 등의 여성 호르몬의 자극을 받아 성장 및 분열을 한다. 유방의 상피세포들이 여성 호르몬인 에스트로겐에 노출된 기간이 길수록 유방암의 발생위험이 높아진다. 유방암 발생위험이 높아지는 경우로 출산이나 모유 수유 경험이 없거나 초경이 빠르거나 폐경이 늦어 생리를 오래한 여성을 들 수 있다. 폐경 후 여성이 비만하면 여성호르몬이 많아져 유방암의 발생위험이 높아진다.

유전자는 사람의 형질을 발현시킨다. 이러한 형질 중에는 사람의 외모도 포함되어 있다. 유전자검사는 유전자질병에 관련된 유전자의 이상을 검사한다. 유전자검사는 특정한 염색체 부위가 없거나 위치가 바뀌어 있는 등의 유전자의 이상이나 염기배열 수준에서의 이상을 검사한다. 암유전자는 세포에 암을 유발시키는 능력을 가진 유전자를 말한다. 암유전자는 1천만 년 전 지중해 연안의 서아프리카 지방에서 사람의 체내로 감염된 것으로 추측되고 있다. 암유전자는 각종의 발암 바이러스에서 처음으로 발견되었다. 암유전자의 수는 40여 종류 이상이 밝혀졌고 새로운 암유전자가 계속하여 발견되고 있다.

암유전자는 정상적인 세포에도 존재한다. 발암 물질이나 방사선에 의하여 돌연변이를 일으켜 암유전자로서 활성화되면 보통 때와는 다른 단백질을 생성하고 그것이 계기가 되어 암화과정이 진행되는 것으로 보고 있다. 암억제 유전자도 발견되고 있다. 암억제 유전자는 암세포의 악성 형질을 억제하는 유전자이다.

<암의 종류별 검진주기와 연령기준>

암의 종류	검진주기	연령기준 등
위암	2년	40세 이상의 남·여
간암	1년	40세 이상의 남·여 중 간암 발생 고위험군
대장암	1년	50세 이상의 남·여
유방암	2년	40세 이상의 여성
자궁경부암	2년	30세 이상의 여성

암 판정기준

<암검진의 검사방법과 판정기준>

	암검진의 검사방법
공 통	○ 진찰 및 상담은 반드시 의사가 실시하여야 한다. ○ 위장조영검사, 유방촬영, 대장이중조영검사 등 방사선영상진단과 조직검사, 자궁경부세포검사를 실시한 경우에는 반드시 판독소견서를 작성·비치하여야 한다.
위 암	○ 의사는 수검자의 금식 여부 및 과거 병력 등을 확인해야 한다. ○ 위장조영검사는 반드시 다음의 영상은 포함되어야 한다. 　- 앙와위(supine) 이중조영 영상 　- 복와위(prone) 단일조영 영상 　- 기립위 압박 영상 　- 식도하부 및 식도-위 연결 부위 영상 　- 45도 우측후면사위(right posterior oblique, RPO) 영상 　- 45도 좌측후면사위(left posterior oblique, LPO) 영상 ○ 위장조영검사는 영상의학과 전문의가 반드시 판독을 실시하여야 하며, 영상의학과 전문의가 상근하지 않는 검진기관은 영상의학과 전문의에게 판독을 의뢰하여야 한다. ○ 위내시경검사는 의사가 직접 실시한다. ○ 의사는 검사 전 수검자의 금식 여부와 출혈 경향, 과거 병력 등을 확인해야 한다. ○ 의사는 위내시경 검사 도중에 필요한 경우 이물제거술을 실시할 수 있다. ○ 감염예방을 위한 내시경 세척 및 소독을 철저히 실시하여야 한다. 　- 아트로핀, 부스코판 ○ 병리조직검사는 병리과 전문의가 반드시 판독을 실시하여야 하며, 병리과 전문의가 상근하지 않는 검진기관은 병리과 전문의에게 판독을 의뢰하여야 한다.
간 암	1. 고위험군 선별검사 ○ ALT와 B형 간염표면항원 검사를 반드시 동시에 실시해야 한다. ○ ALT 검사는 NADH UV법 또는 이에 준하는 방법으로 실시한다. ○ B형 간염표면항원 검사와 C형 간염항체 검사는 일반검사(정성법) 또는 정밀검사(정량검사) 방법으로 측정할 수 있다. ○ B형 간염표면항원 검사와 C형 간염항체 검사에서 정밀검사

	방법으로 측정하였을 경우에는 검사 결과 값과 함께 검진기관의 기준치를 함께 표시해야 한다. 2. 간초음파 검사 ○ 간초음파 검사는 의사가 실시하고, 실시한 의사가 직접 판독하여야 한다. 3. 혈청알파태아단백검사 ○ 간초음파 검사와 혈청알파태아단백검사는 반드시 동시에 실시하여야 한다. ○ 혈청알파태아단백검사는 일반검사(정성법) 또는 정밀검사(정량법) 방법으로 측정할 수 있다. ○ 혈청알파태아단백검사에서 정밀검사 방법으로 측정하였을 경우에는 검사 결과값과 함께 검진기관의 기준치 및 측정단위를 함께 표시해야 한다.

대장암	1. 분변잠혈검사
	○ 분변잠혈검사는 정성법인 분변잠혈반응검사와 정량법인 분변혈색정량법으로 측정할 수 있다.
	  - 분변혈색정량법으로 측정하였을 경우에는 검사 결과값과 함께 검진기관의 기준치를 함께 표시해야 한다.
	
	2. 대장이중조영검사
	○ 의사는 수검자의 대장 정결 상태와 과거 병력 등을 확인해야 한다.
	○ 대장이중조영검사에서는 반드시 다음의 영상은 포함되어야 한다.
	  - 직장, 하행결장, 비만곡, 횡행결장, 간만곡, 상행결장 및 회맹부 영상 각 1매
	  - 에스결장 영상 2매 이상
	  - 대장 전체(overhead) 영상
	○ 대장이중조영검사는 영상의학과 전문의가 반드시 판독을 실시하여야 하며, 영상의학과 전문의가 상근하지 않는 검진기관은 영상의학과 전문의에게 판독을 의뢰하여야 한다.
	
	3. 대장내시경검사
	○ 대장내시경 검사는 의사가 직접 실시한다.
	○ 의사는 검사 전 수검자의 대장 정결 상태와 출혈 경향, 과거 병력 등을 확인해야 한다.
	○ 내시경 검사는 대장내시경으로만 실시하며 맹장까지 관찰함을

	원칙으로 한다. ○ 의사는 대장내시경 검사 도중에 필요한 경우 용종절제술을 실시할 수 있다. ○ 감염예방을 위한 내시경 세척 및 소독을 철저히 실시하여야 한다. 4. 조직검사 ○ 병리조직검사는 병리과 전문의가 반드시 판독을 실시하여야 하며, 병리과 전문의가 상근하지 않는 검진기관은 병리과 전문의에게 판독을 의뢰하여야 한다.
유방암	○ 유방촬영은 좌우 각2회씩 표준촬영법으로 촬영한다. 　- 내외사위(mediolateral oblique, mLO) 촬영 　- 상·하위(cranio-caudal, CC) 촬영 ○ 유방촬영은 영상의학과 전문의가 반드시 판독을 실시하여야 하며, 영상의학과 전문의가 상근하지 않는 검진기관은 영상의학과 전문의에게 판독을 의뢰하여야 한다.
자궁 경부암	○ 진찰과 검체채취는 해당 검진기관의 의사가 반드시 직접 하여야 한다. 　- 브러쉬 사용을 원칙으로 하며 면봉은 사용할 수 없다. ○ 자궁경부세포검사의 판독은 병리과 전문의 또는 교육받은 해당관련 전문의가 판독하고 판독소견서를 작성, 비치하여야 한다. ○ Papanicolaou 염색법으로 실시한다.
비 용	1. 위장조영검사, 대장이중조영검사, 유방촬영시 컴퓨터영상처리장치(CR) 또는 디지털촬영장치(DR), 영상저장 및 전송시스템(Full Pacs)을 이용하는 경우에는 이에 대한 검사비용 심사와 지급은 요양급여의 적용기준 및 방법에 관한 세부사항(행위)과 건강보험 행위 급여·비급여 목록 및 급여 상대가치점수 중 병원, 치과병원 및 요양병원의 점수를 따른다. 2. 위내시경 및 대장내시경검사 중에 실시한 이물제거술또는 용종절제술 비용은 해당 처치료에서 내시경검사료를 제외한 나머지 금액을 요양급여비용으로 산정하여 청구함. 3. 간암발생고위험군: 간경변증, B형 간염항원 양성, C형 간염항체 양성, B형 또는 C형 간염 바이러스에 의한 만성간질환 환자 4. 일반건강검진, 생애전환기 건강진단 및 암검진은 국민건강에 따른 종별 가산율 및 차등수가를 적용하지 않는다. 다만, 환산지수는 병원 또는 의원 유형별 분류 점수 중 높은 단가로 적용 한다.

암검진 결과 판정기준	
암 종	판 정 기 준
공 통	기존 암환자 위·간·대장·유방·자궁경부암환자로 치료 중이거나 재발하지 아니한 경우
위 암	이상소견없음 검사결과 이상소견이 없는 경우 양성질환 양성병변이지만 추가 또는 정기적인 검사나 관련 치료 후 추적관찰이 필요한 경우 위암의심 위암이 의심되어 즉시 정밀검사가 필요한 경우 위암 (병리)조직진단결과 신규 또는 재발한 위암환자로 즉시 치료가 필요한 경우 기타 위암과 관련이 없는 기타질환 및 소견으로 추가검사, 치료 또는 관찰이 필요한 경우 - 암검진 결과기록지의 검사결과 판독소견, 관찰소견의 기타 소견이 있을 경우 그대로 기입
간 암	간암 검진 대상자 선별 (의료급여수급권자 해당) 이상없음 ALT(S-GPT) 정상, B형 간염바이러스 항원검사 음성으로 C형 간염바이러스 항체검사가 추가로 필요하지 않은 경우 이상있음 ALT(S-GPT)가 정상치보다 상승하여 C형 간염바이러스 항체검사가 추가로 필요한 경우 간암고위험 간질환 B형 간염바이러스 항원 검사 양성 또는 C형 간염바이러스 항체

	검사 양성으로 간암고위험 간 질환자로 간암검진이 필요한 경우
	기타 간암고위험 간질환과 관련이 없는 기타질환 및 소견으로 추가검사 또는 치료가 필요한 경우
	이상소견없음 검사결과 간암 관련 이상소견이 없어 정기적인 검사가 필요한 경우
	양성질환 양성병변이지만 추가 또는 정기적인 검사나 관련 치료 후 추적관찰이 필요한 경우
	간암의심 간암이 의심되어 즉시 정밀검사가 필요한 경우
	기타 간암과 관련이 없는 기타질환 및 소견으로 추가검사, 치료 또는 관찰이 필요한 경우 - 암검진 결과기록지의 검사결과 관찰소견에서 기타 소견이 있을 경우 그대로 기입(간 이외에 발생한 암종의 경우 기타로 기입)
대장암	1. 분변잠혈검사 음성 분변잠혈검사결과 음성 판정을 받은 경우 양성 분변잠혈검사결과 양성 판정을 받은 경우 2. 대장이중 조영검사·대장내시경검사·조직진단 이상소견없음 검사결과 이상소견이 없는 경우 양성질환 양성병변이지만 추가 또는 정기적인 검사나 관련 치료 후 추적관

	찰이 필요한 경우 대장암의심 대장암이 의심되어 즉시 정밀검사가 필요한 경우 대장암 (병리)조직진단결과 신규 또는 재발한 대장암환자로 즉시 치료가 필요한 경우 기타 대장암과 관련이 없는 기타질환 및 소견으로 추가검사, 치료 또는 관찰이 필요한 경우 - 암검진 결과기록지의 검사결과 판독소견 또는 관찰소견의 항목에서 기타 소견이 있을 경우 그대로 기입

유방암	이상소견없음
	검사결과 이상소견이 없는 경우
	  - 다른 이상 소견 없는 치밀유방일 경우 해당
	
	양성질환
	암과 관련이 없는 양성병변 및 기타질환으로 더 이상 검사가 필요 없는 경우
	  - 암검진 기록지의 검사결과 판독소견의 기타 소견이 있을 경우 그대로 기입
	
	유방암의심
	유방암이 의심되어 즉시 정밀검사가 필요한 경우
	
	판정유보
	유방촬영술 결과로 판정할 수 없는 상태(판정곤란)로 추가검사, 이전 사진 비교 또는 관찰이 필요한 경우
	  - 치밀유방일 경우는 해당 없음

자궁 경부암	이상소견없음 검사결과 이상소견이 없는 경우 염증성 및 감염성 질환 염증 또는 감염성질환으로 암검진 결과기록지의 검사결과 유병별 진단(세포진단)에서 음성 판정이면서 추가소견이 있을 경우 그대로 기입

상피세포 이상
양성병변일 가능성이 높으나 자궁경부암으로 진행할 수 있는 소견으로 즉시 추가검사 또는 정기적인 검사나 관련 치료 후 추적 관찰이 필요한 경우

자궁경부암 의심
자궁경부암이 의심되어 즉시 추가검사가 필요한 경우

기타
자궁경부암과 관련이 없는 기타질환 및 소견으로 추가검사, 치료 또는 관찰이 필요한 경우
 - 암검진 결과기록지의 검사결과 유형별진단(세포진단)에서 기타 판정이 있을 경우 그대로 기입

염색체구조의 손상 또는 변화

육종(肉腫)은 악성종양을 말한다. 육종은 상피조직 이외의 세포에서 발생한다. 발생 빈도는 상피조직에서 발생하는 암종에 비하여 상당히 낮다. 상피조직이 아닌 것의 대표적인 예는 골격근이다. 육종에는 근육종, 골육종, 혈액육종, 지방육종 등이 있다. 육종은 바이러스에 의하여 발생한다. 육종은 혈류를 통하여 멀리 있는 기관들에 확산된다.

암종(癌腫)은 상피조직에서 발생하는 악성종양을 말한다. 상피조직의 대표적인 예는 피부, 점막, 선조직이다. 선조직은 분비물은 방출하는 기능을 한다. 그래서 샘조직이라고도 한다. 선조직에서 생긴 암을 선암종이라고 한다. 암은 악성세포의 확산에 의하여 특징지어지는 악성종양이다. 암은 통제되지 않는 몸의 조직세포의 성장과 이러한 세포들에 의한 주변조직으로의 침입 그리고 멀리 떨어진 장소로의 이동을 특징으로 한다. 암은 대개 림프통로를 통하여 최초로 전이된다. 악성세포는 주변조직에 침입하고 새로운 장소로 전이한다.

사람의 몸에는 자그마한 지방 혹부터 시작하여 종기, 수종, 부종, 혈종이 생기고 양성종양도 생기며 육종, 암종까지도 생긴다. 종양은 2가지로 나눈다. 양성종양과 악성종양이다. 때로는 이러한 구별이 명확하지 않을 수도 있다. 악성종양은 주변조직에 침입하고 먼 장소까지 전이한다. 이에 비하여 양성종양은 그러하지 않다. 악성종양은 양성종양보다 더 빠른 성장을 보인다. 악성종양은 자기제한 없이 누적적으로 성장한다.

일부 악성종양의 경우 유전적인 인자들이 원인적으로 관련되어 있다고 생각되어진다. 폐암의 경우 암에 있어서 가족사가 있는 사람들 사이에서 암이 발생하는 것은 가족사가 없는 사람들 사이에서보다 3배가 높다. 다른 종양들도 유전적으로 관련되어 있고 염색체구조의 손상 또는 변화에 기인하는 것으로 알려져 있다. 유방, 결장, 난소, 자궁의 암은 일부 가족들에게서 되풀이하여 발생한다. 눈의 암, 결장암, 조기 발생 유방암은 특정 유전자의 유전과 관련되어 있다.

다양한 형태의 방사선은 모든 암의 3% 이상(사망의 경우 암으로 인한 사망의 1%에서 2% 정도이다)에 대하여 책임이 있는 것으로 생각된다. 태양으로부터의 자외선은 피부암의 일종인 흑색종으로 인한 사망의 다수에 대하여 책임이 있다. X-레이, 라돈가스, 핵물질로부터의 방사선도 위험할 수 있다.

미국의 경우 담배의 발암물질이 남자에 있어서 모든 암사망의 3분의 1 이상에 대하여 책임이 있는 것으로 생각된다. 여자에 있어서는 5-10%이다. 흡연과 에틸알콜의 소비는 구강암, 식도암, 위암에 있어서 상승적으로 작용하는 것으로 보인다. 폐암의 80% 정도가 흡연자에게서 발생한다. 흡연은 방광암의 원인이기도 하다. 흡연은 상부기도, 후두, 신장, 췌장, 유방의 암에도 기여하는 것으로 알려져 있다.

직장에서 발암물질에 직업적으로 노출되어 암으로 이어지기도 한다. 비소는 폐, 피부, 간의 암과 관련되어 있다. 석면은 흉막강, 복막강, 심장주변의 강의 암과 같은 중피종을 일으킨다. 특정의 약물과 호르몬은 일정한 유형의 종양을 일으키는 것으로 알려져 있다. 폐경 후의 여자들이 에스트로겐 호르몬을 먹으면 자궁내막암의 발생이 많아진다.

몇몇 전염병학의 연구는 포화지방이 높은 식사는 대장암과 같은 일정한 유형의 종양의 발생을 증가시키는 것과 관련되어 있다고 보여준다. 바이러스, 세균, 기생균들도 암의 발생과 관련되어 있다. 엡스타인-바 바이러스(Epstein-Barr virus, EBV)는 림프종과 관련되어 있다. 엡스타인-바 바이러스는 엡스타인(Epstein)이라는 사람과 바(Barr)라는 사람 2사람이 1964년 발견한 바이러스이다. 간염바이러스는 간암과 관련되어 있다.

헬리코박터 파일로리(Helicobacter pylori, 줄여서 H. pylori)는 세균이다. 헬리코박터 파일로리는 위암과 관련되어 있다. 헬리코박터의 헬리코(helico-)는 '나선형의'라는 의미이다. 박터(bacter)는 세균(bacteria)이라는 의미이다. 헬리코박터는 나선형의 세균이라는 의미이다. 나선형은 소라의 껍데기처럼 빙빙 돌아가면서 비틀린 형태를 말한다. 나사가 그런 모양이다. 달팽이도 그러하다. 달팽이구멍을 영어로 헬리코트레마(helicotrema)라고 한다. 달팽이도 나선형 족속에 속한다. 모양이 그렇게도 중요한가? 서양 사람들은 옛날부터 형상과 질료를 따져 왔다. 대표적인 사람이 아리스토텔레스이다. 아리스토텔레스의 이론이 바로 형상과 질료이론이다. 형상과 모양, 형태는 같은 말이다. 다만 번역을 철학에서는 형상이라고 했을 뿐이다.

현미경을 가지고 생명체나 세포 그리고 물질을 보고 있으면 그것들의 모양, 형태, 형상이 보인다. 그런데 모양, 형태, 형상이 제각각이다. 그래서 모양에 따라 이것들을 분류하고 이름을 붙이기 시작한다. "어, 이것은 나선형이야, 이것의 이름은 앞으로 헬리코박터야." "어, 이것은 모양이 포도 모양이야, 이것의 이름은 앞으로 포도상 구균이야." 구균 자체도 모양이 구 모양이기 때문에 붙여진 이름이다. 단백질을 현미경으로 보다가 "어, 이것은 모양이 구 모양이야, 이것의 이름은 앞으로 구상단백질이야." 구상단백질은 구 모양의 단백질을 말한다. 헤모글로빈이 구상단백질이다.

헬리코박터 파일로리의 파일로리(pylori, 파일로라이라고도 한다)는 원래 '문의 경비원'이라는 의미이다. 파일로리는 파일로러스(pylorus)의 복수형이다. 파일로러스는 유문, 즉 깊숙한 곳에 있는 문이라고 번역한다. 파일로러스는 늦은 라틴어 필로루스(pylōrus)에서 왔다. 필로루스는 그리스어 풀로로스(pulōros)에서 왔다. 풀로로스는 문이라는 의미의 풀레(pulē)와 경비원이라는 의미의 오우로스(ouros)가 합쳐진 말이다. 보디가드(bodyguard)는 몸의 경비원, 즉 경호원이라는 의미이다. 파일로리는 문의 경비원이라는 의미이다. 그리고 그 문은 위장의 문이다. 파일로리는 위장에 있는 문의 경비원이다. 또는 위장에 있는 문이다.

파일로리는 십이지장으로 열려 있는 위의 끝에 있는 문, 즉 통로를 말한다. 파일로리는 다른 기관에도 있다. 위에 있는 파일로리는 주기적으로 열린다. 이것을 통하여 위의 내용물을 십이지장으로 이동시킨다. 헬리코박터 파일로리는 파일로리, 즉 위의 문과 관련되어 있는 헬리코박터, 즉 나선형의 세균이다. 파일로리는 헬리코박터가 관련되어 있는 장소이다. 헬리코박터 파일로리는 위에서 발견되는 세균이다. 헬리코박터 파일로리는 1982년 호주의 과학자인 배리 마샬(Barry Marshall)과 로빈 워렌(Robin Warren)에 의하여 확인되었다.

배리 마샬과 로빈 워렌은 헬리코박터 파일로리가 만성 위염과 위궤양 환자에게 있다는 것을 발견하였다. 만성 위염과 위궤양은 이전에는 바이러스에 의한 것이라고 생각하지 않았다. 배리 마샬과 로빈 워렌은 2005년 노벨의학상을 수상하였다.

헬리코박터 파일로리는 십이지장궤양, 위암과 관련되어 있다. 하지만 헬리코박터 파일로리 감염은 징후가 잘 나타나지 않는다. 헬리코박터 파일로리의 형태인 나선형 형태는 위의 구조를 관통하기 위한 필요 때문에 진화된 것으로 생각된다. 헬리코박터 파일로리는 우리나라 성인의 70% 정도에게서 발견된다. 한국인에게 가장 많이 발생하는 것이 위암이다. 헬리코박터 파일로리는 대변에서 나온 균이 입을 통해 감염되는 것으로 생각되어진다. 손을 씻는 것이 중요함을 확인할 수 있다. 또한 물과 채소를 통하여 전파될 수도 있다.

　카포시 육종(Kaposi's sarcoma, 사르코마)은 바이러스와 관련되어 있다. 카포시는 원래 헝가리의 피부과 의사인 모리츠 카포시(Moritz Kaposi)의 이름이다. 카포시 육종은 모리츠 카포시가 1872년에 설명한 질병이다. 암(cancer, 캔서), 종양(tumor, 튜머), 육종은 서로 명칭이 다르다. 종양은 네오플라즘(neoplasm, 신생물체라는 의미이다), 그로쓰(growth, 성장이라는 의미이다)라고도 한다.

　플라즘은 플라즈마와 관련이 있는 말이다. 네오플라즘을 신생물 또는 신생물체라고 번역하고 있으나 주의를 요하는 부분이 있다. 플라즘에는 살아 있는 실체라는 의미도 들어 있지만 조직이라는 의미도 들어 있고, 세포의 실체 또는 세포의 물질이라는 의미도 들어 있다. 종양이 과연 생물체일까? 그리고 암이 과연 생물체일까? 플라즘은 그리스어 플라스마(plásma)에서 왔다. 육종과 암종은 모두 튜머, 즉 종양이다. 종양 중에서도 악성종양이다. 종양에는 그 외에도 양성종양이 있다.

　카포시 육종은 면역체계가 손상된 사람들에게 잘 발생한다. 카포시 육종은 사람 헤르페스바이러스 8(human herpesvirus 8, HHV8)에 의하여 발생한다. 카포시 육종은 1980년대에 AIDS 질병 중의 하나로 알려져 있다. 1994년 카포시 육종의 바이러스적 원인이 발견되었다. HIV(Human Immunodeficiency Virus, 인간면역결핍 바이러스)는 카포시 육종과 관련되어 있다. 면역결핍의 질병을 면역결핍증이라고 한다. 면역결핍증은 면역기능이 결핍되어 면역기능을 제대로 수행할 수 없는 질병이다. 에이즈(Acquired Immune Deficiency Syndrome, AIDS)는 후천성면역결핍증이다. 후천성은 태어난 이후에 생긴 것이라는 의미이다.

　암유발인자는 암을 유발하는 원인이 되는 것을 말한다. 암유발인자 중에서 유전독성 발암인자라는 것이 있다. 유전독성 발암인자는 세포의 핵 내로 들어가 DNA와 상호작용을 통하여 돌연변이를 유발할 수 있는 물리적 혹은 화학적 유해인자를 말한다. 유전독성 발암인자에는 직접 발암원과 간접 발암원이 있다. 직접 발암원이라 함은 물질 자체가 직접 DNA에 작용하는 것을 말한다. 직접 발암원에는 여러가지 물질들이 있다. 에틸 메탄술폰산염, 디메틸 황산염, 질소 머스터드, 메틸 니트로소우레아 등이 있다. 간접 발암원은 해당물질이 간 등에서 시토크롬 P-450에 의해 대사되어 생성된 대사물질이 DNA에 작용하여 발암을 유도하는 것을 말한다. 간접 발암원에는 벤조피렌, 아플라톡신 B1, 벤지딘, 에틸 브로마이드 등이 있다.

암과 관련하여 세포의 유사분열을 촉진하는 인자도 있다. 이것은 호르몬, 염증유발인자, 바이러스 등 세포의 유사분열을 촉진하는 인자를 말한다. 세포는 유사분열 시기에 돌연변이에 가장 민감하다. B형 간염 바이러스에 의한 간암, 헤르페스 바이러스에 의한 버킷림프종, 후천성면역결핍증 바이러스에 의한 카포시 육종 등을 들 수 있다.

암을 유발하는 물질 중에 아르신(arsine)이라는 것이 있다. 아르신은 반도체를 만들 때 전기전도도를 조절하기 위해 실리콘에 첨가하는 도핑공정에서 노출되기 쉬운 유해가스로 미국 국립산업안전보건연구원에서 직업성 암을 유발할 수 있는 물질로 공시한 것이다. 반도체 제조공정 중 도핑과정에서는 아르신, 포스핀(phosphine), 디보란(diborane)과 같은 유해가스가 발생한다.

직업성 암은 직업에 종사하는 과정에서 발생하는 암을 말한다. 직업성 암에는 석면에 노출되어 발생한 폐암, 악성 중피종, 후두암 또는 난소암, 6가 크롬 또는 그 화합물(2년 이상 노출된 경우에 해당한다), 니켈 화합물에 노출되어 발생한 폐암 또는 비강·부비동, 콜타르피치(10년 이상 노출된 경우에 해당한다), 라돈-222 또는 그 붕괴물질(지하 등 환기가 잘 되지 않는 장소에서 노출된 경우에 해당한다), 카드뮴 또는 그 화합물, 베릴륨 또는 그 화합물 및 결정형 유리규산에 노출되어 발생한 폐암, 검댕에 노출되어 발생한 폐암 또는 피부암, 콜타르(10년 이상 노출된 경우에 해당한다), 정제되지 않은 광물유에 노출되어 발생한 피부암, 비소 또는 그 무기화합물에 노출되어 발생한 폐암, 방광암 또는 피부암, 스프레이 도장 업무에 종사하여 발생한 폐암 또는 방광암 등이 있다.

또한 벤지딘, 베타나프틸아민에 노출되어 발생한 방광암, 목재 분진에 노출되어 발생한 비인두암 또는 비강·부비동암, 1피피엠 이상 농도의 벤젠에 10년 이상 노출되어 발생한 백혈병, 다발성 골수종, 포름알데히드에 노출되어 발생한 백혈병 또는 비인두암, 1,3-부타디엔에 노출되어 발생한 백혈병, 산화에틸렌에 노출되어 발생한 림프구성 백혈병, 염화비닐에 노출되어 발생한 간혈관육종(4년 이상 노출된 경우에 해당한다) 또는 간세포암, 보건의료업에 종사하거나 혈액을 취급하는 업무를 수행하는 과정에서 B형 또는 C형 간염바이러스에 노출되어 발생한 간암, 엑스(X)선 또는 감마(Υ)선 등의 전리방사선에 노출되어 발생한 침샘암, 식도암, 위암, 대장암, 폐암, 뼈암, 피부의 기저세포암, 유방암, 신장암, 방광암, 뇌 및 중추신경계암, 갑상선암, 급성 림프구성 백혈병 및 급성·만성 골수성 백혈병 등도 직업성 암이다.

<암을 발생시키는 물질>

에틸 메탄술폰산염, 디메틸 황산염, 질소 머스터드, 메틸 니트로소우레아, 벤조피렌, 아플라톡신 B1, 벤지딘, 에틸브로마이드, B형 간염 바이러스, C형 간염바이러스, 헤르페스 바이러스, 후천성면역결핍증 바이러스, 아르신, 석면, 6가 크롬 또는 그 화합물, 니켈 화합물, 콜타르피치, 카드뮴 또는 그 화합물, 베릴륨 또는 그 화합물 및 결정형 유리규산, 검댕, 콜타르, 정제되지 않은 광물유, 비소 또는 그 무기화합물, 벤지딘, 베타나프틸아민, 목재 분진, 벤젠, 포름알데히드, 1,3-부타디엔, 산화에틸렌, 염화비닐, 엑스(X)선 또는 감마(Υ)선 등의 전리방사선 등이다.
방사선작업종사자 등의 업무상 질병 인정범위
대량의 방사선에 단기간에 피폭되거나 장기간에 걸쳐 피폭된 후 급성 또는 만성 방사선피부장해, 단기간에 고선량에 피폭된 후 발생한 혈액이상(빈혈, 백혈구감소증, 혈소판감소증 또는 출혈성 경향), 전리방사선에 의한 것으로 인정되는 수정체의 혼탁 또는 백내장, 기타 전리방사선에 의해 국소적으로 나타나는 신체장해가 발생한 경우에는 이를 방사선 피폭에 의한 업무상질

병으로 인정한다.

최초로 방사선에 피폭된 후 2년이 경과하고 방사선 피폭이 종료된 후 20년이 경과되지 아니한 방사선작업종사자 등에게 만성림프성백혈병을 제외한 백혈병이 나타나고, 방사선 피폭과 질병과의 인과확률이 33%를 초과하는 경우에는 이를 방사선 피폭에 의한 업무상질병으로 인정한다. 다만, 벤젠 등 화학물질, 유전적 요인 등 다른 원인에 의해 발생하였다는 확실한 증거가 있는 경우에는 그러하지 아니하다.

최초의 방사선에 피폭된 후 5년이 경과한 방사선작업종사자 등에게 간암 (간병변이 있거나 B형 또는 C형 등 바이러스성 간염이 있는 경우는 제외한다), 갑상선암, 난소암, 뇌암, 다발성골수종, 대장암, 방광암, 비호지킨스림프종, 식도암, 신장암, 여성유방암, 위암, 췌장암, 타액선암, 폐암, 피부암이 나타나고, 방사선 피폭과 질병과의 인과확률이 50%를 초과한 경우에는 이를 방사선 피폭에 의한 업무상질병으로 인정한다. 다만, 다른 원인에 의해 발생하였다는 확실한 증거가 있는 경우에는 그러하지 아니하다. 폐암이 발생한 방사선작업종사자 등이 흡연력이 있다면 인과확률의 산출에서 흡연의 영향을 고려한다.

악성중피종, 호지킨스림프종, 흑색종의 고형암은 방사선에 의한 업무상질병으로 인정하지 아니한다. 인과확률은 방사선작업종사자 등에게 발생한 암이 방사선에 기인되었을 확률이다. 인과확률은 A÷(A+B)×100이다. 여기서 A는 방사선 피폭에 의한 해당암의 초과위험이며 B는 해당암의 기저위험이다.

제11장

근로에 대한 보상심리와 건강

근로에 대한 보상이 없다고 하여 근로가 아닌 것은 아니다. 하지만 사람들은 근로를 하면 보상이 있기를 기대한다. 이것을 근로에 대한 보상심리라고 한다. 근로를 해도 임금 또는 소득창출이 없으면 근로가 아니라고 생각하는 것도 근로에 대한 보상심리 때문이다. 근로에 대한 보상심리가 근로의 개념에 영향을 미치고 있는 것이다. 그래서 근로에 해당하는 것을 근로가 아니라고 생각하게 된다. 이러한 생각이 전혀 일리가 없는 것은 아니지만 근로인 것은 어디까지나 근로이다. 봉사활동이 대표적인 예이다.

봉사활동도 전혀 보상이 없는 것은 아니다. 다른 사람을 위하여 근로한다는 것은 가치로운 일이다. 이러한 가치가 일종의 보상일 수도 있다. 산책의 경우 산책이 가져다 주는 좋은 효과가 일종의 보상일 수도 있다. 재미 있는 것은 산책이 가져다 주는 좋은 효과가 가족에게는 그리 좋은 효과가 아닌 것으로 판단되는 모양이다. 산책이나 산에 가는 것의 좋은 효과 중 하나는 산책이나 산에 가는 사람의 건강이 좋아진다는 것이다. 그런데 "당신은 일은 안하고 산책만 다니나요?" "왜 산만 다니나요?" 이러한 말이 나오는 것을 보면 산책이나 산에 가는 사람의 건강이 좋아진다는 것이 그 사람 이외의 가족이나 주변 사람들에게는 좋은 효과가 아닌 것으로 판단되는 것이다.

몸이 좋아진다는 것은 그 몸을 가진 사람의 일이지 다른 사람의 몸이 좋아지는 것은 아니다. 한 마디로 산책이나 산에 가는 것은 본인에게만 좋은 효과일 뿐이지 다른 사람에게는 그 좋은 효과가 통하지 않는다. 가족의 몸이 좋아지면 좋은 것 아닌가? 이러한 현상은 매정한 현실 때문이다. 사람들이 살다 보니까 매정해졌다. 어린이들이 보기에는 아버지의 건강이 좋아지는 것이 좋아 보일 것이다. 하지만 어른들이 보기에는 좋아 보이지 않는다.

임금과 소득을 창출하는 근로는 가족이나 주변 사람들도 혜택을 본다. 아니 어쩌면 그들이 혜택의 대부분을 보는 사람일지도 모른다. 혜택을 볼 수 있는 대상의 차이가 근로에 대한 태도에 영향을 주고 있다. 그래서 가족이나 주변 사람들에게는 어떤 근로는 선호되고 다른 근로는 선호되지 않는다. 심지어 근로라고 생각하지도 않는다. 근로를 하는 사람의 입장에서는 억울한 일이다. 임금과 소득을 창출하기 위하여 자신의 몸을 다 바쳐 일하는 사람들은 한 번쯤 다시 생각해 보아야 한다. 그러는 사이 몸은 다 망가진다. 망가진 몸을 치유하기 위하여 산책이나 산에 갈 때 "당신은 일은 안 하고 산책만 다니나요?" "왜 산만 다니나요?" 이러한 말이 그 사람의 귀에 들릴지도 모른다.

"나는 돈벌기 위하여 일만 열심히 했다." 이러한 말은 올바른 것도 아니고 논리도 맞지 않는다. 이러한 말을 하는 사람이 가지고 있는 일의 개념은 매우 좁은 것이다. 일의 개념을 넓게 가지고 있는 사람, 즉 산책과 공부 그리고 책을 읽는 것을 모두 일의 개념으로 가지고 있는 사람은 돈벌기 위하여 일만 열심히 했다는 말을 듣고 이 말을 받아들이지 않는다. 왜냐하면 자신이 산책을 더 많이 다녔고, 공부도 더 많이 했으며, 책도 더 많이 읽었기 때문에 자신이 더 많은 일을 했다고 생각하기 때문이다. 돈벌기 위하여 일만 열심히 했다는 것에 결코 공감하지 않는다.

공부를 열심히 한 사람들이 돈이 많은 사람들에게 자존심에 있어서 뒤지지 않는 이유는 바로 이것이다. 자신이 더 많은 일을 했다고 생각하는 것이다. 공부를 아무리 많이 한들 머리 속에 든 것은 이 세상 지식의 아주 작은 부분에 불과하다. 그럼에도 불구하고 공부를 많이 한 사람들은 자신이 많은 일을 했다는 것에 대하여 자부심을 가지고 있다. 실제로 그는 많은 일을 한 것이다. 어떤 사람들은 공부하기 위하여 몸을 망치기도 한다.

돈벌기 위하여 일만 열심히 하다가 몸을 망친 사람은 다른 사람보다 더 많은 일을 한 것이 아니라 자신이 하여야 하는 일들에 시간을 배분할 때 돈버는 일에만 많은 시간을 할당하고 다른 일, 즉 산책하는 일과 공부하는 일 그리고 책을 읽는 일에 시간을 할당하지 않았을 뿐이다. 이들의 노모스(노모스에는 할당이라는 의미가 들어 있다)는 돈버는 일을 향하고 있다. 그래서 몸이 망가진 것이고 다른 사람들이 자신의 말을 받아들이지 않는 것이다. 더 나아가 일은 돈벌기 위한 것이라고 생각하는 자신의 가족이나 주변 사람들로부터도 "당신은 일은 안 하고 산책만 다니나요?" "왜 산만 다니나요?" 이러한 말을 듣게 되는 것이다.

여기서 가만히 잘 살펴보면 돈벌기 위하여 일만 열심히 한 사람과 그 사람의 가족이나 주변 사람들은 동일한 일, 즉 근로의 개념을 가지고 있다. 일은 임금과 소득을 창출하는 것이라고. 이것이 일이라고. 100% 동일한 개념이다. 이것 때문에 이제 산책이나 산에도 마음대로 가지 못하는 것이다. 돈벌기 위하여 일만 열심히 하다가 몸이 망가진 사람이 건강을 회복하기 위하여 산에 가려고 한다.

"당신 어디가세요?"
"산에 가요."
"오늘도 또 산에 가?"
"오늘도 라니!"
"그럼, 오늘도지!"
"내가 이렇게 된 건, 돈벌기 위하여 일만 열심히 해서 그래!"

"그건 누구에게나 당연한 거야!"

"당연하다고?"

어쩌다 일이 이렇게 엉망이 된 것일까? 돈벌기 위하여 일만 열심히 한 사람과 그 사람의 가족이나 주변 사람들이 동일한 일의 개념을 가지게 된 것은 돈벌기 위하여 일만 열심히 한 사람 때문이다. 돈벌기 위하여 일만 열심히 한 사람이 일하다 보니까 벌써 저녁 11시다. 집에 가야할 시간이 이미 지난 것이다. 겨우 집으로 가보니 가족들 중 일부만이 자신을 기다린다. 가족들은 자신을 이해해 주려고 노력한다. 가족들이 이 사람을 이해하기 위하여 필요한 것은 동일한 개념이다.

사람이 다른 사람을 이해하기 위하여 필요한 것은 동일한 개념을 가지는 것이다. 일의 개념을 넓게 가지고 있는 사람, 즉 산책과 공부 그리고 책을 읽는 것을 모두 일의 개념으로 가지고 있는 사람이 돈벌기 위하여 일만 열심히 했다는 말을 듣고 이 말을 받아들이지 않는 이유는 다른 개념을 가지고 있기 때문이다. 돈벌기 위하여 일만 열심히 한 사람의 가족이나 주변 사람들은 돈벌기 위하여 일만 열심히 하는 사람의 개념을 받아들이기로 한다. 그래서 이 가족이나 주변 사람들은 돈벌기 위하여 일만 열심히 하는 사람을 이해하게 된다. 그런데 이것이 화근이다.

위 대화를 보면 돈벌기 위하여 일만 열심히 한 사람은 생각이 바뀌고 있다. 몸이 망가지고 나서 말이다. 이제 생각이 바뀌어 산에 간다. 지금은 이 사람에게 산에 가는 일이야말로 가장 중요한 일이다. 그런데 "오늘도 또 산에 가?" "그럼, 오늘도지!" "그건 누구에게나 당연한 거야!" 이런 말들을 보면 가족이나 주변 사람들은 생각이 바뀌지 않았다. 이들이 이런 생각을 하게 된 것은 돈벌기 위하여 일만 열심히 하는 가족을 이해하기 위하여 이미 그와 동일한 일의 개념을 받아들였기 때문이다. 그리고 돈벌기 위하여 일만 열심히 한 사람은 생각이 바뀌었지만 가족이나 주변 사람들은 여전히 이전의 생각을 가지고 있다. 가족이나 주변 사람들을 탓할 일이 아니다.

건강을 회복하기 위하여 필요한 것은 계속하여 산에 가는 것이다. 위의 말을 들으면서 말이다. 설득한다고 될 일이 아니다. 계속하여 산에 가다 보면 가족들이 다시 자신을 이해하려고 노력할 것이다. 하지만 모든 가족들이 자신을 이해하는 것은 아니다. 가족들 중에서 일의 개념을 바꾼 가족만이 자신을 이해하고 나머지 가족들은 자신을 이해하지 못한다. 자신을 이해하지 못하는 가족들이 더 많을 수도 있다. 이 가족들은 끝내 일의 개념을 바꾸지 못한 것이다.

일의 개념을 넓게 가지고 있는 사람이 평소처럼 산에 가려고 한다.

"당신 어디가세요?"
"산에 가요."
"어디 산요?"
"북한산!"
"그럼, 나도 가야지!"
"당신이 이렇게 된 건, 내가 돈벌기 위하여 일만 열심히 하지 않아서 그래요."
"그건 누구에게나 당연한 거예요!"
"이 딸도 같이 가요."
"이 아들도 같이 갑니다."

근로에 대한 보상심리는 어떻게 결정될까? 보상심리를 이해하기 위하여 인간의 감정체계를 이해할 필요가 있다. 근로에 대한 보상심리의 형성에 있어서 가장 중요한 것은 근로에 대한 태도이다. 근로에 대한 태도는 근로를 어떻게 생각하는가 하는 것이다. 근로에 대한 태도에 따라 근로에 대한 보상심리의 내용이 달라진다. 어린이가 집 안을 청소한 것은 집 안 청소에 대하여 적극적인 태도를 가지고 있었기 때문이다. 이것이 어린이로 하여금 일하는 것을 즐겁게 생각하도록 한다.

근로에 대한 태도는 사람에 따라 매우 다르다. 근로에 대한 태도는 어릴 때의 근로에 대한 경험에 크게 의존한다. 그리고 근로를 처음으로 시작했을 때의 경험에 크게 의존한다. 어린이가 청소를 한다면 그것이 바로 근로를 처음으로 시작하는 때이다. 만약 청소에 대하여 별다른 경험이 없다면 다른 기회에 근로를 처음으로 시작하게 된다. 그것이 직장일 수도 있다.

근로에 대한 태도는 근로에 대한 적극성을 기준으로 분류할 수도 있다. 이러한 기준에 따르면 근로에 대한 태도는 적극적 태도와 소극적 태도로 나누어진다. 이것은 사람의 성격을 분류하는 기준이기도 하다. 적극적 성격과 소극적 성격 말이다. 사람의 성격을 분류하는 중요한 기준으로 성격이 외부를 지향하는지 여부가 있다. 이러한 기준에 따르면 성격은 외향적 성격과 내향적 성격으로 나누어진다. 그런데 외부를 지향하는지 여부에 따라 근로에 대한 태도를 분류하려고 하면 잘 적용이 안 된다. 근로에 대한 태도를 즐거운 마음으로 일하는지 여부를 기준으로 분류할 수도 있다. 이러한 기준은 근로를 즐겁게 생각하는가 아니면 근로를 즐겁지 않게 생각하는가 하는 것이다. 이러한 기준에 따라 근로에 대한 태도를 살펴보자.

근로는 신체의 움직임과 관련된다. 신체의 움직임을 어떻게 생각하는지 여부에 따라 근로에 대한 태도가 다르다. 어떤 사람들은 신체의 움직임 자체를 싫어한다. 이 사람들은 신체를 움직이는 근로를 즐거운 마음으로 받아들이지 않는다. 이 사람들은 가급적 신체를 움직이지 않는 직장에 다니는 수밖에 없다. 그래야 신체를 움직임으로써 야기되는 자신의 불만을 무마할 수 있다. 신체의 움직임의 대표적인 예는 신체를 이동하는 것이다. 자신의 신체의 이동을 싫어한다는 것은 걷는 것을 싫어하는 것을 의미한다. 그런데 걷는 것을 싫어하는 사람들이 의외로 많다. 자동차의 광범위한 보급은 사람으로 하여금 걸을 필요성을 감소시켰다.

또한 통신의 발전 또한 걸을 필요성을 감소시켰다. 가는 대신 전화하면 되기 때문이다. 통신의 발전은 자동차의 보급에도 영향을 준다. 신체의 움직임 자체를 싫어하는 사람은 근로에 대한 보상심리가 클까 작을까? 양자가 관련이 없는 것처럼 보이기도 하지만 신체를 기준으로 하면 신체의 움직임이 작다면 보상심리가 작아야 한다. 신체의 움직임이 적기 때문이다. 그런데 반대로 생각할 수도 있다. 일을 하면서 신체를 전혀 움직이지 않을 수는 없다. 어떻게든 신체는 움직인다. 그러면 힘들게 움직인 것에 대하여 보상심리가 오히려 커질 수도 있다.

근로에 대한 태도는 근로를 하는 목적과도 관련된다. 당신은 무엇때문에 일하는가? 이것이 근로의 목적이다. 근로의 목적은 근로의 이유이기도 하다. 근로의 목적은 사람마다 다르다. 어떤 사람이 가진 근로의 목적과 지금 하는 근로가 일치한다면 일하는 것이 즐겁다. 당신은 일하는 것이 즐거운가? 나는 일이 즐겁다. 나는 일하는 것이 좋다. 왜냐하면 일이 내가 가진 목적을 달성해 주기 때문이다. 근로의 목적은 보상일 수도 있고 보상이 아닐 수도 있다. 근로의 목적이 근로에 대한 보상을 받기 위한 것이라면 이 사람의 근로에 대한 보상심리는 클 것이다. 근로의 목적이 근로에 대한 보상을 받기 위한 것이 아니라면 이 사람의 근로에 대한 보상심리는 크지 않을 것이다.

근로의 목적이 돈을 벌기 위한 것이라면 이 사람의 근로에 대한 보상심리는 클 것이다. 당신은 일하는 것이 즐거운가? 나는 일이 즐겁다. 나는 일하는 것이 좋다. 왜냐하면 나는 일을 통하여 돈을 많이 벌기 때문이다. 그래서 더 열심히 일한다. 이 사람에게 돈은 일에 대한 보상이다.

근로에 대한 태도는 사람의 취향과도 관련된다. 당신은 일하는 것이 즐거운가? 나는 일이 즐겁다. 나는 일하는 것이 좋다. 왜냐하면 일이 나에게 잘 맞는다. 일이 잘 맞는 사람의 근로에 대한 보상심리는 크지 않을 것이다. 이 사람은 근로에 대한 보상에 연연해하지 않을 수도 있다. 일하는 자체를 즐겁게 생각한다.

근로에 대한 태도는 근로를 의무인 것으로 생각하는지 여부와 관련된다. 근로를 의무인 것으로 생각하는 사람은 그 의무를 이행하기 위하여 일한다. 이 사람의 근로에 대한 보상심리는 크지 않을 것이다. 이 사람 또한 근로에 대한 보상에 연연해하지 않을 수도 있다.

사람은 근로에 관하여 별 생각이 없을 수도 있다. 당신은 무엇 때문에 일하는가? 우리는 흔히 말한다. 응, 그냥 일해. 이 말이 진심이 아닐지도 모르지만 말이다. 근로에 관하여 별 생각이 없는 사람은 근로에 대한 보상심리가 클까, 작을까?

근로에 대한 태도 중 어떠한 것이 바람직할까? 어떤 사람의 근로에 대한 태도는 단일한 것일 수도 있고, 여러가지가 혼합된 복합적인 것일 수도 있다. 근로에 대한 태도에 따라 근로에 대한 보상심리도 차이가 있다. 근로에 대한 보상도 금전을 생각하는 사람도 있고, 비금전적인 것을 생각하는 사람도 있다. 평소에는 근로를 의무인 것으로 생각하지 않는 사람도 일하다 보면 근로가 의무인 상황에 직면할 수 있다. 근로가 의무인 상황이 되면 위험한 일을 감수해야 할지도 모른다. 이때 자신의 생명이 위험에 빠질 수도 있다.

사람은 직장에서 일하면서 자신이 배우고 습득한 지식과 기술 그리고 지혜를 제공하지만 동시에 일을 처리하는 데 필요한 지식과 기술 그리고 지혜를 습득하기도 한다. 이것을 근로의 교육적 기능이라고 할 수 있다. 지식과 기술 그리고 지혜를 가르쳐 주는 곳이 학교만은 아니다. 학교는 성장하는 사람, 즉 학생을 상대로 하여 교육하는 곳일 뿐 학교만이 유일한 교육장소는 아니다. 가정도 중요한 교육적 기능을 수행한다. 교육적 기능에 있어서 학교뿐만 아니라 가정도 때로는 실패하기도 한다. 이것이 학교의 실패 또는 가정교육의 실패이다.

직장은 학교의 실패 또는 가정교육의 실패를 보완해 주기도 한다. 일처리에 있어서 직장이 수행하는 교육적 기능은 상당히 크다. 직장이 수행하는 교육적 기능은 한 마디로 일하면서 배우는 것을 의미한다. 직장이 수행하는 교육적 기능의 담당자는 주로 상급자이다. 하지만 상급자에 국한되지 않는다. 동료도 교육적 기능의 담당자가 될 수도 있고, 후배 또는 하급자도 교육적 기능의 담당자가 될 수도 있다. 직장에서 일하면서 배우는 지식과 기술 그리고 지혜를 중시하는 사람들은 근로에 대하여 보다 적극적인 태도와 즐거운 태도를 가지게 된다. 일하면서 배우는 지식과 기술 그리고 지혜가 근로에 대한 태도에 영향을 주는 것이다.

직장에서 일하다 보면 사용자뿐만 아니라 동료, 후배, 하급자, 상급자, 고객들을 알게 된다. 처음 직장에 들어갈 때에는 사용자와의 관계를 형성하는 측면이 중시되지만 차츰 직장에서 이미 일하고 있었던 상급자와 같은 시기에 직장에 들어온 동료 그리고 나중에 직장에 들어온 후배, 하급자와의 관계를 형성하는 측면이 중시된다. 이들이 앞으로 근로자의 인맥이 될 수도 있다. 인맥은 인적 관계, 즉 인적 자원을 의미한다. 사람은 필요할 때 인적 자원을 동원한다.

어떤 사람은 인적 자원이 풍부하고 어떤 사람은 인적 자원이 부족하다. 인적 자원이 성공을 가져다 주기도 한다. 직장에서 일하면서 형성하는 인맥, 즉 인적 자원을 중시하는 사람들은 직장에 대하여 보다 적극적인 태도를 가지게 된다. 때로는 즐거움을 주기도 한다. 직장에서 알게 되는 동료, 후배, 하급자, 상급자, 고객들이 근로에 대한 태도에 영향을 주는 것이다.

산책을 가거나 산에 가는 사람에게 그 이유를 자세히 물을 필요가 없다. 이 사람은 몸을 운동시키기 위하여 산책을 가거나 산에 가는 것이다. 그리고 이 사람은 매우 중요한 일을 하고 있는 것이다. 건강과 생명은 우리에게 가장 소중한 것이다. 건강과 생명은 삶 자체이다. 건강과 생명을 알 때 우리의 인생을 알 수 있다. 이 세상에 태어나 건강하게 오래 살 수 있다면 그것이 바로 인생의 참된 행복이다. 내 가족이 건강하게 오래 살 수 있다면 그것 또한 인생의 참된 행복이다.

<저자 약력>

서울대학교 법과대학 졸업
서울대학교 대학원 법학과 졸업(법학박사)
현재 홍익대학교 법과대학 교수

슬픔아! 슬퍼도 너무 슬퍼하지 마라

초판인쇄　2014. 6. 20
초판발행　2014. 6. 30

저　자　정 상 익
발행인　황 인 욱
발행처　도서출판 오 래
　　　　서울특별시용산구한강로2가 156-13
　　　　전화: 02-797-8786, 8787; 070-4109-9966
　　　　Fax: 02-797-9911
　　　　신고: 제302-2010-000029호 (2010. 3. 17)

ISBN 978-89-94707-51-8 03470

 http://www.orebook.com
email orebook@naver.com

정가 15,000원

이 도서의 국립중앙도서관 출판시도서목록(CIP)은
서지정보유통지원시스템 홈페이지(http://seoji.nl.go.kr)와
국가자료공동목록시스템(http://www.nl.go.kr/kolisnet)에서 이용하실 수 있습니다. (CIP제어번호: CIP2014017888)